"1+X"证书制度电子装联职业技能系列丛书

电子装联职业技能等级证书教程

（高级）

戚国强　邱华盛　孙　冬◎主　编
刘志宏　魏子陵　孙　磊　夏志东　夏玉果◎副主编
刘春光◎主　审

中国铁道出版社有限公司
CHINA RAILWAY PUBLISHING HOUSE CO., LTD.

内 容 简 介

本书为“1+X”证书制度电子装联职业技能系列丛书之一，基于电子装联生产工艺及其典型工作任务，以导入新品PCB组装任务为载体设计教材内容，着重讲解了装联准备、基板贴装、基板焊接、基板检修、基板装联、微组装工艺六个制程的相关知识，阐述了相关工艺设计的知识与技能。书中吸纳了行业新材料、新工艺技术，对电子装联技术领域的技术人员从事工艺研究具有参考价值。

本书适合作为电子装联职业技能等级证书（高级）培训教材，也可供开设电子信息类专业职业院校、应用型本科的师生参考。

图书在版编目（CIP）数据

电子装联职业技能等级证书教程：高级/戚国强，邱华盛，孙冬主编. —北京：中国铁道出版社有限公司，2025. 1
（“1+X”证书制度电子装联职业技能系列丛书）
ISBN 978-7-113-26987-6

Ⅰ. ①电… Ⅱ. ①戚…②邱…③孙… Ⅲ. ①电子装联-生产工艺-职业技能-鉴定-教材 Ⅳ. ①TN305.93

中国版本图书馆CIP数据核字（2020）第104463号

书　　名：电子装联职业技能等级证书教程（高级）
作　　者：戚国强　邱华盛　孙　冬

策　　划：祁　云　　　　编辑部电话：（010）63549458
责任编辑：祁　云　包　宁
封面设计：尚明龙
责任校对：安海燕
责任印制：赵星辰

出版发行：中国铁道出版社有限公司（100054，北京市西城区右安门西街8号）
网　　址：https://www.tdpress.com/51eds
印　　刷：河北宝昌佳彩印刷有限公司
版　　次：2025年1月第1版　2025年1月第1次印刷
开　　本：787 mm×1 092 mm　1/16　印张：16.5　字数：410千
书　　号：ISBN 978-7-113-26987-6
定　　价：49.80元

序

党的二十大报告提出："推动战略性新兴产业融合集群发展，构建新一代信息技术、人工智能、生物技术、新能源、新材料、高端装备、绿色环保等一批新的增长引擎。"作为新一代信息技术核心组成部分——电子信息制造业，具有战略性、基础性和先导性等特点。随着新一代信息技术、人工智能、高端装备等新技术的应用，促使电子信息制造业创新发展，并在生产过程中使用更多新技术、新工艺、新材料和新设备。"制造业的生命在于质量，提高产品和服务质量是制造业转型升级的重点任务之一，质量基于生产，生产成于技艺"，无论是优化生产制造流程还是把控生产工艺质量，都需要高素质技术技能人才。

职业院校是培养高质量制造业技术技能人才的摇篮。国家职业教育改革方案的贯彻实施，"1+X"证书制度的落地，有力地吸引和推动了一大批有社会责任感的行业龙头企业和领军企业积极投入职业教育，有力地促进了产教融合，有利于产业链和教育链的对接，有利于产业发展，更有利于职业院校毕业生就业和个人发展。

电子装联是电子信息制造业的关键生产工艺，其水平直接影响到产品的功能和可靠性，决定着产品的质量。提高电子装联工作者整体工艺技术水平，是提高我国电子信息产品竞争力的关键因素之一。快克智能装备股份有限公司（以下简称"快克公司"）作为中国智能制造百强上市企业，耕耘电子装联近30年，目前已成为技术领先的高可靠精密焊接、3D机器视觉、AI 深度学习、高速点胶、高精贴合、半导体封装检测制造综合服务供应商。这是中国电子信息制造业高速发展的缩影。快克公司在不断夯实自身电子智造雄厚的技术优势和特长的前提下，为更好推动和支撑电子装联产品创新和技术创新，引领电子信息制造业向前发展，贯彻"职教二十条"，推动"1+X"证书制度落地，特申请"1+X"证书职业技能等级评价组织，开发一套精准对接电子信息制造业需求的"电子装联"职业技能等级证书标准，以更好服务电子装联领域专业学生学习新知识和新技术，为产业培养源源不断的技术新人。为提高培训学习效果，快克公司在江苏电子信息职业学院、中兴通讯电子制造职业学院等众多大专院校和行业骨干企业的支持下，精心编写了供电子装联职业技能等级标准"1+X"证书培训的系列丛书。丛书编写汇集了电子装联领域企业、大中专院校既有丰富理论又有实践经验的资深专家队伍，这批专家可以说是业界的翘楚，这无疑保证了这套教材的水准。

丛书含培训教材（初、中、高）和配套题库，共六册，适用于"1+X"三个层级职业技能等级证书培训。丛书基本覆盖了现代电子装联的新知识和新技术，体现了教材的系统性、实用性和创新性，不仅在理论技术上有一定的深度，更在新技术、新应用和新趋势方面有许多突破。丛书的内容可以说是集行业企业的核心技术之大成，现在与中国铁道出版社有限公司联合将此丛书公开出版发行。

快克公司响应国家号召，践行企业“同心同行共成长、创新责任守正直”的愿景和社会责任，致力于把电子装联新工艺技术推广至行业、融入相关职业教育的课堂和实训，使职业教育和学生及在岗的技术技能人才受益。这不仅顺应产业发展需要和职业教育需要，也将有利于中国电子信息制造行业的发展，对助力“中国智造”和“中国创造”能力提升具有深远的影响。

工业和信息化部教育与考试中心　马蔷

2023年3月

前言

为贯彻落实《国家职业教育改革实施方案》，积极推动“1+X”证书制度的实施，全国电子焊接技术智能化发展引领者——快克智能装备股份有限公司联合江苏电子信息职业学院、中兴通讯电子制造职业学院、南京中电熊猫信息产业集团有限公司、立讯精密工业股份有限公司等专业院校和行业龙头企业，共同开发了电子装联职业技能等级证书标准。为配合电子装联职业技能等级证书的培训和考核，对标“电子装联职业技能等级标准”“电子装联职业技能等级培训指导方案”“电子装联职业技能等级考核方案”要求，编写了“‘1+X’证书制度电子装联职业技能系列丛书”。主教材分为初级、中级、高级，共三册。

本教材依据现代电子装联企业生产技术活动，全面分析电子装联职业岗位知识、能力和素质需求，注重将相关专业电子装联课程教学标准嵌入教材内容，将电子装联企业文化嵌入教材之中。在教材编写内容的设计上充分体现工学结合，较好地解决了“培训与生产现场脱节”的问题。

本教材主要特色：将电子装联理论学习与实践经验相结合，从而加深对电子装联的认识；突出工学结合，强调电子装联学习的岗位性、职业性；融入电子装联企业文化和环境氛围；融合有关电子装联职业的各种信息，拓展知识面，扩大眼界；强调责任心和自我判断能力。

本教材包含“装联准备、基板贴装、基板焊接、基板检修和基板装联”五个制程。为适应电子装联微组装化的发展方向，增设了微组装工艺拓展制程，更好地服务于专业学生系统化学习装联技术技能。每个制程分设若干作业，每个作业下分若干技能点，条理清晰，重点突出。采取院校教师、企业工程师结对形式编写，以确保教材的技术性、工程性和教学性。

本教材推荐教学课时 96 学时。

本书由戚国强（快克智能装备股份有限公司）、邱华盛（中兴通讯电子制造职业学院）、孙冬（南京信息职业技术学院）主编，刘志宏（快克智能装备股份有限公司）、魏子陵（南京电子学会表面贴装技术专业委员会）、孙磊（中兴通讯电子制造职业学院）、夏志东（北京工业大学）、夏玉果（江苏电子信息职业学院）任副主编，刘春光（原北京竹辉科技中心）任主审，陈霞（常州信息职业技术学院）、胡蓉（常州信息职业技术学院）、闻凤连（常州信息职业技术学院）、李朝林（江苏电子信息职业学院）、陈亮（江苏电子信息职业学院）、徐建丽（江苏电子信息职业学院）、宋朝辉（常州工业职业技术学院）、马锋（常州工业职业技术学院）、金明（南京信息职业技术学院）、刘艳云（常州纺织服装职业技术学院）、查忠平（快克智能装备股份有限公司）、胡锦锋（快克智能装备股份有限公司）参与编写。

由于时间仓促、编者水平有限，加之电子装联技术高速发展，书中疏漏和不当之处在所难免，敬请广大读者批评指正，我们将持续更新教材内容，更好地服务于行业高端技术技能人才培养。

编　者

2024 年 5 月

目录

制程一

装联准备

“装联准备”制程是“1+X”电子装联职业技能等级标准（高级）第一个学习领域，该领域包含车间生产环境系统搭建、生产物料码标制作两个典型任务。重点学习如何对车间现场 7S、温湿度以及静电防护进行点检并提出问题、对问题进行改善；学习穿戴防静电鞋服、测试操作台静电接地规范；识读元器件；掌握用激光打标机刻制基板条码以及改善不良条码。

任务 1　车间生产环境系统搭建

任务目标

通过车间生产环境系统搭建任务学习，会规划车间 7S 管控体系；搭建电子装联车间温、湿度管控系统和车间静电防护系统，具有为电路板贴装生产提供环境保障的能力。

任务导图

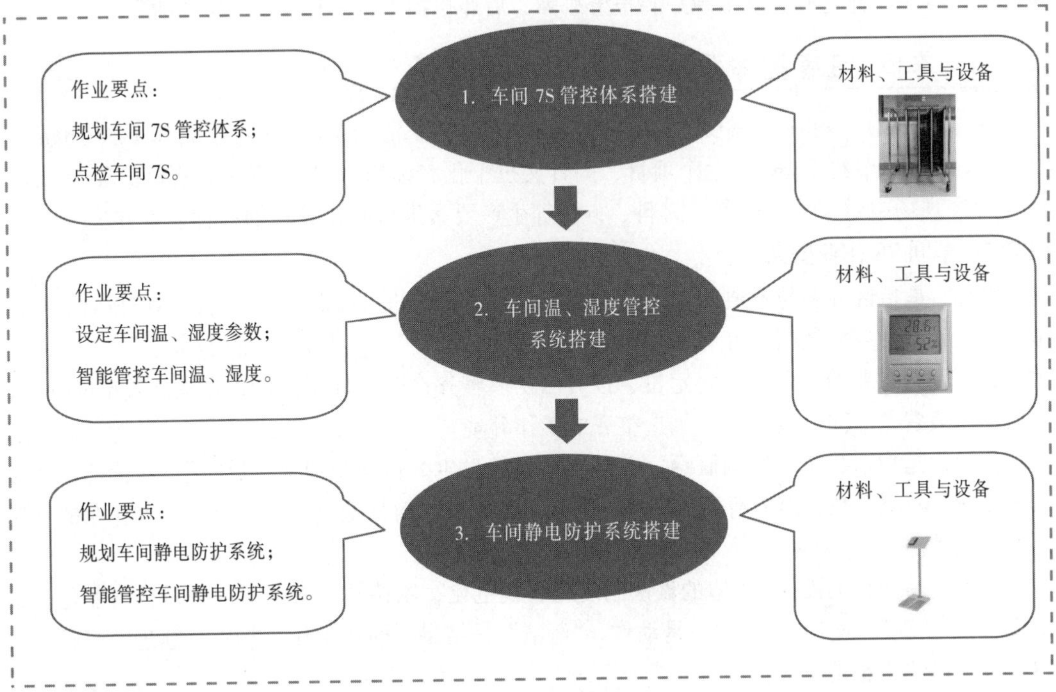

任务先通

匠心一点通

匠心不只精益求精，更是一种态度。胡工是苏州某电子公司 EHS 主管，在职二十余年，兢兢业业，不放过公司生产环境的每个细节。某天，其在更衣区外人体静电综合测试仪附近巡检，发现大部分员工通过人体静电综合测试仪时，未佩戴防静电腕带，只是象征性手指触摸测试仪，设备未报警通过。胡工立即将此现象上报部门，并且召集各产线线长，要求立即对所有防静电腕带进行静电接地检测，发现 30%防静电腕带存在接地异常，存在静电作业风险。后对异常防静电腕带进行更换。也为后续公司的静电体系审核的顺利通过打下坚实的基础。

安全一点通

静电防护不力，酿成仓库大火。2004 年 4 月 2 日下午 3 时 54 分，位于萧山浦阳镇的某电子有限公司发生火灾，杭州市消防支队萧山大队火速派出五辆消防车和 15 名消防队员赶赴火场。着火点火势十分凶猛，十千米外就能看到滚滚浓烟。消防队员到场后，迅速开展灭火行动，经过三个多小时扑救，大火于当晚 7 时被彻底扑灭。据查，火灾原因是该公司两名员工在灌装某粉状物料时因产生静电而引发火灾。此次火灾过火面积 300 多平方米，火灾损失 30 余万元。

质量一点通

7S 管控不到位，贴装缺陷频发生。南京某公司电子装联车间贴装某型号基板的管状包装料 U1 器件时，经常出现报警，出现“引脚偏移”错误信息，缺陷率居高不下，工程师观察了贴片机吸嘴、U1 管料，未发现明显异常，一段时间让工程师们陷入无解状态，后经反复排查，发现公司物料库 7S 不到位，U1 器件置放混乱，出现 U1 器件批量从管中掉落后重新捡回现象，导致较多器件引脚变形，故出现贴装报警故障，后经更换新的 U1 器件，故障排除。

作业 1　车间 7S 管控体系搭建

7S 包含整理（seiri）、整顿（seiton）、清扫（seiso）、清洁（seiketsu）、素养（shitsuke）、安全（safety）、节约（save）七个项目，因日文拉丁化名称均为“S”开头，所以简称为 7S。7S 是生产现场中对人员、机器、材料、方法等生产要素进行有效管理的一种系统方法。

技能 1　车间 7S 作业要义

整理，是指区分要与不要的东西，工作场所除了要用的东西以外，一切都不能放置，目的是腾出空间，使空间能得以充分利用；防止误用无关的物品，创造清爽的工作环境。

整顿，是指要的东西依规定定位、按方法摆放整齐，明确标识。标识是提高效率的基础，目的是不浪费“时间”找东西，创造整齐的工作环境。

清扫，是指清除工作区的脏污，并防止污染的发生，目的是消除“脏污”，保持工作区域干干净净、明明亮亮，创造清洁的环境，清扫不是扫除，而是检查，检查出每一点存在的问题并加以改善。

清洁，是指将上面 3S 实施的做法制度化、规范化，维持其成果，目的是通过制度化来维持成果。“整理”“整顿”“清扫”是动作，“清洁”是结果，即在工作现场进行整理、整顿、清扫过后呈现的状态是“清洁”。

素养，是指人人依据规定行事，养成良好的习惯，目的是提升“人的品质”，成为对任何工作都持认真态度的人。

安全，是指要维护人身与财产不受侵害，从而创造一个无故障、无意外发生的工作区域。需要建立健全各项安全管理制度，对人员进行安全操作培训，同时需要全员参与，排除隐患。

节约，是指减少企业的人力、空间、时间、库存以及物料等，合理利用资源，发挥其最大功效，从而创造高效的工作区域。需要全员培养主人公意识，节约企业资源，养成降低成本的习惯。

技能 2　车间 7S 规划要求

1. 车间 7S 作业区域责任要求

车间现场区域 7S 管理要责任到人，分工明确，使现场有图必有物、有物必有位、有位必分类、分类必标志、达到“事事有人管，人人都管事”。车间区域 7S 责任制管理由工厂安全小组统筹负责，制定现场管理的程序及相应的标准，下发到各部门执行。各部门结合单位实际情况及工艺流程进行现场区域划分，绘制区域责任表。安全小组每天对现场进行巡检，对发现的不合格项，根据责任标贴、区域责任表，查出责任人并划分责任。每天对巡检情况进行总结，将出现的问题进行汇总，下发整改单，跟踪完成情况。

2. 车间生产现场 7S 标志

7S 区域管理图是以部门为单位，标有各个定置区域及生产设备和设施的图板。7S 责任区域牌是以小组为单位将区域图按一定分工分成若干个局部，并标明此局部具体工作内容和标准及责任人与检查人。

3. 7S 责任区域划分原则

一是遵循方便、就近的原则；二是遵循明确、清晰的原则，必须责任明确，区域划分清晰；三是无遗漏原则，即“事事有人管”；四是避免形式主义原则，对制定的责任区的责任要做到有人监督。各部门要结合自己的特点，制定相应的考核、奖罚制度。

4. 生产区域 7S 责任定置图要求

部门定置图只需标出其主体部分，不用标出车间内部生产班组或工段的具体位置，如图 1-1 所示。部门定置图反映的内容包含设备、通道、固定工位器具、用具等，并反映出部门办公室、库房、洗手间等位置，标出名称，不反映室内布置，但应该标出门户、门位置及门的开启方向。

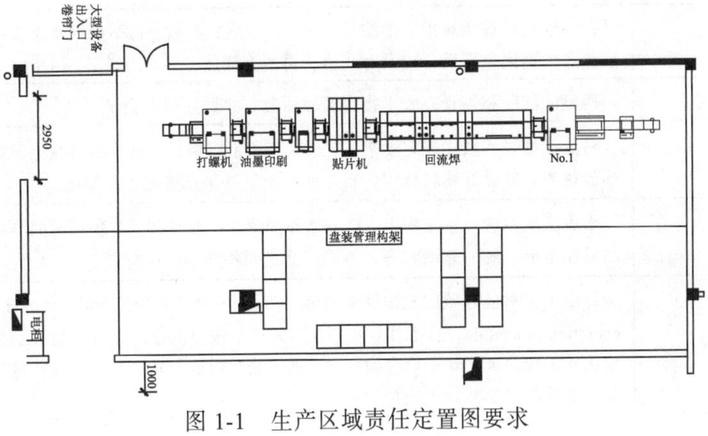

图 1-1　生产区域责任定置图要求

5. 车间 7S 区域划线要求

定置图定位划线色带宽度参考标准是主通道 12 cm、次通道或区域线 6～8 cm；通道宽度的参考标准是人行通道 > 80 cm；单向车通道 > W+60 cm（W 为车身最大宽度）；双向车通道 > W_1+W_2+90 cm（W_1、W_2 为两辆车身最大宽度）。地面通道线用于人、车、物料的通行，采用贴胶带（实线）的方法，通道线宽度 10 cm，通道本身的宽度应结合实际工作需要和场地的大小视情况而定，一般采用通行、运输车辆宽度的 1.5 倍。地面区域线用于细分工作区域内的功能，采用贴胶带（实线）的方法，区域线宽度为 8 cm。地面定位线划线用于定位地面物品，线宽 3～6 cm，采用贴胶带（实线）的方法。不合格品或危险区域使用红色油漆实线或贴胶带（实线）的方法，条线宽为 5 cm。位置变动类物品（暂放物）定位时采用贴胶带（虚线）的方法，线宽一般在 3～6 cm。某些物品为了特别区分（如清洁工具、垃圾箱、凳子等），视实际情况可以采用四角定位线等形式，大型可移动物品区域线用黄色实线，线宽为 5～7 cm，小型物品可根据视觉比例效果，可按大型移动物品线宽的 1/2 宽度划定。定位消防器材或危险物品（如高压气瓶、易燃易爆物品），为达到警示效果，须使用红色线条，线宽一般在 3～6 cm。前方禁止摆放物品的区域（不得放置、不得进入，如配电装置、消防栓处、升降梯下等；须使用红色斑马线，线宽一般在 3～6 cm。货架使用四角定位，有时演化为从通道线或区划线上延伸的定位形式。黄黑斑马线用于警告、警示，如易碰撞处、轨道、台阶等。划线注意各区域线始终保持清洁，不得出现断线、起泡脱落等现象，若有需随时修补。禁止车辆、人员从实线上压过和跨越。各部门根据区域大小、所处位置、物流方向等因素，在划线时留有相应的通道。

技能 3　车间 7S 作业点检

为做好车间 7S 工作，必须对其作业区域定期点检，点检作业指导书见表 1-1。

表 1-1　SMT 生产车间点检作业指导书

序号	检查区域	检查标准	配分	检查结果
1	车间地面	地面不可掉物料、垃圾、纸屑等，地面不可有污迹，在工作时间内需保持地面清洁。对车间死角区域要定期清洁（至少 3 天一次），如灭火器、货架底部		
2	印刷红胶/锡膏区	在作业中，需将基板在物料盒上堆叠好，不可直接放置在工位台面上，工位台面应时刻保持清洁状态		
3	钢网放置区	钢网摆放需按照表单上的编号，一一对应立式摆放，每格内的钢网需摆放整齐，钢网使用后，应及时清洁，再整齐摆放		
4	锡膏回温区	回温的红胶和锡膏，置于指定区域回温，并做好回温记录		
5	SMT 料盘暂放区	料盘按型号和数量规定要求，摆放在柜子上空格区，每格的料盘上下需摆放整齐，并做好物料标识，料盘使用，须遵循先进先出的原则		
6	半成品放置区	半成品统一放在手推车上，统一靠外侧黄线摆放整齐。非备料区的半成品放在地上，统一靠墙对齐，不同产品之间相隔 10 cm 左右		
7	目检检查区	每个工位对应区域的左边挂葡萄卡、中间挂厂牌、右边挂 SOP（Standard operation procedure，标准作业程序），并严格按照定位的点进行悬挂。目检区域工位台面，除了放有物料盒、透明胶、配送卡外，不可摆放其他物品，上述物品摆放，须定位摆放		

续表

序号	检查区域	检查标准	配分	检查结果
8	冷藏箱	冷藏保存的红胶、锡膏，使用时遵循先进先出原则，取出时登记核对数目，确保账物数据一致，并按顺序放在回温架上回温，同时，做好温、湿度管控，定期进行点检记录		
9	防静电腕带佩戴	固定工位应正确佩戴防静电腕带，并进行及时点检（保证完好、接地），现场流动人员应戴好防静电手套		
10	接驳台/设备/产线保养	接驳台灯光光照度适中，台面作业指导书文字清晰可见。每天下班后需对设备及产线做全面保养工作，用毛巾将设备表面保养干净，手摸上去感觉不到明显的灰尘		
11	SMT 备料架	料备好后，须摆放在规划区域内，供料器上不可放 BOM 表等文件及其他物品		
12	料带垃圾箱	垃圾箱内的料带每两个小时清理一次，料带不可超出垃圾箱外。如有料带超出箱外，需及时将料带进行整理		
13	烙铁头/电批等工具放置	烙铁头、电批等通常放置在用泡沫制作对应形状的工具盒内，要做好防呆固定，防止工具滑动，工具使用后，放回原处		
14	周转箱搬运	周转箱应抬起搬运，或者使用周转车进行托运，避免周转箱直接与地面摩擦产生震动及磨损，造成箱内物料碰撞，或磨损地板		
15	基板放置区	基板应整齐摆放在 L 架上面，不可出现叠板、堆板、摔板等违规操作		
16	物料管理	物料标识码清晰，不可涂改。良品物料用不同规格的黑色物料盒摆放区分，不可以混料。数码管摆放限高 10 层，继电器摆放限高 6 层。不良品须用红色物料盒摆放，混放一起，下班前清理完毕		
17	化学品管制	应用指定的容器放置化学用品，并做好标识		
18	生产信息看板	看板上的日生产信息，每 1 小时更新 1 次；技能矩阵图每月更新一次。防静电腕带、烙铁头、ICT、FCT 等治具、设备保养表，每天上午 9 点前点检完毕		
19	坐姿	作业员在操作时凳子需统一靠近黄线，且与黄线保持平行。离开作业区时，须将凳子归位，统一靠近接驳台		
检查		审核　　　　检查日期		

技能 4　车间 7S 作业改善

对于作业环境不符合 7S 要求的，需对其进行改善，最终达到 7S 标准。主要通过固定工具、工单的摆放位置、贴标识等方式进行改善，例如桌面物品摆放凌乱的改善，需定点定位。工具使用后未放到指定区域，改善前后对比图如图 1-2 所示；推车不在标识线内，改善前后对比图如图 1-3 所示。

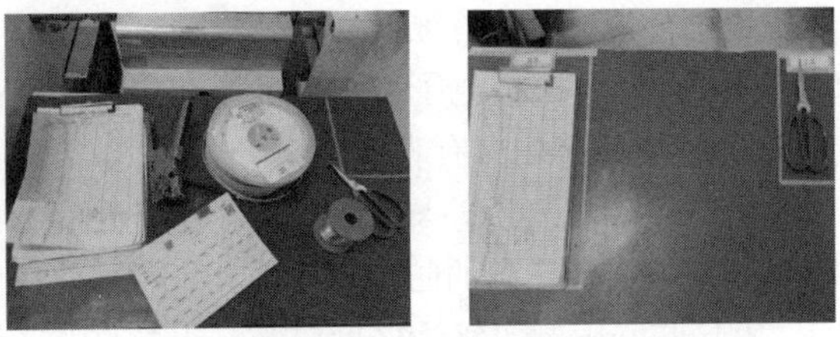

（a）改善前　（b）改善后

图 1-2　桌面物品摆放 7S 改善前后对比图

（a）改善前　（b） 改善后

图 1-3　推车摆放 7S 改善前后对比图

作业 2　车间温度、湿度管控系统搭建

技能 1　车间温度、湿度要求

1. 车间温度、湿度参数设定

视频

环境检测

电子装联车间温度、湿度设定，应兼顾人体感受，霉菌、细菌的繁殖条件和元器件对湿度的敏感性。元器件对湿度较敏感，环境湿度的降低，可以防止焊接中因吸潮导致的爆米花现象；但湿度低的干燥环境中，又易发生静电损坏，故相对湿度高的环境有利于减少静电影响。故 IPC J-STD-001H 中对焊接和组装温度、湿度要求：温度保持在 18～28 ℃，湿度保持在（30%～70%）RH。

不同作业区域温度设定有不同的要求，通常贴片区域温度设定在（23±5）℃；插件补焊测试区域温度设定在（26±6）℃；组装区域温度设定在（26±6）℃；产品测试老化区域温度设定在 35～40 ℃；芯片干燥箱温度设定为（26±2）℃；置放锡膏、红胶的冷藏箱温度设定在 2～8 ℃。

不同作业区域湿度也各有差异，一般贴片作业区域湿度设定在（30%～70%）RH；插件补焊测试作业区域的湿度设定在（35%～80%）RH；组装作业区域湿度与插件补焊测试作业区域要求一致；老化作业环境湿度要求与贴装作业区域要求一致；芯片干燥箱湿度一般要求控制在（4%～14%）RH；置放锡膏、红胶冷藏箱湿度控制在（35%～80%）RH。低湿度会导致物体产生更高的静电荷，IPC J-STD-001H 要求当相对湿度降至 30%以下时，需要对 ESD 控制的适用性进行重新评估。这也是洁净室环境面临的主要问题，因为洁净室装配环境中的元器件通常具有更高的静电敏感度。同时相对湿度也会影响锡膏质量，锡膏配方中的一些挥发性成分更容易受到低相对湿度环境的影响，从而降低印刷性能，高湿度环境则会导致锡膏的抗坍塌性能变差。

2. 车间其他环境参数设定

电子装联生产设备是高精度的光机电气一体化设备，为了保障设备正常运行和装联质量，除对车间内的温度、湿度有明确要求外，对车间的空气洁净度、光照度、噪声和排风等环境参数也要严格控制，从而创设一种清洁、明亮、安静、安全和有序的工作条件，确保电子装联设备安全生产运转，保障装联质量。

洁净度要求。电子装联车间尘埃过多，会对 0201、01005 等微小元件，以及细节距（低于 0.3 mm）IC 器件贴装和焊接产生质量影响，同时还会加大设备磨损率，容易出现设备故障。因此车间必须保持清洁卫生，无尘埃，保证设备的正常运转、产品的焊接质量以及人体健康。按照 FED-STD-209E 标准要求，电子装联车间洁净度最低标准为 100 000 级。100 000 级洁净度定义是指悬浮在每立方英尺（1 英尺=0.304 8 m）空气内，大于或等于 0.5 μm 的微粒个数不应超过 100 000 个。针对电子装联车间中，对于洁净度要求高的区域，为了防止外界污染侵入，需要保持内部的压力（静压）高于外部的压力（静压）。压力差的维持需要依靠新风量，这个新风量要能补偿在这一压力差作用下从缝隙漏泄掉的风量。因此电子装联车间多建成封闭式的厂房，或工作区域与外界通过两道门隔开，两道门之间，至少应有直线距离 25 m 的空间。

光照度要求。电子装联车间不同作业区域对光照度要求有所差异。贴片作业区光照度标准值在 800～1 300 lx，混合式照明，直接眩光限制等级为刚刚感到的眩光；插件补焊测试作业区域光照度标准值在 600～900 lx，混合式照明，直接眩光限制等级为轻度眩光；组装作业区域光照度标准值在 600～900 lx，混合式照明，直接眩光限制等级为轻度眩光；老化作业区域光

照度标准值为 400～700 lx，直接眩光限制等级为不舒适的眩光。作业者的水平视线距离照明灯应小于 1 m，标准值为 0.75 m，光源与作业者的视线应保持在 30°～50°。低光照度时，在检验、返修、测量等工作区域可安装局部照明，增强光照强度，适应生产要求。

噪声要求。当噪声声压大于 50 dB，就会对人们的睡眠或日常休息造成影响；当噪声达到 70～90 dB 的强度时，人们就会产生烦躁情绪，对人们的工作和学习造成不良影响；当噪声达到 90～110 dB 时，则被称为强噪声，会使人们感到强烈不适。如果人们长时间受到强噪声影响，会对人们的听觉系统产生危害，甚至可能会对人们的身体健康造成不良影响。因此，生产车间保持一个安静的环境，有利于生产效率和品质提升。电子装联车间的噪声应控制在 65 dB 范围内。车间的噪声多由设备运转时存在不平衡，机械主轴同心度偏差、各零部件之间尺寸偏差或表面缺陷而相互撞击、摩擦产生的交变机械作用力使设备金属板、轴承、齿轮或其他运动部位发生振动而产生。所以电子装联车间设备安装时，底脚应坚固，不产生移位，保持设备运转在水平状态；同时注意设备的维护保养，减少摩擦产生的交变机械力。

排风要求。再流焊和波峰焊等设备都有强制排风要求，应根据设备要求配置排风机。热风再流焊炉排气压力一般要求 0.8 MPa，排风管道的最低流量值为 14.15 m^3/min。通常在再流焊炉、波峰焊炉排风口处，通过软管连接排风电机，吸取炉膛内挥发出的助焊剂气体，车间内外排风装置如图 1-4 所示。

（a）车间外排风系统

（b）车间内排风装置

图 1-4 电子装联车间再流焊炉排风装置示意图

手工焊接工位，通常在工位上方安装焊锡烟雾净化装置，如图 1-5 所示。

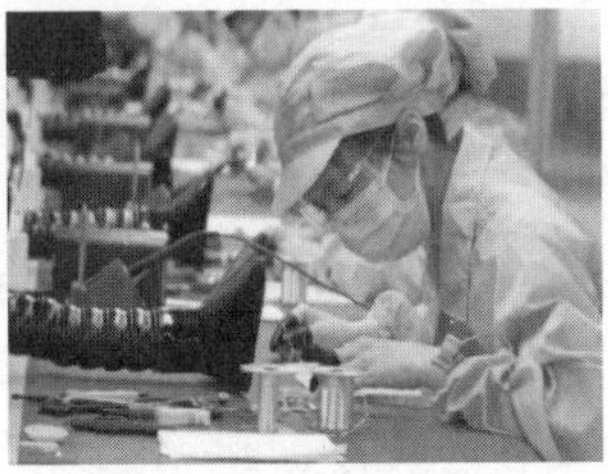

（a）焊锡烟雾净化装置

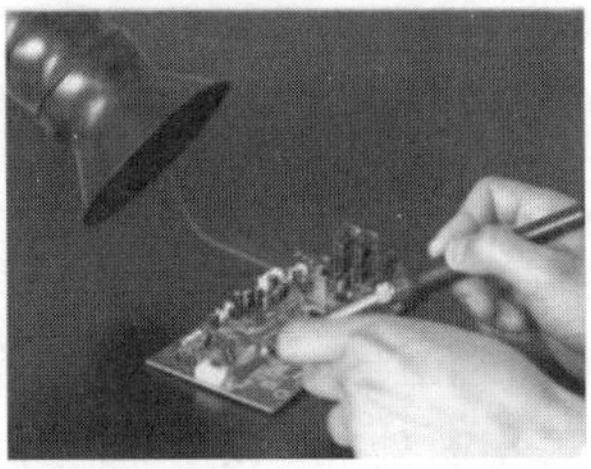

（b）烟雾净化吸收原理图

图 1-5 手工焊接焊锡烟雾净化装置与原理图

3．车间设备动力源要求

电子装联生产车间现场配备的动力源包括电源和气源。电子装联设备要求有充裕而安全的气源、电源供给。

电源要求。电子装联生产设备，如再流焊炉、选择性波峰焊炉、贴片机均是大功率设备，要充分考虑这些设备启动、关机所造成的电力冲击。同时，电力配置系统应采用三相五线制最为安全。一般要求：单相 AC 220×（1±10%）V、频率 50 Hz；三相 AC 380×（1±10%）V、频率 50 Hz，并要求良好接地。当设备工作区域电压非常不稳定，或者进口设备工作电压、频率与供电电源不一致时，需要配置交流稳压器，其功率要大于设备额定功率一倍以上，否则设备或电气元件容易因电源的波动而损坏。例如，贴片机额定功率 5 kW，则应配置功率满足 10 kW 以上的稳压电源。

气源要求。电子装联生产设备要求使用清洁而干燥的压缩空气作为气源动力。气源要求具有足够压力且干燥、纯净无杂质。目前，气源供给有一体化和分体式两种方式，其原理都是通过空压机产生具有一定压力的气源、通过过滤器进行洁净、干燥机进行干燥。SMT 生产线少的车间，气源需求量小，通常选用一体化供气方式，即空压机、过滤器、干燥机结成一体，占地面积小。SMT 生产线多的车间，气源需求量大，通常配置专用的空压机房，采用空压机、过滤器、干燥机分体式空压机，如图 1-6 所示。一般 SMT 生产线要求的气源压力在 0.7～0.8 MPa。供气管道通常采用不锈钢管或耐压塑料管。应避免使用铁管，防止生锈，导致锈渣进入管道和阀门，产生堵塞，造成气路不畅，影响机器的正常运行。

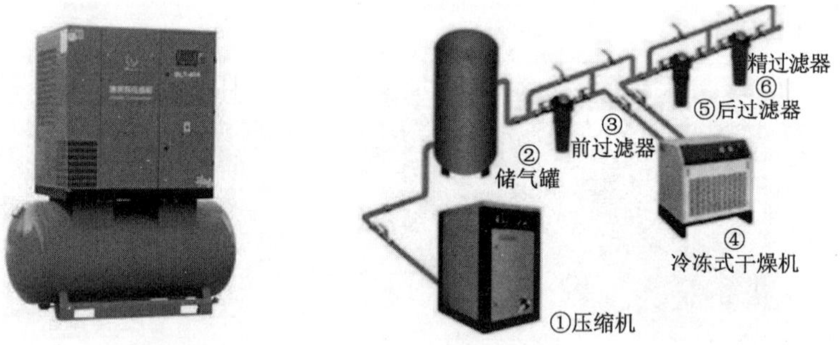

（a）一体式空压机　　（b）分体式空压机

图 1-6　一体式与分体式空压机示意图

技能 2　车间温度、湿度智能管控

电子装联车间保持合适的温度可以保证锡膏的粘性，保持合适的湿度可以有效减少静电的影响。因此智能管控车间温度、湿度等环境参数，是提升智能制造水平，保障 SMT 安全生产的一个重要方式。

在电子装联车间不同区域安装高精度智能温度、湿度环境控制系统，如图 1-7 所示。系统内含热感、烟感、温度、湿度、有害气体、$PM_{2.5}$ 检测，通过无线数据传输设备将数据发送至服务器进行集中分析处理。该监测器可以及时收集各区域的温度、湿度状况，一旦数据超出管制范围，立即发出报警信号，同时系统自动采取对应措施，以保障人员与企业财产安全。当车间内的温度过高时，温度传感器将检测到的室内温度通过无线数传设备发送到服务器，服务器接收到温度信息后与相应的设定值做比较，当温度值高于设定值时，系统会自动启动空调对室内温度进行调节，直到室内温度低于设定值后自动关闭空调。当车间内有害气体超标时，系统会自动开启风机及时排除有害气体，自动打开报警系统及时疏散车间内员工，并将故障数据上传服务器，供工作人员查看制定相应补救措施。

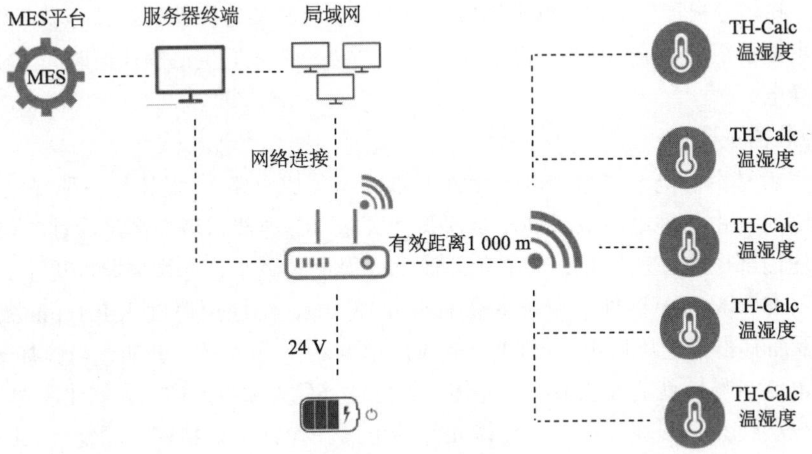

图 1-7　车间温度、湿度智能控制系统

在搭建车间温度、湿度管控系统时，使用图 1-8 所示的温度、湿度传感器，对车间重点岗位进行温度、湿度监控，温度的量测范围为-20～+70 ℃，精度为 ± 0.3 ℃；湿度的量测范围为（0%～100%）RH，精度为 ± 3%RH。满足电子装联车间的温度、湿度监控要求。

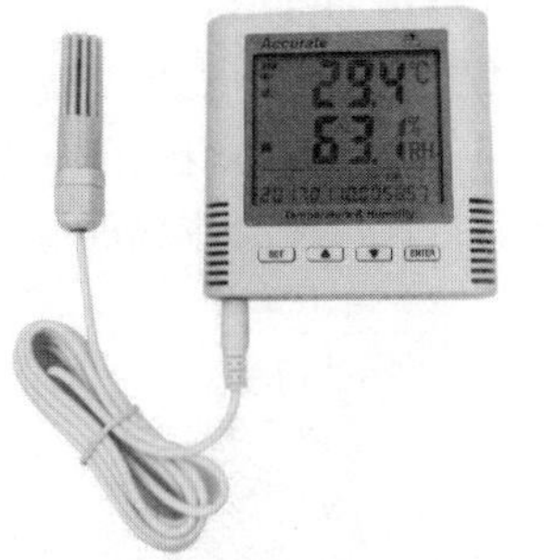

图 1-8　液晶温度、湿度传感器

电子装联车间温度、湿度重点监测区域均需要安装温度、湿度传感器，如物料仓库、半成品库、组装车间等。物料仓库重点监控存放 MSD 元器件区域的温度、湿度；半成品库，重点监控存放 SMT 半成品区域的温度、湿度；返修品保存区，为防止返修加热时，由于水汽的存在而损坏湿敏元器件以及 PCB，故需要存放在防潮箱内，并监控防潮箱内的温度、湿度是否符合存放标准。

作业 3　车间静电防护系统搭建

技能 1　车间静电防护要求

1. 静电产生过程

视频

静电防护点检

所谓静电，就是一种处于静止状态的电荷或不流动的电荷（流动的电荷就形成了电流）。当电荷聚集在某个物体上或表面时就形成了静电。而电荷分为正电荷和负电荷两种，也就是说静电现象也分为两种，即正静电和负静电。当正电荷聚集在某个物体上时就形成了正静电，当负电荷聚集在某个物体上时就形成了负静电，但无论是正静电还是负静电，当带静电物体接触零电位物体（接地物体）或与其有电位差的物体时都会发生电荷转移，这就是我们日常见到火花放电现象。例如，冬天天气干燥，人体容易带上静电，当接触他人或金属导电体时就会出现放电现象，人会有触电的针刺感。夜间能看到火花，这是因为化纤衣物与人体摩擦产生电荷转移。

静电并不是静止的电，是宏观上暂时停留在某处的电。人在地毯或沙发上活动时，人体静电电压高达 10 000 V；橡胶和塑料薄膜行业的静电高达 100 000 V。静电产生的方式有物体摩擦产生静电、物体分离产生静电、静电感应产生静电。材料的绝缘性越好越容易产生静电。因为空气也是由原子组合而成，也会产生电荷迁移，所以，在人们生活的任何时间、任何地点都有可能产生静电。

2. 静电危害过程

静电危害就是由静电放电造成电子元件［如 IC（集成电路）］损坏的一种现象。当 IC 中发生静电故障时，由于静电释放，高压电流瞬间穿过 IC 内部，破坏高绝缘性二氧化硅（绝缘层）并损坏内部电路。现如今，电子元件被设计得更轻更小，绝缘层厚度更小，比如某些金属化膜半导体（MOS）器件中栅条宽度只有 0.18 μm，绝缘层厚度由 0.1 μm 减小至几纳米（nm），因而其击穿电压低至约 20 V，故对静电问题十分敏感。例如，当施加 80～100 V 的电压时，MOS 半导体就会失去其“半导体”的特性。在实际生产中，当氧化膜厚度更小时，更小的电压也会使元件损坏。由于半导体元件的电路在设计上更精密、更复杂，因此线路之间的间隔也更狭窄。随着元件的小型化，这些因素降低了其对静电的免疫力，导致需要更加完善的静电控制措施。图 1-9 所示为一些与半导体生产相关的静电产生过程实例。当从晶片架上取出晶片时，由于在传送晶片或取出晶片时会因分离而使晶片产生电荷，因此可能会因静电释放而造成静电故障；当从 LCD 玻璃基片上撕下保护膜时，分离电荷会使电荷积蓄，因此可能会造成静电故障；当在芯片安装过程中从晶片膜上取下芯片时，分离电荷会使电荷积蓄，因此可能会造成静电故障。

（a）从晶片架取晶片　　（b）保护膜从基板上剥落　　（c）芯片安装过程中取出芯片

图 1-9　半导体设备相关静电产生过程实例

半导体电子设备产生静电的主要原因有工人、工厂设施以及半导体设备本身三类带电物体。这几类带电物体可表示为“人体模型（HBM）”“机器模型（MM）”“带电设备模型（CDM）”，如图 1-10 所示。当带有静电的人体接触设备的导线且该设备因静电释放也带上电荷时，释放电流瞬间通过设备导向大地，击穿电路，导致静电故障。类似情况下，当外部带电物体是人体时，从人体向半导体设备释放电流的这种模型称为“人体模型（HBM）”。此种情况下大量电荷从人体释放出去，释放的能量远大于相同情况下绝缘体释放的能量。当外部物体是工厂设施（如机器）时，该现象称为“机器模型（MM）”。如果在生产过程中使用的设施没有接地，即便是导体也会积蓄电荷。当这些带电设施接触到半导体设备的外部端口时，一股电流穿过该设备，导致静电故障。此外，针对 HBM 与 MM 这两类静电释放模型采取可靠的措施，仍避免不了因在半导体设备的生产与组装过程中产生的静电释放而导致故障。此类故障的原因是半导体设备自身形成电荷时所产生的静电释放，该现象称为“带电设备模型（CDM）”。在 CDM 中，设备因表面摩擦形成电荷，同时在导体（如电路和电线）内部因外部电场而产生静电感应。在这种情况下，当导线接地时，内部电场产生剧烈变化，释放电流穿过电路，从而导致静电故障。

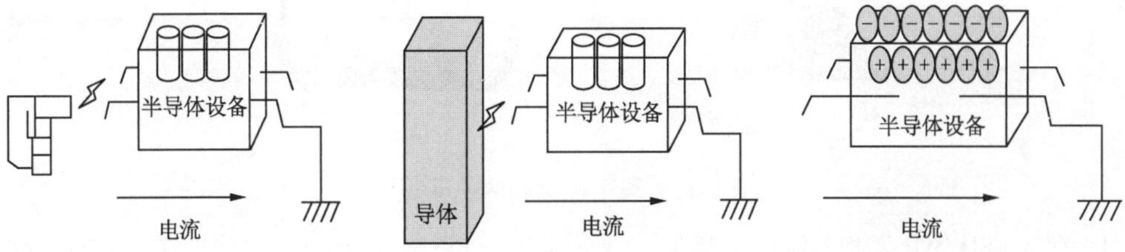

（a） 人体模型 （HBM）　　（b） 机器模型 （MM）　　（c） 带电设备模型（CDM）

图 1-10　半导体设备静电产生起因模型

3. 静电敏感器件

静电敏感器件（static sensitive device，SSD）是指对 ESD 的承受能力较低，在制造、运送、储存和测试等过程中容易因静电放电而遭致损伤的器件，这类型器件的包装必须有“静电敏感”或“注意防静电”标识。在 SMT 生产制程工艺中，为了正确使用及保护静电敏感元件。首先需要了解静电敏感度等级要求，再按照静电敏感度等级划分采取不同的操作及管控方法。

静电敏感元件根据所能够承受且不至于损坏的静电极限电压值（又称静电敏感度），一般分为三级或五级，见表 1-2。

表 1-2　静电敏感度等级及常见的器件类型

<table>
<tr><th>静电敏感等级以及耐压范围/V</th><th>器件的类型</th></tr>
<tr><td>特一级（0～500）</td><td rowspan="3">MOS 集成电路（IC）、微波器件（肖特基垒二极管、点接触二极管等）、电偶合器件（CCD）、结型场效应晶体管（JFET）、离散型 MOSFET 器件精密稳压二极管（稳压度小于 0.5%）、运算放大器、薄膜电阻器、声表面波（SAW）器件等</td></tr>
<tr><td>特二级（500～1 000）</td></tr>
<tr><td>一级（1 000～2 000）</td></tr>
<tr><td>二级（2 000～4 000）</td><td>低功率双极型晶体管、精密电阻网络、超高速集成电路、微电路以及混合电路、集成电路、结型场效应晶体管、离散型 MOSFET 器件等</td></tr>
<tr><td>三级（4 000～8 000）</td><td>微电路以及混合电路、结型场效应晶体管、离散型 MOSFET 器件、片式电阻器、光电器件、硅整流器、压电晶体等</td></tr>
</table>

在 SMT 的生产作业中，为了保护静电敏感元件，使之在储存、周转和运输等各环节处于良好的静电防护状态，操作时需要遵循以下事项：

（1）作业人员与检验人员首先需熟悉 SSD 的型号、放电模型、测试知识，了解静电防护的基本知识；对 SSD 进行信息或程序的烧录测试时，应当将写入器/擦除器等装置可靠接地，作业人员必须佩戴防静电腕带。

（2）SSD 在包装、运输、储存和备料等作业过程中，需在静电防护工作区（EPA）中进行，防静电包装须在检查合格后打开。未用完的 SSD，必须使用原防静电包装袋或合适的新包装材料进行封装。

（3）在存放 SSD 的区域和操作区域应当贴有 ESD 敏感和 ESD 防护专用标签，如图 1-11 所示。图 1-11（a）所示为 ESD 敏感符号，用来表示该物体对 ESD 引起的伤害十分敏感；图 1-11（b）所示为 ESD 防护的符号，用来表示该物体经过专门设计具有静电防护能力。

（a）ESD 敏感　　（b）ESD 防护

图 1-11　静电敏感和防护标识

（4）存放 SSD 的仓库相对湿度控制在（30%～40%）RH、生产组装车间控制在（45%～60%）RH。在不同的相对湿度环境下，人体活动时产生的静电电压有所不同，见表 1-3。

表 1-3　人体活动产生的静电电压

人体活动	静电压（10%～20%）RH	静电压（65%～90%）RH
在地毯上走动	35 000	1 500
在聚乙烯地板上走动	12 000	250
在工作台上工作	6 000	100
拿聚乙烯纤维包	7 000	600
从工作台拿起聚乙烯衬垫	20 000	1 200
坐在填有聚氟脂泡膜的椅子上	18 000	15 000

（5）SSD 存放过程中力求保持原包装，若需更换包装时，要使用具有防静电性能的器具；SSD 搬运过程中，注意不要损坏静电防护的真空包装，也不要随便让其脱离包装。SSD 器件发料时避免用裸手触摸，清点数量时建议在原包装内进行。

（6）装配、焊接、返修、调试等操作人员都必须严格按照静电防护要求进行操作。建议在每个作业工位安装消除静电的静电消除器；测试、检验合格的 PCBA 在封装前通过离子喷枪喷射一次，以消除可能积聚的静电荷。

技能 2　车间静电防护系统的搭建

1. 车间静电防护区要求

视频

人体综合测试仪

电子装联车间地板，可采用防静电聚氯乙烯（PVC）地板和环氧树脂自流坪防静电两种方式。为更好地泄放静电，环氧树脂自流坪下面敷设网格状铜丝，并与接地铜棒相连接，接地铜棒在地面的埋设深度应不低于 1.5 m。

在电子装联车间的门口有专门供工作人员更换防静电衣服的场所和衣柜，同时，配备静电防护安全性测试道口，车间人员应统一着防静电衣服、手套、鞋、帽，在入口处通过图 1-12 所示的人体静电综合检测仪进行静电检查，检查合格后，方可经图 1-13 所示的静电防护安全性测试道口进入车间。电子装联生产线各个工位都有相应的防静电接口，并接入整个 SMT 车间的防静电系统中。

车间工作台应保持良好接地，接地方式如图 1-14 所示。工作台宜放置在防静电地板上，工作区域张贴静电防护标识，操作员应身着防静电鞋和防静电服，戴上防静电腕带，台面配有防静电桌垫和静电消除器，从而形成图 1-15 所示的防静电操作工作台。为更好地提升静电消除器防静电效能，其位置一般与 PCBA 基板、IC 器件相距不超过 30 cm，如图 1-16 所示。操作时要佩戴防静电腕带，每天需测量腕带是否有效。静电防护区的工作台上禁止放置非生产物品，如餐具、水杯、提包、毛衣、报纸、橡胶手套等。要定期测量记录地面、桌面、周转箱等处的表面电阻值。

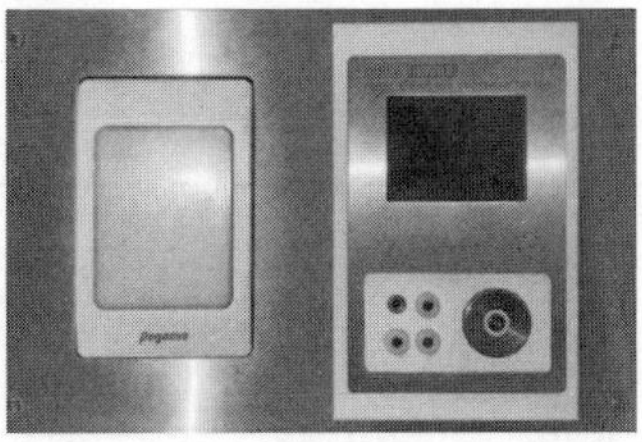

图 1-12　人体静电综合检测仪

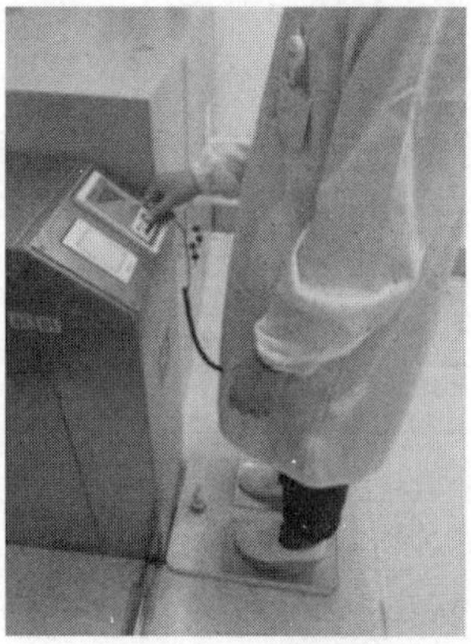

图 1-13　车间入口静电检测门禁

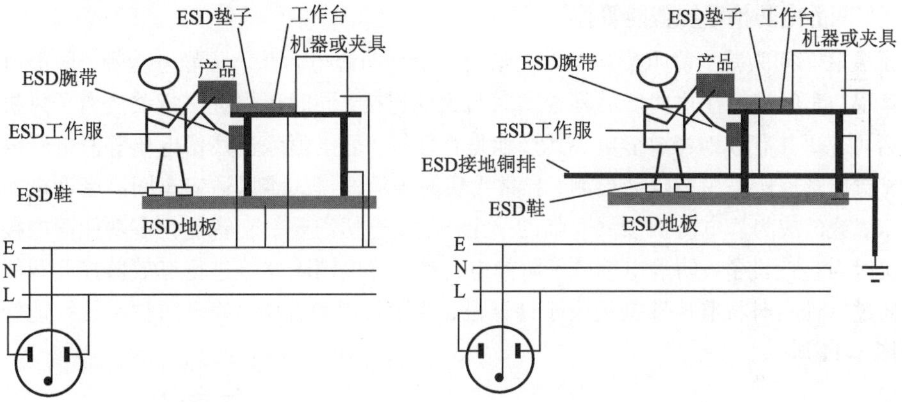

（a）台面直接接地　　（b）台面通过铜排接地

图 1-14　工作台两种接地系统示意图

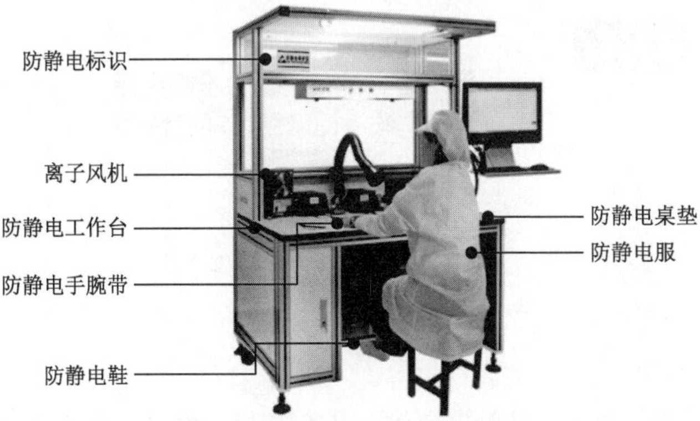

图 1-15　防静电工作台操作系统

图 1-16　静电消除器中和静电原理图

测试静电敏感元件时应从盒、管、盘中取一颗，测一颗，放回一颗。加电测试需按照低电压→高电压→信号电压顺序进行实验，去电顺序则与此相反。同时注意电源极性不可颠倒，电源电压不得超过额定值。

视频

静电消除器

仓库原材料用专用防静电物料柜进行存放，采取相应的防静电措施。生产后的成品和半成品使用防静电周转箱进行存放。印刷工位拆封后的基板采用防静电周转箱加盖存放。

2. 车间静电防护系统的质量控制频次要求

车间静电防护系统应定期维护、检查防静电设施的有效性。静电检测内容与频次见表 1-4。

表 1-4　车间静电防护系统检测内容及频次

序号	检查内容	频　次	备　注
1	防静电腕带检查	每次进入车间测试	
2	桌垫、地垫的接地性和静电消除器的性能	1 次/月	记录在表中
3	防静电元件存放架、印刷基板放置架、周转箱、运输车的防静电性能	1 次/6 月	记录在表中

技能 3　车间静电防护系统智能管控

电子装联车间为减少静电影响，需大量使用诸如防静电台垫、防静电腕带、防静电地板等防静电产品，车间需关注这些产品是否实时与大地连接，同时还需进一步关注离子风机的平衡电压是否可靠，并有效地释放静电，其接地是否良好，静电消除器残留电压等静电释放的有效性。传统防护管理所采用的定期检测，异常无实时报警的模式难以适应车间高密度电路板装联生产要求，这已成为静电防护领域面临的一个问题，迫切需要一套智能化多功能静电接地监控系统，实时对生产设备、防静电腕带、防静电台垫、静电消除器等进行有效监控并智能语音播报，并通过软件实时将监控数据记录于计算机，便于管理和查阅。静电防护系统智能管控模式比较如图 1-11 所示。

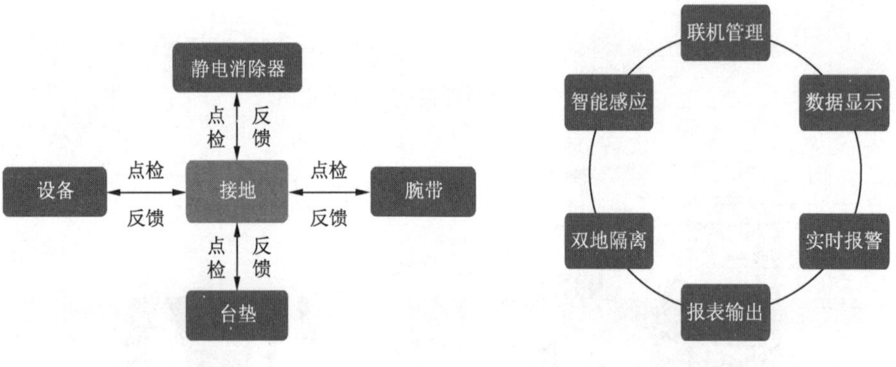

（a）传统防护管理　　（b）静电防护系统智能管控

图 1-17　静电防护系统智能管控模式比较

1. 静电防护系统智能管控解决的问题

静电防护系统智能管控重点解决防静电腕带、防静电台垫、设备/货架、治具、静电消除器接地五方面问题：

（1）腕带静电监控。传统防护管理时，如发生人员在岗但防静电腕带未佩戴，防护处于失效状态；人员佩戴的防静电腕带报警器无报警功能，防护处于不可控状态；防静电腕带报警器无数据输出功能，数据的真实性较差。智能防护监控则通过光电开关感应人员是否在岗及佩戴防静电腕带的状态。如未正常佩戴，终端持续报警；正确佩戴防静电腕带且实测值未超过限定值，指示灯变绿，不报警；同一条线体内，任意防静电腕带状态异常，报警器、防静电腕带终端、软件界面会持续报警，直到恢复正常状态；数据实时监控，可通过软件“历史查询”界面查询历史值，数据真实可靠，可定向整改，降低风险，提高生产良品率。

（2）台垫静电监控。传统台垫防护管理无接地线接地，只能通过桌架与防静电地板接地，防护可靠性不好；台垫无接地报警控制，防护处于不可控状态。智能台垫防护监控通过终端与接地线连接，接地效果可靠；台垫接入智能静电防控系统，数据实时监测，有异常情况立即报警。

（3）设备/货架静电监控。传统防护管理设备/货架接地无明显接地标识，接地防护可靠性不好；同时设备/货架接地无报警器控制，防护处于不可控状态。智能防护监控设备/货架通过终端与接地线连接，有明显接地标识，可靠性高；同时设备/货架接入智能静电防控系统，数据实时监测，异常情况立即报警。

（4）治具静电监控。传统防护管理治具为防静电材料，但外壳无接地装置；治具无接地报警控制，防护处于不可控状态。智能静电防控系统治具通过终端与接地线连接，效果好；治具接入智能静电防控系统，数据实时监测，异常情况立即报警。

（5）静电消除器静电监控。传统防护管理静电消除器无联网监控，防护处于不可控状态；同时静电消除器数据无显示及设定功能，控制参数不可调；静电消除器无清扫功能，保养较麻烦。智能静电防控系统采用智能静电消除器无线联网监控，实时监控风机数据，并通过采用LED屏显示实时数据及参数，可直接通过设备上按键调整参数，且智能静电消除器采用自动清扫功能，可自行设置清扫频率时间等参数。

2. 静电防护系统智能管控框图

智能静电防控系统基于智能车间，构建让静电数据可视化、可自动储存、数据追溯、ESD管理过程可视化的系统，其框图如图 1-18 所示，包含防静电腕带、台垫、设备、静电消除器接地等智能监控单元。

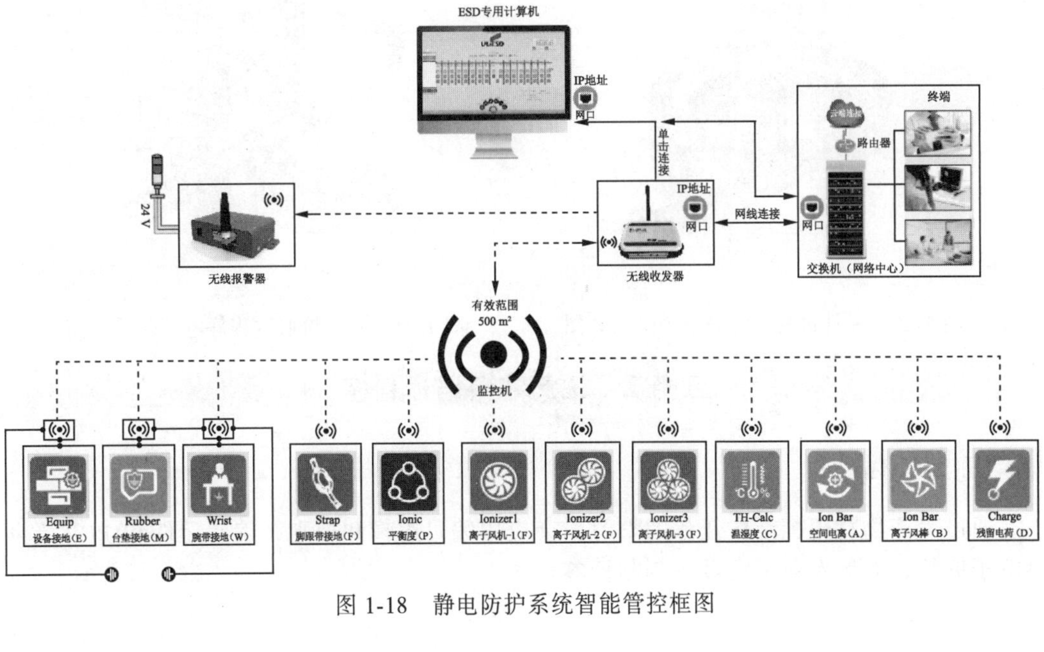

图 1-18　静电防护系统智能管控框图

技能 4　静电防护解决应用案例

1. 基板表面静电除尘

基板表面有一层涂层物质用来防止潮湿、保持绝缘，如图 1-19 所示。如果在施加涂层物质之前，基板上有异物，将导致涂覆质量异常。有缺陷的涂层将可能导致产品失效。使用带有气流的静电消除器不仅可以消除静电，还具有除尘防止异物附着的作用。

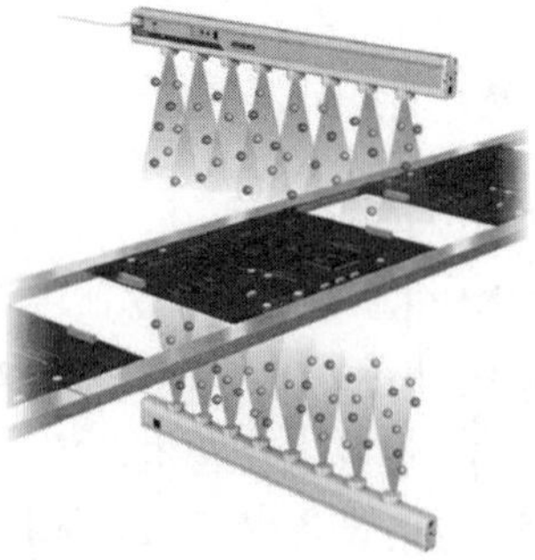

图 1-19　基板表面静电消除示意图

传统解决方法，因空气潮湿可能发生水分凝结，且无法有效清除异物。一般采用电离空气，在消除静电的同时还可去除异物，减少由于异物所导致的产品缺陷，从而提升产品质量。

2. 元器件供料器的静电消除

静电会导致元件堵塞供料器，从而引起进料故障，如图 1-20 所示。传统解决方法，由工人检查，这需要较高的人工成本且难以保持时刻进行检查，导致异常率居高不下。针对此类问题，可采用静电消除器消除元件表面静电，减少元件堵塞问题，替代人工检查，从而减少人工成本和生产线停机造成的成本损失。

3. 芯片拾取过程中的静电消除

芯片切割好后由拾取机拣出，如图 1-21 所示。在拾取过程中可能产生静电，导致静电击穿芯片，使芯片无法正常工作。传统的静电消除器静电消除能力不足，无法满足在拾取过程中快速地消除静电，且消除效果不能持久。而采用新结构静电消除器能可靠地减少由于静电击穿所产生的缺陷产品，降低废弃缺陷产品的成本。

图 1-20　元件进料器的静电消除示意图

图 1-21　芯片拾取过程静电消除示意图

任务 2　生产物料码标制作

任务目标

通过生产物料码标制作任务的学习，会应用编码逻辑和规则，编制元件和 PCB 等物料电子标签，并用专业工具设备刻制标签。

任务导图

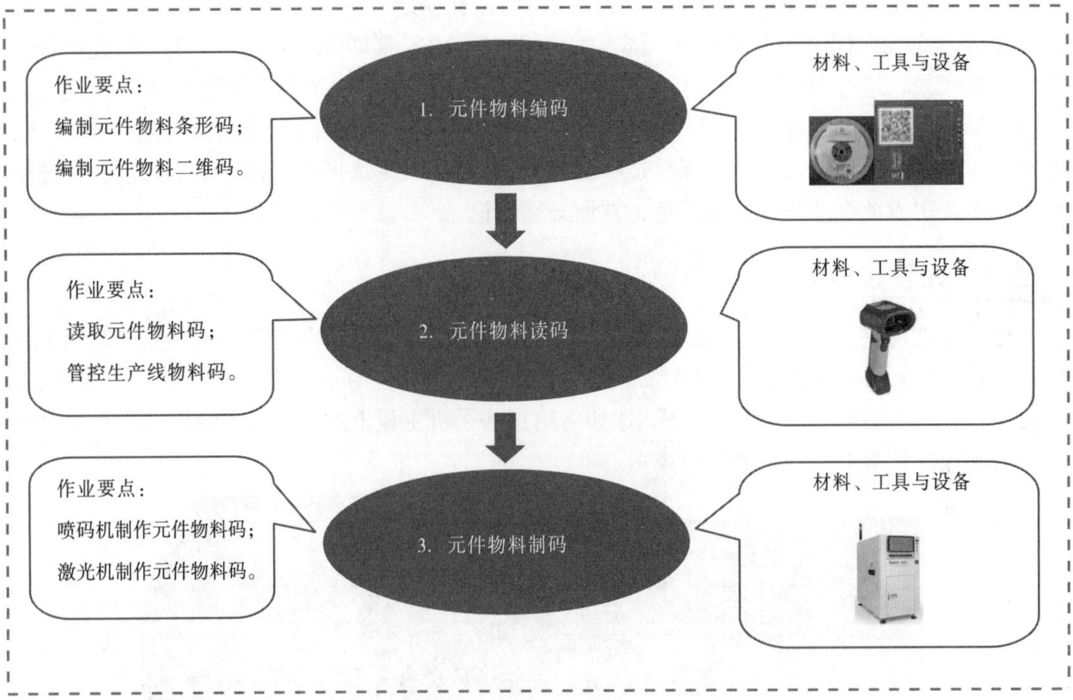

任务先通

匠心一点通

细节改善入手，铸就更智能生产。2019年，某电子公司导入MES系统。一时间SMT生产线经常出现错件，给公司生产智能化改造带来很大困扰。公司工程师陈华面对这一难题，主动请战，蹲守产线查看问题原因，经过半个多月的研究发现，错件的元件主要集中在普通的片式元件，出错原因主要来自电子元件条码制作混乱。不同规格包装的元件在导入产线条码时，因MES系统的BUG容易出现串码，从而导致元件贴装时错件。于是陈华又会同MES供应商深入研讨，反复调试，经过1个多月的苦战，终于解决了MES系统的BUG，消除了错件，提振了公司生产智能化改造的信心。

安全一点通

烟雾净化不到位，质量健康受影响。激光标码是依靠其高能量，形成对基板加工的激光束。但激光束在与材料互相作用的同时，往往会产生少量烟雾粉尘。南京某公司技术员李工，假日结束后开启产线疏忽大意，位于产线后方的烟雾净化仪未开启。随着激光打标机的运行，粉尘烟雾逐渐扩散。一方面影响了后一段印刷工艺，导致印刷多锡；同时刺鼻气味弥漫到空气中，此条产线的员工出现咳嗽现象，最后排查到烟雾净化仪才发现此问题。小小的疏忽，给产品质量和身心健康带来严重影响。

质量一点通

MES培训不到位，生产过程质量频发生。某公司2019年导入MES系统，同时新增激光打标机 1 台，由车间资深技术员王工负责对生产全流程监控。2020 年 4 月在王工负责产线巡查过程中，发现近两周产线已经第 5 次出现 A 产品基板信息无法导入 MES 系统的报警故障，需使用纸质标签临时更换补贴激光码标，才能得以解决此问题，造成约 3 小时停机，产生直接经济损失 3 万余元，同时还引发公司一部人对公司引入 MES 管理系统的质疑。王工为此十分重视，下沉产线，经过 10 多天的分析，终于找到问题的症结，只因操作员刘某在 PCB 激光刻码调整打标程序时，由于疏忽，不懂从 MES 中勾选获得参数，导致基板标码出错引发产线停工，而进一步调查发现作业员刘某仅接受过一次 4 个小时的 MES 培训，培训严重不到位，技能生疏，因而，引发此事故实是在所难免，教训必须铭记。

作业 1　元件物料编码

电子元件物料上喷印不可擦拭的名称、型号等标识，不仅在同类型的电子产品中起到了差异化的作用，而且更方便于企业对产品质量可追溯性的管控。图 1-22 所示为某品牌手机主板，它是由各种类型的电子元件组合而成，那如何给这些手机主板上的电子元件给以名称和型号标识命名呢？这就需要有一定的编码规则。

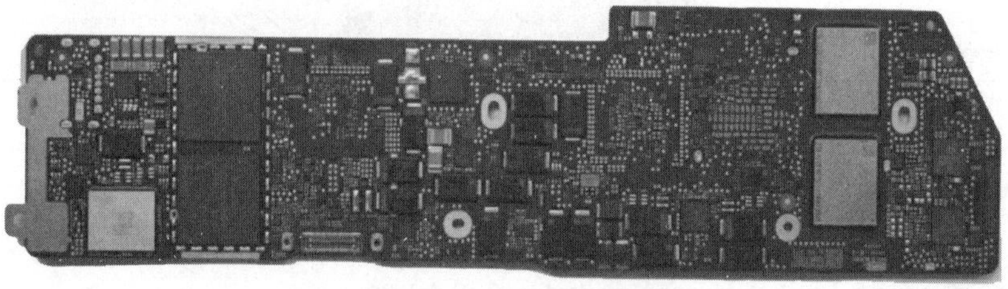

图 1-22　手机主板示意图

技能 1　电子元件物料编码

电子元件物料编码是以简短的文字、符号或数字来代表物料、品名、规格或类别及其他有关事项的一种管理工具。物料编码使得物料在领发、验收、请购、跟催、盘点、储存等工作部门传递相关信息更迅速、意见沟通更高效。

1. 物料编码功能

（1）增强物料资料的正确性。物料的领发、验收、请购、跟催、盘点、储存、记录等一切物料的活动均有物料编码可以查核，因此物料数据更加正确。

（2）提高物料管理的工作效率。物料按编码规则排列，以物料编码代替文字描述，物料编码统一，分类整齐，管理以及寻找效率大大提高。

（3）利于计算机的管理。物料管理在所有种类物料完成编码后，将编码分类存储于计算机中，利用计算机管控物料储位及数量，以达到物料管理效果。

（4）降低物料库存、降低成本。物料编码利于物料库存数量的管控，同时防止呆料（存量过多、耗用量极少、库存周转率极低的物料）的产生，并提高物料管理工作的效率，从而减轻资金的积压，降低损耗及管理成本。

（5）提高物料的储存安全性。物料一经编码后，物料记录于系统中，物料储存井然有序，储位清晰明了，减少物料丢失事件的发生。

（6）便于物料的领用。库存物料均有正确的统一的名称及规格予以编码。用料部门领用以及物料仓库发料通过统一编码以及提示储位处理物料，减少寻找物料的时间损耗。

（7）便于减少物料的品种、规格。对物料进行编码时，可以对某些性能相近或者相同的物料进行统一、合并和简化，减少物料的品种、规格，便于管理。

2．物料定义

物料为能独立存在的由公司制造的所有产品，以及组装成产品的所有零部件，如电子元件、结构件、部件、组件、生产半成品、主机、成品、多件成品组成的一个外包装等。每个物料有且只能有一个编号，每个物料编号只能代表一个物料。如相同尺寸的五金件，其表面处理不同，也需要使用不同的物料编号加以区分。

3．物料编号

元件物料命名行业没有统一标准，不同公司命名方式各不相同，现以快克智能装备股份有限公司采用的五级十位命名方式说明，如图 1-23 所示。

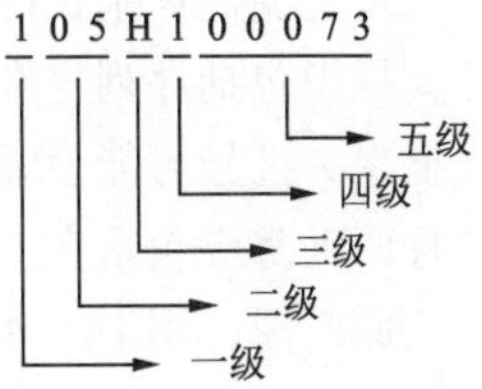

图 1-23　物料号标识示例

料号：105H100073 表示第 73 号环保贴片电阻，其中：

一级，由 1 位数字表示该物料所处的制程段。原材料为 1，半成品为 2，成品则为 3。

二级，由 2 位数字表示元件类型。01 是电机，02 是电源线，03 是变压器，04 是基板，05 是电阻，06 是电容，07 是电位器，08 是二极管、三极管，09 是 IC 及液晶，10 是其他元件，12 是弹簧及缓冲类，13 是机壳。

三级，由 1 位字母表示元件环保特性。H 是环保型，N 是非环保型。

四级，由 1 位数字表示元件结构特征。电阻类：1 是贴片电阻，2 是碳膜色环电阻，3 是金属膜色环电阻，4 是线绕电阻，5 是金属氧化膜电阻，6 是高压高阻玻璃膜电阻，7 是厚膜电阻，8 是热敏电阻，9 是其他类型电阻；电容类：1 是贴片电容，2 是薄膜电容，3 是电解电容，4 是金属化聚酯薄膜电容，5 是低压低频圆片磁介电容，6 是高压陶瓷电容，7 是涤纶电容，8 是可调电容，9 是其他电容。

五级，由 5 位数字表示，数字从 00001 到 99999 依次排列。

依照产品 BOM 中的描述，在公司物料清单中寻找对应的公司料号，并在产品 BOM 中标记清楚，如果有不在公司物料清单的，立即联系采购，进行物料采购，根据规定的物料命名方式进行物料命名。

技能 2　电子元件包装编码

电子元件包装上编制条形码和二维码标签，可用于电子装联线体中部件的自动识别和自动处理。

1．标签数据内容和要求

（1）一般数据要素。标签格式包含强制的、可选的和相互商定的三种数据要素。字符数中包含的数字不包括开销字符，例如开始和结束字符，数据标识符以及标准符号规范要求正确编码数据所需的任何其他字符。在机器可读介质编码中的所有数据要素前均应有适当的 ISO / IEC 15418/ANS MH 10.8.2 数据标识符。制造商可以在标签上添加任何数据，二维码中的附加线性条形码或数据要素应使用适当的数据标识符。

（2）指定数据要素。

制造商项目标识，DI“1P”～“25P”表示的制造商分配物品标识是指定的标记。如果使用"1P"，则通过结合全球唯一的公司 ID"18V"来满足 ISO/IEC 15459 的要求。

客户产品代码，DI"P"表示客户分配给产品的代码，并且可以与订单一起传输。在标签上添加客户信息是供应商和客户之间的购买协议。如果没有特定的购买协议，制造商来决定是否添加此信息。

制造商标识，DI"18V"～"21V"表示组件唯一可追溯的制造商标识。"18V"是默认的制造商标识。如果需要制造商的某一部门信息，从而更方便地获取制造位置，则除了 18V 之外还可使用 DI"21V"。如果贸易伙伴之间达成共识，则可以使用"ZIV"代替"18V"。

数量，DI"Q"～"7Q"数量应为贴有标签的包装或容器中的数量。

可追溯性识别，DI"S"～"255"～"lT"～"25T"是制造商指定的可追溯性识别标识。此类标识包括序列号和批号。可追溯性识别应该是序列号或批次编号，在某些情况下，序列号和批次/批号可能会显示在标签上面，在这种情况下，两者中的至少一个应编码为线性条形码，并且两者都应包括在二维符号中。

原产国，用 DI"4L"表示，应使用完整的国家名称，以人类可读的信息显示。

生产日期，DI"16D266"表示的日期代码应符合 ISO 8601。当以机器可读符号编码时，应使用数据标识符"10D""11D""16D"，生产日期由制造商以适当的方式确定特定产品。

包装识别，DI"J"～"3S"表示定制的包装标识（即牌照），应符合 ISO/IEC 15459 标准。建议使用带有数据标识符"J"的牌照。如果有多个包装层各自具有一对一的关系，那么相同的包装 ID 将用于不同包装级别的标签。如果包中有多个包，则必须有不同的包 ID。例如，一个带状贴片元件盒中的干燥包，在其各自的标签上具有所有相同的包装 ID；一个带状贴片元件盒中的多个包装，每个具有不同的包装 ID，而带状贴片元件盒只有 1 个。

（3）可选数据要素。

有效期，DI"14D"表示当在制造商定义的条件下储存时，包装物应在包装标签上显示的有效期之前处理（如焊接），到期日期数据格式为 YYYYMMDD。

修订级别，DI"2P"表示修订级别指定项目的修订本或版本，如工程变更级别、版本或修订版。

EIAJ ID，DI"3N"表示数据标识符"3N"。

制造商所在地，DI"25L"是根据 ISO/IEC 1549 表示的全球唯一位置代码，结构为 3 个连接数据要素的序列：颁发代理商代码（IAC），后跟公司标识号（CIN），后跟物理内部位置代码，该代码在 CIN 持有人的域名应用于识别制造商的位置，例如：使用 IAC LE（EDIFICE）：25LLEIBMABCDE.。

客户指定的供应商代码，DI"V"表示一些客户使用自己为供应商分配的代码，并且还要求在组件包上提供此信息，具有客户特定内容的标签会引起额外的问题，例如生产库存通过经销商或客户退货进行分销时，当标签上需要客户数据时，某些分发模型可能不起作用，返回包含客户特定数据的包装通常意味着重新标记。

湿度敏感度等级，DI"13E"是根据 IEC 61760-4 设定的湿度敏感度等级。

资源定位器（URL），DI"33L"～"34L"是可以使用数据标识符和相应的数据结构。"33L"使用数据标识符在专用数据要素中添加更多信息的互联网链接和相应的数据结构"34L"。

（4）数据语义和格式定义。数据标识符及相关数据要素见表 1-5。

表 1-5　数据标识符及相关数据要素

数　据	选　择	数据领域	数据特征	描　　述
10D	指定性	数据	an3+n4	结构 YYWW
11D		数据	an3+n6	结构 YYYYWW
12D		生产日期	an3+n8	结构 YYYYMMDD
14D	选择性	终止日期	an3+n6	格式 YYYWDD
1P	指定性	国家和地区代码	an2+an2	由 ISO 指定的两个字符的国家和地区代码
25P		产品编号	an3+a…32	联合 IAC/CIN 和供应商分配的项目代码
2P	选择性	修订水平		指定项目修订级别的代码
P	指定性	客户产品代码	a+a…25	客户指定给产品的代码
25L	选择性	制造商位置 ID	an3+a…25	由制造商根据 ISO/IEC 15459 的规划分配的全球唯一位置 ID
18V	指定性	制造商标识	an3+a…25	根据 ISO/IEC 15459 的默认制造商 ID
21V	选择性	组织分组身份证	an3+a…25	按 ISO/IEC 15459 的规则组建的小组
V	选择性	客户指派供应商代码	a+a…18	客户分配给供应商的代码
J	指定性	车牌、包装编号	an2+a…25	
3S	指定性	包 ID	an2+a…25	
S	指定性	序列号	a+a…25	供货商为实体分配的序列号或代码
25S	指定性	序列号	an3+a…32	联合 IAC/CIN 与供应商指定的序列号
1T	指定性	批号	an2+a…25	制造商定义的批号
25T	指定性	批号	an3+a…32	IAC/CIN 与供应商分配的实体标识和批号
7Q	指定性	量度单位	n2+ n…8+an2	产品包装中的数量量度单位
Q	指定性	包装数量	an2+n…8	产品包装中的数量
13E	选择性	水分敏感度	a+a…3	IEC 61760-04 或 IPC/JEDEC J-STD-020 中定义的 MSL
33L	选择性	统一资源定位器（URL）	包括形成统一资源定位器（URL）的字符	完整统一资源定位器（URL）链接到有标签商确定的因特网
34L	选择性	处理统一资源定位器（URL）的指针	包括形成统一资源定位器（URL）的字符	结合自动识别和数据捕获的编码门户地址生成统一资源定位器（URL）的规则

（5）数据。数据一般格式，所有数据要素都应在标签上表示为人类可读的文本，数据符号编码应可被二维设备读取，具体要求见表 1-6，另外，一些数据应该用线性条形码编码。可选数据元素表示的有效组合见表 1-7。机器可读符号一般格式，要求是线性条码符号或 2D 符号，其最大符号长度，不应超过 8 cm；线性条码语法要求以适当的数据标识符开头，符合 ISO/IEC 15434，2D 码语法应符合 ISO/IEC 15418。人类可读信息一般格式，可以是人类解释、人工翻译、数据标题或免费文本和数据。

表 1-6 指定性数据要素及符号

数　据	人工读取	条　码	二 维 码
制造商分配的物品识别码	指定性	指定性	指定性
制造商	指定性	选择性	指定性
数量	指定性	指定性	指定性
追溯信息	指定性	指定性	指定性
原产地	指定性	选择性	指定性
生产日期	指定性	选择性	指定性
包 ID	指定性	选择性	指定性

注：标签空间足够大时，表中线性码的强制信息应编码成线性条形码

表 1-7 可选数据元素表示的有效组合

任选数据要素	人工读取	条　码	二 维 码
不	不	不	不
是	是	不	不
是	是	不	是
是	是	是	是

（6）数据载体选择。线性条形码符号，可选用 Code39（IEC 16388）或 Code128（IEC 15417）两种条码方式。具体要求见表 1-8。

表 1-8 条码印刷要求

代码 39		建议的最低限度	建议最高限额
尺寸	宽窄元件宽度之比“X”	2.25：1	3：1
	窄元件宽度	≥0.25 mm	
条码高度	≥5 mm		
最低印刷质量	1.5/5/660		
代码 128		建议的最低限度	
尺寸	模块/元件宽度	0.25 mm	
条码高度	≥5 mm		
最低印刷质量	1.5/5/660		

二维码符号，可选用 Data Matrix ECC 200 和 QR 码两种格式。其中，Data Matrix ECC 200 的每个单元大小的建议最小“X”维度，QR 码为 0.17 mm，X 尺寸应由标签制造商/印刷商的印刷能力决定。

打印质量，应根据 ISO/IEC 16022 的数据矩阵符号系统和 ISO/IEC 180041 的 QR 码符号系统进行测试，最低符号等级应为 1.5/5/660，其中，建议打印质量等级，在打印符号时为 2.5（B），测量孔径为 0.125 mm，光源波长为（660±10）nm。

纠错级别，Data Matrix ECC 200 使用 ISO/IEC 16022 规定的自动纠错，QR 码应使用 ISO/IEC 18004 规定的纠错级别“M”。

语法和语义，应符合标准符号使用的 ISO/IEC 15418/ANSI MH 10.8.2 和 ISO/IEC 15434/ANSI MH 10.8.2 中规定的语法。

标签大小布局和位置，大小结合信息所需空间，应符合包装尺寸；布局是指字段在标签上的定位，条码布局取决于标签上可用空间、包装技术和其他因素，二维码布局应设计成适应包装尺寸，并应便于扫码，要放置在直线或不连续的字段中时，必须注意避免禁止单个数据的布局要素。

标签位置，是指标签在包装上的位置，每个标签应位于便于扫描的位置，相同的标签布局和内容可以在包装的几个层别上使用，例如在卷轴周围或密封袋周围，样例如图 1-24 所示。

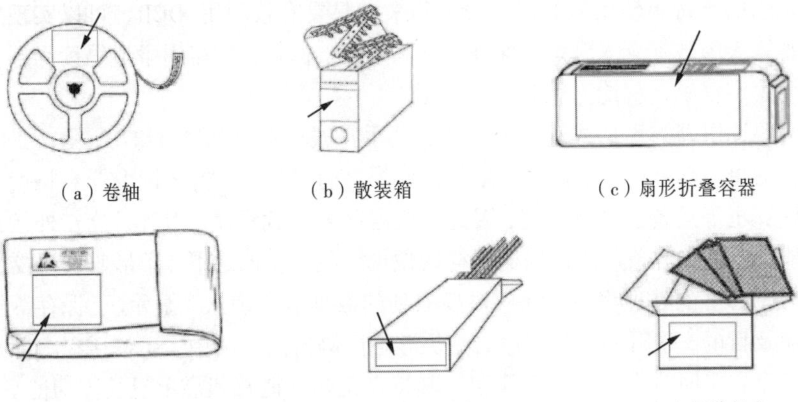

（a）卷轴　（b）散装箱　（c）扇形折叠容器

（d）袋装匣　（e）棒状匣　（f）矩阵托盘

图 1-24　标记位置样例

作业 2　元件物料读码

技能 1　条码读取器

1. 条码读取器的初始与应用

条形码呈现粗线与空格、细线与空格相间隔的条状排列。全球共有 100 多种条码规格，下面介绍其中具有代表性的类型，并说明各类型的特点。

（1）EAN · JAN · UPC。EAN 条码的特点是国际通用的产品代码，可表达的字符种类 0～9 的数字，可表达的位数 13 位或 8 位。用于生活用品、书籍、杂志、家电、衣物类等大范围产品。例如，本书封底上的条码，如图 1-25 所示。

ISBN 978-7-113-26987-6

9 787113 269876

图 1-25　常见条形码

（2）ITF。ITF 条码的特点是打印在纸箱上的标准物流条码，5 条杠表达 1 个字符。具有在位数相同的情况下，整体占用空间可小于其他条码的优点。可表达的字符种类 0～9 的数字，可表达的位数仅限偶数位，用于物流产品。

（3）CODE39。CODE39 条码的特点是用 5 条杠和 4 格空格表达 1 个字符的条码规格。与 ITF 及后述的 NW-7 相比，在表达同等位数时占用的空间更宽，但读取精度更高，还具有可自由设定可表达位数的优点，可表达的字符种类 0～9 的数字、大写英文字母、符号（–、.、空格、$、/、+、%）、*（星号起始符/终止符），可表达的位数为任意位数，用于汽车等工业场景。

（4）CODE128。CODE128 条码的特点是可以表示 128 个 ASCII 码字符。包括 3 种条杠，用 3 条杠和 3 格空格表达 1 个字符。不仅能够表达各类字符，在仅靠数字表达信息时，还能实现超越其他条码的小型化（仅限 12 位以上的数值）。可表达的字符种类有 ASCII 码字符、0～9 的数字、大小写英文字母、符号、控制字符（如 CR、STX 等）、可表达的位数为任意位数，常用于连锁店、百货店、医疗材料行业、便利店行业等。

2. 条形码读码器

条形码读码器是具备优秀便携性的数据收集用终端，如图 1-26 所示。利用自带的激光扫描模块或专用相机，对条码的竖线（||线）及空间的宽度（间隔）差异进行感测，以此来读取数据的专用移动设备。条形码读码器中的部分机型还配备了 OCR（optical character reader）功能，能够将印刷的字符串转化为数据，收集起来。只要有效利用 OCR，可以实现效率远超按键输入及语音输入的数据录入，大力推进业务高效化。例如，只需用条形码读码器扫描制造年月日及保质期等字符串，就能立即转化成数据。

（1）条形码读码器与手持式读取器的区别。手持式读取器如图 1-27 所示，是专为读取条码而设计制造的单一功能产品，属于“条码读取器”的一种。手持式读取器会将读取到的数据传输到外接计算机等设备上进行处理，因此主机内部未搭载程序。因其只能在外接计算机的状态下发挥功能，难以实现条形码读码器那样的便携使用。相比之下，条形码读码器不仅能读取数据，还内置了必要的处理程序，能够对读取到的数据进行确认（显示）、保存等操作。可以根据实际用途及目的，改写相应的程序。在条形码读码器的大类中，还包括在内部存储数据并处理的批处理型，实时收发数据的无线型。其特点是基本能够依靠单机发挥功能。

图 1-26　条形码读码器

图 1-27　手持式读取器

（2）条形码读码器的功能。概括起来条形码读码器具有数据的收集和记录、结果的自动传输和保存、无时差管理、实时发送指示、数据的正确性及可靠性高等功能。

（3）导入条形码读码器环境。使用条形码读码器之前，硬件与软件的同步优化不可或缺，虽然用 1 台条形码读码器就能全面实现包括各类条码读取，数据收集、收发等在内的多功能性能，不过在实际导入时，不仅要设置主机，还必须对周边环境进行优化，如在使用之前，需要配备作为通信对象的计算机/服务器、电源电池及专用充电器，根据实际情况，还需配备输出存储数据的专用打印机等，如图 1-28 所示。还需要根据使用环境及用途，开发与系统功能及操作性相关的软件，用来统计处理数据，并将得出的数据反馈至计算机等设备。

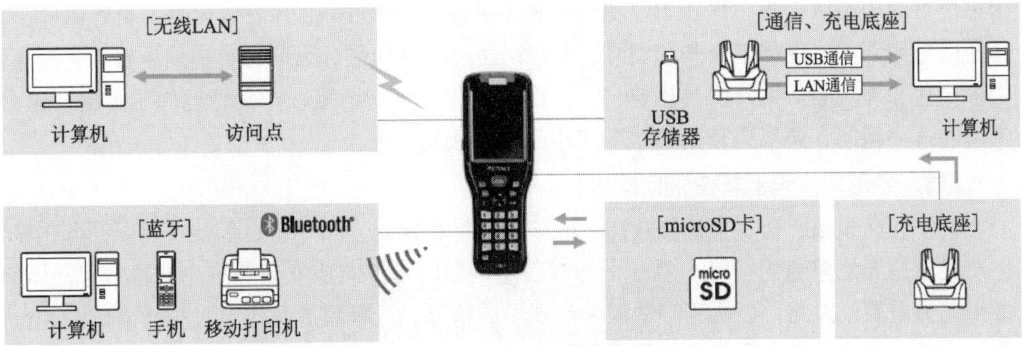

图 1-28　条形码读码器导入环境

通信环境，条形码读码器光靠主机就能实现数据的读取及存储，但要进行数据的统计及各部门数据共享、应用，就必须与计算机及服务器互联，小范围使用时，采用通信单元在有限区域中的固定位置使用时，选择通信单元，经由 LAN 电缆及 USB 数据线连接计算机；在工厂内使用时，选择无线 LAN 需要在工厂内，边移动边使用时，应选择无线型的条形码读码器，必须安装专用的访问点，构建局域 LAN。

电源环境，从便携性及使用便捷性来看，条形码读码器属于无线设备，以电池作为电源，分为采用专用充电电池的机型，可使用通用干电池的机型等多种类型，仅在公司或区域内部使用时，可配备专用的充电底座，只需在使用完毕后将整个主机插放上去，就能自动开始充电，但是针对人员外带使用的情形，比起使用专用充电器的机型，支持干电池或通用充电电池的条形码读码器机型具备更强的灵活性，使用场景更加广泛。

打印机等周边设备，我们经常会看到快递工作人员在交接货物时进行打印操作的情景。条形码读码器的优势在于不仅能进行数据的读取及统计，还能在连接打印机的状态下实现现场打印，只需要将仓库或工厂内读取的数据打印在纸箱贴标上。条形码读码器支持包括便携式小型打印机在内的多种设备，可根据用途配置使用。

开发软件，比起优化条形码读码器主机、通信设备、电池、打印机等周边设备在内的硬件环境，专用软件的开发难度更高，根据企业内部有无系统及系统参数，条形码读码器的导入条件各有不同，通常可分为内置应用程序、Web 应用程序、终端服务和终端模拟器、中间件等 4 种开发类型。

内置应用程序，将执行应用程序安装在条形码读码器中的类型，适合需要“希望存储数据”“希望多元控制软硬件”“希望轻松开发”的企业；Web 应用程序由条形码读码器浏览器浏览 Web 服务器上的页面的类型，适合“希望使用或正在使用 Web 应用程序”“希望集中管理应用程序”的企业；终端服务由条形码读码器模拟 PC 应用程序的类型，适合需要“希望直接使用 PC 应用程序”“希望集中管理应用程序”的企业；终端模拟器、中间件使用第三方提供的终端模拟器、中间件的类型，适合需要“希望构建高速且多元的 Web 型系统”“希望在条形码读码器上使用 AS/400、SAP 的模拟器”“希望集中管理应用程序”的企业。

技能 2　导入条形码读码器应用案例

伴随着智能手机、游戏机、计算机及其他各类家电产品的小型化、薄型化发展，如图 1-29

所示市场对电子装联检查工序提出了更加精密的要求，对于 IC 芯片、电阻器、电容器、晶体管这样的精细部件，很难逐个刻印型号，又难以通过目视识别，因此很容易发生错取。随着需求的多样化，外观相似的产品越来越多，产品周期也在不断缩短，产品管理的压力越来越大，为了解决这一问题，条形码读码器被导入电子装联领域。

1. 导入条形码读码器解决响应问题

在电子装联现场，会发生焊接故障、电子元件材料缺货、部件不良等各类问题，由此导致的生产延迟是无法避免的。所以，搭建能够在发生问题时迅速响应并快速解决问题的生产体制，就显得尤为重要。因此，必须实时掌握生产现场的情况，了解制造及作业过程所需的时间，优化制造成本，这就需要生产线工序管理和收集记录，这成为制造现场改善的关键所在，条形码读码器成为解决这一问题的重要工具。

2. 代表性工序与制造流程

电子装联典型工序与制造流程如图 1-30 所示，通过导入条形码读码器，只需扫描条码，就能查看各类产品的作业指示及必要部件的库存情况，实现各道工序的高效化，促进整个生产环节的健全化发展。

图 1-29 电子装联生产现场示意图

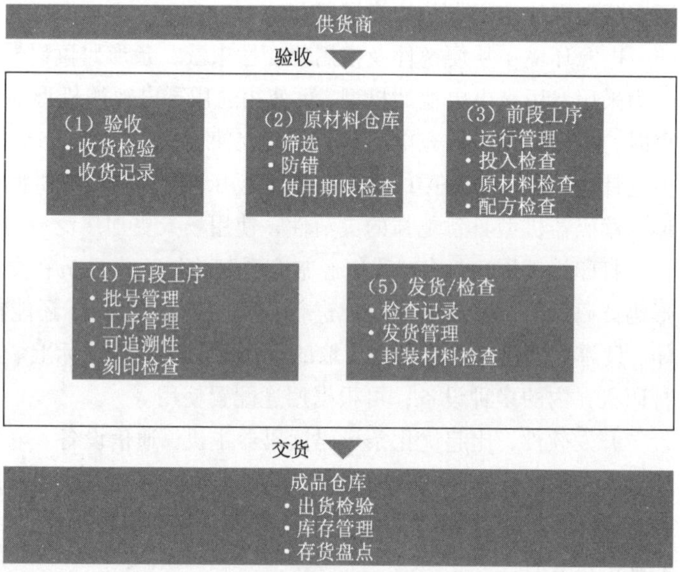

图 1-30 条形码读码器导入应用案例流程图

3. 导入条形码读码器工序改善优点

（1）验收。对票据进行目视确认时，会出现识别错误的风险。而使用条形码读码器，读取目标物自带的条码，如图 1-31 所示，就能使错误率接近于零。并且能将读取到的信息立即转化为验收记录数据，减少手动输入数据所损耗的时间。将条形码读码器用于生产线上时，能自动进行库存转移处理，省去了人工记录及数据录入的工序，实现更高效更低成本的库存管理。大幅提升了收货检验/验收检查的精度。

（2）原材料仓库。一旦收货时的目视检查发生错误，将在拣选工序中引发混乱，对其后的制造工序造成极大的损失。这时候就需要利用条形码读码器与条码，将产品信息和货架信息关联起来，如图 1-32 所示，实现高效拣选作业，促进存货盘点管理的高效化，加快核对作业速度等，推动作业的高速化、准确化。此外，一旦原材料过期，条形码读码器还会发出警告，避免将其误供应到生产现场。

图 1-31　条形码读码器导入验收工序示意图

图 1-32　条形码读码器导入原材料仓库工序示意图

（3）前置工序。指原材料配制、机械加工、表面处理、曝光处理等加工制造工序。一旦在前置工序中发生问题，会对后段工序及交货造成极大的影响。导入条形码读码器后，如图 1-33 所示，能够实时开展运行管理、投入检查、配方检查，一旦发现问题可立即解决问题，有效避免后段工序的停滞。借助条形码读码器，不仅能掌握部件及产品状况，还能清晰了解消耗品、设备、工具的使用及消耗情况，可作为设备管理环节中有效的预防性维护手段。

图 1-33　条形码读码器导入前置工序示意图

（4）后段工序。是指贴装工序、焊接工序、装配等工序，常见问题包括“装配错误”“焊接不良”等。开展单元式生产时需要同时处理多个部件，更易发生错误，而导入条形码读码器后，如图 1-34 所示，就能轻松确认操作步骤及元器件。只需扫描产品/元器件条码，就能在显示器上显示操作步骤等信息，可有效节约时间及劳动力，避免错误的发生。还能高效开展批号管理、工序管理以及可追溯性管理。

（5）发货、检查。导入条形码读码器后，终端可与系统联动，实现产品序列的自动注册，如图 1-35 所示。库存管理也会变得更加简略，提高发货及检品的速度。导入条形码读码器还能大幅提高产品的可追溯性，一旦发生不良品等突发问题，可以迅速查明问题的源头工序。检查记录还能当场转化为数据，通过数据分析，明确改善方向。

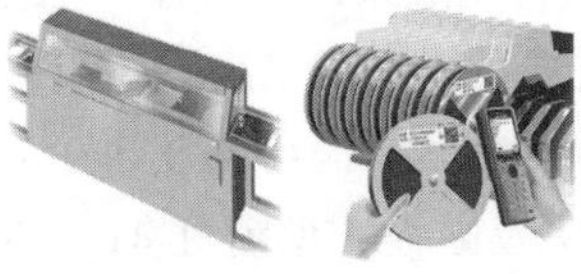

图 1-34　条形码读码器导入后段工序示意图

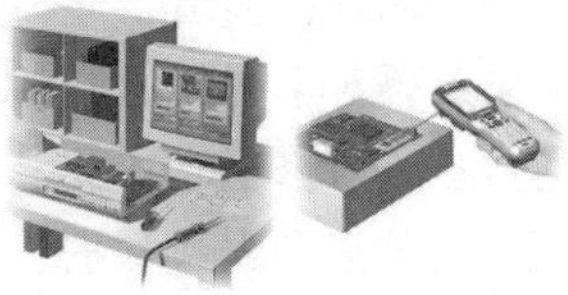

图 1-35　条形码读码器导入发货、检查工序示意图

（6）成品仓库。成品检验后将被送入成品仓库，等待交货；使用系统管理成品入库信息，

能够大幅减少误发货的发生，如图 1-36 所示。此外，通过连接条形码读码器与系统，还能实现库存管理及存货盘点的高效化。

（7）作业指示书与装置的数据核对。在电子装联制造现场，存在序列号及批号未被条码化的情况，在这种情况下，只能依赖于目视检查。除了序列号和批号，装置数据等也是依赖于目视检查的典型案例。如果用支持字符识别（OCR）功能的条形码读码器代替目视检查，将会实现准确高速作业，有效避免错误，改善作业效率，如图 1-37 所示。支持字符识别（OCR）的条形码读码器能够读取装置上显示的 7 段字符，不仅不会发生目视作业导致的读取错误，还能通过扫描轻松完成数据录入，省去了目视、手写、手动录入计算机等工序，通过高效作业切实开展数据管理，如图 1-38 所示。

图 1-36　条形码读码器导入成品仓库工序示意图

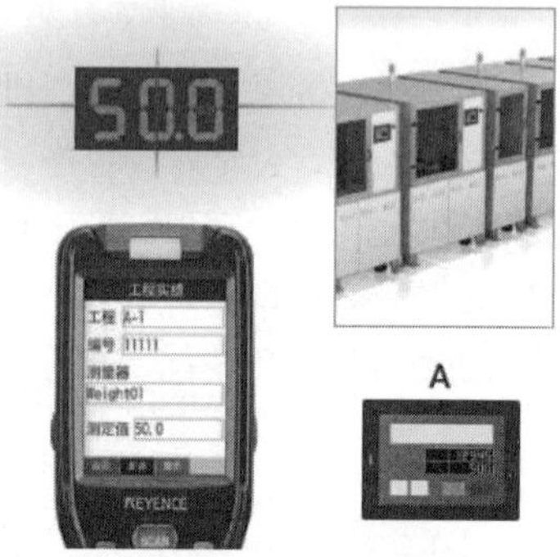

图 1-37　条形码读码器导入装置数据核对工序示意图

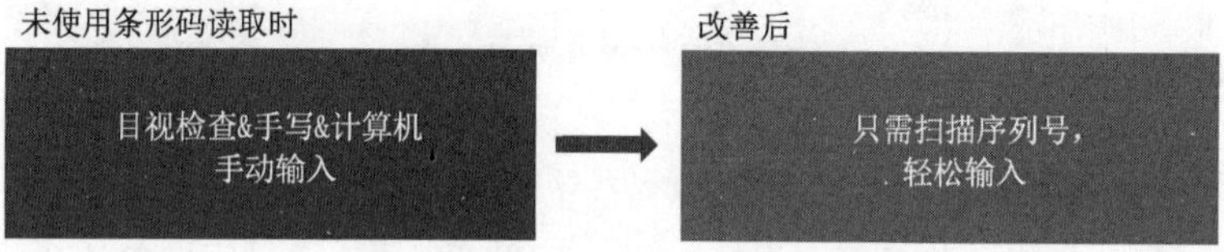

图 1-38　使用条形码读码器前后读取装置改善示意图

技能 3　二维码读码器初识与应用

1. 二维码类型与读取原理

（1）二维码与条形码的差异。实际生产线会有“想要对条形码赋予更多的信息量，将票据的各个内容都转换成条形码”“想要让条形码变得更小，以便附加到电子部件上”等。为了满足这些需求，“二维码”诞生了，典型二维码如图 1-39 所示。与条形码相比，二维码能够容纳数十倍的信息量，尺寸却只有条形码的数十分之一。凭借这一特性，二维码被使用于更多领域。二维码数据存储容量大，不同于条形码只能在 1 个方向上记录信息的结构，二维码的纵向与横向均可存储信息，能够将多出条形码数十倍到数百倍的数据转化成条码；同时，二维码数据密度高，相比于条形码对于相同的信息量，二维码能够节省更多的空间；二维码还具有数据修复的功能，在对数据进行修复时，采用了一种名为“里所法”的数学错误检测及纠正方法，不仅能够修复数据，还能避免误读数据，能对脏污（见图 1-40）及缺损（见图 1-41）部分进行数据修复的功能，一般条码本身出现 10%～30%的缺损，也能在修复后进行读取。

图 1-39　典型二维码

图 1-40　脏污二维码

图 1-41　缺损二维码

典型二维码有 QR 和 DataMatrix ECC 200 两种结构形式。其中，QR 码包含 3 个分隔符号的"模式 1""模式 2"和只有 1 个分隔符号的"微型 QR"。QR 码必需的空白区尺寸，是四周各 4 个单元（微型 QR 为 2 个单元）；DataMatrix（ECC 200）包括正方形与长方形两种类型，DataMatrix 必需的空白区尺寸，是四周各 1 个单元。

（2）二维码读取器类型。二维码读取器主要分为一体式（见图 1-42）和独立型（见图 1-43）两种类型。在一体式类型的二维码读取器中，照明、CCD、镜头及解码器都包含在一个机体中，由于只有一个机体，因此这种类型读码器的外壳防护极高。在独立型二维码读取器中，照明、CCD、镜头及解码器分别位于单独的设备中。因为各部分是相互独立的，因此这种类型的读码器可以提供极高的自由度。

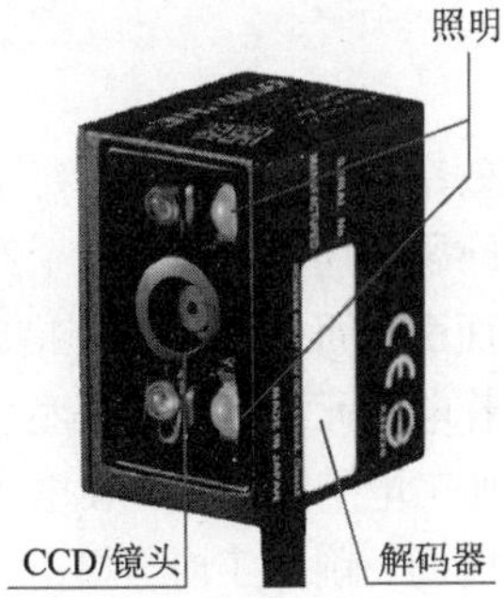

图 1-42　一体式读取器

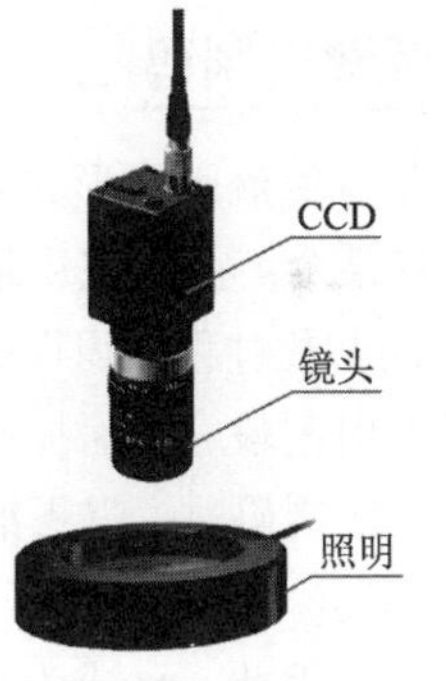

图 1-43　独立型读取器

（3）二维码读取原理。二维码读取器通常是从已转换为二进位图像的拍摄图像中提取二维码并进行解码。如果无法从经二进位处理的图像中正确识别出代码，代码就无法被读取。二维码读取可分为如下四个步骤：

第一步：LED 发出的光照射到目标代码并通过 CMOS 传感器或其他类似设备进行拍摄。

第二步：下载所拍摄的图像并将其转换为灰度图像。

第三步：将灰度图像转换为二进位图像。

第四步：根据代码标准对该二进位图像进行解码，并将代码数据通过 RS-232C 或以太网通信输出。灰度图像即为"黑白"图像，因其具有由白色、灰色与黑色构成的平滑亮度，与二进位图像有所不同，所以在图像处理过程中将其单独划分出来。

当二维码读取器拍摄到灰度图像会在很大程度上影响二进位图像，即使刻印情况达到人类肉眼可以识别的程度，但是由于光线照射到目标的方式、刻印工件表面的状况、CCD 的状况等原因，二维码读取器仍有可能无法正确识别代码。当通过红色照明照射白色、黑色、红色和蓝色物体时，反射情况如图 1-44 所示，白色的物体会反射所有的颜色。因此，红色光源发出的光会全部被白色物体反射掉。相反，黑色的物体会吸收所有的颜色。因此，由红色光源发出的光照射到黑色物体之后，几乎会被完全吸收。

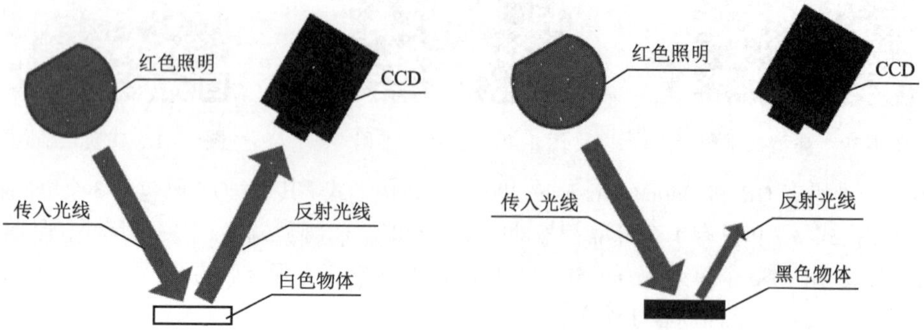

（a）白色物体　　（b）黑色物体

图 1-44　二维码读取红光照射白黑物体反射原理图

技能 4　导入二维码读码应用

二维码读码不只是识别物料，在电路板制造及贴装过程中，还可以通过二维码提升作业性、实现生产过程可追溯性及防错数值管理，从而有效降低成本、提升品质及缩短交货期。

作业 3　基板激光制码

电子装联是按照流水线形式生产电子产品。在这种高效率的生产模式下，每个产品的生产工序相同，一旦某个产品出现质量问题，就难以追溯查清问题工序，因此给每个产品及生产工序贴上身份标识以及过程标识即标码，用于在生产线上全面引入可追溯性管理措施，明确产品生产的工艺段及时间段，从而提高产品品质。近年来，随着电子元器件朝着小型化、薄型化方向发展，这就要求制码时，需更准确、更精细、无损伤地加工电子元器件。在电子装联领域导入激光打标机标码，就可满足这一要求。同时可缩短循环时间，削减工时，提高生产效率，并且保证标码质量。因此，已成为行业物料打码的主流制程。

技能 1　激光打标机制码

激光打标机制码是利用高能量密度的激光对工件表面进行局部照射，使表层材料气化或发生颜色变化，从而留下永久性标记的一种打标方法。激光打标机可以在基板上刻印条形码、二维码、字符以及图形等可追溯的信息，满足自动化、智能化的管理要求，满足精致生产、品质管控、工艺提升的需求，提高生产效率、减少管理成本。

不同型号的激光打标机的操作方式基本相同。图 1-45 所示为 S450CX 型激光打标机，该设备最大刻印图形 50 mm×50 mm，配有 CCD 在线条码检测系统，支持中英文大小写，可刻印条形码、二维码以及刻印图片数据，并且采用自动烟雾净化系统，更加环保安全。下面以 S450CX 型激光打标机为例，学习使用激光打标机在基板上标码。

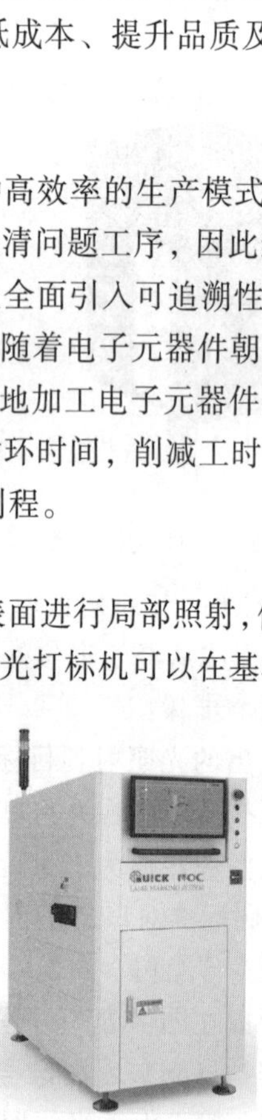

图 1-45　激光打标机

视频

激光打标（1.设备的主要部件介绍）

将材料准备好后，开始对基板进行激光打标。激光打标机的操作流程如图 1-46 所示，主要包括基板信息创建、编辑 Mark 点、二维码模板制作、添加镭射位置、设定标签和设定参数等 6 个步骤，下面逐一进行阐述。

图 1-46　激光打标操作流程

将基板准备好，并在操作人员做好防护后，开启激光打标机，进入 Windows 操作系统。运行桌面上的 LASERMARK 软件，软件主界面如图 1-47 所示，通过“切换用户”按键可以切换操作员模式、工程师模式和管理员模式。

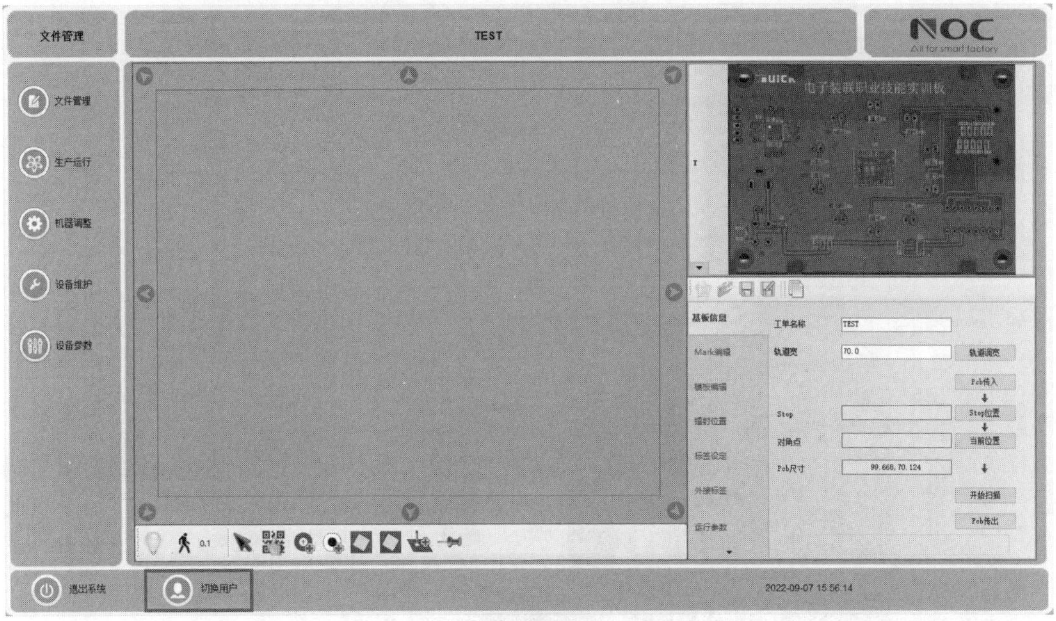

图 1-47　LASERMARK 主界面

选择“管理员”进入软件“文件编辑”界面，在“工单名称”文本框中输入当前基板生产物料号，如图 1-48 所示；使用直尺测量出事先准备的基板宽度，并在“轨道宽”文本框中输入测量出的数值，下一步单击“轨道调宽”按钮，等待轨道调宽完成；将基板放至入料口，并单击“Pcb 传入”按钮，待板材停到位。

视频

激光打标
(2.软件操作)

单击“Stop 位置”按钮，使相机运动到基板停靠位置，以当前点为基准（停板位置），把相机视野移动到基板的对角。移动到位后，单击“当前位置”按钮，软件会自动计算基板尺寸大小，并在“基板大小”中显示详细信息。

单击“开始扫描”按钮，对基板进行全板扫描，扫描的目的是方便了解基板中的 Mark 光学识别点信息和即将要刻印条码位置的信息，如图 1-49 所示。

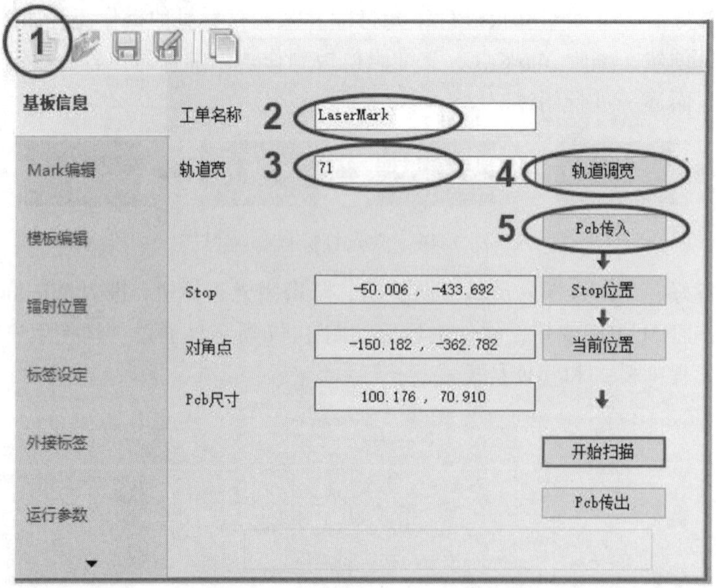

图 1-48　创建生产程序

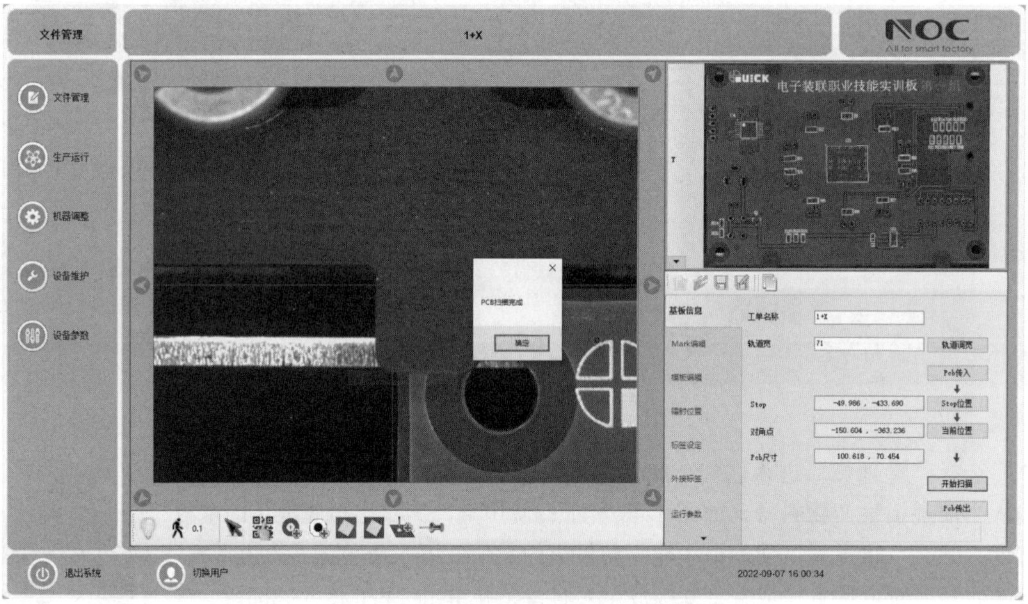

图 1-49　全板扫描设定

1. 基板 Mark 点编辑

在整体图中大致找出 Mark 点位置点一下，相机会移到 Mark 点位置，以图像捕捉到的 Mark 点为例来定位基板，如图 1-50 所示。选择“Mark 点按钮选项”。在相机实时图中框选 Mark 点，系统会自动抓拍，并且弹出对话框，单击“是”按钮，即可添加 Mark 点。单击“灯光”按钮，选择合适的灯光。选择 Mark 点形状。以上 Mark 点添加成功，依此类推，可以在基板中添加多个 Mark 点。一般情况下添加两个 Mark 点。

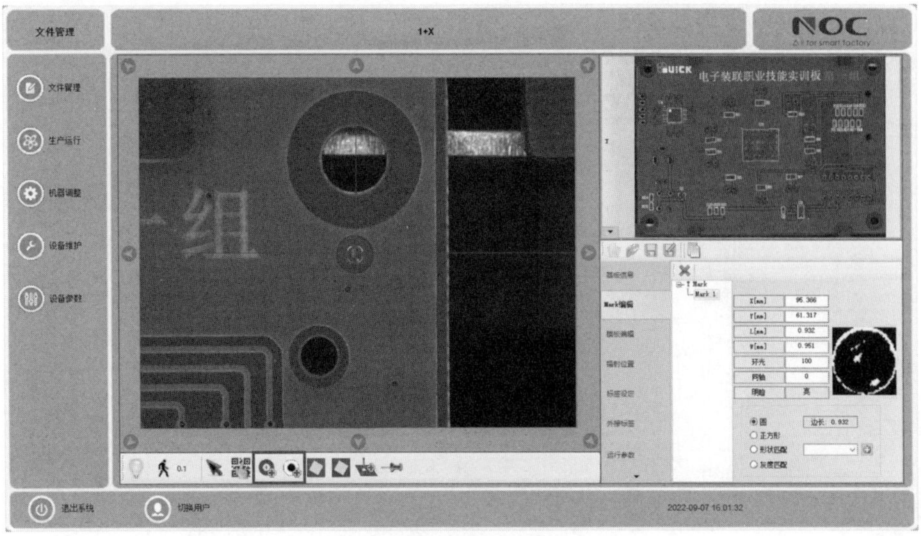

图 1-50　Mark 点编辑

2. 二维码模板制作

单击模板制作按钮，进入模板 EZCAD 软件，使用“条码”工具，绘制一个条形码，如图 1-51 所示。在字体编辑区域内，改变字体类型为二维码，并在二维码类型号中选择（DATAMATRIX）并应用，如图 1-52 所示。在文本信息框中输入文字内容，字符数量保持和将要打标的二维码内容一致。

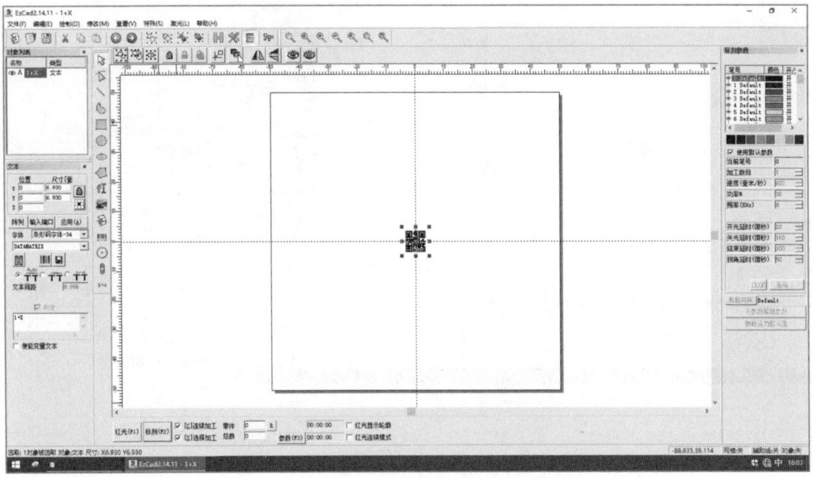

图 1-51　绘制条形码

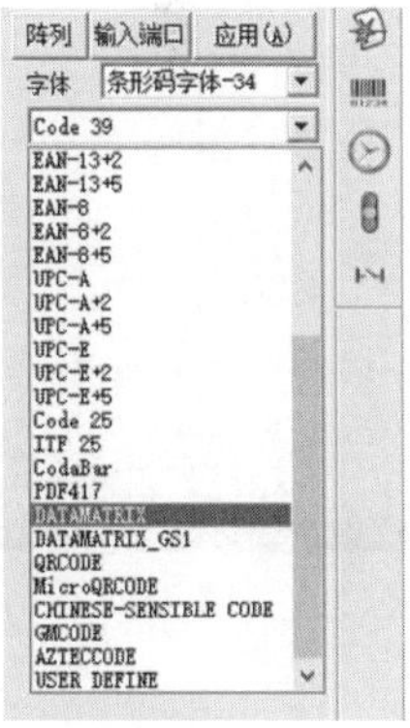

图 1-52　选择二维码类型

设定二维码的尺寸大小，在尺寸大小编辑栏中，分别输入长宽的数值，并使用工具，对二维码进行填充，取消使能轮廓，选择填充线方向类型，勾选对象整体计算，填充线条角度设定为 0，设定线间距为 0.04 mm，确定当前修改信息，如图 1-53 所示。

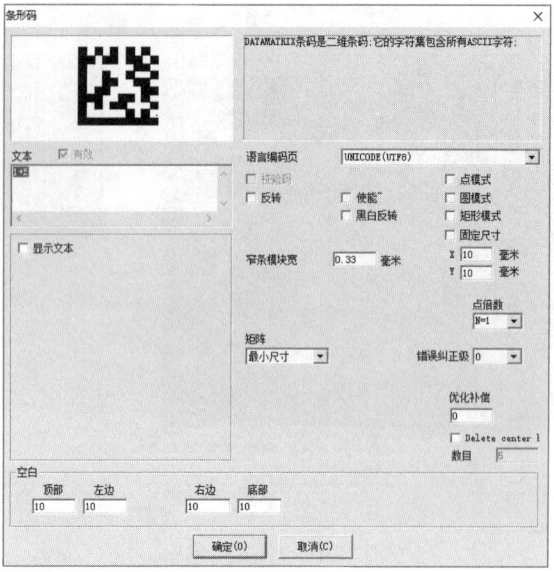

图 1-53　二维码尺寸大小制作

设定激光加工参数，取消默认激光加工参数，设定激光加工速度为 600 mm/s，功率为 30%，频率为 6 kHz，如图 1-54 所示。

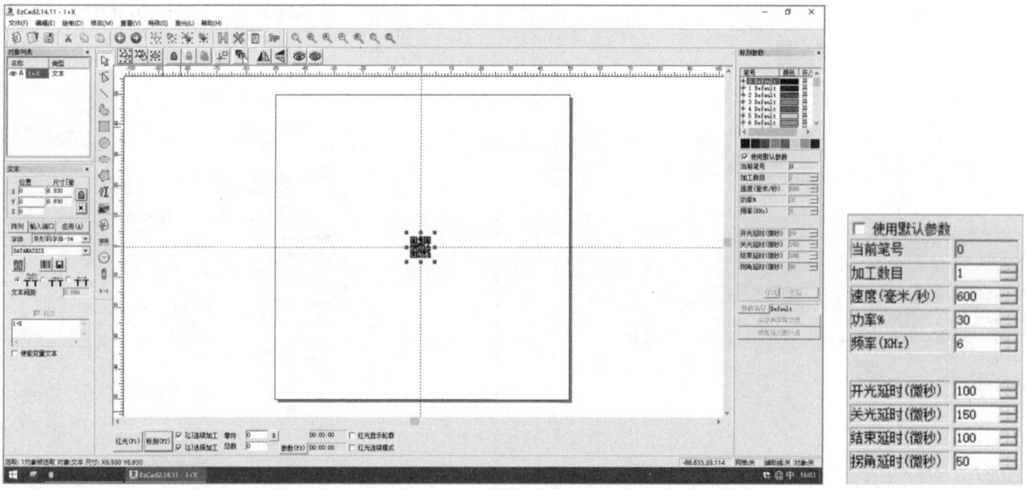

（a）　　（b）

图 1-54　激光加工参数设定

选中当前二维码，将其放置到原点，使二维码处于编辑视野的中心位置，此时它的坐标 x、y 均为 0，鼠标移动至左上方的对象列表处，双击当前对象，出现修改名称栏，输入 CODE，单击“确定”按钮。保存当前编辑内容，模板文件名默认与生产工单同名。在 LASERMARK 软件中，同步激光模板文件，并在列表中选择当前对象为 MATRIX，单击“确定”按钮，如图 1-55 所示。

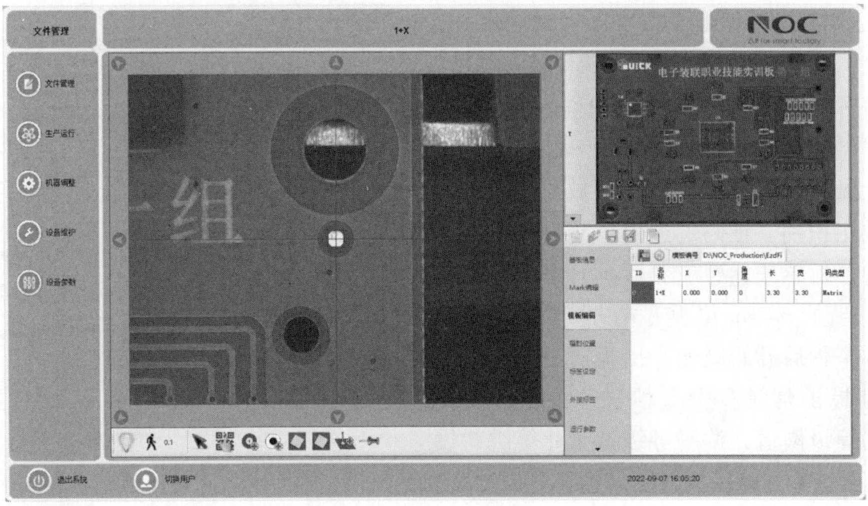

图 1-55　生成二维码模板

3. 激光位置添加

根据生产需要，在每个 PCS 产品上添加激光位置。

第一步，单击激光位置按钮进入激光位置设定页面；第二步，单击“添加激光点”按钮进行添加激光点；第三步，单击基板整体图中需要激光的大致位置，此时相机会移到单击的位置；第四步，在相机实时图中单击需要激光的位置，此时会添加激光点，如图 1-56 所示。

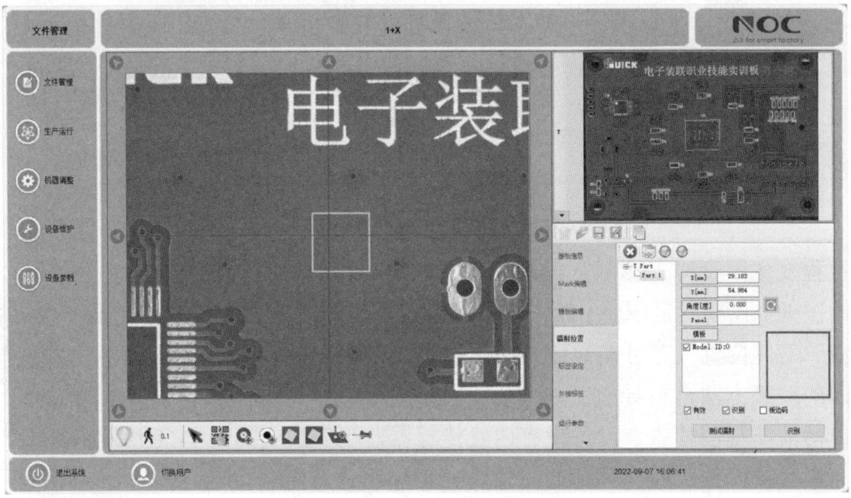

图 1-56　添加激光位置

4. 二维码标签设定

单击“标签设定”按钮，进入“标签设定”页面，如图 1-57 所示。第一步，单击“增加”按钮，弹出需要设定的 ID 标签；第二步，勾选需要设定标签的 ID，单击“确认”按钮、单击“增加”按钮，出现 Label1，如有多个变量，再次单击会依次出现 Label2、Label3 等，如有需要可选择 Label 号后单击“修改”按钮、“删除”按钮进行修改及删除；第三步，选择生成的 Label 序号；第四步，输入标签设定的规则，根据生产需要，设定标签内容，可以设定固定内容和变量内容，而变量内容又可以分为时间和流水号码。

5. 二维码刻印参数设定

单击“运行参数”按钮，进入“运行参数”页面，如图 1-58 所示。Mark 点识别范围，正方形区域，代表 6 mm 正方形内抓取 Mark 点。打码识别范围，解码范围，正方形区域，代表 6 mm 范围内取图识别二维码。进出板延时，气缸停板方式为停板感应器感应到后延时多少毫秒后皮带停止转动。Sensor 停板方式为减速感应器感应到多少毫秒后开始减速。出板后出板感应器感应不到板子延时多少毫秒轨道停止转动传板。读码等级阈值，读码等级低于此等级，设备报警提示。Y 方向停板补偿，用于进板时停板位置 Y 方向补偿。传出方式，A 面 B 面出板选择，即传出前是否需要进行翻板动作。

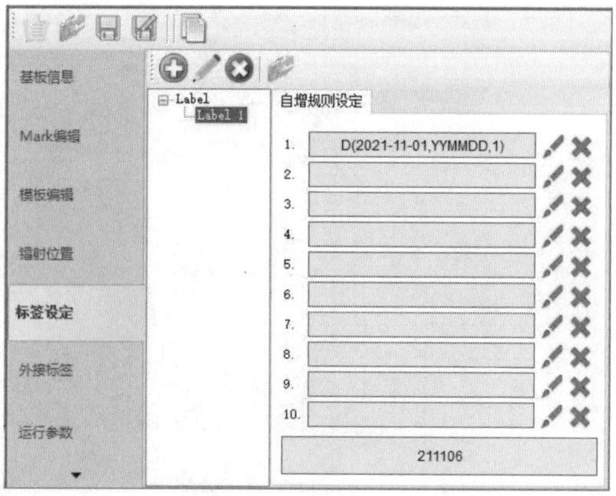

图 1-57　标签设定

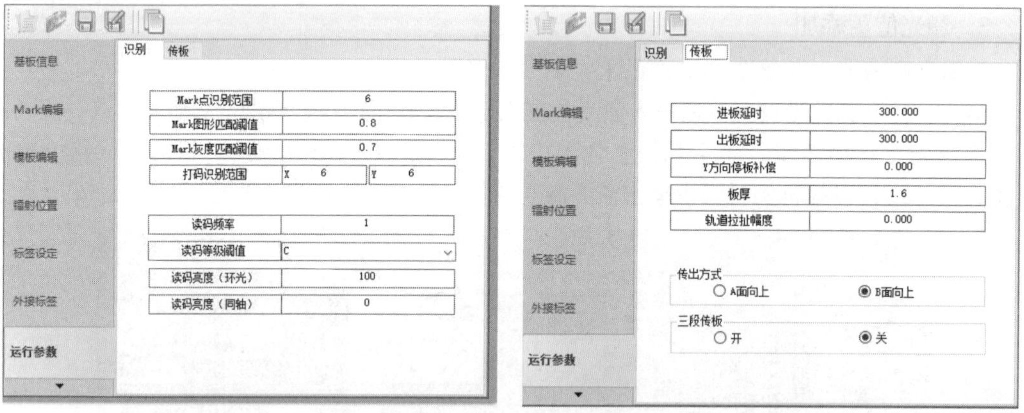

图 1-58　二维码刻印参数设定

刻印过程发生不良时，诊断分析过程如图 1-59 所示。第一步，根据内置相机拍摄的图像，找准不良图像；第二步，追溯实施刻印时的“激光输出、窗口有无污渍、工件位置”等可能导致刻印不良的要素，进行验证；第三步，对提取的原因的对策方法进行导航。

视频

激光打标

（3.生产运行）

如窗口污渍监视器检查，设备设有内置传感器监视窗口，如图 1-60 所示。窗口污渍、激光被遮挡、超过阈值时，输出“刻印不良”警告。

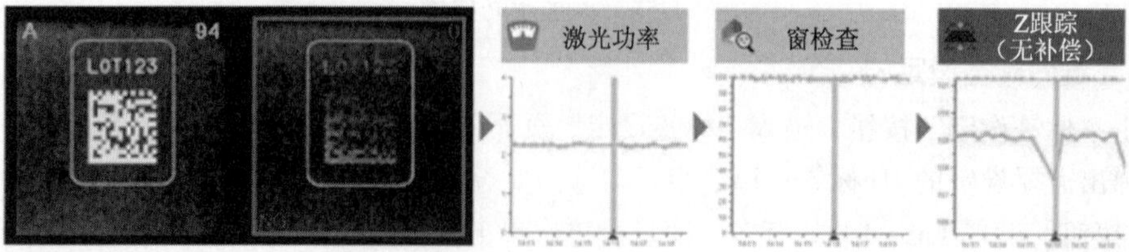

（a）通过图像找准不良图像　（b）无问题　（c）无问题　（d）缺陷改善导航

图 1-59　激光刻印不良诊断原理图

刻印图案清晰度一般通过调节功率和频率两项来改善码标的清晰度。第一步，先检查软件参数的设定是否正常，功率参数是否调在之前生产的范围之内，频率是否调得过高，如图 1-61 所示。第二步，确认第一步正常后，检查激光电源是否为正常值 24 V，如不在正常范围，更换 24 V 电源。第三步，用调光片检测激光发射器光斑的大小、圆度，光斑正常为圆形，如光斑圆度不够以及光斑只有半圆，是激光器内部发光体没有正常工作，需更换激光器。第四步，检查振镜信号是否有问题，或者是振镜受到外界的干扰，如振镜在打码过程中出现细微的抖动，易导致打出来的文字或者图案不清晰。第五步，检查激光器的光束整合镜片是否受到损坏和污染，若有问题，则导致激光打标机打字不清晰。第六步，检查激光光束质量，如果激光打标机的光学镜片固定的镜架质量差的话，就会导致激光能量变动，甚至没有激光输出，更不用说光束质量变差了，同时，导致激光光束变差也有可能是因为激光输出镜片被损坏污染，都会导致打印图案不清晰。

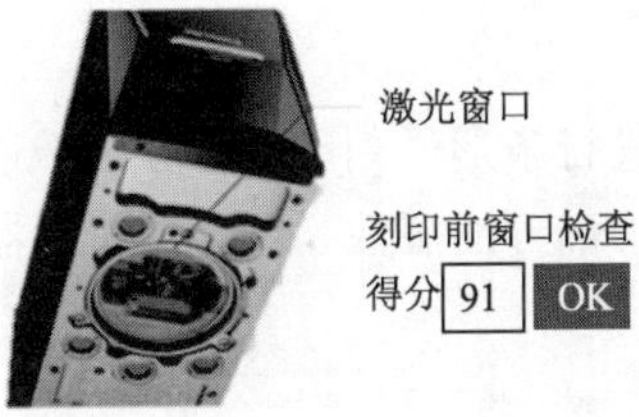

图 1-60　窗口污渍监视器

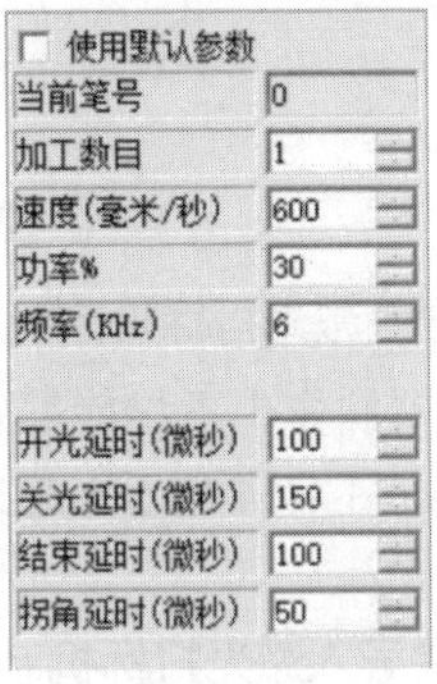

图 1-61　激光参数设定

技能 2　电子元件导入激光打标机制码案例

1. 晶圆导入激光打标机制码

晶圆是制作半导体器件的基础材料，先将铸锭切出薄型圆盘的形状，再经过成膜等工序进行切割。在晶圆环、晶圆胶带上刻印批号和二维码。将晶圆切割分成单个芯片后，晶圆本身的刻印内容会消失，因此通过在夹具侧的晶圆环或胶带上进行刻印来保留管理信息，如图 1-62（a）所示。以每块晶圆为单位在晶圆的定向平面或槽口附近刻印批号和二维码，如图 1-62（b）所示，为了提高在后续工序中的刻印读取稳定性，同时刻印二维码的情况也越来越常见。用测试仪检测芯片电路，判定良品或者不良品，在没通过检测的芯片上刻印 NG 标记，如图 1-62（c）所示。为了避免对晶圆芯片造成不利影响，刻印要求抑制颗粒产生。使用吸收率高于基本波长激光的 UV 激光，如图 1-62（d）所示，可实现无损伤刻印。

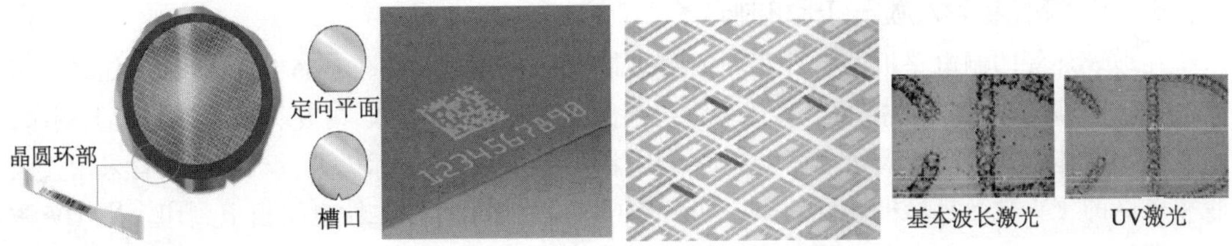

（a）环部打标　（b）定向平面或槽口附近刻印　（c）芯片上刻印 NG 标记　（d）UV 激光打码

图 1-62　晶圆激光打码

2. IC 封装导入激光打标机制码

晶圆芯片焊接到引线框上后，经过注塑、引线加工等工序，成为各种完整的 IC 封装，此时也需要在芯片注塑后的封装树脂表面刻印制码。刻印制码的前提是减少激光对芯片内部的损伤。但是如今封装正在朝低背化发展，封装树脂的厚度也越来越薄。这就需要使用光吸收率较高的 UV 激光进行刻印，可减少穿透到内部的激光能量，实现无损伤刻印。以晶圆芯片为单位进行刻印（WLCSP 刻印），其刻印流程如图 1-63 所示。

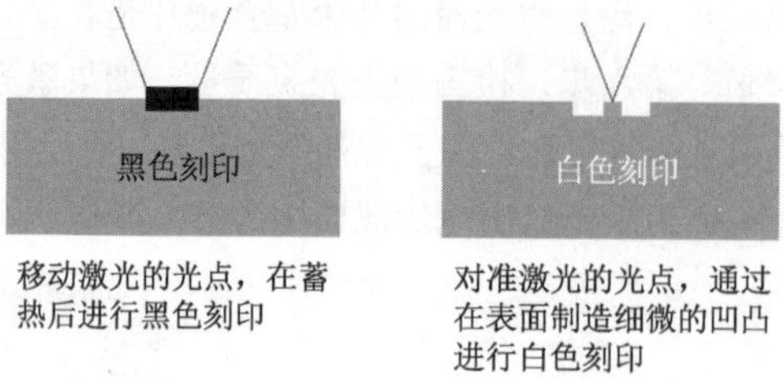

图 1-63　IC 封装激光打码

3. 连接器导入激光打标机制码

激光在连接器制作中不仅能够在外包装部分进行条形码刻印，还可用于连接器剥离端子电镀层的加工，如图 1-64 所示。通过改变激光加工部分的湿性，以减少连接器焊接过程中的翘起。

4. LED 元件导入激光打标机制码

激光在 LED 元件领域的应用，除了在陶瓷印制电路板表面进行刻印，还可在端子接合处，用来使接合面变得粗糙，如图 1-65 所示。此外，在切割印制电路板前的检测工序中，也被用于不良品的标记。

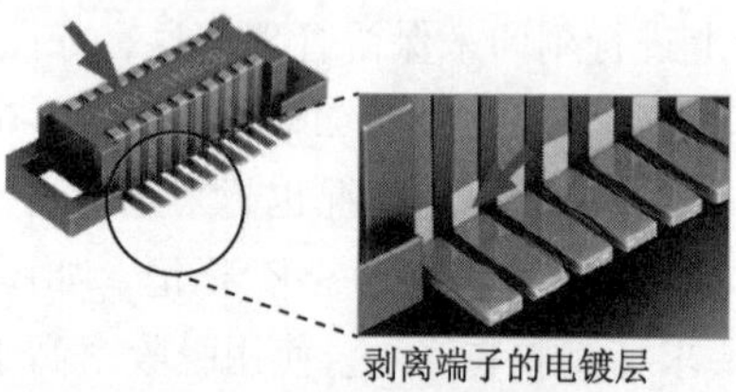

图 1-64　连接器激光打码

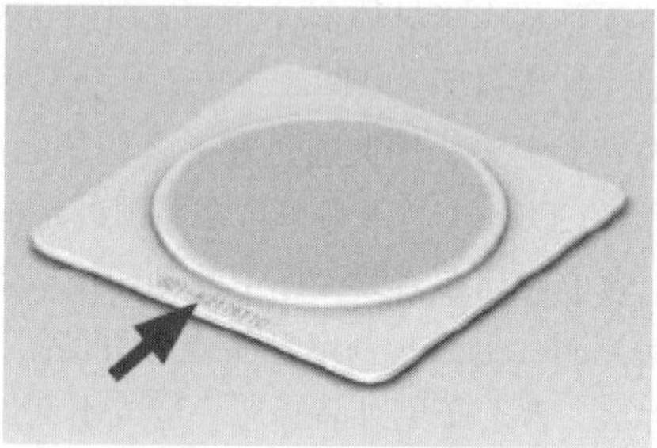

图 1-65　LED 元件激光打码

5. 印制电路板导入激光打标机制码

在玻璃环氧印制电路板的阻焊部和钢网印制部进行刻印，如图 1-66（a）所示，如果采用 UV 激光，可以抑制烟雾的产生，实现不露出铜图案的无损伤刻印；在玻璃印制电路板上刻印，因其是透明体，基本波长激光会完全穿透，因此采用 CO_2 激光打标机进行刻印，或者采用光吸收率较高的 UV 激光打标机进行刻印，如图 1-66（b）所示；在柔性电路板上刻印，用 UV 激光，即使刻印在电路图案上也可以无损伤地以高对比度进行刻印，如图 1-66（c）所示。

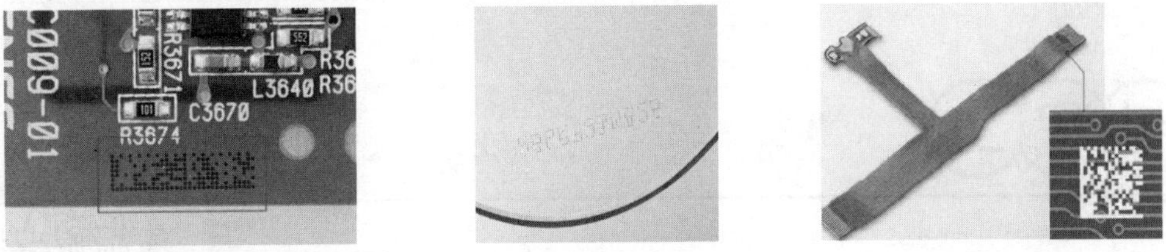

（a）玻璃环氧基板打码　　（b）玻璃基板打码　　（c）软基板打码

图 1-66　基板激光打码

制程二

基板贴装

“基板贴装”制程是“1+X”电子装联职业技能等级标准（高级）第二个学习领域，也是电子装联中最核心的制程段，该制程包含基板涂覆和元件贴装两个典型工作任务，重点学习使用印刷机、贴片机实现基板贴装的相关工艺，包括锡膏材料、钢网与刮刀治具的选用，印刷、贴片等工艺参数的设定，设备程序编制、生产品质检测等相关知识与技能。

任务1　基板涂覆

任务目标

通过基板涂覆任务学习，会设计锡膏印刷和点胶的工艺流程，会选用锡膏印刷和点胶设备及相关耗材，会设定锡膏印刷和点胶的相关工艺参数，会制定印刷和点胶工艺缺陷改进方案，具备独立设计新产品基板涂覆工艺的能力。

任务导图

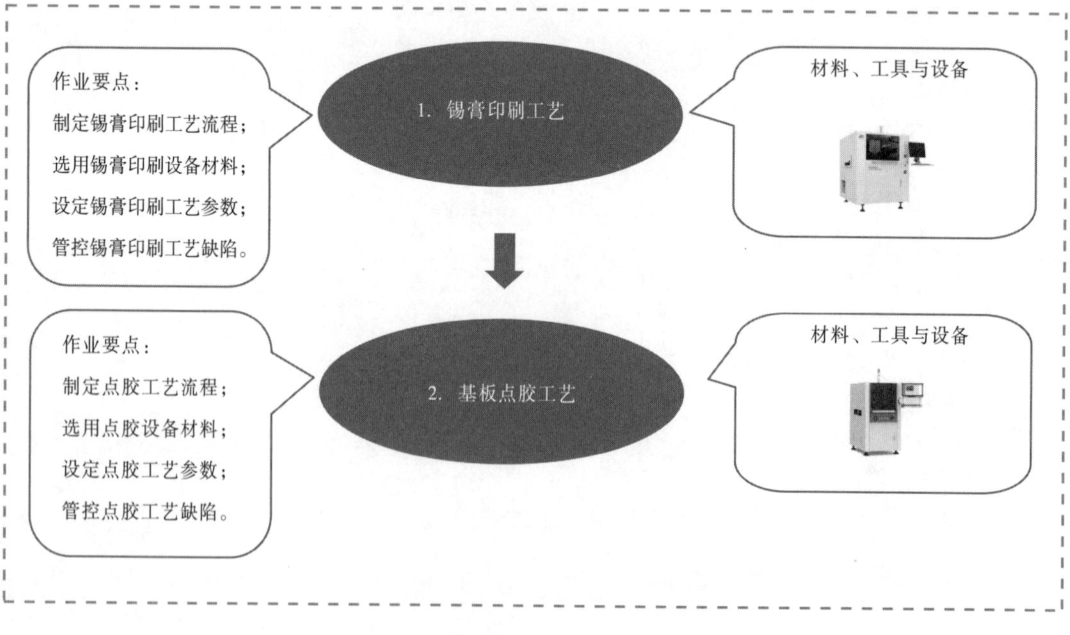

任务先通

匠心一点通

小小治具架，省时又省力。张工是无锡某 SMT 产线线长，作为线长，仔细观察产线的每一个动作。经过长时间的观察，发现印刷机换线时，员工疲于寻找对应产品钢网、刮刀以及印刷治具，大大降低了换线速度。张工日思夜想，查阅资料，自学绘图软件，设计出一款通用型印刷治具架。治具架顶部可置放三款印刷 Block。中间设置有刮刀抽屉，可放置三款不同规格刮刀。底部钢网架可放置五块钢网。对应位置做好序号标记，根据生产顺序，摆放对应治具。换线时，操作员一目了然，印刷换线时间由原先的 10 min 降低到 5 min，大大提高了生产效率。由此张工也荣获公司年度最佳创新奖。

安全一点通

违规使用安全销，安全受影响。2022 年 5 月 23 日上午 10 时，常州某公司 SMT 产线停线维护保养。保养技术员沈某为图方便，观察印刷头动作状态，违规使用备用安全销插入安全门位置，使印刷机在开门状态下能够运行。保养结束后未将安全销拔除，留下隐患。操作员刘某未检出设备状态，在安装刮刀的同时触碰到开始按钮，就这样印刷机在安全门打开的状态下开始运行动作，刮刀也随着印刷头向前移动。随着“啊”一声，刘某手臂被锋利的刮刀划出一道口子，造成伤害。事后发现保养技术员未按作业指导书保养机器，导致了这场事故，最后公司召开全员安全培训会议，加强员工安全意识。

质量一点通

辅助机构作用大，小小疏忽降质量。常州某公司，在印刷节距为 0.4 mm 的 BGA 时，经常出现锡厚、连锡缺陷，查看程序设定参数正常，设计夹板机构正常。擦拭机构也是运动正常，溶剂喷到擦拭纸上也是正常。大家都很郁闷，查看车间温度 26 ℃，湿度 50%RH，也正常。更换新锡膏，印刷了 5 片，后面又偶然有锡厚、连锡缺陷。大家都束手无策，这种情况遇到的不多，咨询设备供应商，也没得到更好的消息。后来，在仔细观察后发现，自动擦拭机构在擦拭时，和钢网之间有间隙，导致擦拭不干净，会有部分锡膏残留在钢网底部。立即维修擦拭机构，使得擦拭时，机构和钢网能够紧贴。后续印刷，不良消失。

作业 1　锡膏印刷工艺设计

锡膏印刷是 SMT 工艺过程中的关键工序，关系着 SMT 生产组装的品质。锡膏印刷品质涉及工艺参数较多，且各参数间相互关联，其过程复杂多变，据相关数据统计，60%以上的基板焊接不良都与印刷工艺相关。

技能 1　认识锡膏印刷工艺

1. 锡膏印刷原理

锡膏印刷是通过印刷机将钢网向下压在基板上，使钢网底面接触到基板表面。随着刮刀在钢网上走过，锡膏通过钢网上的开孔，印刷到基板焊盘上的工艺过程。锡膏是一种具有一定粘性的膏体，可将电子元件暂时粘附在基板特定的焊盘位置，直至通过再流焊炉完成焊接，使之牢固焊接在一起。锡膏印刷需要“三个正确”，即“正确的量、正确的位置和正确的参数”，以确保得到较好的印刷质量。

锡膏印刷过程可分为定位、填锡、刮平和脱模四个阶段，其印刷过程示意图如图 2-1 所示。

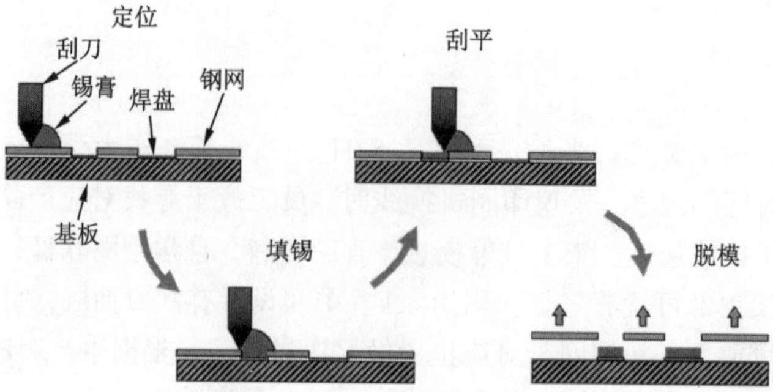

图 2-1　锡膏印刷过程示意图

第一阶段：定位。印刷前，钢网开孔与基板焊盘保持对中，对中后，将锡膏放置在钢网与刮刀之间。

第二阶段：填锡。印刷时，刮刀以设定的压力及速度移动，推动锡膏滚动向前，使得锡膏填充到钢网孔中。

第三阶段：刮平。刮刀水平运动，推动锡膏通过钢网上所有网孔，然后刮刀向上运动，与钢网分离。此时，锡膏附着在焊盘与钢网上。由于锡膏是带有粘性的材料，且具有触变性，良好控制工艺参数可以确保锡膏足够的填充能力。

第四阶段：脱模。锡膏刮平后，钢网需与基板在垂直方向分离一段距离，锡膏在粘性、触变性和重力作用下与钢网分离，保留在基板的焊盘上。锡膏的特性、钢网开孔内部的表面状况，设备脱模速度以及脱模距离将决定脱模能力。

2. 锡膏印刷流程

锡膏印刷详细工艺流程图如图 2-2 所示。

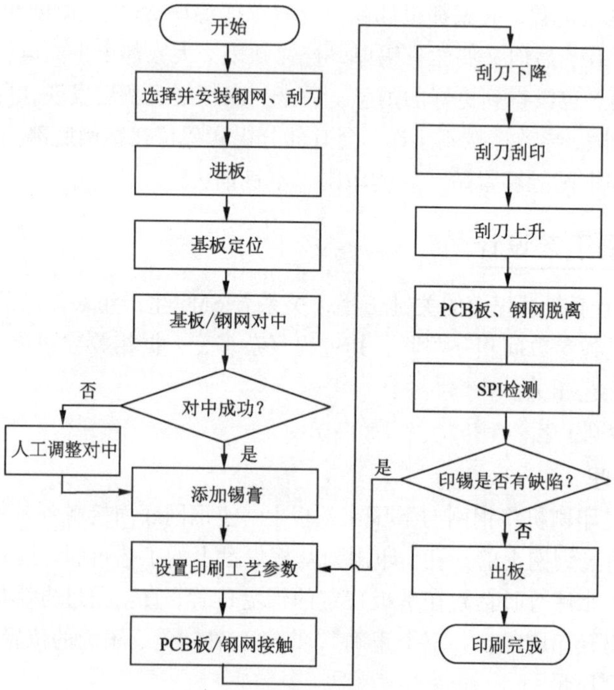

图 2-2　锡膏印刷详细工艺流程图

其主要步骤如下：

（1）选择并安装钢网、刮刀：根据基板的型号及尺寸选择对应的刮刀及钢网，通常情况，刮刀长度长于基板长度 20 mm 左右；接着依次安装钢网、刮刀。

（2）进板。确保基板进入设备印刷范围内，轨道宽度适中，进板过程中不掉板卡板，轨道宽度一般为（基板宽度 + 0.5）mm。

（3）基板定位：基板进入设备印刷范围内后，设备进行光学识别和钢网对中，要求基板停位准确，且停位后要固定，确保对中及印刷过程中基板的位置保持不变。基板的平整度是印刷质量的关键，因此，在工艺开发、设置和调整阶段，印刷机必须提供适当的夹板定位方式。同时要求在对中不良的情况下，印刷机需停机报警。

（4）基板/钢网对中。将基板上的焊盘与钢网网孔相对应，使得锡膏能够准确经过网孔填充在焊盘上。

（5）添加锡膏：将锡膏放置在钢网与刮刀之间。锡膏添加量一般控制在刮刀高度的 1/3～2/3。

（6）设置印刷工艺参数：在锡膏印刷机操作界面上设置刮刀压力、印刷速度、脱模速度、清洗次数等印刷工艺参数，并启动印刷机。

（7）出板：基板印刷后，基板输出，进入锡膏检测工序。

（8）锡膏检测：对印刷完成的基板上的锡膏进行检测，检测锡膏体积、面积、高度值，并检测是否有连锡、少锡等缺陷，若有缺陷，调整印刷工艺参数并清洗基板重新印刷。

技能 2 锡膏印刷设备、治具及材料

锡膏印刷主要设备是印刷机，主要治具是钢网和刮刀，核心材料是锡膏和基板。

1. 锡膏印刷机

锡膏印刷机是将一定量的锡膏涂覆到基板相应焊盘上的一种专用设备，按其自动化程度不同分为手动印刷机、半自动印刷机、全自动印刷机。其中，全自动锡膏印刷机因其高质高效的工作方式，在业界得到了广泛应用。图 2-3 所示为 GD450+全自动印刷机，下面以此印刷机为例学习。

锡膏印刷机外部主要有三色灯、前后罩、紧急制动开关、显示器、主电源开关和开始按钮等，前后罩用于防护机器印刷工作台，只有在前后罩都盖上后，印刷机才能开始工作。

印刷机内部结构通常由机械系统、视觉系统、气动系统和电气控制系统等四部分组成。

印刷机机械系统如图 2-4 所示，主要由机架、基板平台、基板传输装置、定位装置、擦拭装置以及刮刀驱动机构等组成。

图 2-3 GD450+全自动印刷机

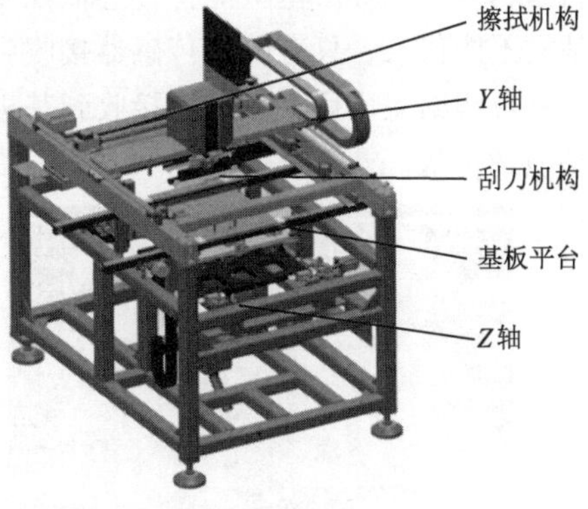

图 2-4 印刷机机械系统

印刷机视觉系统主要由伺服电机、滑块、丝杠和伺服驱动器构成运动控制装置以及由工业相机（含工业镜头）、LED 灯源、棱镜组成的摄像装置和采用机器编程语言，用来识别图像并提取特征的图像处理装置构成。视觉定位系统是通过对工业相机拍摄到的原始图像，进行滤波处理、灰度处理、二值化处理等过程之后，对图片进行图像分析，找到 Mark 点的匹配图形，从而给出 Mark 点的中心位置的过程。

印刷机气动系统主要负责提供设备需要的气源，控制电磁阀对设备的钢网夹紧机构、基板夹紧机构等装置进行动作。

印刷机电气控制系统实现印刷工作过程受计算机控制，通过电气控制系统驱动相关机构运动。在视觉定位后，基板与钢网的偏差调整需要纠偏平台完成，包括坐标换算、纠偏算法以及运动纠偏等，所以纠偏平台是锡膏印刷机的核心部件。纠偏平台的工作过程：在基板进入印刷机之后，通过平台的运输导轨运送到纠偏平台的中心，进行 Mark 点定位，定位数据经过特定算法进行纠偏计算，再将计算出来的纠偏量发送给纠偏平台，纠偏平台通过电动机的横向、纵向以及角度的调节来纠正钢网 Mark 点和基板 Mark 点之间的偏差，然后通过纠偏平台将基板送至印刷位置，最后再回到出板位置进行出板动作。由此可以看出纠偏平台是锡膏印刷机中最为活跃的部件，也是精度要求最高的模块，是一台机器的“心脏”部分。图 2-5 所示为 GD450+ 的纠偏平台，其功能是自动调节 X、Y 及 θ 方向位置偏差，配合机器视觉精确实现印刷钢网与基板的对准。该平台组成部件包括平台移动机构、印刷工作台面等。在印刷工作台面上有很多孔，这些孔用来插放顶针，顶针主要用于辅助固定薄基板或拼板，顶针均匀放置在薄基板或拼板的下方，当基板定位时，顶针顶住基板，避免薄基板弯曲变形或者拼板压碎。同时在对基板进行定位时，有前基准定位和后基准定位，所谓前基准定位是指轨道前侧边是不动的，运动的是后侧边。后基准定位则反之，目前主流的印刷机多采用前基准定位方式。

PCB 传输装置及定位装置如图 2-6 所示，它主要是实现基板进板、出板的运输、停板位置及导轨宽度的自动调节以适应不同尺寸的基板。同时利用基板边缘夹紧系统稳固地夹持基板，提供最佳的钢网基板间密合，实现锡膏的有效填充，提高印刷品质。基板传输装置以及定位装置组成部件主要有传送导轨、传送带轮及同步带、步进电机、停板机构、导轨调宽机构等。在工作中，先由基板宽度调节电机、丝杠等根据基板的宽度调整轨道宽度，其调整的范围受到轨道原点传感器和轨道极限传感器的控制，即一台设备可印刷的最小和最大基板尺寸。轨道原点传感器主要让轨道宽度回到设备的出厂时初始位置，在生产中起到复位的作用，以保证轨道精度。接着由基板等待传感器控制基板进入工作台的次序，保证工作台有基板印刷时，基板不能传入，只有等待传感器接收到工作台的需求信号，下一块基板才可传入。同样的，当基板印刷完成后，工作台接收到基板传出装置的需求信号时，将基板传出，进而完成一块基板的传送。

图 2-5　纠偏平台

图 2-6　PCB 传输及定位装置

钢网自动定位及擦拭装置如图 2-7 所示，其功能是实现钢网的自动定位、夹持和清洁。该装置包含钢网移动机构、钢网固定机构、文丘里管、鼓风机、清洗液储存和喷洒机构、卷纸机构、升降气缸等。图 2-7（a）所示为钢网定位锁紧部分示意图，图 2-7（b）所示为钢网自动擦拭装置示意图。工作时通过视觉系统拖动清洗系统移动，自动清洗钢网底面，保证印刷品质。清洁方式一般有干洗、湿洗和真空洗三种方式：干洗是用无尘纸清洗；湿洗是用酒精溶剂清洗；真空洗多用于清洗网板孔壁粘连的锡膏。GD450+全自动印刷机配有干洗、湿洗和真空洗三种清洗方式，由干洗、湿洗、真空洗三种方式又可以组合成“湿+真空”“干+真空”“湿+干+真空”等多种清洗方式。

（a）钢网定位锁紧机构示意图

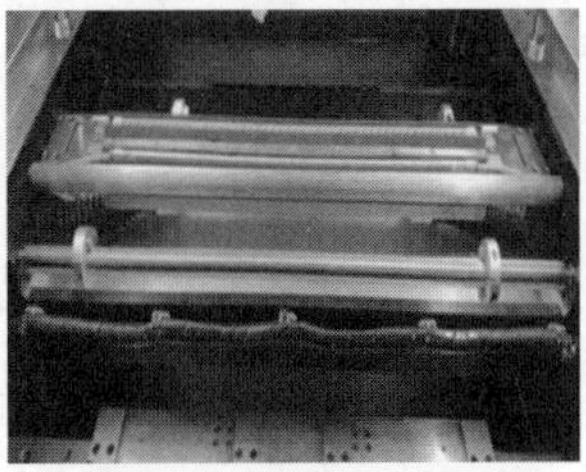

（b）钢网自动擦拭机构示意图

图 2-7　钢网自动定位及擦拭装置

印刷机刮刀驱动装置如图 2-8 所示，刮刀驱动装置是印刷机的重要组成部分，印刷压力、印刷角度、印刷速度等都是由刮刀驱动装置提供，GD450+印刷机采用悬浮式自适应刮刀，精确控制印刷压力，实现印刷工艺灵活多变。

图 2-8　刮刀驱动装置

2. 钢网

钢网（stencil）又称模板，是帮助锡膏以准确的量、准确的位置转移沉积到基板焊盘的一种 SMT 专用治具。钢网如图 2-9 所示，主要由网框、丝网和钢板等组成。根据要求，在钢片上将需要印刷锡膏的地方开孔。

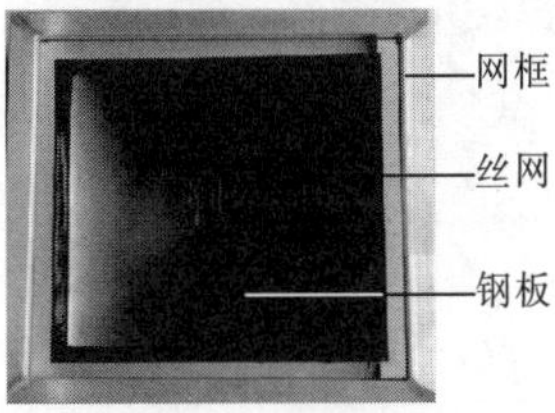

图 2-9　钢网及组成

视频

钢网验收

（1）网框：选择使用与印刷机钢网夹紧装置规格相匹配的银白色铝框，常用网框边框宽度和厚度基本相同，一般都为 40 mm，大小主要有：736 mm×736 mm、580 mm× 580 mm、370 mm×470 mm 三种规格。

（2）丝网：先用细砂纸将钢片表面粗化处理并打磨钢片边缘，再进行绷网。绷网的材料为不锈钢钢丝网，使钢网与网框处于电导通状态，便于释放生产时钢网上产生的静。钢网开孔数目应不低于 100 目，其最小屈服张力应不低于 40 N/cm。绷网完成后，在钢网的正面，钢片与丝网接合部位及丝网与网框接合部位，必须用强度足够的胶水填充。所用的胶水不应与清洗钢网用的清洗溶剂（如工业酒精、二甲苯、丙酮等）起化学反应。

（3）钢板：为保证钢网有足够的张力和良好的平整度，所做钢片距外框内侧应保留 25 mm 的距离。建议根据不同的元件选择相应的钢片厚度，主要依据最小开孔和最小间距考虑，若焊盘尺寸 $L>5W$ 时，则依据宽厚比确定钢片的厚度：$W/T\geqslant 1.5$；若焊盘呈正方形或圆形，则依据面积比确定钢片的厚度：$L\times W/[2T(L+W)]\geqslant 0.66$。

（4）字符：为方便钢网的管理，制作时应在钢板和网框上附上 MODEL（产品型号）、P/C（供应商制作型号）、T（钢片厚度）、DATE（生产日期）、QA（检验员）、标识区、刻钢网厂家 Logo，还应该加上流板方向以及钢网放置方向。

（5）开孔方式：锡膏制程钢网开孔方式需满足大部分产品达到最佳锡膏释放效果的要求，所有开孔方式适用于无铅制程，如有特殊要求应按要求制作。

钢网开口工艺有激光切割、化学蚀刻和电铸三种方式，其优缺点见表 2-1。

表 2-1　三种钢网开口工艺性能比较

制造方法	简　　介	优　　点	缺　　点
化学蚀刻	在模板材料上涂抗蚀保护剂，利用销钉定位感光工具将图形曝光在金属箔两面，然后使用双面工艺同时从两面腐蚀模板材料	成本最低、周转最快	形成刀锋或沙漏形状，孔壁非常粗糙
激光切割	切割数据以基板原始数据为基础，再作必要修改后传送到激光机，由激光光束进行切割	错误减少，消除位置不正机会	激光光束产生金属熔渣，造成孔壁粗糙
电铸	通过在一个要形成开孔的基板上显影刻胶，然后逐个原子、逐层地在光刻胶周围电镀出模板	工艺定位完美，没有几何形状的限制，有效改进锡膏的释放	工艺复杂，周期长，价格为激光切割的 3～5 倍

激光切割工艺制造过程简单、快捷，在采用纳米处理和使用 FG（细晶粒不锈钢，指在普通低合金钢中加入铌，铌能细化晶粒和降低钢的过热敏感性及回火脆性，提高强度，利于钢网下锡）模板材料后，孔壁已经比较光滑，因而在业界得到广泛使用。

钢网使用时，除了选择合适的开口制造工艺外，还需关注钢网的开口与形状。衡量钢网开口性能的参数有宽厚比和面积比，所谓宽厚比为开口宽度与模板厚度的比值，面积比为开口面积与开口孔壁面积比值，如图 2-10 所示。在 IPC-7525 标准中规定，有铅宽厚比>1.5，无铅宽厚比>1.6，有铅面积比>0.66，无铅面积比>0.71。

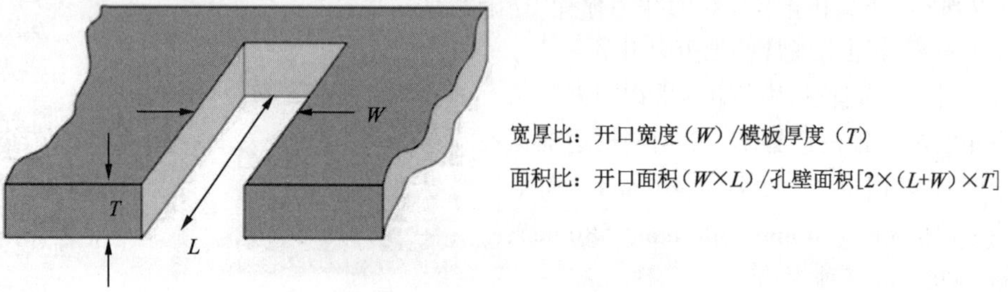

图 2-10　钢网开口参数图示

同时钢网开孔必须遵循“五球定律”，即最小开孔的宽度可以容纳至少若干个平均直径的锡球，如图 2-11 所示。

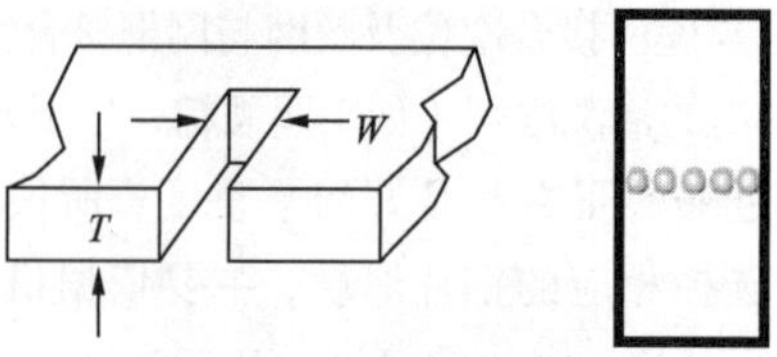

图 2-11　五球定律模型

钢网开口制作精度：0402 以下元件、BGA、QFP（0.5 mm 间距及以下）的钢板开孔误差保证在±0.01 mm 以内，其他元件误差保证在±0.02 mm 以内。

Mark 点：锡膏钢网、红胶大网为非印刷面半刻（即底面或基板上表面半刻）；红胶小网 Mark 点刻穿不封胶；选取非板边上 Mark 点制作，一般设置对角 4 个。如果基板上的两条对角线上各有两个 Mark 点，则必须把四个点全部刻制出来；如果只有一条对角线上有两个 Mark 点，则另外一个 Mark 点选点需满足到此对角线的垂直距离最远。

典型元件引脚对应开孔要求如下：0201 类元件，为防止元件浮高以及墓碑，钢网厚度采用 0.08 mm，开马蹄形，内距保持 0.3 mm，总下锡面积为焊盘的 95%，如图 2-12（a）所示；0402 类元件，为防止元件产生浮高、锡珠，钢网厚度采用 0.1 mm，中间开 0.2 mm 的凹形避锡珠，内距保持 0.45 mm，电阻外三端外加 0.05 mm，电容外三端外加 0.1 mm，总下锡面积为焊盘的 100%，如图 2-12（b）所示。

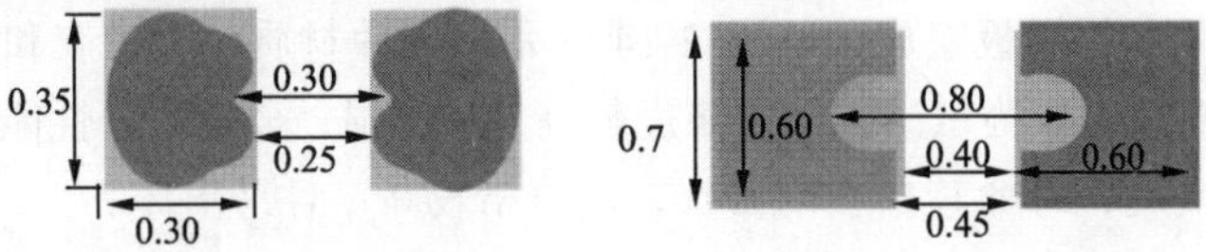

（a）0201 元件　　（b）0402 元件

图 2-12　0201、0402 元件、玻璃二极管开口形状示意图（单位：mm）

SOT-23 封装的元件开口时要缩小 5%～10%；

SOT-89 封装的元件开孔面积要缩小 10%；

1.27 mm pitch BGA 开刻时开孔的直径为 0.5～0.55 mm，在焊盘的基础上缩小 5%；1.00 mm pitch BGA 焊盘开孔 1:1。

大于或等于 0.5 mm pitch 的 QFP，开孔在焊盘的基础上缩小 10%并且倒圆角（半径 r 为 0.12 mm）。

方形二极管、钽电容要求全孔开刻，同时由内侧外扩保证元件与锡膏之间有 0.5 mm 的重合。

0.5 mm pitch SOP 开孔宽度为 0.23 mm，长度不变；0.65 mm pitch SOP 开孔宽度由焊盘宽度缩小 10%。

1206 以上的贴片无极性电容钢网开孔时元件和焊盘开刻如图 2-13 所示。开孔时只允许元件焊脚 2/3 有锡膏，即开孔长度=2/3 元件引脚长度，宽为 1:1 焊盘。

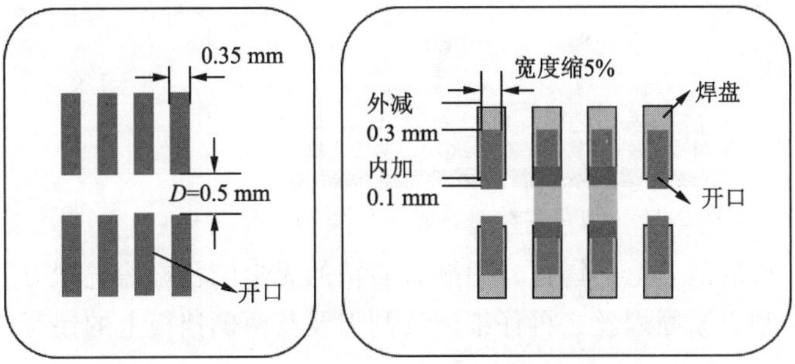

图 2-13　1206 以上元件开口示意图

（6）钢网检验：检测参数主要有开口位置、开口形状、开口尺寸、开口数目、孔壁粗糙度、Mark 点、钢网张力等。

开口位置检验标准，Chip 类元件开口偏位 0.1 mm（含 0.1 mm）以上，则判定为不合格；IC 类元件开口偏位 0.07 mm（含 0.07 mm）以上，则判定为不合格。

开口形状和开口尺寸检验标准，Chip 类元件钢网开口尺寸超过规范 0.05 mm，IC 类元件钢网开口尺寸超过规范 0.03 mm，则判定为不合格。

开口数目检验标准，开口少孔或多孔均判定为不合格。

开口孔壁粗糙度检验标准，钢网正面开口，应该整齐、光滑，边沿不许有疤痕、粗糙毛刺等，孔壁粗糙度应低于 3 μm。

Mark 点检验标准，灰度以设备能识别为标准；数量以要求为准，不能少开。钢网张力检验标准，张力值应≥40 N/cm 的范围。

3. 刮刀

刮刀是驱动锡膏滚动，使锡膏通过钢网网孔填充至基板焊盘上的一种 SMT 专用工具。刮刀主要由基座、刀片和挡锡板组成，如图 2-14 所示。刀片材质分为橡胶和金属两种，其中橡胶刮刀质地稍软，对压力较为敏感，控制难度较高，易磨损；金属刮刀性能稳定，不会产生橡胶刮刀的“挖掘”问题，寿命较橡胶刮刀长，但价格较高，且易损坏。

视频

刮刀工作过程

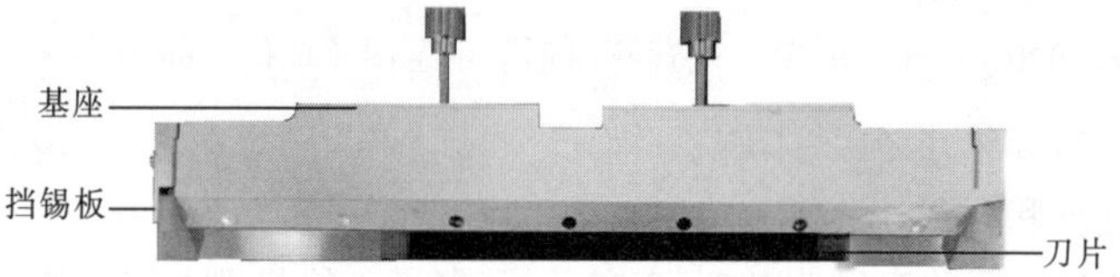

图 2-14　刮刀

使用刮刀前，应检查其刀片是否完好，硬度是否达到要求，合格后方能安装在刮刀支架上。安装刮刀的步骤如下：

第一步：查刀口。检查刀片上螺孔数目与安装支架是否相符，确认无误后，再检查其平滑度及其刀刃磨损程度，严禁出现有缺口、卷边或裂纹，一旦发现，须立即更换。

第二步：装刮刀。将检查后的刮刀悬挂于刮刀支架上，按照图 2-15 顺序拧紧螺丝，同时要保证刮刀两侧的平衡。

第三步：验硬度。刮刀安装后，试印一块基板，如果印刷品质达到要求，则表明刮刀硬度在可用范围内，否则需更换。通常刮刀更换频率为每 20 万次更换一次。

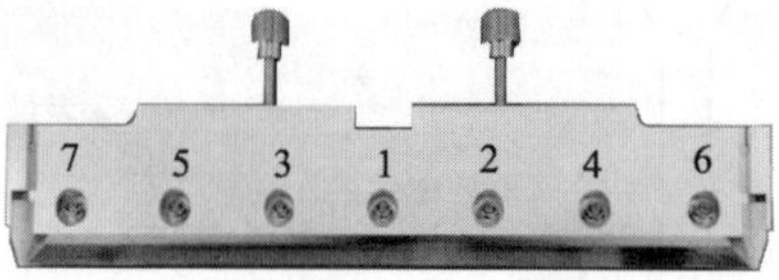

图 2-15　刮刀螺丝的紧固顺序图例

视频

锡膏保存和使用

印刷结束后，清洁刮刀上的锡膏，用蘸有酒精的无尘纸粗略擦洗刮刀上残留的锡膏，松开刮刀紧固螺丝，再仔细清洗刮刀及其两侧挡板上的锡膏，确认清洗完毕后，放入气泡袋，存放到工具柜内。

4. 锡膏

（1）锡膏组成。锡膏是一种焊锡粉末和助焊剂的混合物，通过加热可以连接两个金属表面，按照质量计算的话，两者比例为 9∶1，按照体积划分，两者则是 1∶1。

焊锡粉末主要由锡粉和特殊金属粉末组成，锡粉由液态焊料通过图 2-16 所示的离心器进行离心作用，最后经过分类而得出所需的锡粉，锡粉是形成焊点的金属体，锡粉颗粒长宽比小于 1.2 的称为真球状锡粉，反之则称为不定形锡粉。采用不定形锡粉的锡膏印刷时易发生钢网塞孔及锡膏成型不良，从而造成印刷缺陷。离心过程中，要控制氧气含量，防止锡粉表面氧化。同时锡粉分类时需要根据要求进行筛选，根据锡粉直径将锡膏分成如下几类：75～150 μm、45～75 μm、25～45 μm、20～38 μm、15～25 μm、5～15 μm，其中目前使用最多的为 20～38 μm 和 15～25 μm 两种锡膏。

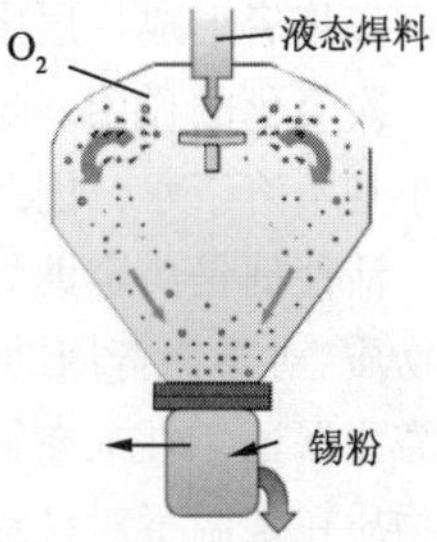

图 2-16 锡粉离心器

锡的熔点为 231.9 ℃，不适合应用于一般的基板组装焊接，或者说目前仍然有些电子元件无法忍耐高温，所以基板组装中使用的焊料需以锡为主材料，然后加入其他合金焊料，如银（Ag）、铟（In）、铋（Bi）、镍（Ni）、铜（Cu）、锌（Zn）、锑（Sb）等微量金属，来降低其熔点，以达到产品焊接特性，比如在无铅锡膏中，加入少许的银与铜合成 SAC305（锡银铜），其共熔点则可下降到 217 ℃，而加入少许的铜及镍合成 SCN（锡铜镍），其共熔点则变成 227 ℃，都可降低焊料的熔点。同时锡膏中添加金属元素还可以用来改善焊点的特殊需求，比如改善焊锡的韧度与强度，以得到较理想的机械、电气和热性能。

以下介绍在锡中加入微量元素后的作用与弊端：

银（Ag）：在锡膏中加入银，可以有效改善焊接的润湿性，同时可以加强焊点强度，提高抗疲劳性，另一方面也有利产品通过冷热循环测试。不过银含量如果太高（质量比超过 4%），焊点反而会变脆。

铟（In）：到目前为止，铟是已发现金属中可以与锡形成合金的熔点最低的元素，铟锡（In52Sn48）合金的最低熔点温度为 120 ℃，而锡铟银（Sn77.2In20Ag2.8）合金的熔点则更低，只有 114 ℃。对于使用低熔点元件的场景，低温焊料是一个比较好的选择。铟具有非常良好的物理特性和润湿性质，但是铟非常稀有，价格昂贵，故未得到广泛使用。

铋（Bi）：可大幅度降低合金的熔点，如锡铋（Sn42Bi58）合金的熔点为 138 ℃、锡铋银（Sn64Bi35Ag1）合金的熔点为 178 ℃，甚至锡铅铋合金的熔点可以降低到 96 ℃。铋具有非常好的润湿性质和较好的物理性质，在无铅焊接中，主要使用在某些无法高温焊接的产品上，比如 LED 的焊接。锡铋合金的缺点是焊点强度不足。

镍（Ni）：将镍添加到焊料主要目的并不是降低合金熔点，镍锡合金的熔点高于纯锡的熔点，在焊料中添加少量的镍，是为了抑制焊接过程中铜基材的溶解。例如，在波峰焊制程中，添加含有镍的 SnCuNi（SCN）合金锡棒，抑制 OSP 基板焊盘出现铜基材溶解情形。

铜（Cu）：锡膏中加入少许的铜可以提升焊点强度，少量的铜还可以降低焊料对烙铁头的腐蚀作用，铜在锡膏中的含量通常要求比重在 1%以内，过多的铜可能会影响焊接品质。

助焊剂的组成主要是：松香、活性剂、溶剂、增稠剂、触变剂等。

松香是多种物质组成的混合物，其主要成分是松香酸（约占总质量的 80%～90%），其具有多种同分异构体，其中以枞酸最为常见。松香酸是一种具有三环状骨架的一元羧酸，因其骨架上有两对共轭双键，从而易在受热或强光条件下发生同分异构转变而不稳定。通过氢化反应可以使松香酸更加稳定，一般松香酸分子上第一对双键较易氢化，而第二对双键氢化则会受到抵制，故目前的氢化松香一般为二氢化松香，全氢化松香较少。目前电子行业使用的松香大多是氢化松香或聚合松香及其衍生物。松香中所含的有机酸能去除焊料及铜表面的氧化膜，同时松香能够在焊接后形成一层中性薄膜，并在再流焊的过程中起到热量传递和隔绝空气以及保护金属不被二次氧化的作用。此外，作为一种树脂材料，松香还有增粘和触变的作用。但是松香的极性较小且不溶于水，因此一般用于免清洗型助焊剂中。

活性剂是决定助焊剂助焊活性的核心组分，也是决定助焊剂与焊料及基板间化学反应的主要物质。对于锡膏用助焊剂中的活性剂，除了要保证再流焊时其与金属氧化物的化学反应能力，还需要保证活性剂在锡膏储存和印刷温度下与焊料粉稳定共存。这就要求锡膏用助焊剂中的活性物质在常温下对钎锡粉呈化学惰性，但再流温度下具有足够的化学活性。锡膏用助焊剂中常用的活性剂为有机酸、有机胺和有机含卤盐等。助焊剂中常用的有机酸，相同质量下二元羧酸一般比一元羧酸活性更强，即活性效率更高，且二元羧酸活性温度与常用的再流焊温度十分相符，因此二元羧酸是目前应用最广的有机酸活性剂。二元羧酸在水中溶解能力差异很大，水溶性好的二酸羧酸常用于水洗型助焊剂中。有机含卤盐活性远高于有机酸类活性剂，能够有效提高助焊剂助焊活性，但有机含卤盐在常温下不够稳定，对于对储存寿命或印刷时间要求较高的锡膏不宜使用。鉴于有机含卤盐中游离卤素对锡膏稳定性的不利影响，目前有部分助焊剂采用共价键卤化物作为活性剂。相比于有机含卤盐，共价键卤化物中的卤素原子在储存温度下以共价键形式存在，性质较为稳定，当温度升高至再流焊温度时，其中的卤素能够部分游离从而提供较高的助焊活性。

溶剂是用来溶解和分散助焊剂中的固态组分，使锡膏呈现一种便于涂覆的均质流体状态，常用的溶剂有醇类、酯类、醇醚类、烃类及酮类等有机溶剂。溶剂需要根据助焊剂用途和助焊剂中其他组分的性质进行选取，选择溶剂主要考量的物理参数有挥发性、溶解能力及粘度等。一般情况下，挥发性较弱的溶剂适用于要求锡膏的印刷时间或粘滞时间较长的场合。对于可水清洗型助焊剂，一般选择极性较强的溶剂，但极性较强的溶剂往往对其他组分的溶解能力较差。此外，溶剂的粘度、气味和毒性也是重要考虑因素。目前工业上使用最多的溶剂为乙二醇系列溶剂，主要原因是其在溶剂能力、挥发性、粘度和辅助焊接效果上取得了较好的平衡。助焊剂中常用溶剂见表 2-2。

表 2-2　助焊剂中常用溶剂

类　别		常用物质
醇类	一元醇	乙醇、四氢糠醇、松油醇
	二元醇	乙二醇、1,2-丙二醇、二丙二醇、三丙二醇、2-甲基-2,4-戊二醇、2-己基-1,3-己二醇
醚类		丙二醇甲醚、二丙二醇甲醚（DPM）、三丙二醇甲醚、三乙二醇二甲醚、四乙二醇二甲醚、乙二醇单丁醚、二乙二醇单丁醚、二乙二醇二丁醚、三乙二醇丁醚、丙二醇丁醚、二丙二醇丁醚、三丙二醇丁醚、乙二醇己醚、二乙二醇单己醚、二乙二醇单辛醚、乙二醇苯醚
酯类		己二酸二甲酯、乙酸丁酯、乙酸己酯、己二酸二辛酯、乙二酸丁醚醋酸酯、r-丁内酯
烃类		硝基甲烷、硝基乙烷、甲苯
酮类		丙酮、N-甲基吡咯烷酮

触变剂是调节助焊剂和锡膏流变性能和印刷性能的重要功能助剂，不同的助焊剂体系需要使用不同的触变剂类型，适合的触变剂既能赋予锡膏适宜的流变性，又能起到一定的防沉降作用。对于免清洗或者 RMA 型助焊剂，最常用的触变剂是蓖麻油及其衍生物和酰胺类，而对于可水洗型助焊剂，往往使用聚乙二醇及其衍生物等水溶性触变剂。

（2）锡膏粘度。衡量锡膏特性的参数较多，重点讨论粘度参数。锡膏是一种流体，表征流体的参数是粘度。粘度为流体流动变形的阻力，粘度的单位为 Pa · s。它很大程度上影响着锡膏在钢网上的滚动性。当外力作用于锡膏，锡膏的粘度会随着速度的改变而变化，这种特性称为锡膏的触变性。锡膏在低剪切率（慢或不流动）的环境下是粘稠的，随着流动性的增加和剪切率的增加，其粘度会逐渐变低。同样，在固定的剪切率下，粘度也会随着时间的增加而下降。一旦剪切力停止，粘度就立即回升。理论上，最终返回初始的状态，恢复过程需要几小时。锡膏的触变性对锡膏的印刷工艺有着特殊的意义。由于锡膏的触变性，其移动速度增加时，移动应力却未增加，这就使锡膏在印刷操作时，在应力作用下产生“稀化”现象，在刮刀的末端和模板开口处，锡膏粘度变低，很容易通过模板开口。在模板脱离之后其粘度又迅速恢复到原来状态，使其保持着良好的印后状态，即保持着良好的印刷分辨率和形状，如图 2-17 所示，表示印刷操作中锡膏粘度的变化。

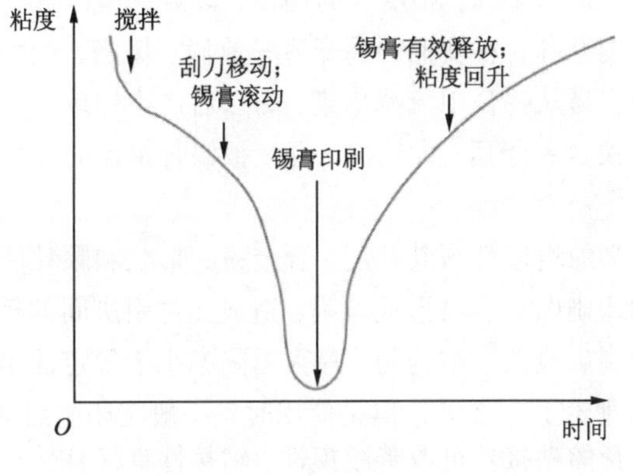

图 2-17　印刷操作中锡膏粘度变化示意图

锡膏粘度过大，锡膏不容易通过钢网开孔填充到基板上，同时锡膏会粘到刮刀上；粘度过低，则不易于控制锡膏的沉积形状，印刷后会塌陷，此种情况会导致桥连，同时粘度过低时，使用软刮刀或刮刀压力较大时，会使锡膏从钢网开孔中被刮走，从而沉积后，形成凹型形状，导致焊料不足而造成虚焊。锡膏粘度过大一般是由于配方原因，粘度过低则可通过改变印刷温度和刮刀速度来调节，温度和刮刀速度降低会使锡膏粘度增大。通常细间距印刷锡膏最佳粘度范围是 800 ~ 1 300 Pa · s，普通间距锡膏粘度范围是 500 ~ 900 Pa · s。

影响锡膏粘度的因素主要有：合金焊料粉末的百分含量，锡膏粘度随着合金含量的增大而增大，如图 2-18（a）所示；粉末颗粒大小，合金颗粒尺寸增大，粘度减小，如图 2-18（b）所示；温度增加，锡膏粘度减小，如图 2-18（c）所示。

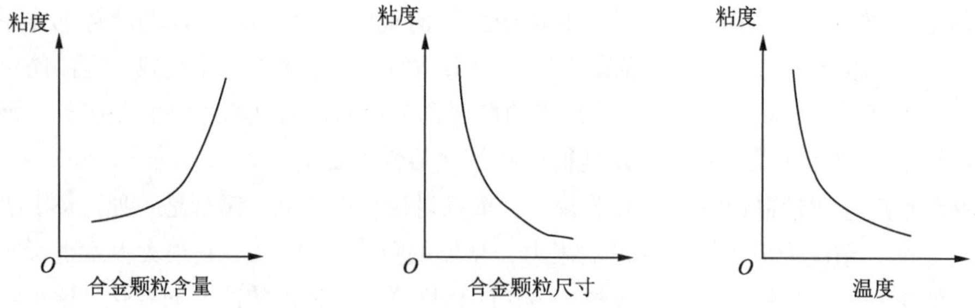

（a）合金颗粒含量影响　　（b）合金颗粒尺寸影响　　（c）温度影响

图 2-18　锡膏粘度影响因素关系图

（3）锡膏的工艺性。电子产品的微型化使得元件之间焊脚的间距越来越小。细间距对锡膏的工艺性提出了更高的要求：

良好的印刷性能。细间距器件的锡膏印刷都采用钢网接触印刷，钢网印刷焊点的高度范围在 0.10 ~ 0.30 mm。锡膏中合金粉末直径为钢网最小开口尺寸宽度的 1/5 以下，否则容易发生网孔堵塞。锡膏粘度受钎焊合金粉的形状、颗粒度、助焊剂成分及含量和温度等因素影响。为获得良好印刷性能，就要在印刷过程中锡膏不粘网、不糊网。锡膏钢网印刷粘度一般为 400 ~ 1 200 Pa・s，最高可达 1 400 Pa・s。粘度大的锡膏，焊点成型好且不易塌陷，适用于细间距焊接，但锡膏不易穿过钢网开孔；粘度低的锡膏容易流淌、塌陷、产生桥连，影响印刷分辨率和线条平整性，而且焊剂容易从锡膏中流淌出来，为以后产生焊球或桥连留下隐患。锡膏中添加合适触变剂能很好地解决这一矛盾。印刷时，焊盘被锡膏覆盖的面积应不小于 75%，无铅工艺中应不小于 90%。

良好的保形性。锡膏的坍塌性与其粘度、合金粉的形状和颗粒度分布、焊剂含量及印刷厚度等因素有关。细密的印刷图形容易形成塌陷，造成元件引脚间的桥连。另外，合金颗粒直径大小一致性好，可使印刷后线条完整均匀，最大塌陷率小于规定的 10%，印刷分辨率高，减少缺陷。锡膏的工作寿命理论上为 3 天，但是使用时，一般在印刷后 4 ~ 8 h 内完成焊接。

良好的粘接性。锡膏的粘接性可改善脱模性。粘接性良好且保持足够时间的锡膏，可使元件贴装时减少飞件。在进行再流焊前能保持正确的位置，并且减少受振动和颠簸的影响。SMC/SMD 的贴片应用中，锡膏的粘接力应大于 0.4 N。

良好的少焊球性。焊后在焊点附近常常会出现一些锡珠。产生的原因一是印刷时边缘合金粉脱落；二是合金粉的含氧量过高或过低；三是合金粉末的氧化严重。另外，还与温度曲线及锡膏内水分、钎料颗粒的均匀性、助焊剂的活性有关。组装电路板经过印刷工艺之后，电路板面与印刷钢网之间间隙大概为 0.04 mm，易产生锡膏渗漏而熔化形成锡珠。锡膏中合金粉含氧量过高，经长时间放置后粘度变化太大，易产生残留颗粒，熔化产生锡珠。锡膏使用时需要测试粘度，放置时间较长后需要重新测量，看是否失效变质。助焊剂量过多，锡膏印刷后局部塌陷，锡膏流淌会携带微小钎料粒子（0.010 ~ 0.015 mm），焊接后易形成锡珠。合金颗粒越小，粒子表面积越大，越容易氧化，反之越小。合金粉氧化后可焊性降低，表面张力增大，熔融后锡膏产生小球状。当氧化物含量达到 0.5%以上时，锡珠发生的概率大大提升，一般细间距用锡膏的合金氧化物应控制在 0.03%，极限值应小于 0.15%。助焊剂活性度较低时，去氧能力弱，也易产生锡珠。免清洗锡膏的活性一般比松香型和水溶性锡膏的活性低，使用时要特别注意。

锡膏使用时间太长，贴片后到再流焊的间隔时间过长，焊剂变质也易产生焊球。

良好的残渣清洗性。除水清洗锡膏之外，使用其他类型的锡膏，民用品上通常可以不用清洗，而在可靠性要求更高的军用产品上必须清洗。常用的 CFC（三氟三乙烷）清洗，除了能有效地清除掉松香助焊剂残渣外，还可以有效清除粘附在基板上的极微小锡珠。但含氟清洗剂，已被列入无铅管制指令范围，被限制使用。

良好的软钎焊性。锡膏的软钎焊性是指锡膏润湿焊盘焊接表面的能力，主要取决于其助焊剂的活性和合金粉的性能，对此可参照助焊剂、合金种类的特点加以分析和检验。通常 R 级适合于航天及军用电子设备，RMA 级适用于军用及专业电子设备，RA 级适用于消费品类电子设备。

5. **电路板**

电路板是印制电（线）路板的简称，又称基板，英文为 PCB，是 print circuit board 的缩写。是电子元件电气连接的载体，提供电子电路元件接合的基地，以组成一个具有特定功能的模块或成品。电路板分类从结构上分为单面板、双面板、多层板三种，如图 2-19（a）所示；从硬度上分为硬板、软板、软硬接合板三种，如图 2-19（b）所示。

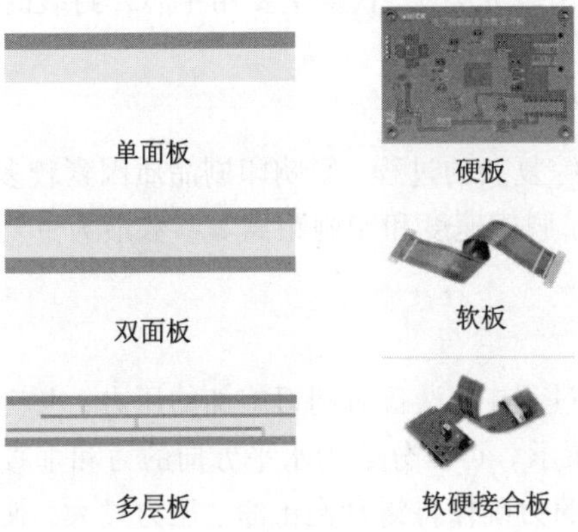

（a）结构分类　　（b）硬度分类

图 2-19　电路板分类

硬板主要材质为环氧树脂（FR4），根据产品需求，以环氧树脂（FR4）进行蚀刻，覆铜，压合，钻孔的方式，将设计的电路在基板上呈现。软板主要基材是聚酰亚胺或聚酯薄膜，为了提高基板的强度，通常在应力较为集中的地方增加补强胶片。硬板结构材料组成包含环氧树脂基材玻璃布、胶/半固化片和铜箔，如图 2-20（a）所示；软板结构材料组成包含聚酰亚胺基材、胶/铜箔，如图 2-20（b）所示。

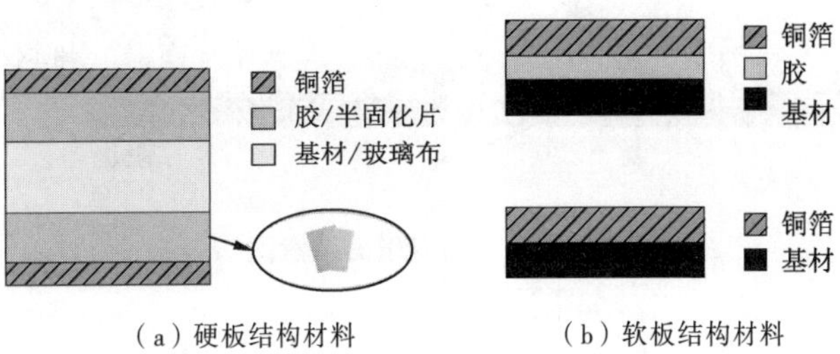

（a）硬板结构材料　　（b）软板结构材料

图 2-20　电路板结构组成材料

根据表面处理方式可分为喷锡、有机防氧化（OSP）、化学沉镍金、化学沉银、电镀镍金等。喷锡又称热整平，在基板表面涂覆熔融锡铅焊料并用加热压缩空气整平（吹平）工艺，使其形成一层既抗氧化又可提供良好可焊性的涂覆层，热风整平时焊料和铜在接合处形成铜锡金属化合物，其厚度为1～2 mil（1 mil=0.025 4 mm）；有机防氧化（OSP）指在洁净的裸铜表面上，以化学的方法长出一层有机皮膜，这层膜具有防氧化、耐热冲击、耐湿性，以减少铜表面与常态环境发生氧化以及硫化生锈，同时在后续的焊接高温中，表面这层膜能够迅速被助焊剂清除，形成有效焊接；化学沉镍金指在铜面上包裹一层厚厚的、电性能良好的镍金合金以长期保护基板，不像OSP那样仅作为防锈阻隔层，它能够在电路板长期使用过程中保持完好并实现良好的电性能。另外，它也具有其他表面处理工艺所不具备的对环境的适应性；化学沉银是介于OSP和化学镀镍/浸金之间的一种表面处理方式，工艺较简单、制作快速，其暴露在热、湿和污染的环境中，仍能提供良好的电性能和保持良好的可焊性，但因其银层下面没有镍，故其表面会失去光泽，所以沉银不具备化学镀镍/浸金所拥有的物理强度；电镀镍金是在电路板表面焊盘上先电镀一层镍，之后再电镀一层金，镀镍主要是防止金和铜之间的扩散现象，常见的电镀镍金有两类：镀软金（纯金，金表面看起来不亮）和镀硬金（表面平滑坚硬、耐磨，含有钴等其他元素，表面看起来较光亮），软金主要用于芯片封装时打金线，硬金主要用在非焊接处的电性互连（如金手指）。

技能3 锡膏印刷工艺参数设计

视频

印刷程序制作

锡膏印刷过程是一个错综复杂的过程，影响印刷品质因素较多，其中刮刀压力、刮刀速度、刮刀角度、脱模速度和印刷距离等参数最为重要，具体描述如下：

1. 刮刀压力

刮刀压力是指锡膏印刷过程中，设备对刮刀施加的压力，也就是刮刀作用在钢网上的力，如图2-21所示。可以分解为水平方向的力和垂直方向的力，水平方向的力推着锡膏滚动向前，垂直方向的力确保将锡膏刮干净。压力过大，使得刮刀垂直方向力较大，一方面加速钢网及刮刀表面磨损，另一方面，当刮刀经过钢网时，大的压力会“挖走”网孔中的部分锡膏，导致留在焊盘上的锡膏较少，造成印刷少锡；压力过小，会导致基板与钢网接触不完全（未完全紧贴），造成印刷锡厚。通常来讲，基板每50 mm增加1 kg的压力，基板越长，刮刀压力越大。

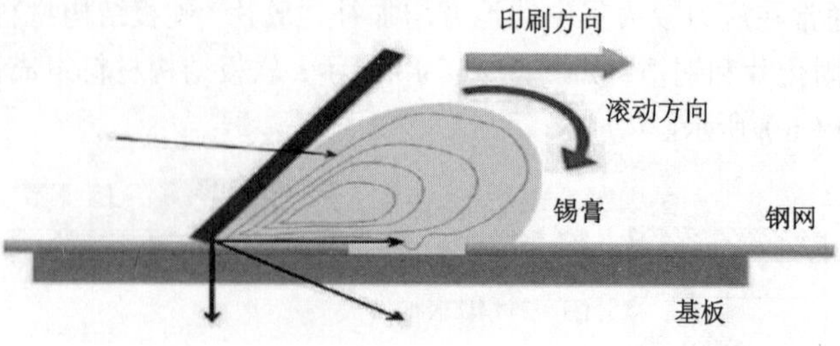

图2-21 刮刀压力示意图

2. 刮刀速度

刮刀速度是指印刷时刮刀在钢网上的移动速度。印刷过程中，锡膏粘度与刮刀速度有着密切的关联性。刮刀速度越慢，锡膏中的触变剂未能及时发挥作用，导致粘度越大，造成锡膏滚动不足，从而导致锡膏无法完全填满钢网网孔；反之则粘度越小，容易造成锡膏形状不规则、边缘不锐利等缺陷。一般情况下，印刷速度是根据基板上的元件封装类型确定，密脚封装的印刷速度为 10～30 mm/s，非密脚封装的印刷速度为 30～90 mm/s。

3. 刮刀角度

刮刀角度是印刷过程中，刮刀与钢网的接触角。刮刀角度一般为 45°～75°，刮刀角度小，锡膏具有较好的滚动性和填充性，但容易造成渗漏。常见的刮刀角度为 45°、60°，锡膏印刷一般选择 60° 刮刀，红胶或其他胶水印刷一般选择 45° 刮刀。

4．脱模速度

脱模速度是指锡膏印刷完成后，钢网脱离基板的速度。脱模速度主要取决于基板上焊盘分布的密集程度。脱模速度以慢为宜，较慢的脱模速度有利于形成清晰的边缘，减少坍塌、拉尖、少锡等缺陷。

5．印刷距离

印刷距离是指印刷时钢网与基板之间的距离，这决定着印刷完成后锡膏的量，印刷距离越大，锡膏量越多。目前，通常采取接触式印刷，即印刷距离为零。密脚封装元件要考虑印刷距离对印刷质量的影响，较大的印刷距离易造成连锡等缺陷；较小的印刷距离有利于形成良好的印刷效果。

6．钢网清洗速度

清洗钢网时，需要擦拭纸在钢网上来回移动以清洗网孔中残留的锡膏。擦拭纸在钢网上移动的速度即为钢网清洗速度。钢网清洗速度较小，会影响印刷效率；钢网清洗速度较大，钢网网孔残留锡膏无法被完全清洗干净。

7．钢网清洗频率

钢网清洗频率是每印刷设定数目的基板后，清洗一次钢网。印刷过程中，锡膏残留会导致钢网网孔堵塞，影响印刷质量。以一定频率清洗钢网可得到较优的印刷效果。清洗频率不宜设置较大，较高的清洗频率会影响印刷效率。

技能 4　锡膏印刷工艺缺陷管控

视频

在线 3D SPI 锡膏检测设备

锡膏印刷完成后，需要对印刷品质进行检测，防止印刷不合格的产品流入下一道工序，造成人力、物力的损耗。目前 SMT 产线一般使用锡膏检测机（solder paste inspection，SPI）对锡膏印刷品质进行检测。用 SPI 可以检测锡膏印刷量、锡膏印刷的高度、锡膏印刷的面积及体积、锡膏印刷的平整度等，也可以检测出锡膏印刷是否有偏移、拉尖、桥连等缺陷。

1. 3D 锡膏检测原理

目前 SPI 多利用莫尔干涉条纹技术，采用莫尔光栅法测量锡膏形状，如图 2-22 所示。一般采用 PMP（相位调制轮廓测量技术）和 Laser（激光三角测量技术）的检测原理。

下面以图 2-23 所示的 3D SPI 设备为例，重点讲解用 PMP 技术实施 3D SPI 检测锡膏印刷的原理。

在 3D SPI 中，配置使用白色光源，通过结构光栅的相位变化对锡膏进行测量，同时，利用相位的变化，对每一个锡膏进行 8 次采样，保证检测的高重复性精度。再利用结构光栅的灰度变化测量，得到高精度的锡膏厚度值。

图 2-22　莫尔光栅法示意图

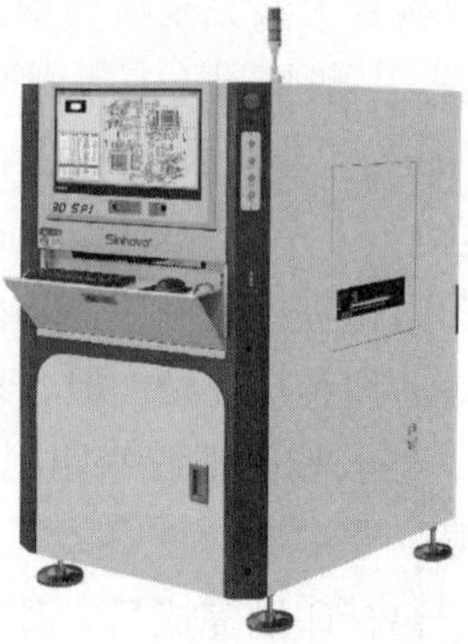

图 2-23　3D SPI 设备示意图

在 PMP 技术中又分为 FOV 走停式和 Scan 扫描式两种检测方式。

FOV 走停式检测，运动时不采样，采样时不运动，最大程度减少了震动对检测的影响，其优点一是检测分辨率高，可达 0.37 μm；二是检测重复性精度极高；三是基板颜色对检测无影响。缺点是检测速度相对较慢。

Scan 扫描式检测，检测头的连续运动形成结构光栅的相位变化。在运动的同时进行采样，相比 FOV 走停式检测，其优点一是检测重复性精度更高；二是检测速度更快。缺点是外界的震动对检测结果影响较大。

3D SPI 检测头采用 FOV 走停式检测，如图 2-24（a）所示，检测尺寸可达 28 mm × 28 mm，检测速度为 0.5 s/FOV。检测头的白色光源通过光栅，将预先定义好的周期性的条纹型的光投到锡膏上，高分辨率的 CCD 相机拍摄一个周期内的四张图片，图片中包含了每个像素点的高度信息，通过四张图片的对比计算，获得每个像素点的高度值，利用每个像素点的高度值模拟得到锡膏的形状、表面分布、体积值等，如图 2-24（b）所示。

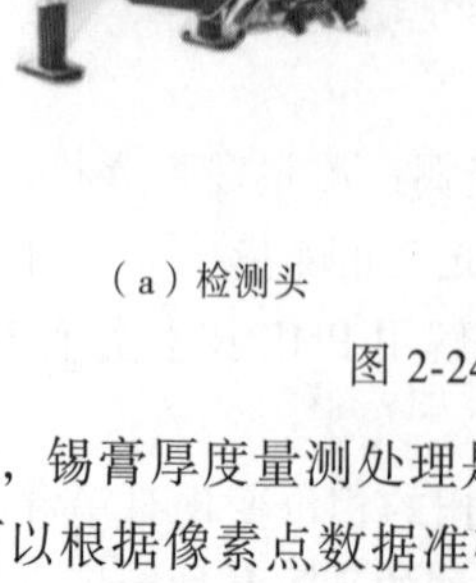

（a）检测头

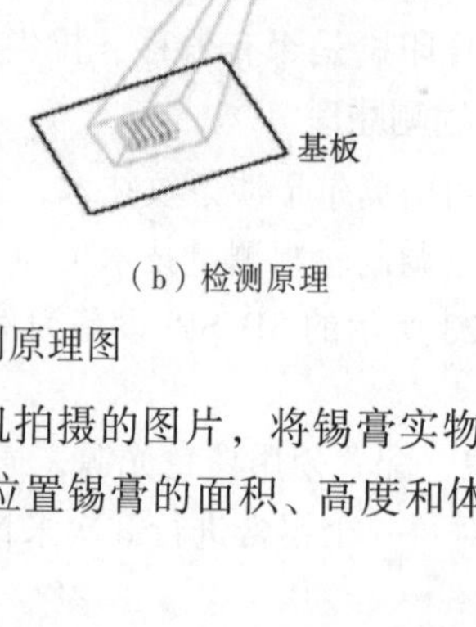

（b）检测原理

图 2-24　SPI 检测原理图

如图 2-25 所示，锡膏厚度量测处理是通过相机拍摄的图片，将锡膏实物转化为单个像素的模拟图片，这样可以根据像素点数据准确计算该位置锡膏的面积、高度和体积等信息。再通过与预设值进行比较，得出该位置上所印刷的锡膏是否满足需求。

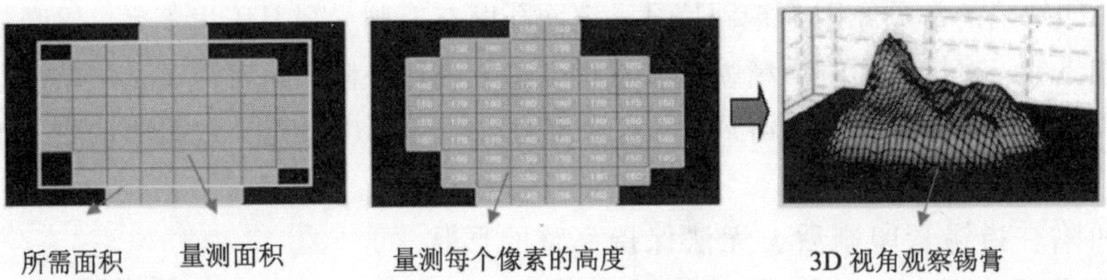

图 2-25　锡膏厚度量测处理

2. 印刷缺陷管控分析

合格的锡膏印刷边缘清晰、顶部平坦，形状与钢网网孔基本一致，在基板的焊盘上位置没有偏移，无助焊剂溢出。合格的锡膏印刷图形如图 2-26 所示。

锡膏印刷缺陷主要有桥连、拉尖、偏移、漏印、凹陷、塌陷等。

（1）桥连。是指相邻焊盘上的锡膏相连接现象，如图 2-27 所示。这种缺陷会导致后期电路相通。引起此缺陷的原因多为刮刀压力过大、基板有异物残留、钢网开口不当等。基板与钢网对位有间隙也会导致桥连缺陷，此时需要更改基板厚度参数或底部支撑。除此之外，使用夹刀片固定基板，由于夹刀片本身的厚度，容易导致板边印刷桥连，此时需要更换使用侧夹系统。

图 2-26　合格的锡膏印刷图形

图 2-27　桥连

（2）拉尖。是指经过印刷以后焊盘上的锡膏呈现出小山峰状现象，如图 2-28 所示。拉尖缺陷会导致锡膏量减少，锡膏量减少 10%以下是允许的，大于 10%则需要进行重新印刷。导致拉尖缺陷的原因一般是脱模参数设置不当或基板和钢网对位有间隙，钢网孔壁异常也会影响下锡性能造成拉尖缺陷，此时需清洗钢网并检查孔壁洁净度。

（3）偏移。是指印刷锡膏位置偏离对应焊盘位置的现象，如图 2-29 所示。偏移有 X 方向正偏移、X 方向负偏移、Y 方向正偏移、Y 方向负偏移四种情况。印刷后，锡膏偏离焊盘位置大于 25%，则被定义为偏移缺陷。偏移缺陷的原因有系统坐标参数设置不当、Mark 点识别错误、基板变形严重、钢网开口错误；侧夹不平也会造成偏移缺陷，此时需调整侧夹共面度；除此之外，局部支撑不到位，基板和钢网有间隙，也会导致偏移缺陷，此时需要重新设置底部支撑。

图 2-28　拉尖

图 2-29　偏移

（4）漏印。又称无锡膏，指对应的焊盘位置上没有印刷锡膏的现象，会影响后期的元件贴装。导致漏印缺陷的常见原因为钢网堵孔、钢网孔壁有毛刺、刮刀压力不足、锡膏量偏少、基板异常影响下锡；擦拭钢网时酒精喷量异常也会造成漏印缺陷，此时需调试酒精喷量参数；另外，锡膏长时间暴露在空气中，溶剂挥发，下锡性能变差，也可能导致漏印缺陷，此时需要更换新锡膏。

（5）凹陷。指锡膏印刷后，无法保持完整的形状，锡膏中心部分凹陷下去的现象，如图 2-30 所示。导致凹陷缺陷的常见原因为刮刀压力过大、刮刀硬度较低。另外，钢网设计不合理或锡膏较干也会造成凹陷缺陷。

图 2-30　凹陷

（6）塌陷：是指锡膏印刷后，不足以保持稳定形状而出现边缘垮塌并向焊盘外侧逐渐蔓延，在相邻焊盘之间还可形成连接的现象。这种现象如果不能及时发现并修正，会大大增加焊接短路风险。引起塌陷的原因：一是刮刀压力过大，锡膏受到过度挤压，流入钢网与基板之间的间隙；二是锡膏粘度太低，粘度是锡膏保持良好成形的关键参数，粘度过低，锡膏边缘易松散而出现塌陷缺陷，对于有细间距元件的产品，锡膏印刷要着重关注锡膏的粘度；三是金属含量太高，如果锡膏在钢网上放置太久或使用回收锡膏，锡膏中的稀释剂成分挥发，而金属相对含量增加，导致锡膏粘度下降，出现坍塌现象；四是焊料颗粒尺寸小，颗粒尺寸较小的锡膏，印刷时下锡性较好，但印刷后锡膏形状效果变差，同时印刷时小金属颗粒更容易在钢网下扩散而形成锡膏桥连现象；五是锡膏吸湿性影响，空气湿度大或锡膏在空气暴露时间过长，可能导致锡膏吸收空气中的水汽而稀化，粘度降低，锡膏的成形效果变差；六是环境温度过高，锡膏中的助焊剂粘度降低，印刷后将出现坍塌现象，同时，如果暴露时间过长，锡膏中的稀释剂成分挥发，锡膏粘度增加，导致印刷困难。

技能 5　锡膏印刷工艺实例

图 2-31 所示为某公司待贴装一款基板 dzzl-01，其印刷涂覆任务要求：采用无铅组装工艺；锡膏印刷缺陷率≤$2\,000\times10^{-6}$。

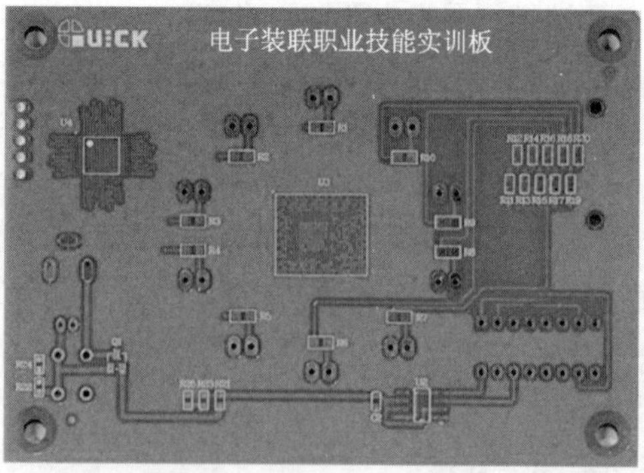

图 2-31　印刷基板试样

以此基板印刷为例，具体说明锡膏印刷工艺。根据作业指导书设定印刷参数，如基板尺寸、刮刀压力、刮刀速度、脱模距离、脱模速度及清洗参数等信息。按照作业指导书要求准备好相应的刮刀、钢网等治具。

调整印刷机轨道宽度，比基板宽度大 0.5 mm，使得基板能顺畅地在轨道上运行。调整印刷底座高度，使基板表面和轨道上表面共面，使得在锡膏印刷时，钢网底部能够紧贴基板表面。在基板印刷定位区下方工作台上，均匀放置支撑顶针，增加基板承载印刷的强度。

安装印刷刮刀及钢网。前后两个刮刀按照“八字形”方式安装刮刀，如图 2-32（a）所示。按基板印刷方向安装钢网，如图 2-32（b）所示。

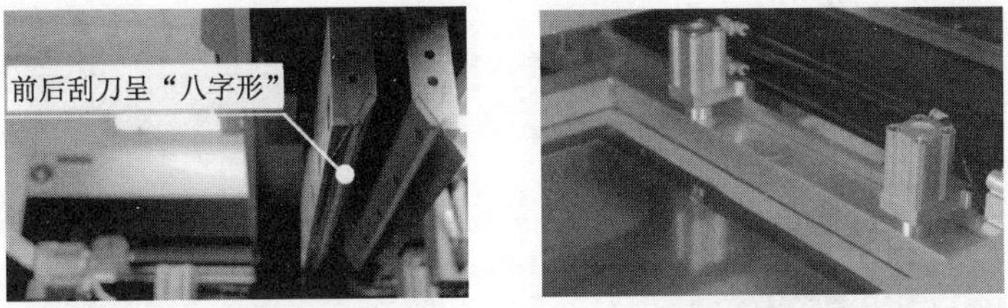

（a）安装刮刀　　（b）安装钢网

图 2-32　安装刮刀及钢网

安装好钢网和刮刀，即可进行 Mark 点识别确认，将基板放置在轨道上，印刷机自动将基板搬运到印刷位置，使用设备 CCD 相机，对基板和钢网进行定位点检查，通过微调钢网或基板位置，使得钢网上开孔位置与基板焊盘位置对中，确保印刷准确，如图 2-33 所示。

钢网与基板对位确认后，添加锡膏，开始印刷。添加锡膏要注意三点：一是锡膏添加位置及范围，所添加的锡膏要在刮刀的挡锡板之间，确保锡膏不会溢出钢网，导致其因助焊剂挥发而变硬；二是锡膏量的添加，锡膏添加不宜过多或过少，一般添加量使得滚动的锡膏直径与 1 元硬币直径差不多即可；三是锡膏补给量控制，在印刷过程中，需要根据钢网上锡膏的剩余量，适时补给锡膏，使得每次都有足量锡膏用于印刷，新添锡膏应用铲刀与原钢网上剩余的锡膏充分搅拌均匀，再进行印刷。

使用放大镜进行首件印刷质量检查（见图 2-34），要特别注意细间距 IC 和 BGA 等元件的印刷质量，如无印刷缺陷，即可转入批量生产。

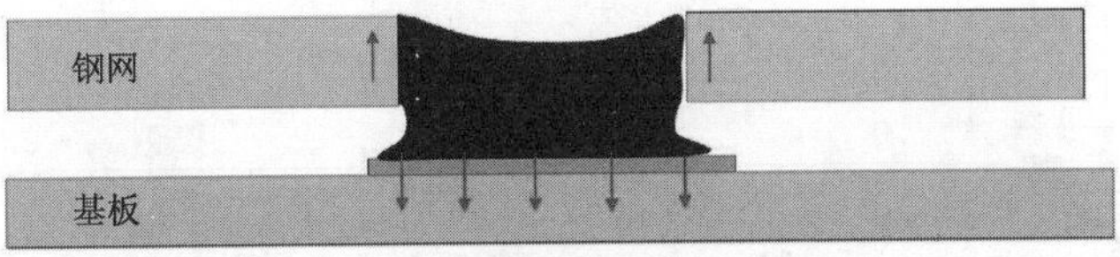

图 2-33　钢网开孔与基板焊盘对位

图 2-34　检查印刷质量

作业 2　胶水涂覆工艺设计

点胶又称涂胶、灌胶、滴胶等，是把贴片胶涂抹、灌封、点涂到产品上，让产品起到粘贴、灌封、绝缘、固定、表面光滑等作用。电路板组装过程中使用点胶，是把贴片胶涂抹到基板阻焊的一个适当位置，使之能牢固粘接放置其上的元件，直至基板完成波峰焊接，或者增强元件与焊盘间的粘接度。因为需要与基板的颜色形成反差，通常贴片胶颜色为红色、白色和黑色，以红色居多。焊接后，贴片胶虽仍残留在基板上，但已不再起任何作用，而由焊料代替起固定元件的作用，并提供可靠的电子连接。下面以红胶为例介绍胶水涂覆的工艺设计。

技能 1　认识红胶涂覆工艺

1. 红胶涂覆方式

红胶涂覆到基板主要有点胶和印刷两种方式。点胶，是使用点胶机，利用压缩空气挤压的方式将红胶挤压到基板上，如图 2-35（a）所示；红胶印刷，与锡膏印刷相似，使用丝网印刷涂覆红胶，如图 2-35（b）所示。使用点胶机的方式，在制程五中有相关描述，在这里主要介绍丝网印刷方式涂覆红胶。

（a）点胶　　（b）印刷

图 2-35　贴片胶涂覆方式

丝网印刷红胶与锡膏印刷不一样，贴片胶印刷普遍采用双次印刷，而且两次印刷时的印刷压力有明显差异。印刷时，刮刀压力较大，刮刀下的钢网与基板紧贴；而回胶时，刮刀压力较小，刮刀下的钢网与基板不接触，使模板表面留有薄薄的一层红胶，这样钢网与基板分离时，残留的红胶会填入网孔中，避免印刷下一片基板时，空气进入红胶内。双次印刷可以减少大的胶点中含有气泡。

单面红胶制程如图 2-36 所示，在基板的贴片面进行红胶涂覆，贴装元件加热固化后，元件已经固定在相应的位置上。如果在另一面有通孔元件，翻转基板后进行通孔元件插件，然后利用通孔焊接所用的焊锡，完成背面元件焊锡连接；如果没有通孔元件，翻转后通过波峰焊即可完成元件焊接。

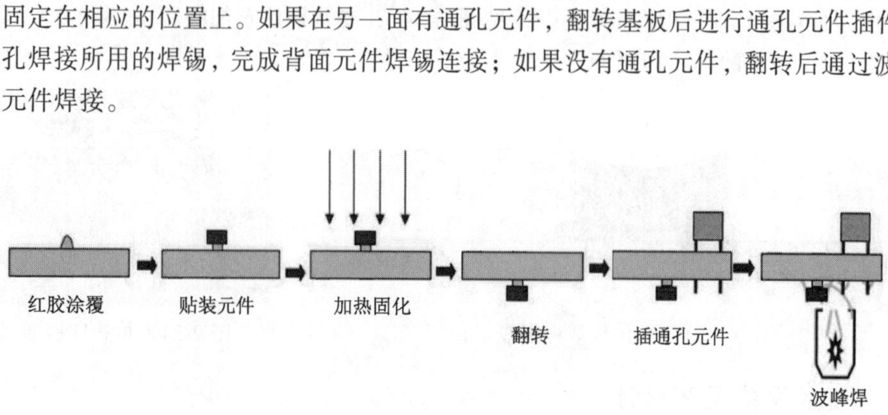

图 2-36　单面红胶制程

双面红胶制程如图 2-37 所示，通孔元件一般在正面，且正面贴片元件相对背面复杂，正面贴片元件采用锡膏贴装，先于背面生产；背面元件贴装可使用红胶制程，加热固化后粘连基板；在基板正面插上通孔元件后，进行波峰焊接，利用通孔元件焊接所用的焊锡，完成背面元件焊接。

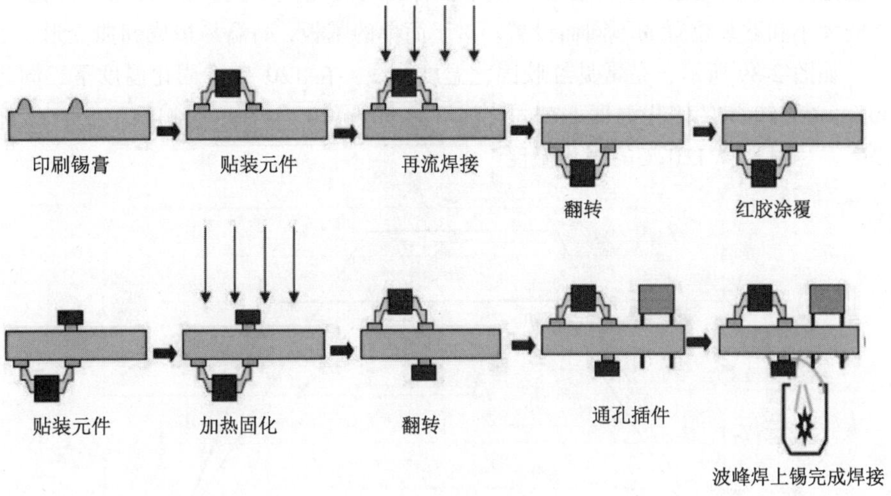

图 2-37　双面红胶制程

2. 红胶印刷过程

使用丝网印刷机印刷贴片胶的工艺流程与印刷锡膏流程基本相同，具体流程分为八个步骤，如图 2-38 所示。

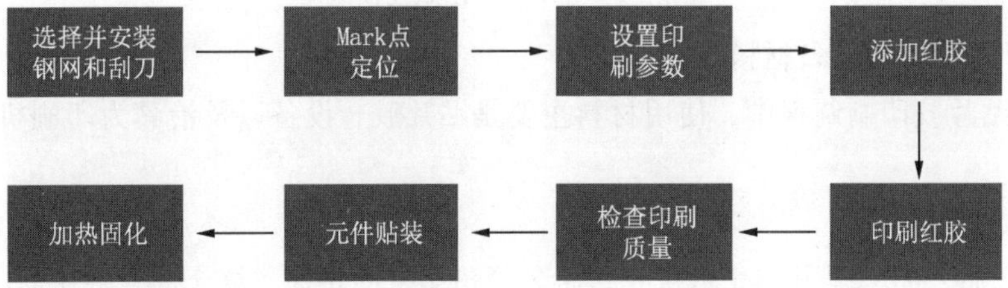

图 2-38　红胶印刷流程

步骤一：选择并安装钢网和刮刀。根据要求，选择适当的钢网和刮刀。刮刀一般使用 45° 的橡胶刀片或者不锈钢刀片，长度为基板长度加上 20 mm。

步骤二：Mark 点定位。利用印刷设备上的相机，将钢网上基准点与基板上的基准点位置调整一致，避免因为钢网和基板位置差异产生印刷不良。

步骤三：设置印刷参数。重点设置刮刀压力、印刷速度、脱模距离以及脱模速度等参数，目的是使红胶跟随刮刀移动，尽可能多地填充钢网网孔。

步骤四：添加红胶。根据先进先出原则，取出红胶，回温后方可使用。对于未用完的红胶应放回冷藏箱保存，旧胶与新胶不能混用。根据需要在钢网上均匀添加红胶。

步骤五：印刷红胶。载入基板，运行程序，完成红胶印刷。

步骤六：检查印刷质量。使用放大镜或者 SPI 检查红胶胶点有无偏移、拉尖、塌陷等缺陷，同时，胶量均匀，无溢胶沾染焊盘现象。

步骤七：元件贴装。贴装后，元器件在胶上无偏移。

步骤八：加热固化。固化温度越高以及固化时间越长，粘接强度也越强。但随着温度超过设计的固化温度后，其耐温性和粘接剪切力，固体特性会发生变化。故红胶的固化温度需根据基板元件的大小和贴装位置的不同而设置。对于简单的基板，高温易造成翘曲变形，故多采用低温固化。如图 2-39 所示，是常见红胶固化温度曲线，在 120 ℃的固化温度下，固化时间为 160～180 s；在 150 ℃的固化温度下，固化温度为 90～120 s。在不影响整条 SMT 线体生产效率的前提下，尽量选择 120 ℃的固化温度。

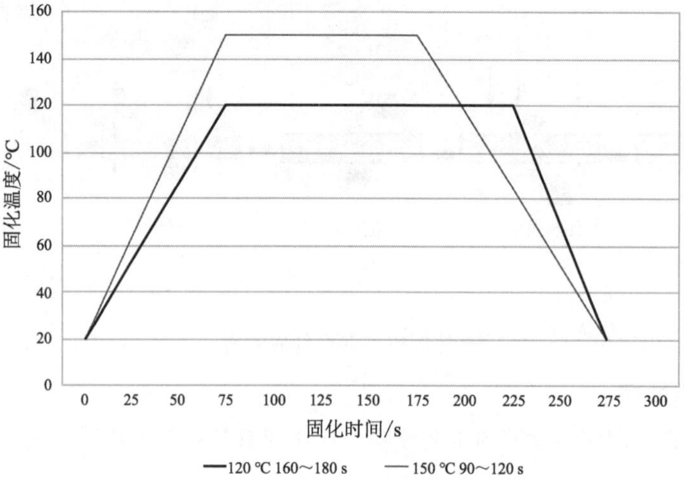

图 2-39　红胶固化温度曲线

技能 2　认识胶水涂覆设备材料

在基板贴片胶印刷制程中，使用材料主要是贴片胶，设备以及治具为印刷机、钢网、刮刀等。

1. 贴片胶

（1）贴片胶组成。其基本组成主要包含环氧树脂、固化剂、填充剂、触变剂以及着色剂。环氧树脂可粘接基材，具有良好的机械及绝缘性能、良好的抗化学腐蚀性能；固化剂通常是胺类物，在室温下是固体，加温后变液体，与环氧树脂产生化学反应，增强链状聚合，提升胶着强度；填充剂，中和胶的热膨胀率，使胶的热膨胀系数与底板及元件接近；触变剂，调节胶的触变性，控制点胶性能，决定湿强度；着色剂，有红色、黄色、白色、黑色等，贴片胶以着色剂命名，若是红色则称红胶，如图 2-40 所示。着色剂的目的是与底板形成反差，便于检查点胶情况。

图 2-40　红胶

（2）红胶保存。如同锡膏一样，必须冷藏于冰柜中，储存的温度一般在 2～10 ℃，保存期一般不超过 6 个月。开封使用时，要求前一天从冰柜中取出红胶，待红胶回温后才能打开容器盖，防止水汽凝结，回温结束后用搅拌棒按顺时针或逆时针方向均匀搅拌红胶，待红胶无气泡后装入注射器或添加到印刷钢网上，剩余的红胶应密封保存，放回冰柜冷藏保存，并做好标记单独放置。红胶使用的最佳温度是（23±3）℃。采用印刷工艺时，钢网上剩余的红胶不能回收使用，因此在印刷添加时要注意控制添加量，尽量减少浪费。为预防红胶硬化和变质，搅拌后红胶应在 24 h 内使用完，剩余的红胶要单独存放，不能与新红胶混装。点胶或印刷后，红胶应在 24 h 内完成固化。

（3）红胶特性参数。表征红胶特性的参数主要有粘度、粘接强度、湿强度、屈服强度、涂布性、触变性、润湿性和固化性等。

粘度是衡量红胶特性的一项重要指标，不同的粘度适用于不同的涂覆工艺。影响红胶粘度的因素有温度和压力，温度越高，红胶的粘度越低；压力越大，红胶的剪切速率越高，粘度越低。

粘接强度，也是红胶的一个关键性能指标，对粘接强度的要求一是在元件贴装完成后元件经过传输、震动后红胶能保持元件不移位；二是要求固化后，元件与基板能保持足够的粘接强度和剪切强度，保证元件不移位、不脱落。但在 240～260 ℃高温下，红胶受到焊料波剪切力的冲击以及承受短时间的焊接热，红胶的粘接强度会降低，利用这一特性可以更换固化后破损的元件。

湿强度，是指红胶在固化前的粘接强度，它与红胶的初粘力有关，初粘力又称润湿力，是指元件粘合后（5 min 内）所测得的剥离强度，它能迅速地粘牢元件，使元件贴装后能有效地固定，并具有一定的抗震动能力。

屈服强度，是指红胶固化前抵抗外力破坏的能力，它用屈服值来表示。当外力小于屈服强度时，红胶仍保持固态形状，当外力大于屈服强度时，红胶会呈现流体。因此红胶依靠屈服强度保证元件贴装后，在外力的作用下不产生移位，一旦外力大于屈服强度，就会出现元件移位。影响屈服强度的因素，不仅与红胶本身的品质、粘接物表面状态有关还与红胶涂布后的形状有关，常用形状系数来表示，即胶点的底面积直径 W 与胶点高度 H 之比。形状系数越高，屈服强度越低，最佳 W/H 值之比为 2.7～4.5。

涂布性，表示通过涂覆工艺所涂覆的胶点的尺寸、形状是否合适，胶点是否均匀一致的特性。

触变性，是指红胶涂覆后胶点不变形，不塌落，能保持足够的高度，在贴片后，到固化前胶点不漫流的特性。

润湿性，是指红胶在涂覆过程中，胶点沿底板向四周铺展的能力，一般要求胶点不能过分铺展，否则会出现塌落，以致漫流到焊盘上造成焊接缺陷。

固化性，是指膏状体的红胶通过加热或光照等方式变成固体状的过程，固化是红胶工艺中最重要的一道工序，常用的固化方式有热固化和光固化两种。环氧树脂红胶固化以热固化为主，丙烯酸树脂红胶固化以光固化为主。热固化有烘箱间断式和再流焊炉连续式两种形式进行。烘箱间断式固化是将已施加红胶并贴好元件的基板分批进入恒温的烘箱中，按照所使用的红胶固化参数进行固化，这种固化方式操作简单，投资费用小，但效率低，不适合用于生产线流水作业；再流焊炉连续式固化是 SMT 工艺中最常用的方式，这种方法需要对再流焊炉的炉温进行调节，即设置红胶温度固化曲线，设置方法、过程和锡膏的温度曲线设置一样，但热电偶应放置在胶点上，温度的高低和时间的长短及曲线设置取决于所选的红胶中固化剂成分，不同的固化剂材料其固化温度、固化时间也各不相同，所以不同红胶的固化曲线是不同的。另外，还要考虑不同材质的基板，固化曲线也不相同。光固化与热固化原理不同，丙烯酸树脂红胶是通过加入过氧化合物，在光和热的作用下实现固化，固化速度快、质量高，在生产中，通常是再流焊炉配备 2～3 kW 的紫外灯管，将已施加红胶并已贴好元件的基板放在距紫外灯管 10 cm 的高度，10～15 s 即可完成光固化，同时在炉内继续保持 140～150 ℃的温度约 1 min，就可完成固化。采用光固化时应注意阴影效应，即光固化时光照射不到的地方，固化质量会受到影响，所以在设计胶点位置时应将胶点暴露在元件边缘，否则达不到所需要的粘接强度。为了防止缺陷的发生，通常在加入光固化剂的同时，还加入少量的热固化性的过氧化物。实际上紫外灯加上再流焊炉既有光能也具有热能，以达到双重固化的效果。不论哪种固化方式，固化后都要求胶点表面硬化、光滑。固化不良会造成运输、焊接过程中元件脱落、移位等缺陷。

2. 印刷机

印刷机作用是用刮刀将红胶漏印到基板元件焊盘间位置，为元件的贴装做准备。

3. 钢网

红胶印刷钢网如图 2-41 所示，分为化学蚀刻和激光蚀刻两种方式。化学蚀刻钢网，价格低，适用于小批量、试验且芯片引脚节距 > 0.635 mm。激光蚀刻钢网，精度高、价格高，适用于大批量、自动生产线且芯片引脚节距 < 0.5 mm。对于研发、小批量生产或芯片引脚节距 > 0.5 mm，推荐使用化学蚀刻钢网，但对于批量生产或间距 < 0.5 mm，采用激光切割的钢网。一般厚度为 0.15～0.2 mm。

图 2-41 红胶印刷钢网

钢网开孔大小决定了红胶印刷之后，基板上留存的红胶体积，表 2-3 中列举了几种典型元件的钢网开孔方式。

表 2-3 常见元件开孔方式

元件类型	开孔尺寸/mm	开孔方式
0603C	0.3 × 1.0	
0603R	0.3 × 1.0	
0805C	0.5 × 1.5	
0805R	0.5 × 1.5	
1206C	0.5 × 1.5	
三极管	0.5 × 1.5	
8 引脚 IC	1.5 × 3.0	

SMT 贴片工序，有些产品需要先用红胶，将贴片元件固定在基板上，以便于插件元件组装后，再进行一次性焊锡。贴片元件的尺寸小于 0603 时，就不推荐使用红胶印刷工艺。因为红胶印刷钢网的厚度较锡膏印刷的薄，在较小尺寸的元件上印刷红胶会出现红胶沉积较少的情况。同时为应对红胶需求量较多的场景，阶梯钢网逐步推广，如图 2-42 所示，通过分次压红胶的方式，将红胶挤压到基板上。

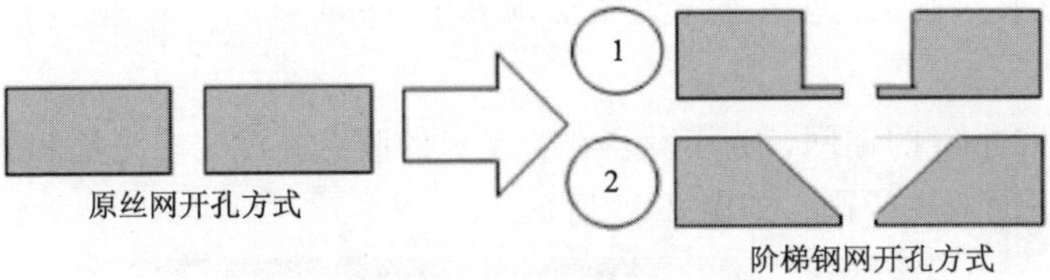

图 2-42　阶梯钢网开孔方式

4. 刮刀

红胶刮刀如图 2-43 所示，与锡膏印刷一样，其主要作用是驱动红胶，在丝网上滚动。红胶中的触变剂使红胶粘性较低，红胶被刮刀压入丝网孔中，从而使红胶粘连在基板上，完成红胶涂覆。

红胶刮刀角度一般选择 45°以保证更多的红胶能够涂覆到基板上。

图 2-43　红胶刮刀

技能 3　胶水涂覆工艺参数设计

红胶印刷主要参数是胶点高度、脱模速度、脱模距离和印刷间隙等。

1. 胶点高度

印胶工艺面临的一个主要问题是如何获得不同高度的胶点，以适应不同类型的元件。例如，IC 的底面与基板表面有一定的间隙，这就要求较高的胶点才能满足粘连。锡膏印刷，丝网网孔中的锡膏在分离时全部涂敷到基板焊盘上，但印胶工艺不同，并不是所有网孔中的红胶都会转移到基板上。留在网孔中红胶的量主要由红胶与网孔、红胶与基板的粘力对比影响。较大的网孔（如直径为 1.8 mm 左右）其红胶与网孔的粘力远小于红胶与基板的粘力，钢网与基板分离时，胶点边上有一点拉尖，所得的胶点高度与钢网厚度相似；中型的网孔（如直径为 0.8 mm 左右）其红胶与网孔的粘力稍小于红胶与基板的粘力，钢网与基板分离时，胶点被整体拉尖，所以所得的胶点高度要大于钢网厚度；小型的网孔（如直径为 0.3～0.6 mm）其红胶与网孔的粘力要大于红胶与基板的粘力，钢网与基板分离时，大部分红胶没有脱离钢网，残留在钢网的网孔中，所以得到的胶点高度要小于模板厚度，如图 2-44 所示。根据红胶的特性，通过控制网孔的大小，从而获得不同高度的胶点以适用于不同的 SMD 元件。

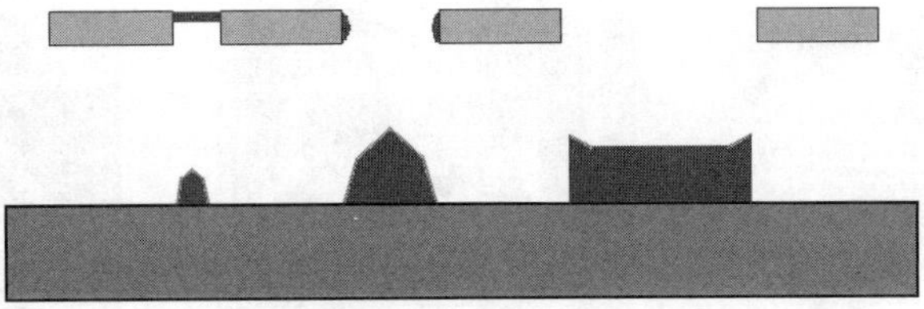

图 2-44　胶点高度与开孔尺寸关系

2. 脱模速度

印刷时钢网与基板的分离速度不能太快，最大允许值为 0.5 mm/s，这样钢网与基板分离时，红胶才会被慢慢拉起，再沉积形成圆锥形的合格胶点。分离速度太快，会导致胶量偏少。

3. 脱模距离

钢网与基板分离时必须有足够的距离。脱模距离不够，会产生胶点拉丝缺陷。而且红胶会污染钢网底面。红胶印刷工艺要求脱模距离必须大于 3 mm。

4. 印刷间隙

针对厚度为 0.2 mm 的钢网，为了获得符合要求的胶点高度，多采用间隙印刷方式（间隙一般为 0.6 mm）下的双次印刷，如图 2-45 所示。

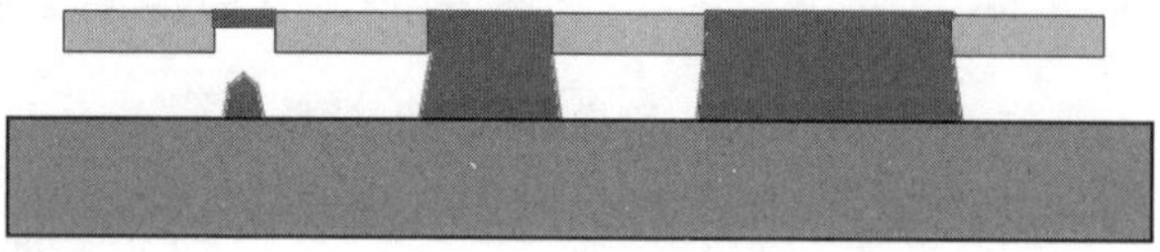

图 2-45　印刷间隙

技能 4　印胶缺陷管控

印胶工艺中，最主要的缺陷为溢胶、胶少和偏移。

1. 溢胶

溢胶是指部分红胶在钢网脱离基板时被拉起，最终掉落在基板焊盘上的现象，如图 2-46 所示。基板在过波峰焊时，溢胶会影响焊接质量，容易造成焊接不良。引起溢胶的原因有三种：一是印刷钢网开孔过宽；二是红胶使用前没有完全回温，导致红胶在钢网上来回滚动后变稀；三是印刷红胶时，下胶量过多，贴片时，贴片下压力把红胶挤到焊盘上。减少溢胶产生的对策：一是减小印刷钢网开孔尺寸；二是红胶使用前进行回温，通常情况下回温所用时间为 4 h；三是降低印刷压力，减少下胶量。

2. 胶少

胶少是因网孔堵塞或钢网上红胶不足，无法填满网孔，导致存留基板上的红胶胶少的现象，如图 2-47 所示。胶少的原因：一是钢网网孔堵塞；二是钢网上红胶不足；三是钢网太厚，红胶残留在网孔侧壁上。减少胶少现象的对策；一是定期清洗钢网；二是按时添加红胶，确保钢网上红胶量满足印刷需求；三是采用阶梯钢网方式，减少网孔内部残留红胶。

3. 偏移

偏移是指印刷在基板上的红胶偏向一侧焊盘，元件贴装后，将红胶挤压到焊盘的现象，如图 2-48 所示。导致偏移不良原因：一是 Mark 点对位异常；二是基板支撑不足。减少偏移不良的对策：一是重新制作 Mark 点，确保基板 Mark 点和钢网 Mark 点重合；二是调整基板下方的支撑块，确保支撑足够。

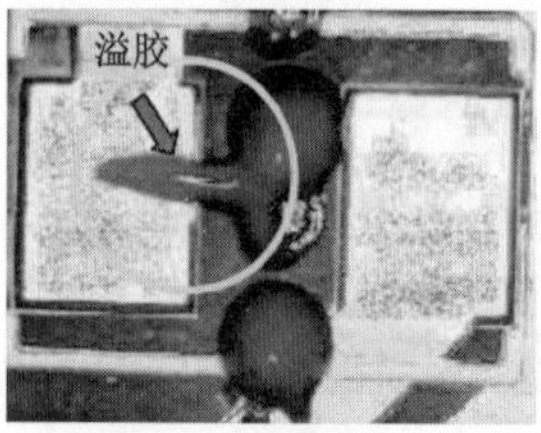

图 2-46　印胶溢胶

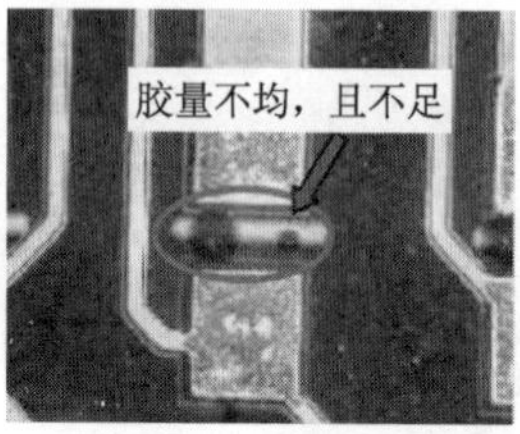

图 2-47　印胶胶少

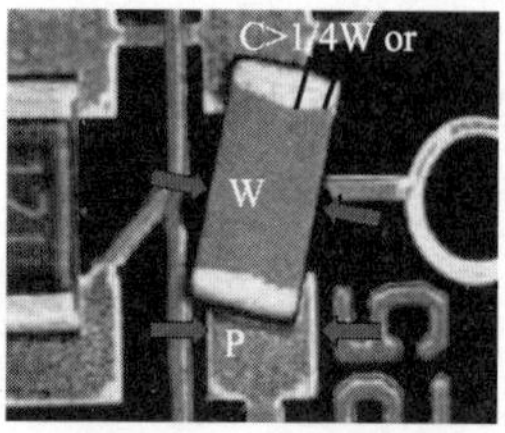

图 2-48　印胶偏移

任务2　元件贴装

任务目标

通过元件贴装任务学习，能根据新产品结构特征，编制优化贴装程序，完成贴装作业；具备独立编制电路板贴装程序以及设计贴片工艺流程等能力。

任务导图

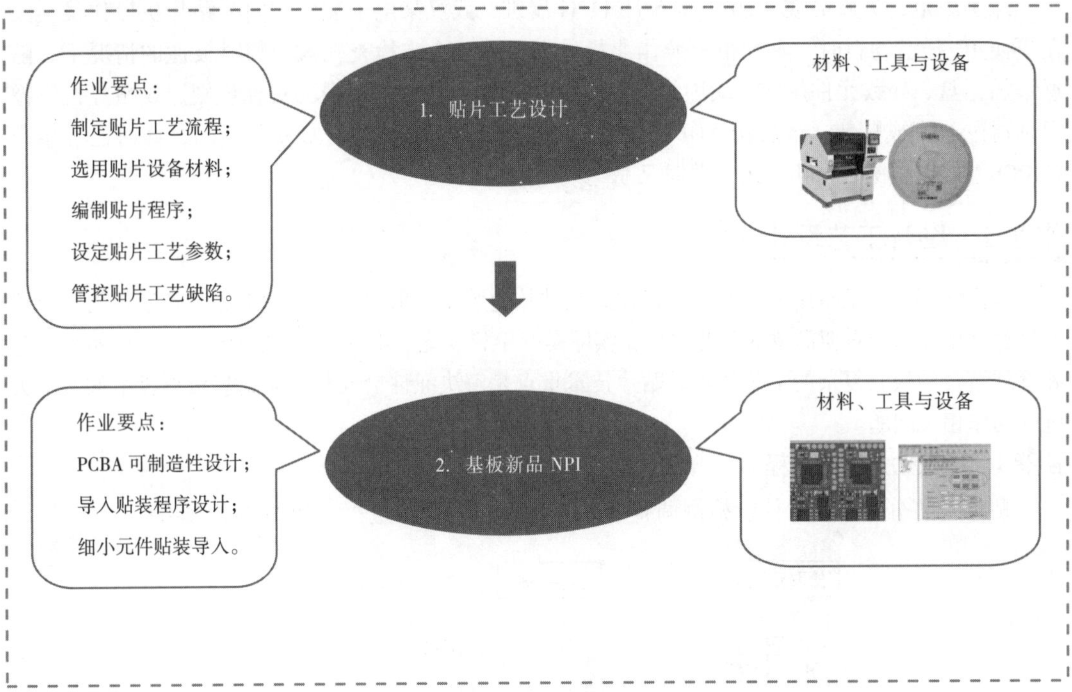

任务先通

匠心一点通

自研编程小软件，数据整理效率高。陈工毕业进入常州某工厂，入职 SMT 程序工程师。在岗期间，仔细观察程序技术员的日常编程流程及手法，发现一个严重的问题。客户的原始 CAD 文件与贴片机的 CAD 格式大不相同。每当新产品资料发过来后，技术员需要花费大量的时间处理 CAD 文件，调整格式，按贴片机格式顺序调整。陈工发现后，立即反馈至 IT 部门，并开会商讨研发辅助软件，只需将客户原始 CAD 文件导入软件，软件自动输出对应贴片机能够识别的 CAD 格式。经过几个月的努力与实验，最终 SMT 编程辅助软件应运而出。自从导入编程流程后，编程时间减少 15 min，提高了编程效率与准确度。

安全一点通

保养未检查，小细节酿大祸。2020 年 7 月 20 日，苏州某电子公司 SMT 线飞速运转中，贴片机快速贴装着元器件。突然，“咚”一声巨响，吸引了产线操作员的注意力。随之而来的便是贴片机的报警声，操作员立即查看异常记录：贴片头异常、Y轴电流异常、传感器异常等。查看贴片机内部情况，发现贴片头停留在供料器位置，并且亮红灯。仔细观察发现贴片头与供料机压盖发生撞击，贴片头Z轴弯折。工程师到场后，反复检查设备各传感器状态以及软件运行状态，均未发现问题所在。后拿出事故供料器，发现压盖弹簧丢失，导致在贴片机的振动之下，压盖弹起。最后在供料器维修保养处找到了这根丢失的弹簧，原来是保养维修时，由于疏忽导致弹簧安装遗漏，最终导致了贴片头的损坏，直接经济损失达八万余元。

质量一点通

疏于规范，失之品质。2021年5月11日夜班，武汉某电子装联车间，贴片机操作员吴某在更换IC托盘物料时，不严格遵照作业指导书要求，在未检查托盘中物料极性的情况下，随意添加托盘，导致元件反向。又因为此IC器件为64引脚QFP，引脚对称规则，故贴片机影像识别通过，完成贴装。最后在AOI站位发现IC反向，检查发现托盘安装反向，此时已经生产13 PCS。返修损失5 000余元，费时又费力。

作业1　贴片工艺设计

基板贴片工艺是指用一定的方式将片式元件从包装中拾取出来并准确地贴装到基板指定位置的过程。贴片这个看似简单的工业过程，实际是一个机、光、电综合，软/硬件配合，设备、工艺和管理结合的极其复杂的工艺技术。贴片技术重点是解决元件拾取和贴装到基板焊盘上的两个关键性动作相关问题。

技能1　认识贴片工艺流程

贴片工艺分为拾取元件、检测调整和贴装元件三个动作过程，如图2-49所示。

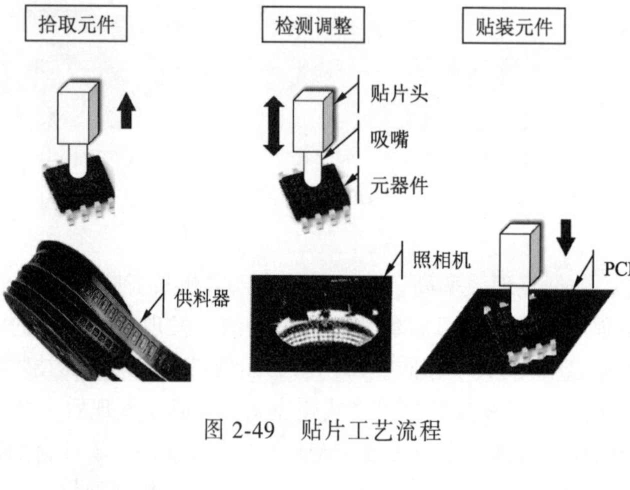

图2-49　贴片工艺流程

1. 拾取元件

通过一定的方式，将贴片元件从包装中取出。在这个过程中，拾取所用的时间和正确性至关重要，将影响生产效率以及产品合格率。影响拾取过程的主要因素包括拾取方式、元件特征以及元件包装方式。拾取方式有真空吸取和夹爪夹取两种。真空吸取主要应用在片式元件，夹爪夹取主要应用在没有提供吸料平面的元件上，前者应用更为广泛。元件特性包括外形尺寸（长、宽、高）、元件引脚节距、元件重量和元件表面质量。元件外形尺寸决定了真空吸取时所用吸嘴大小。元件引脚节距决定了检测调整时相机的精度。元件重量决定了吸取元件时所需的真空大小。元件表面质量决定了吸嘴上是否需要安装橡胶垫来提高吸嘴吸取元件的气密性。元件包装方式将影响贴装能力和生产效率。不同种类表面贴装元件采用不同的包装，如图 2-50 所示，元件包装方式主要有卷带状、管状、托盘状和散料四种方式，不同的包装需要对应的供料器。在贴片机中，供料器将包装中的元件按照贴片机的指令传送至拾取位置，因此供料器供料质量至关重要，影响着后续检测调整过程。

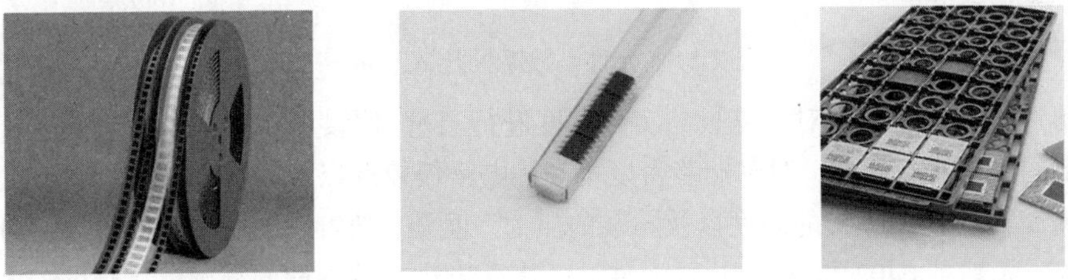

（a）卷带　　（b）管状　　（c）托盘

图 2-50　常见的元件包装

2. 检测调整

贴片机在贴装前需要确定两个问题，第一个问题是元件中心与贴片头的中心是否保持一致。由于拾取时元件在包装中的位置及贴片头位置都存在误差，并不能保证吸嘴中心与元件中心一致，因此在贴装之前必须进行位置调整，修正元件中心与贴片头中心线的位置偏差。第二个问题是元件是否符合贴装要求。元件制作过程中存在制造公差而不能完全符合组装要求，同时元件在运输、储存、装载及吸取过程中都有意外损伤的风险，因此在贴装前，需要利用贴片机的视觉系统进行元件外观检测。

目前，广泛使用的检测方法是光学检测，即视觉系统或激光系统。视觉系统既能够判断元件位置和方向，又能测量引脚或焊球节距，因此大多数贴片机都采用视觉系统。另外，视觉系统无须对硬件进行升级就能够适应各种更新的元件封装，具有很好的灵活性。激光系统允许元件“飞行中”对位修正，并且能精确地判断位置和方向。但激光系统无法测量引脚或焊球的节距。

3. 贴装元件

将检测调整的元件精确贴放到基板指定的位置。这里说的“精确贴放”有两层含义：一是元件准确贴放到基板指定位置；二是精确控制 Z 轴，保证元件可焊端压入锡膏的深度适中，即贴片头贴装压力控制适中。前者受调整检测步骤的影响，而后者则影响着元件贴装质量。贴放使用的工具与拾取相同，但工作方式与拾取相反，通过压缩空气破坏真空而实现元件的贴放。这意味着贴放的压力控制、Z 轴的运动控制和贴放的准确性是贴放技术的关键。图 2-51（a）所示为压入不足，元件无法依靠锡膏的粘接力固定在基板上，在贴放过程中可能会出现偏移缺陷，在再流焊过程中可能出现立碑缺陷；图 2-51（b）所示为压入过度，锡膏被挤出焊盘，焊接过程中可能出现短路或锡珠缺陷；图 2-51（c）所示为压入合适，元件完全贴放在锡膏上，没有挤压锡膏，再流焊后将形成良好的焊点。

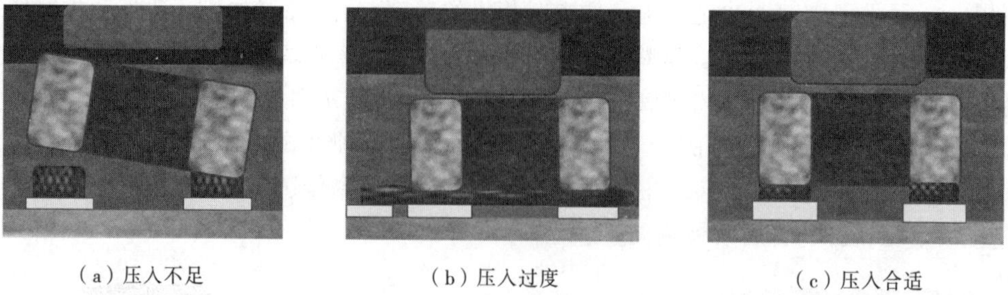

图 2-51　元件贴放不同压入程度

早期贴片机在贴放前不对电路板的实际高度进行测量。假设电路板都是平整的以及元件的厚度是一致的，在此基础上，对于贴装密度不高、电路板较厚以及元件尺寸较大的产品，贴片机能够准确计算贴装时 Z 轴的高度以及贴装的压力。但是，随着贴装密度不断提高，细小元件的大量导入，尤其是 0402 和 0201 片式元件，这就意味着 Z 轴高度的准确计算难度加大，往往会引起元件贴放压入不足或压入过度等缺陷。

如何使快速移动的吸嘴能够准确判断电路板厚度的变化以及元件厚度的差异，而使元件恰到好处地压入锡膏？现代贴片机主要采用以下几种方式解决这个问题：

Z 轴运动伺服驱动控制：早期的贴片机采用气动方式控制贴片头的 Z 轴运动，由于气动控制的精度有限，吸嘴移动的精度无法满足微小元件的贴放。从而现代贴片机演变采用可以精确控制误差的伺服控制线性电机，再运用高速电磁阀，实现 Z 轴运动的精密控制。

Z 轴高度闭环控制：在贴片头上安装高度检测传感器，实时测量电路板的高度，从而实现 Z 轴高度的闭环调节，在此基础上，可以把贴装高度精确地控制到微米数量级。但是，这种方式并不能有效地调节拾取高度的问题，可以说它只是解决了问题的一半。

贴放压力检测控制：这是一种更有效的方法，它的原理是通过在贴片头上装压力传感器来检测贴放压力。例如，使用一个压力控制器，用于计算拾取和贴放时的 Z 轴高度。压力传感器可以根据吸嘴的压力输出连续变化的数据，从而实时控制 Z 轴位置。Z 轴在拾放不同高度元件时，通过压力传感器自动调整放置压力，避免因元件高度误差，而对元件造成损坏。这种形式的最大优点是可以提高高度控制的灵敏度和适应性。

技能 2　认识贴片工艺设备材料

1. 贴片机

贴片机基本结构组成包含机械系统、贴片头、检测识别系统、供料系统、计算机控制系统等，如图 2-52 所示。其中，贴片头、供料系统、传送机构、伺服定位系统都是贴片机的关键部位。

（1）贴片头。是贴片机进行吸取贴放元件的执行机构，直接连接运动装置、气动装置、视觉机构等，是贴片机的关键部位之一。贴片头一般可分为旋转式、固定式和组合式。旋转式又可分为转塔式和转盘式两种。前者只能做水平方向的旋转，而后者工作时每个吸嘴均吸取元件，并在视觉机构处识别调整，吸嘴中均安装真空传感器

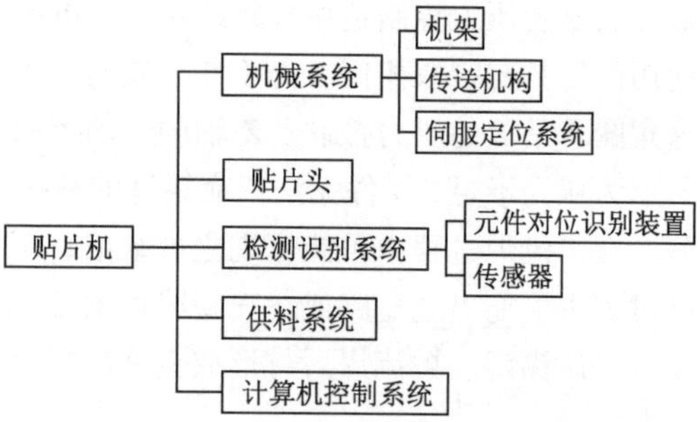

图 2-52　贴片机基本结构

和压力传感器从而实现精准贴放。在贴片机中通常安装两个贴片头，一组贴放元件另一组吸取元件交替进行。早期的固定式贴片头只有一个吸嘴，每次进行完一个元件的拾取和贴放后才能进行下一个元件的贴放；后来逐渐由单吸嘴增加到多个吸嘴。

（2）供料系统。由供料器和供料台组成。供料器是以气动或电动方式驱动片式元件SMC/SMD 按照一定规律和顺序供给到拾取位置，以便贴片头准确方便地拾取。可安装供料器的数量以及供料器的类型，也是选择贴片机和安排贴片工艺的重要组成部分。按照供料器输送元件方式的不同又可分为卷带、管状、盘状和散装四种形式，如图 2-53 所示。

（a）卷带供料器　（b）管状供料器　（c）托盘供料器　（d）振动散装供料器

图 2-53　常见供料器

卷带供料器是贴片机送料器中最常用的一种，现已由传统的气动式、多间距电动式发展为高精度电动式，传送精度更高、送料速度更快、结构更加紧凑，性能更稳定，大大提高了生产效率。带状料的基本宽度有 8 mm、12 mm、16 mm、24 mm、32 mm、44 mm 和 52 mm 等类型，间距有 2 mm、4 mm、8 mm、12 mm 和 16 mm 等；卷带直径尺寸有 7 in（1 in=0.025 4 mm）和13 in 两种。

管状供料器通过使用振动器来保证管中元件不断进入贴片头吸取位置，PLCC 和 SOIC 管式包装常用此种方式供料。管状供料器能有效保护管装元件引脚，但稳定性和规范性较差，生产效率较低。

盘状供料器可以分为单层结构和多层结构，单层盘状供料器是直接安装在贴片机供料器架上，占用多个槽位，适用于托盘料不多的情况；多层盘状供料器有多层自动传送托盘，占用空间小，结构紧凑，适用于托盘料比较多的情况。盘状元件多为各种 IC 以及集成电路。在使用托盘料时，需要注意保护大引脚外露元件，并且防止托盘在运输和使用中造成元件机械和电性能的损坏。在使用 TQFP、PQFP、BGA、TSOP 和 SSOPs 元件时，托盘尺寸可以达到 150 mm × 330.2 mm，高度 25.4 mm。盘状供料器不仅可以供给元件，也可以作为贵重元件的抛料站。

散装盒式供料器，又称振动散装供料器，其工作方式是将元件自由地装入成型的塑料盒或袋内，通过振动式供料器或送料管把元件依次送入贴片机，这种方式通常用于 MELF 和小外形半导体元件，并且只适用于无极性矩形和柱形元件，不适用于极性元件。

（3）传送机构。是将基板从贴片机一端传入，经贴片后，再传出的装置。主要完成三种功能：基板传送、轨道调宽、基板固定夹紧。传送机构主要分为整体式导轨和活动式导轨两种。整体式导轨，基板的进入、贴片和送出始终在一个导轨上，通过限位块来划分基板的停止和运行区域。若基板上没有预留限位所需要的工艺孔，可通过光学定位来完成定位。一般来说，光学定位精度高，但定位时间长。活动式导轨如图 2-54 所示，是目前贴片机应用最为广泛的一种传送机构，分设 A、B、C 三段。A 段送板，B 段贴片，C 段将基板送出。其中 A 段导轨与前工序连通，实现基板的输入；B 段导轨则通过下方的平台实现基板的夹紧与松开，从而完成贴放；C 段导轨与下工序连通，实现基板的输出。

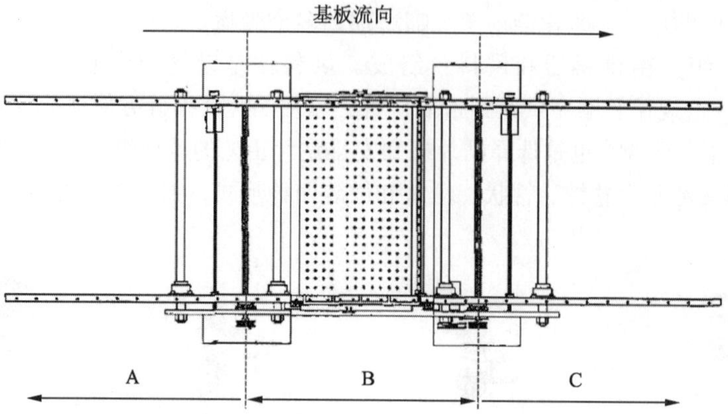

图 2-54　基板传送机构

（4）定位控制系统。基板贴放前确定基板的原点位置与机器原点的偏差，从而通过坐标系的转换得到正确的贴装位置。贴片机的定位控制系统包括 *X*，*Y*、*Z* 和 θ定位控制平台。各自由计算机控制系统、电机驱动器、传送机构和光栅尺等实现位置反馈闭环控制，保证了贴片机快速、精确地定位。

（5）元件对位识别装置。通过摄像机视觉定位、激光识别等方式找出元件的尺寸、特征、中心等数据，通过控制系统实现对元件方向及转角偏差进行修正。

技能 3　贴片工艺参数设计

1. 贴装元件的工艺要求

各贴装位号元件的类型、型号、标称值和极性等特征标记要符合产品的装配图和 BOM 表要求。贴装好的元件要完好无损。贴装元件的焊端或引脚浸入锡膏的厚度应不小于元件厚度的 1/2。对于常规元件，贴片时的锡膏挤出量（长度）应小于 0.2 mm；对于窄节距元件，贴片时的锡膏挤出量（长度）应小于 0.1 mm。元件的焊端或引脚均需与焊盘图形对齐、居中。由于再流焊时元件有自定位效应，因此元件贴装位置允许有一定偏差。

2. 贴片允许偏差范围

（1）矩形元件：在基板焊盘设计正确的前提下，元件焊端的 *Y* 方向需 3/4 以上在焊盘上；元件焊端的 *X* 方向与焊盘交叠后，焊盘伸出部分要大于焊端高度的 1/3；有旋转偏差时，元件焊端的 *Y* 方向需 3/4 以上在焊盘上。贴装时要特别注意，元件焊端必须接触锡膏。

（2）小外形晶体管（SOT）：允许 *X*、*Y*、θ（旋转角度）有贴装偏差，但引脚必须全部处于焊盘上。

（3）小外形集成电路（SOTC）：允许 *X*、*Y*、θ（旋转角度）有贴装偏差，但必须保证元件引脚宽度的 3/4 处于焊盘上。

（4）四边扁平封装元件和超小型封装器件（QFP）：要保证引脚宽度的 3/4 处于焊盘上，允许 *X*、*Y*、θ有较小的贴装偏差。

3. 保证贴片质量的三要素

（1）元件正确。要求各贴片位号元件的类型、型号、标称值和极性等特征标记要符合产品的装配图和明细表要求，不能使用错误的元件。

（2）位置准确。元件的端头或引脚均需与焊盘图形对齐、居中，还要确保元件焊端浸入锡膏。元件贴片位置要满足工艺要求。对于 Chip 元件，因为自定位效应，贴装时元件宽度方向 3/4 以上在焊盘上，长度方向焊端只要搭接到相应的焊盘并接触锡膏，在再流焊时就能够自定位，但如果其中一个焊端没有搭接到焊盘或没有接触锡膏，再流焊时就会产生偏移或立碑；对于 SOP、SOJ、QFP、PLCC 等器件，其自定位效应作用比较小，贴装偏移是不能通过自定位纠正的。如果贴装位置超出允许偏差范围，必须进行人工拨正后再进入再流焊炉焊接。否则将出现焊接不良，造成工时、材料浪费，甚至影响产品的可靠性。手工贴放或手工拨正时，要求贴装位置准确，引脚与焊盘对齐、居中，切勿贴放位置不准确或者在锡膏上拖动元件，使锡膏间粘连，造成短路。

（3）压力（贴放高度）合适。贴片压力（贴放高度）要恰当合适。贴片压力过小，元件焊端或引脚不能浸入锡膏，锡膏粘不住元件，在传送和再流焊时会有偏移的风险；另外由于贴放高度过高，贴放时元件从高处落下，会造成贴片位置偏移。贴片压力过大，锡膏挤出量过多，容易造成锡膏粘连，再流焊时容易产生短路；同时也会由于挤压滑动造成贴片位置偏移，严重时会损坏元件。

4. 提高贴装质量方法

（1）做好贴装前准备。根据产品工艺文件的贴装明细表领取基板和元件并认真核对元件的尺寸、形状、颜色是否一致。开机前做好安全检查，压缩空气气压是否达到设备要求，检查并确保传送机构、贴片头、吸嘴库周围或移动范围内无杂物。最后按照设备安全技术操作规范开机。

（2）严格检查贴片首件。检查基板各位号上的元件型号、规格、方向、极性是否与工艺文件相符；元件、引脚有无损坏或变形；元件的偏移量是否超出允许范围。通常按照电子组装标准或企业自定标准执行。

（3）严格修改首件试贴结果参数。若基板上的元件贴装位置有偏移，可通过摄像机重新找出元件贴装的正确坐标。若拾取失败，则拾取高度或拾取位置不合适，检查后按实际值调整修正。检查吸嘴是否堵塞、端面是否有磨损裂纹，应及时清洗或更换吸嘴。吸嘴太大可能造成漏气，吸嘴太小会造成吸力不够等，所以需根据元件尺寸和重量选择合适的吸嘴型号。检查贴片气路是否漏气，及时增加或疏通气压。检查图像处理是否正确，如不正确，则可能频繁抛料，应重新拍摄图像。

技能 4　贴片机编程设计

虽然贴片机类型不同，但机器运动原理基本相似，都是根据电路板要求，实现元件拾取和贴装过程。因此程序编制的逻辑思路基本相同，都包含图 2-55 所示的相关参数设计。

1. 贴片程序设置

贴片程序设置是指贴片程序的环境设置，如机器配置、坐标参考原点、元件数据库选择和供料器数据库选择等。

（1）机器配置，包括贴片头的类型、相机的类型和精度、基板传送参数、机器所储存吸嘴型号和数量、自动托盘送料器参数、机器坐标轴参数及其他硬件参数。

（2）坐标参考原点，是指基板的坐标原点和贴片元件坐标原点之间的差距，不同设备的坐标系方向不同，如图 2-56 所示。

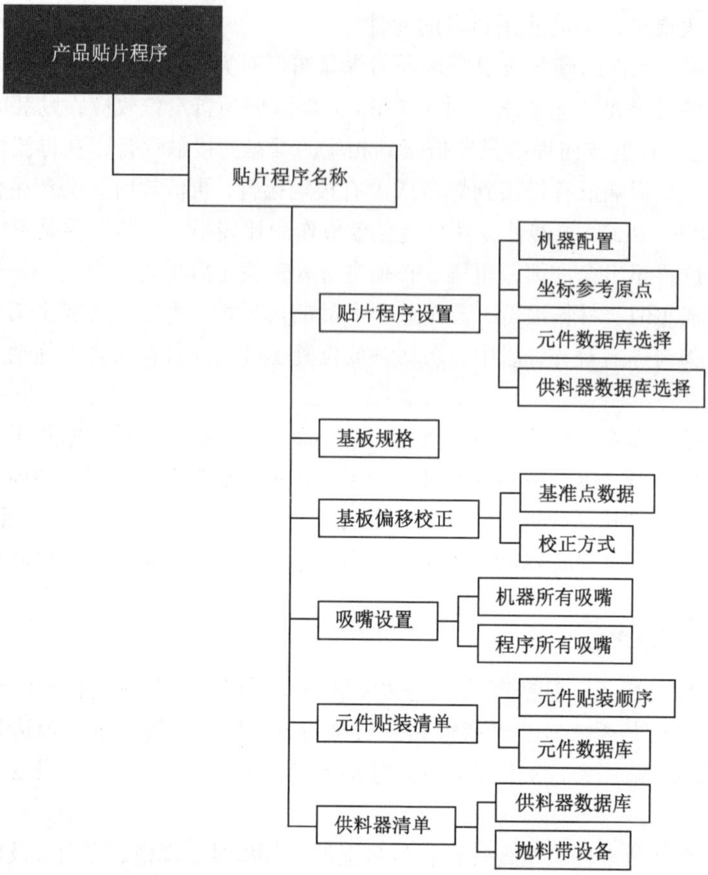

图 2-55　贴片程序结构

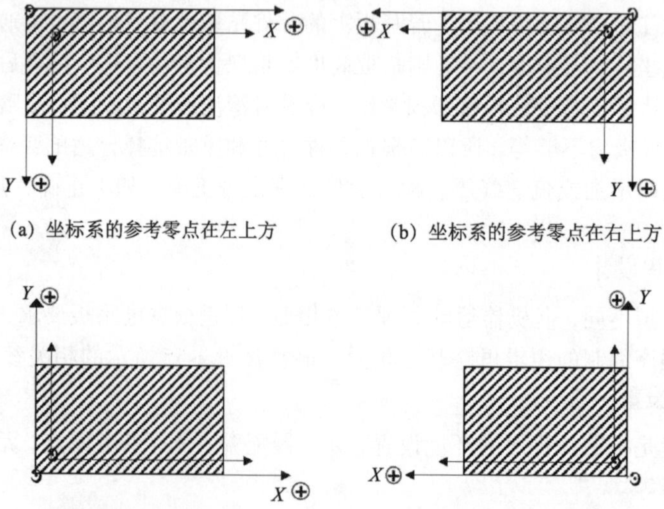

图 2-56　坐标系的参考零点

（3）元件数据库选择，有的贴片机可以根据不同的产品系列而设置存储多个元件数据库，在需要时可以调用不同的数据库。

（4）供料器数据库选择，与元件数据库相似，也可以存储多个供料器数据库，根据需要选用。

2. 基板规格

指基板尺寸和拼板方式。贴片机需要根据基板的尺寸确定输送轨道的宽度和传输的距离，支撑装置需根据基板的厚度来调整支撑高度。常规产品的基板一般设计为单板，如图 2-57（a）所示。有部分产品由于单个基板的尺寸太小，不利于贴片设备的生产；为了提高设备的生产效率、减少基板的传送时间，故采用拼板方式，如图 2-57（b）所示。针对拼板方式的基板，在元件贴装清单输入时，只需要输入首个拼板的元件，其他拼板的元件位置可以复制扩展。

（a）单板

（b）拼板

图 2-57　单板与拼板

3. 基板偏移校正

利用基板上的基准点进行坐标校正。基准点是基板上的一些特征点，它的制作工艺与印刷线路与金属焊盘相统一，它能提供固定、准确的位置，用来对元件的贴装位置进行整体校正。基板上的基准点的校正方式可分为整板校正的基准点、拼板校正的基准点和局部校正的基准点三种，如图 2-58 所示。

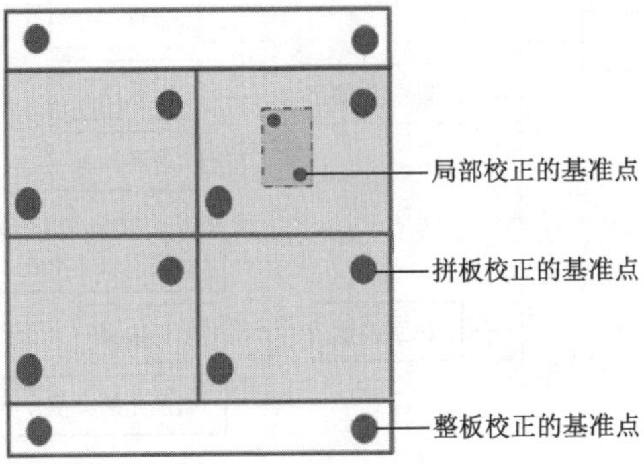

图 2-58　基准点示意图

4. 吸嘴的配置

贴片机程序可根据现机器中所存储的吸嘴或者不限定吸嘴进行贴装步序的优化。如果是根据现机器中所存储的吸嘴进行优化，那么吸嘴就不需要重新配置，此种方式的优化会受到吸嘴配置的影响而影响效率；如果是不限定吸嘴进行优化，那么吸嘴就需要根据优化完成后产生的吸嘴清单重新进行吸嘴的配置，此种方式优化的程序效率更高。

5. 元件贴装清单

贴装清单包括元件的位号、物料代码、X 轴坐标、Y 轴坐标和贴装角度等，这是表面贴装所需要的关键数据，决定元件能否正确贴装在基板上。物料代码与元件数据库资料信息相连接，贴片头上的吸嘴在供料器的特定位置上吸取元件，通过元件相机的照相与识别，按照贴装清单上元件的坐标和角度信息，再加上校正得到元件的补偿偏差，准确地将元件贴装在基板的指定位置。程序的贴装顺序是元件贴装到基板的先后次序，对于转塔式贴片机，元件的取料顺序和元件的贴装顺序相同；而对于固定式贴片机，若贴片头上有多个吸嘴，元件的取料顺序和贴装顺序可以不一样。随着计算机应用的高速发展，现在贴片机的贴装顺序的优化都朝着快速化、智能化发展，同时也出现了一批通用优化软件，可对多种型号贴片机的程序进行优化。

元件数据库，贴片元件一般可以分为 Chip、QFP、SOIC、PLCC、SOJ、SOT 和 BGA 等不同类型。元件数据库包含元件的长、宽和厚度，元件特征的尺寸、节距及元件的包装方式等。另外，对于不同型号的贴片机，元件数据库还包括贴片头型号和吸嘴的型号，识别照相机的灯光强度、元件的默认供料器型号和方向、识别的方式和特殊要求等，如图 2-59 所示。元件数据库所包含的所有数据将对元件的输送、取料、识别、校正和贴装起到关键的作用。

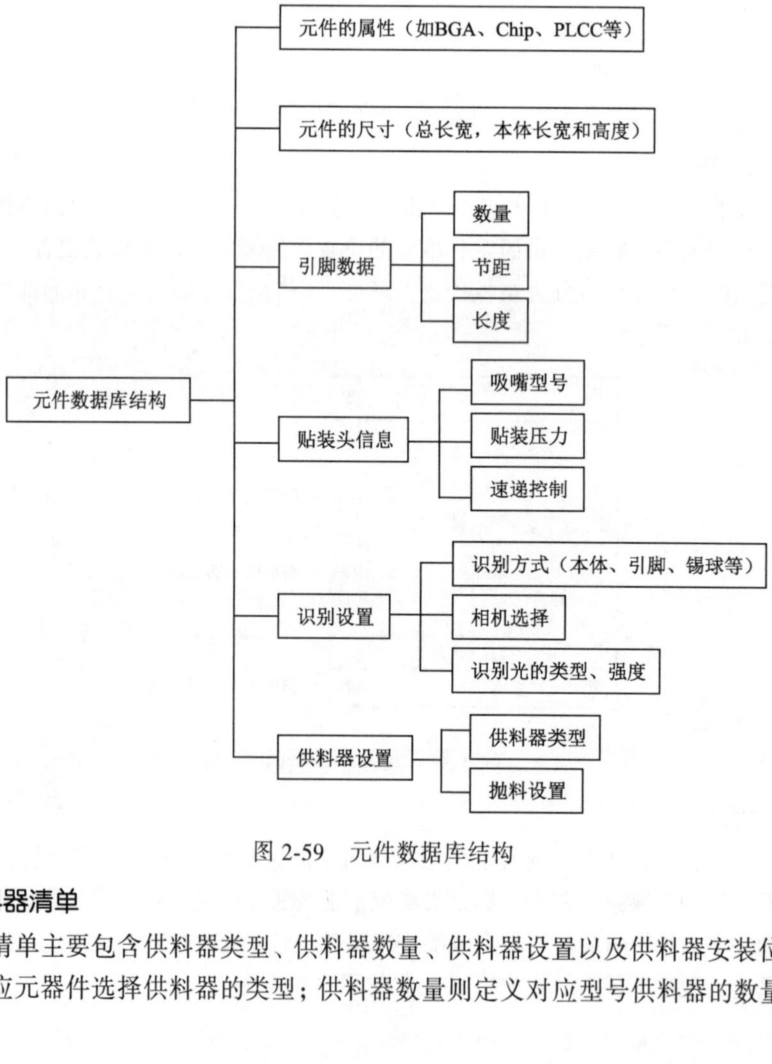

图 2-59 元件数据库结构

6. 供料器清单

供料器清单主要包含供料器类型、供料器数量、供料器设置以及供料器安装位置。供料器类型定义对应元器件选择供料器的类型；供料器数量则定义对应型号供料器的数量；供料器设置则定义供料间距、抛料频率等参数；供料器安装位置，则指定对应元器件的安装供料位号。供料器清单数据将对元器件吸取的准确性，贴装的准确性，以及贴装效率起到关键作用。

技能5　贴片工艺缺陷管控

贴装缺陷通常都是由贴片参数设定不当或贴片机硬件异常引起的，常见的缺陷有偏移、缺件、抛料、元件反向、错件、翻面、元件破裂等。

1. 偏移

是指元件偏离焊盘的现象。

贴片产生偏移的原因：

（1）高度问题。基板在贴装过程中没有适当的支撑，导致基板下沉，这样基板表面高度就会低于贴片机的 Z 轴零点，元件在基板上方较高的位置就释放，导致元件贴装不准确。

（2）吸嘴问题。吸嘴端部磨损、堵塞或粘有异物导致贴装吸嘴吸着气压过低。贴装吸嘴上升或旋转运动不平滑，导致吹气时序与贴装头下降时序不匹配。工作台的平行度及吸嘴原点检测不良等问题引起偏移。

（3）程序问题。程序参数设置不良，吸嘴的中心数据设置不良，光学识别系统的初始数据精确度不够。

（4）基板尺寸问题。基板尺寸过大，未增加治具，再流焊接时基板变形导致元件偏移。

（5）固定问题。贴片机夹板器异常，未能对基板进行正确的固定夹持，贴片时，基板移动导致元件偏移。

改善贴片偏移的途径：

（1）检查贴片机的导轨是否变形，基板放置是否平稳正确。

（2）定期检查和清洗吸嘴，对易磨损的部件进行维护保养或者更换。调试工作台和检测吸嘴的原点。

（3）校正程序，设置正确的数据库参数。

（4）增加对应治具，减少基板变形量。

（5）检查夹板器运行状态以及设置正确的基板厚度。

2. 缺件

是指在指定位置未贴上贴片元件。

贴片产生缺件的原因：

（1）气路漏气、堵塞问题。橡胶气管老化、破裂，密封件老化、磨损以及吸嘴长时间使用后磨损等问题造成气源回路泄压使得贴片时吹气异常。脏污等造成吸嘴堵塞使得贴片头无法成功拾取元件。

（2）厚度设置问题。元件或基板的厚度设置错误。若元件或基板较薄，而数据库中设置较厚，那么吸嘴在贴片时，元件未到达基板焊盘位置就将其贴放，导致飞件；若元件或基板较厚，而数据库中设置较薄，那么吸嘴在贴片时，吸嘴将向下挤压元件，在弹性作用下导致飞件。

（3）基板问题。如基板翘曲度超出设备允许误差，贴装位置偏出丝印框。支撑销的摆放不均匀、高度不一致，支撑平台平面度不良等问题使基板支撑不平整，贴片时抖动导致飞件。

（4）供料器中心位置偏移。

（5）贴片机元件参数设置错误。

（6）贴片机气压问题。贴片机气压过低，识别后的高速运动导致元件掉落。

改善贴片缺件的途径：

（1）定期检查吸嘴是否洁净。监控吸嘴的取料情况；定期检查气路状况，更换老化损坏部件，保证气压数值。

（2）将元件数据库参数更改至合适的设置。更换合适的编带。

（3）检查前段工序的基板是否符合质量要求，重新放置基板。检查工作平台是否达到生产要求，并作出合理的调整和改善。

（4）生产前定期校正供料器偏移量。

（5）正确设定元件的参数。

（6）每天对机器气压进行检查，在保养时定期更换贴片机的过滤棉并测试贴片机真空值。

3. **抛料**

是指生产过程中吸到物料之后不进行贴放而是放到料盒或其他地方或者没有拾取到物料就执行的动作。

贴片产生抛料的原因：

（1）吸嘴问题。吸嘴变形、堵塞、破损等导致气压不足、漏气、取料偏移、识别无法通过等问题。

（2）识别系统问题。识别系统视觉不良。光学摄像系统的光源在使用一段时间后，光照强度会逐渐下降，同时也会造成灰度值减小。当光照强度和灰度值达不到要求时，元件图像就会无法识别。镭射头处有杂物干扰识别。识别系统损坏也会造成识别抛料。

（3）程序设定问题。编辑的程序与元件参数的设置不符。取料时吸嘴未在元件的中心位置，若取料高度不正确，或取料偏移、取料不正等会导致识别的参数与数据库参数不符，从而抛料；程序中的元件参数设置与来料实物亮度或尺寸等参数不符，造成无法通过识别而抛弃元件。

（4）供料器问题。由于长时间使用供料器，供料器驱动部分的磨损或结构变形。驱动马达异常，导致供料距离不稳当，吸取中心偏移导致识别抛料；棘爪会不断磨损，若棘爪磨损严重会造成棘爪不能驱动卷带盘塑料带正常剥离，使得吸嘴不能正常完成取件工作。若供料器位置变形、供料器进料不良也会造成吸取不良。

（5）来料问题。来料元件尺寸不良或元件引脚不规则、不合格等问题，也会造成元件无法识别而抛料。

改善贴片抛料的途径：

（1）做好吸嘴取件情况的监控。及时清洗或更换堵塞或取件不良的吸嘴，保证良好的吸取状态。在安装吸嘴时，必须保证正确、牢固地安装。

（2）定期清洁识别系统的镜头、玻璃片以及反光板上的灰尘，以保持镜面干净无沾污，防止因灰尘或脏污影响光源强度。定期进行校正检测，如重新示校和调整光圈焦距。若光源强度无法满足元件的识别，则需更换光源。

（3）根据实际物料调整元件的拾取参数、识别参数以及贴装参数。

（4）正确安装供料器至供料平台上。在安装物料前，应仔细检查供料器的棘爪轮是否磨损并进行清理修复。做好对供料器的清洁、清洗、加油润滑等日常维护与保养。

（5）严格筛选与检测来料物料，防止使用错误以及异常的物料。

4. 元件反向

是指极性元件贴装到基板焊盘上，其极性位置与焊盘方向位置相反的现象。

贴片产生元件反向的原因：

（1）元件来料包装中，元件反向造成。

（2）供料器损坏或供料器振动过大导致物料反向。

（3）基板上标识不清楚，导致作业员难以判断。

（4）贴片机程式角度设定错误。

（5）作业员架设物料反向，如 IC 器件等。

（6）首件核对时异常。

改善贴片元件反向的途径：

（1）对极性元件来料加强检测。

（2）维修异常供料器以及调整振动供料器的振动力度，并要求作业员对此物料进行方向检查。

（3）培训作业员元件进行极性辨别的方法。

（4）认真核对贴片机程式，并对首件进行全检，关注有极性的元件。

（5）作业员每次更换物料后，IPQC 核对物料（包括元件的方向）并要求作业员每 2 小时必须核对一次物料。

（6）QC 检查时一定要用放大镜认真检查，对元件数量多的板尽量使用罩板检查。

5. 错件

是指贴装到基板焊盘上的元件与指定元件型号规格不相符的现象。

贴片产生元件错件的原因：

（1）作业员架设错误的物料。

（2）未及时更新 ECN（工程变更通知）。

（3）包装料号与实物不同。

（4）物料混装错误。

（5）BOM 与图纸错误。

（6）贴片机程序错误。

（7）贴片头气路异常，吹气异常导致飞件错件。

改善贴片机错件的途径：

（1）规范作业员架设物料的动作。

（2）优化生产流程，定期检核 ECN。

（3）加强来料检查，检查物料实物、包装是否合规。

（4）规范混装物料的使用规则以及保存规则。

（5）产品设计时通过 DFM 软件分析物料与产品设计的合理性。

（6）规范程序制作流程，避免出现错误的程序。

（7）定期检查贴片头气路，保养、更换气路易损件。

6. 翻面

是指电阻元件贴装到焊盘上字符面向下，白色背面朝上的现象。

贴片产生元件翻面的原因：

（1）贴片头贴装压力过大，导致贴装时元件弹起翻面。

（2）来料包装中，有翻面的元件。来料编带塑料膜有静电，剥离时将元件翻面。

（3）供料器供料振动过大，供料时元件翻面。

改善贴片元件翻面的途径：

（1）调整贴装压力及 *Z* 轴的高度至合适数值。

（2）检查核对来料。消除包装表面静电。

（3）定期维护保养供料器，更换异常供料器。

7. 元件破裂

是指贴装到基板上的元件表面出现裂纹甚至破碎的现象。多出现在陶瓷电容元件。贴片产生元件破裂的原因：

（1）元件来料不良；元件受潮影响。

（2）元件厚度设置异常，吸取贴片时压裂元件。

（3）贴片机 *Z* 轴压力太大。

（4）吸嘴撞击造成。

（5）双面板生产时，底部顶针位置设置异常，顶碎元件。

改善贴片元件破裂的途径：

（1）检查核对来料是否有破碎现象。元件受潮时可以进行烘烤。

（2）根据实际物料，正确设置元件厚度。

（3）调整贴片机 *Z* 轴贴装压力。

（4）检查吸嘴是否变形。

技能 6　贴片工艺实例

以实训基板 dzzl-01 为载体，以 RT-1S 贴片机为例，介绍其贴装程序制作过程。

视频

RT-1S 贴片机
（程序制作）

1. 新建坐标文件

在坐标界面单击功能区中的“进板”按钮。将生产所需基板放入机器中，待进板到位后，选择“文件”→“新建”命令。

2. 设定基准点坐标

（1）设定基准点直径，填入测量的数据。

（2）基准点拍照，单击“拍照”按钮，如图 2-60 所示。调整基准点不在中心，校正位置使基准在 *X* 方向中心。

（3）单击“生成 Mark”按钮，生成基准点。

（4）单击“导入 Mark”按钮，导入基准点数据。此时，第一个基准点制作完成。按照此步骤，完成第二个基准点制作。

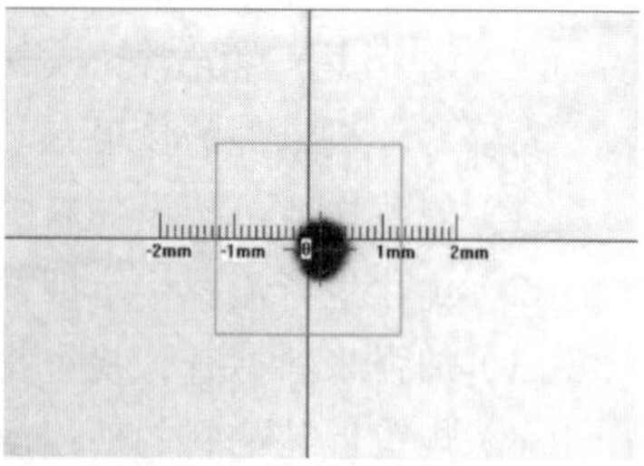

图 2-60　基准点照片

3. 查找第一个点坐标

按下“坐标界面”中的“视频模式”按钮，进入视频模式，相机灯也同时打开，此时可在头部相机监视区中看到相机实时拍摄的基板的画面，查找基板上第一个点坐标，如图 2-61 所示。

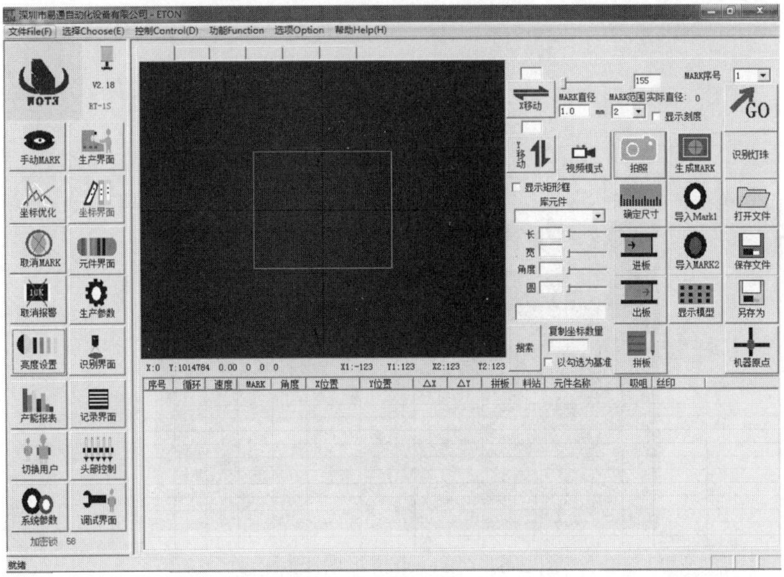

图 2-61　视频模式设定

通过“坐标界面”中 X、Y 轴快速把 X 头部相机移动至“焊盘第一排的第一个中心”，如图 2-62 所示。

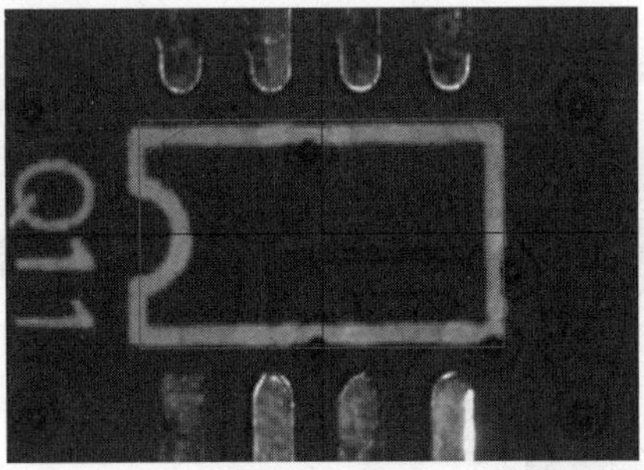

图 2-62　第一个坐标位置

4. 插入坐标信息

单击坐标栏内，按【Shift + C】组合键插入当前坐标，然后生成坐标，右击后在弹出的快捷菜单中选择修改当前坐标信息，包括贴片角度、循环号、取料站号、元件名称、贴装头编号等，如图 2-63 所示。

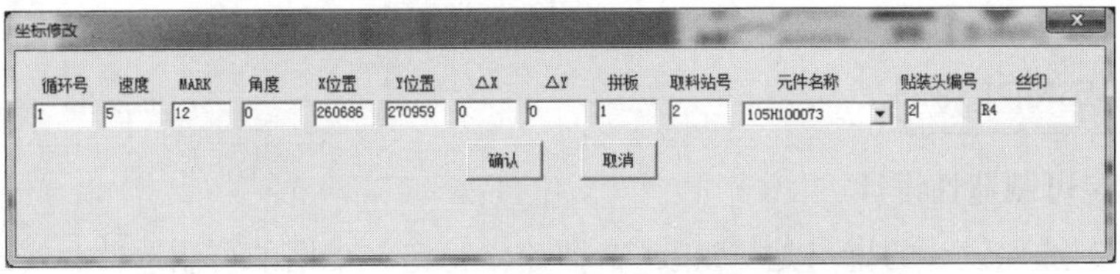

图 2-63　修改第一个坐标信息

依据 BOM 以及基板丝印完成剩余贴装点，编辑完成一个小基板，如图 2-64 所示。

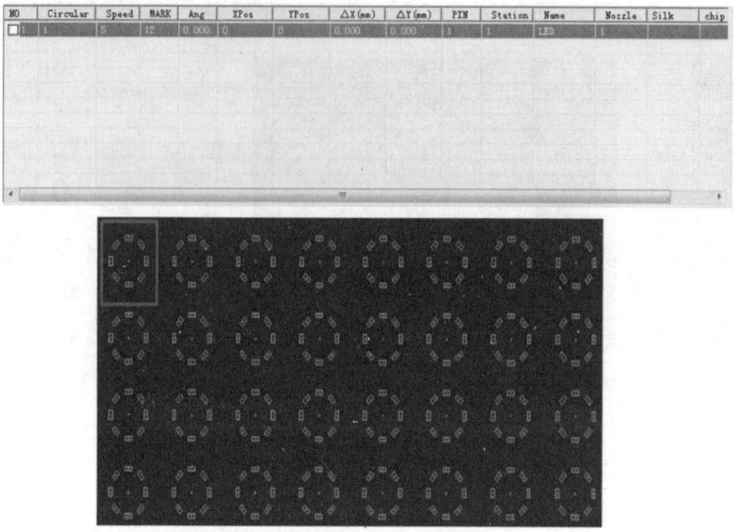

图 2-64　第一个拼板的坐标信息

5. 拼板编辑

对于阵列式基板，完成拼板坐标设定后，双击坐标栏内第一排第一个坐标，移动到基板与第一个坐标相同位置，选择“复制坐标数量”输入框，填写所要复制坐标数量，如图 2-65 所示。

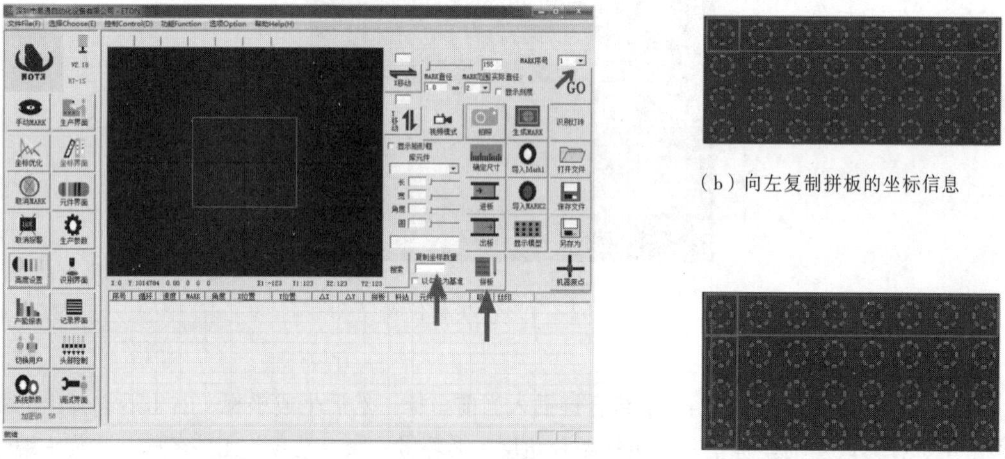

（a）复制第一个拼板的坐标信息

（b）向左复制拼板的坐标信息

（c）向下复制拼板的坐标信息

图 2-65　拼板坐标编辑

作业 2　基板 NPI 设计

技能 1　PCBA 可制造性设计

PCBA 可制造性设计的重点是“组装”，即建立稳定、牢固的可制造性，实现高质量、高效率、低成本的焊接。设计包括包装选择、衬垫设计、装配方式设计、零部件布局、钢网设计等。所有这些设计都为了实现更高的焊接成品率、更高的制造效率和更低的制造成本。

1. 基板选择

SMT 工艺对基板的要求：一是有足够的机械强度；二是能承受焊接中的热冲击；三是有足够的平整度，满足密脚元件的贴装焊接需求；四是能承受多次焊接（返修）高温；五是具有良好的电气性能。

选用基板应遵循成本、性能和质量三准则。优选低成本基板，如纸基、复合基板材。同时选择合适的基板表面处理工艺，如热风整平、有机可焊性保护剂（OSP）、镀镍金、沉金等。基板性能主要关注层数、厚度、布线密度、热膨胀系数、Tg 值物理性能和信号速率、频率、阻抗电气性能。基板质量则要关注平整度、焊盘清洁度、尺寸等。

2. 元件选择

元件选择需考虑类型、封装和包装形式。为提高基板装联效率，尽量选用片状 SMD 元件；尽量选用标准元件，并做归一化处理，使 SMD 种类尽可能减少，如 0603、0402 与 0201，以更好降低装联缺陷；优选带式包装元件；元件封装要能承受相应焊接工艺的高温。选用 IC 器件，优选封装 0.5 mm 以上的 SOP/QFP、0.8 mm 以上的 BGA；尽量避免选用插装 IC、LCC 等无引线 IC；无加工能力禁止选用 COB/FC 器件；同时，为便于检测和返修，应慎选 SOJ/PLCC 器件。

3. 制造导向设计

设计人员应更多地了解与元件封装、组装工艺相关的问题。如设计人员需要了解元件封装在散热方面的差异，选择温度敏感或大功率器件时必须考虑封装形式，因为工艺、生产人员可能并不了解器件的功耗情况。同时，设计人员也需要知道公司设备对元件的处理能力，否则选择的元件可能需要定制吸嘴，可能拾放不稳，造成焊接组装不良。

4. 基板布局设计

基板布局设计包含基准点、定位孔、标记三个要素。基板设计需要从 SMT 设备对基板的处理能力开始考虑，自动传送带所需的留空宽度（≥5 mm）、基板在设备中的定位方式、定位孔的位置与形状尺寸。

基板基准点类型分整板基准点、拼板基准点和器件基准点三种，如图 2-66 所示。基板面积不是太大，精度要求也不是太高时，可以不用器件基准点；基板如果是单板，也不用设置拼板基准点；对基准点特性要求：平整度高、基板绿油层不遮挡，周边应该有足够的空间，具有良好的光学反差（通常在基准点下方、基板内层设置大铜箔，以增强这一光学反差）；基准点的位置最好是在基板对角，且距离越远越好，覆盖整板，以增加定位的精确度；基准点的数量最少两个，若处理非线性的补偿则需要有三个，可以设计第四点，作为备用；基准点不能中心对称，以便进板方向错误时可自行分辨。

基板定位孔，在对角线上要有两个孔径为 125 mil 的圆形定位孔，适当时候要考虑使用椭圆孔（活动）+圆孔（定位）的方式，以用于 ICT 等自动设备、载板安装、裁板和压接等。注意，基板进板时，若以机器挡块挡住基板的方式来定位，相应基板位置不能有凹口。

基板标记的作用是便于生产、检测、维护和可追溯性等。标记的内容包含产品型号、版本号、基板制造商标记和批号、线路标号（划分功能区域，方便生产测试）。如果采用条码标记，则基板上需专门设置一个白色矩形丝印框，用于条码标记的张贴或蚀刻。

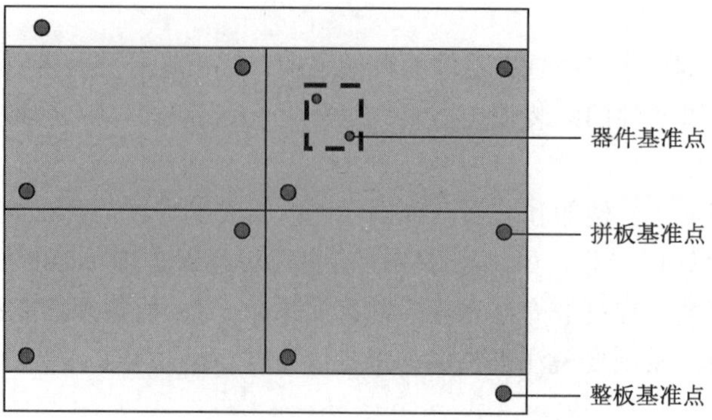

图 2-66　PCB 基准点类型

5. 元件布局设计

元件的布局影响制造效率，如检验和返修。布局时考虑：尽量做到同类封装元件方位一致；相同功能的线路集中在一起，并印下丝印框；所有元件位号的丝印方向相同。

波峰焊接制程的元件方向布局，应考虑元件焊端更好浸锡。如 SOT 器件方向通常与基板传送方向呈垂直布局，以避免波峰焊接时，元件自身产生阴影效应；同时元件与元件间距应大于前侧元件的高度，以避免元件产生阴影效应，如图 2-67 所示。

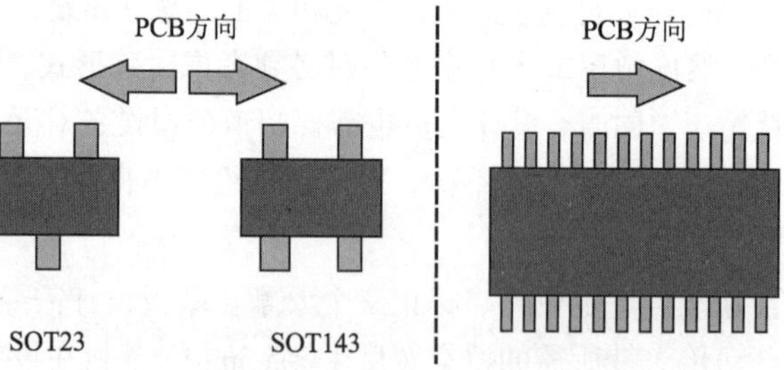

（a）元件布局方向

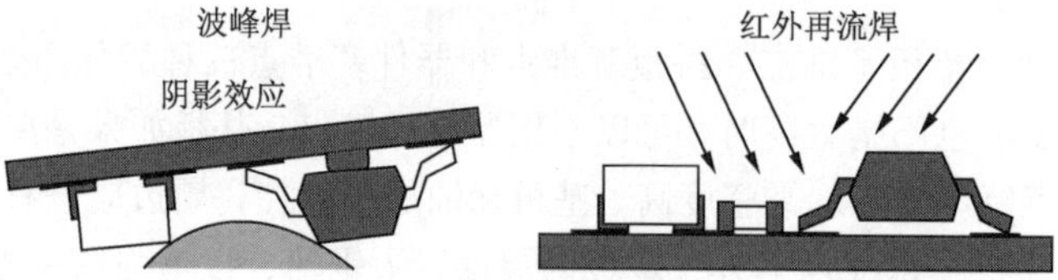

（b）元件布局间距

图 2-67　元件布局示例

技能 2　新产品导入贴装程序设计

新产品导入（new product introduction，NPI）是指把研发设计的新产品首次通过生产制造出来的过程。这里主要介绍了新产品从客户提出需求到首次生产通过与贴片机工艺相关的过程。一般来讲，NPI 过程可分为 EVT、DVT 和 PVT 三个阶段。

EVT（engineering verification test phase，工程验证测试阶段）属于产品开发初期的设计验证阶段。产品刚设计出来仅为工程样品，会存在很多问题，此阶段的重点是对产品的主要功能进行验证，以手机产品为例，如测试喇叭、听筒、蓝牙等主要功能是否完好，以便研发人员对产品设计进行修改、调试。

DVT（design verification test phase，设计验证测试阶段）阶段产品的所有设计已全部完成，重点是需要对产品的全部性能进行测试，确保所有设计都符合规格。一般情况下 EVT 阶段产品的结构尚未定型，无法对产品进行可靠性测试，所以 DVT 阶段的测试除软件及硬件测试外，需要增加可靠性测试（六性：可靠性、安全性、维修性、保障性、测试性、环境适应性），DVT 阶段测试及评审流程同 EVT 阶段。

PVT（production verification test phase，生产验证测试阶段）阶段需小批量试产一部分产品，产品设计的主要功能全部实现并达到标准要求，确保工厂可以依照 SOP（标准作业指导书）生产出完全符合设计要求的产品。

在完成上述三个步骤后，产品即进入 MP（mass production phase，量产阶段）经过上述阶段的设计、测试、评审、调试、修改，产品设计完全符合设计及客户需求，工厂可大批量生产面向市场的产品。

1. 新产品调试流程

新产品调试即先前未生产过的机种，新制作的贴片机程序首次上线调试，确保基准点、元件坐标、元件资料以及供料器型号设置无误，确保生产可以正常进行。

（1）元件贴装坐标。基板上每一个元件用坐标的方式表达，每一个坐标都有对应的元件。一般元件贴装坐标在基板设计完成阶段就已经生成。

（2）元件资料库。即每个元件的资料，包括元件的长、宽和厚；如果元件有引脚，数据库需要增加引脚数量、长度、宽度和节距；吸取元件所用的吸嘴和供料方式。

2. 新产品导入

新的基板程序制作并优化后，需要在贴片机上运行此程序进行贴片试生产。理想状态是将基板程序加载到机器的控制系统后且元件已经按照上料清单准确地安装在供料器上，那么贴片机就可以开始稳定、连续地批量生产。但实际上还需经过一些较长时间的程序调试和试生产，贴片机才能够真正稳定地、连续地生产。调试需注意以下几点：

（1）元件数据库参数：编程时，在没有基板以及元件实物的情况下，需通过 CAD、BOM 或者基板的贴装图形等资料进行编程。由于部分元件不是标准元件，在原有的标准数据库中找不到匹配的元件资料，新建的元件数据可能在机器上无法一次识别通过，如元件可供识别的特征、元件的吸嘴选择、相机识别灯光的设置、供料器的选择和元件的方向等。

（2）元件的贴装坐标：在程序制作时，有时基板的原始坐标数据资料缺失，程序中的坐标多为机器抓取。

（3）基准点的坐标：有时基板坐标资料只有元件的贴装坐标，而没有基准点的坐标。

（4）供料器的型号和方向：在程序制作时，往往没有元件的包装信息，在供料器的型号和元件的方向确定时，需要依靠以往的经验。有部分元件的取料中心和供料器默认情况下不一致，需要重新校正和修改此元件供料器的取料位置。

一个新产品上机调试的步骤如图 2-68 所示。

由此可知，一个新的产品进入贴片机运行后还需要花数小时进行程序的调整才能稳定地生产。

不管是卷带料还是托盘料，供料器装载到贴片机的供料单元，均需要做取料位置确认。特别是托盘物料，它的吸取位置会随着不同的供应商不同批次而存在差异。对于卷带供料器，将物料传送到料带与料膜剥离位置，使用贴片机的相机模拟吸料状态，确认吸嘴位置与物料位置的差异，调整吸取位置，从而使物料中心与吸嘴中心重合，这里需注意物料的供料距离，设定值与实际值需一致；对于托盘物料，首先模拟吸取第一颗物料，再模拟吸取最后一颗物料，填入 X 方向和 Y 方向上的物料数量，贴片机就会精确地算出每一颗物料的取料位置。

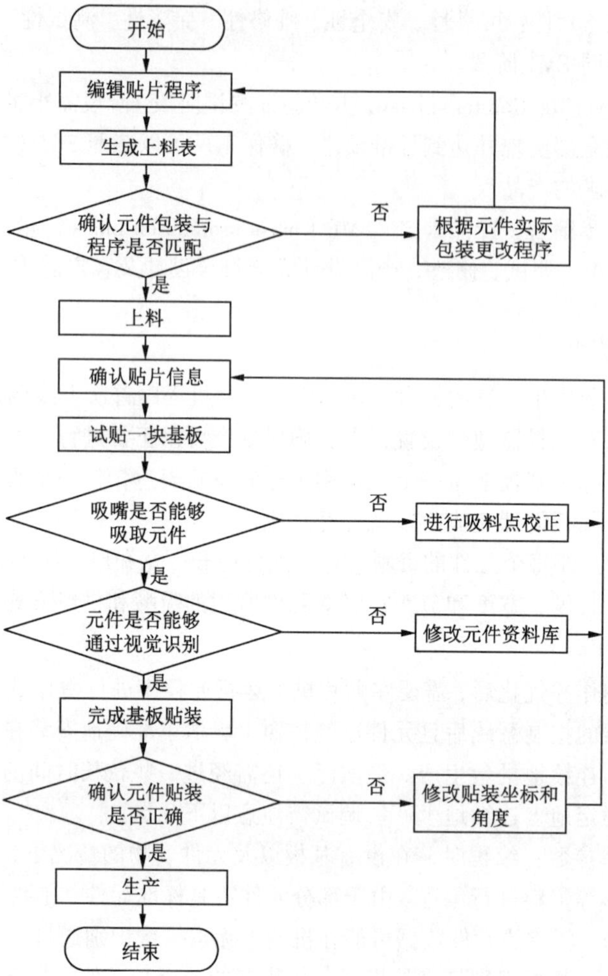

图 2-68　新产品调试步骤

3. 贴装元件预检查

为了保证贴装质量，在元件贴装前需要进行元件预检查，即模拟元件贴装，通过监视器观察元件贴装。可以分为基准点校正以及对 Chip 类元件、IC 类元件、QFN 类元件、BGA 类元件和连接器类器件进行检查。

（1）基准点校正。将基板放入贴片机轨道，贴片机会将基板传送到贴装位置。Mark 相机将会检查基准点位置，确认基准点位置和尺寸设置是否合理，基准点附近是否有导致误判的相似点。要注意基板的进板方向，一般来讲，基板上的基准点在设计时就要求为非对称布局，如图 2-69 所示，如果基板放置反向，贴片机就能检测出来。

（2）Chip 类元件。使用设备的 Mark 相机在该元件的贴装位置进行拍照，模拟元件的尺寸（长和宽），查看元件贴装位置与基板上的位置是否有偏差，确认元件尺寸是否符合基板上的焊盘尺寸，如图 2-70 所示。

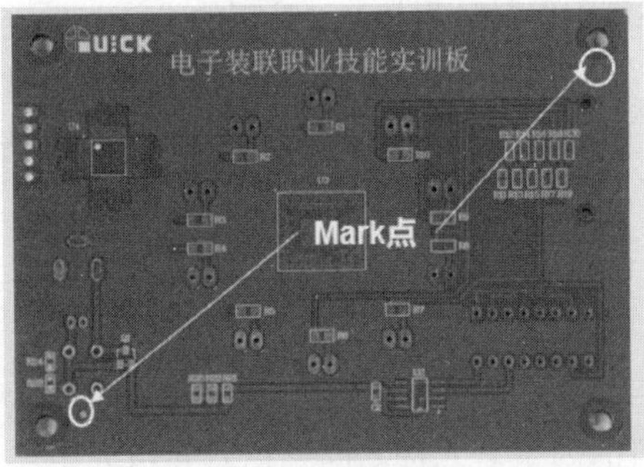

图 2-69　基板基准点

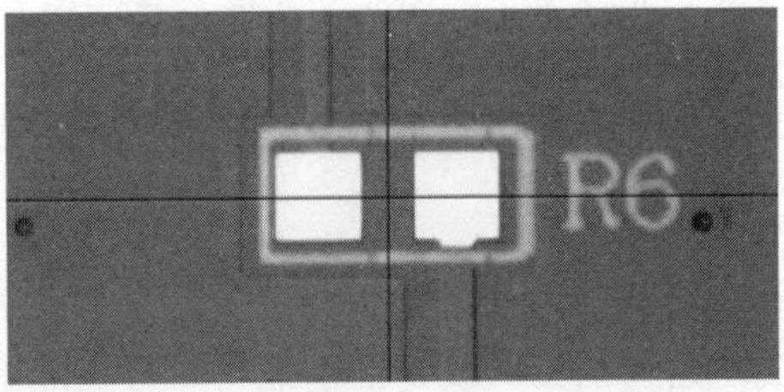

图 2-70　Chip 元件预检查

（3）IC 类元件。在通过模拟画面进行预先检查时，除了要注意 Chip 类元件的检查项目还要注意元件引脚是否匹配和元件极性是否和基板上的极性标志重合，如图 2-71 所示。

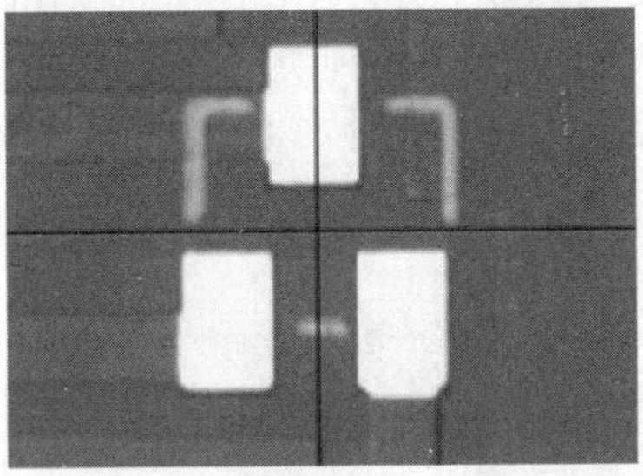

图 2-71　IC 元件预检查

（4）QFN 和 BGA 类元件。由于 QFN 和 BGA 类元件的焊接面在元件底部，在元件贴装后，无法直接观察贴装是否有异常，所以在预先检查时需要特别关注。

（5）连接器类器件。由于此类器件大部分的本体为非对称的，所以器件的吸取位置不在器件的中心位置，而原始 CAD 文件中的坐标为器件的中心位置，因此，会出现器件的贴装位置和器件焊盘之间存在位置上的偏差，需要进行手动调整。

技能 3　细小元件贴装导入实例

0603 和 0402 元件已广泛使用多年，工艺成熟，装配良率高。随着电子装配和封装微型化的趋势，0201 元件在手机、数码相机、无线蓝牙等产品中逐渐广泛应用，但是装配良率较低。如何提高 0201 元件的装配质量已经成为技术攻关难点。0201 元件的尺寸为 0.5 mm × 0.3 mm，尺寸比 0402 元件小一半，与 0805 和 0603 的元件比对如图 2-72 所示。

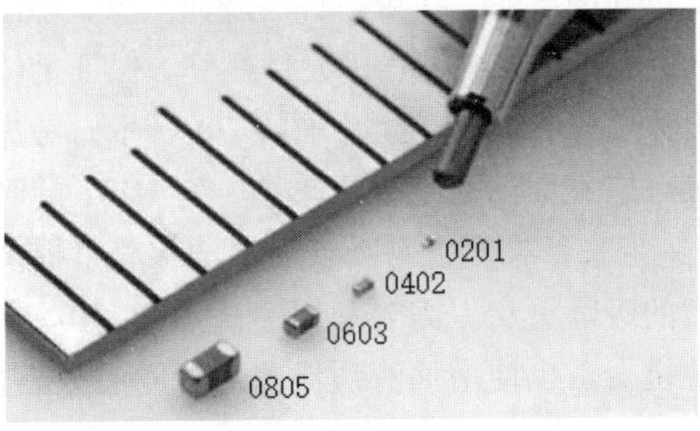

图 2-72　元件 0201、0402、0603、0805 比较

贴装细小元件的关键因素包括贴片机的定位系统、取料过程控制、吸嘴的设计与保养、贴片机的影像系统和对贴片过程的控制。除了这些因素之外，还有一些不容忽视的地方，如供料器的精度、元件包装的误差和元件本身的误差、气路的稳定性等，都需在装配之前综合考虑。

1. 贴片机的定位系统

对于细小元件的贴装，要求驱动定位系统在所有驱动轴上都采用闭合回路控制，以保证取料和贴装的位置精度。

2. 取料过程的控制

成功贴片的第一步是准确取料。影响准确取料的因素有元件之间颜色差异与大小尺寸差异、包装的误差、供料器的精度、贴片机驱动定位系统的误差、贴片头 Z 轴方向的压力控制、吸嘴材料和设计，以及在取料过程中对静电的控制。细小元件要求精度更高的马达驱动的线性供料器，并要求其有良好的抗静电效果。在贴装较大尺寸元件（如 0603、0805 等），供料器安装在贴片机机台上后，吸取中心与元件中心会存在间隙和位置误差，但这种误差很小，完全可以被忽略；但对于细小的 0201 元件而言，这种误差影响会很大。如图 2-73 所示，蓝色部分为吸取位置，吸嘴一旦超过该位置将与旁边元件产生干涉，会导致产生飞件或者侧立等缺陷。

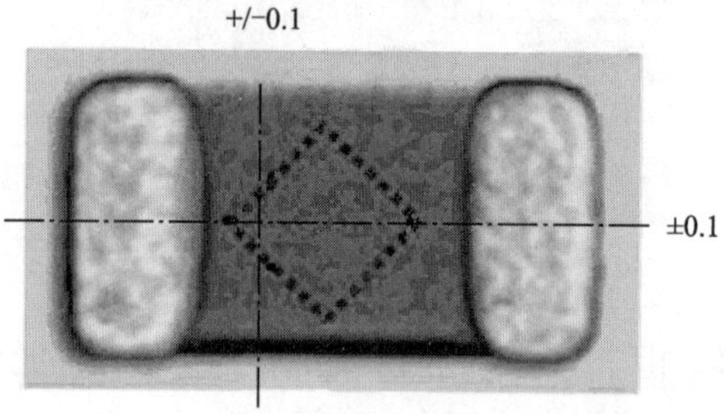

图 2-73　元件 0201 取料范围

3. 吸嘴的设计和保养

吸取贴装 0201 元件需要更细的吸嘴，这对吸嘴制作工艺提出了更高的要求，需要考虑吸嘴耐磨性问题。其实，吸嘴需要高耐磨性的部分只是吸嘴与元件接触的端头，采用容易加工且成本低的材料，在端头表面处理，是解决吸嘴问题的重要思路，而应用材料和处理方法以及检测方法是技术关键。这种吸嘴采用铝合金作为吸嘴基体，在端头采用陶瓷成型技术进行表面处理而制成的。陶瓷成形技术能在几分钟内在加工好的铝合金吸嘴端头上生成十几微米厚的陶瓷均匀沉积层，并与铝合金良好结合。这种铝合金-陶瓷吸嘴经过扫描电镜微结构检查和各种性能检测，表明是一种性价比很高的产品，在耐磨性、表面质量、防阻塞性、色彩及吸嘴的寿命方面都达到了要求。另外，为了减少吸料过程中元件侧立，保证足够的真空和元件被吸起之后的平衡，在吸嘴头部需要设计 2 个或 3 个孔，如图 2-74 所示。考虑到贴装密度小于 0.25 mm 的情况，吸嘴头部要足够细，它上面的孔也会比较细。对 0201 的吸嘴而言，最小的孔径会达到 0.127 mm。这不仅给制造带来了难度，对吸嘴的清洁保养也提出了更高的要求。对吸嘴的清洁保养的要求比其他类型的吸嘴更高，需要利用清洁剂和超声波来清洁。由于 0201 很薄，这增加了吸嘴与锡膏接触的机会。也使增加清洁保养的频度成为必要。

图 2-74　0201 吸嘴

4．元件影像对 0201 的影响

贴片前的影像对贴片精度影响很大。每个元件贴片前都需要通过影像去确定元件的中心。确定元件中心有两种方式：一种是采用数码相机；另一种是采用镭射（激光）。两种方法各有优缺点。采用数码相机可以检查出元件电气端的缺陷。但是它不能感测元件的厚度变化。对于 z 轴有压力感应及取料/贴片补偿功能的贴片机，不会造成严重的影响。采用镭射成像的方法可以检测元件的厚度，但不能检测元件电器端的缺陷。在实际贴装过程中，元件两端电气端与锡膏重叠的区域的差异，会影响焊接完成后的装配良率。0201 元件需要使用前光，或仰视照相，找到两个电气端之间的中心，以提高贴装精度。一般的元件如 0603 或 0805 等元件，使用背光，找到整个外形轮廓，如图 2-75 所示。

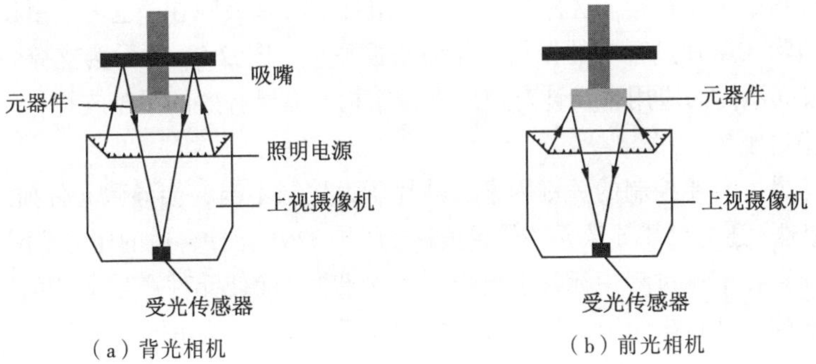

图 2-75　两种元件影像采集系统

细小元件两电气端与锡膏重叠区域的大小和差异会对装配良率产生很大的影响（立碑缺陷），不同的元件制造厂生产的 0201 电阻元件规格上会存在差异或同一厂家不同批次的 0201 在制造过程电气端可能存在差异，如图 2-76 所示，所以采用数码相机成像具有一定优势，照相机在相当于基板厚度的位置对元件对焦成像，以提高影像的准确性，保证贴片精度。

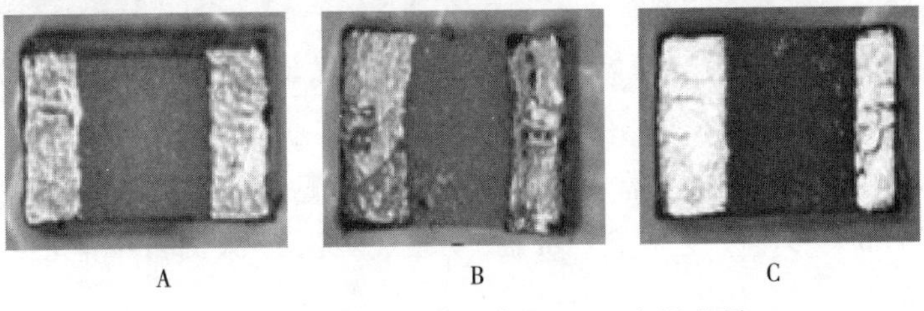

图 2-76　不同制造商生产的 0201 电阻差异

随着科技的不断进步，对于同时检测元件厚度和平面尺寸的方式也在逐步完善，如图 2-77 所示。

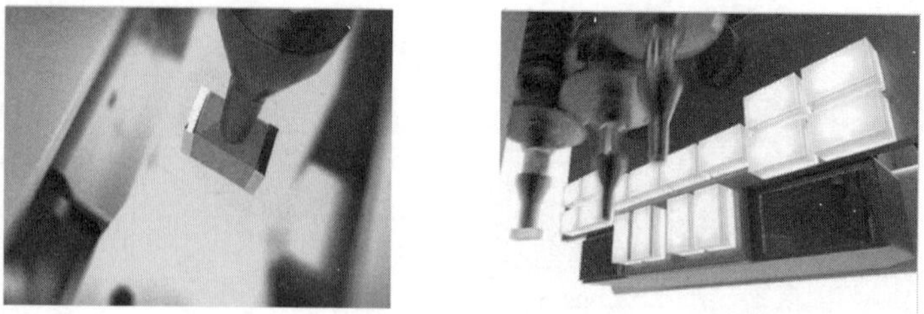

（a）检测元件平面尺寸　　（b）检测元件厚度

图 2-77　同步检测元件

5. 0201 的贴片过程控制

贴片过程中的关键控制因素有基板底部支撑、真空/吹气切换控制、贴片压力控制、贴片精度和稳定性。基板进入贴片机后，传输导轨将基板两边夹住，同时支撑平台上升将基板支撑住并继续上升到贴片高度。此过程中在外力的作用下，基板容易变形弯曲，加上基板本身可能存在的变形，会严重影响贴片质量。这意味着基板底部的支撑非常重要。对于薄型基板，更容易出现“弹簧床”效应。薄板在贴片头下压力的作用下凹，贴片压力消失后恢复变形，这样反复，会造成元件在基板上移动，导致出现偏移或飞件。故在支撑平台上需要安排支撑装置，保证基板在贴片过程中平整稳定。这种装置可以采用真空将基板吸住，也可采用具有吸能作用的橡胶顶针，以消除在贴片过程中的振动并保证基板平整。图 2-78 所示为支撑装置。这类装置结构简单，可根据不同的应用来设计对应的支撑结构，确保有效的平整支撑，并使平台在上升和下降过程中稳定顺畅。

贴片压力是另一需要控制的关键因素。贴片压力控制不当，会导致元件损坏、锡膏塌陷、元件周围出现锡珠，还有可能导致元件位置偏移。贴装 0201 元件合适的压力范围为 150～300 g。过大的压力会导致在下压过程中元件上出现一个水平力，而使元件产生滑动偏移；过大的压力也会将元件底部的锡膏挤出，形成锡珠或导致相邻元件短路，如图 2-79 所示。

图 2-78　具有吸能作用的特殊橡胶支撑装置

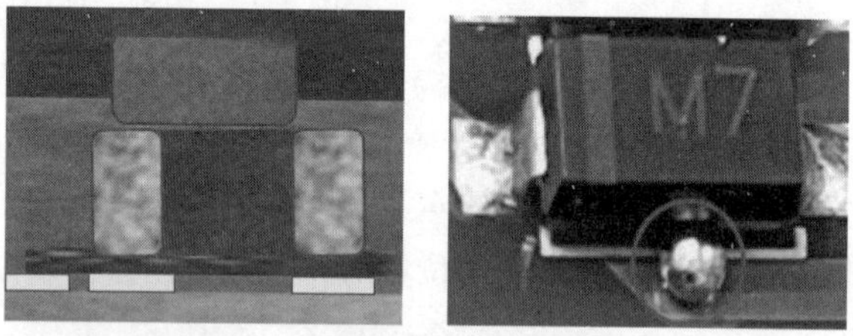

图 2-79　贴装压力影响元件底部锡膏示意图

总之，随着元件细小化的趋势，给设备和工艺提出了新的要求，对于工艺参数的变动更加敏感，一个细小的变化就会导致非常大的影响。如 0201 贴装偏移量每增加 0.1 mm，不良率就将增加超过 5 000 ppm。只有工艺材料、机器、方法（工艺）、人员和环境完美结合，才能获得更好的组装品质。

制程三

基板焊接

“基板焊接”制程是“1+X”电子装联职业技能等级标准（高级）第三个学习领域，也是电子装联中关键制程段。该制程主要分为元件焊接、软硬板热压焊接两个层面的典型工作任务，重点考评元件的再流焊接、选择性波峰焊接、机器人焊接、软硬结合板热压焊接等问题，涉及典型焊接设备操作、焊接参数设定、炉温曲线的设定调试、焊接治具选用、焊接品质检测与焊接缺陷改善等知识与技能。

任务1　元件焊接

任务目标

通过典型元件焊接任务学习，会选择与操作再流焊炉、选择性波峰焊炉和锡焊机器人设备，能正确设定焊接参数、制作温度曲线测试板，调试焊接温度曲线，检测焊接品质，具有能够独立完成元件焊接生产工艺的能力。

任务导图

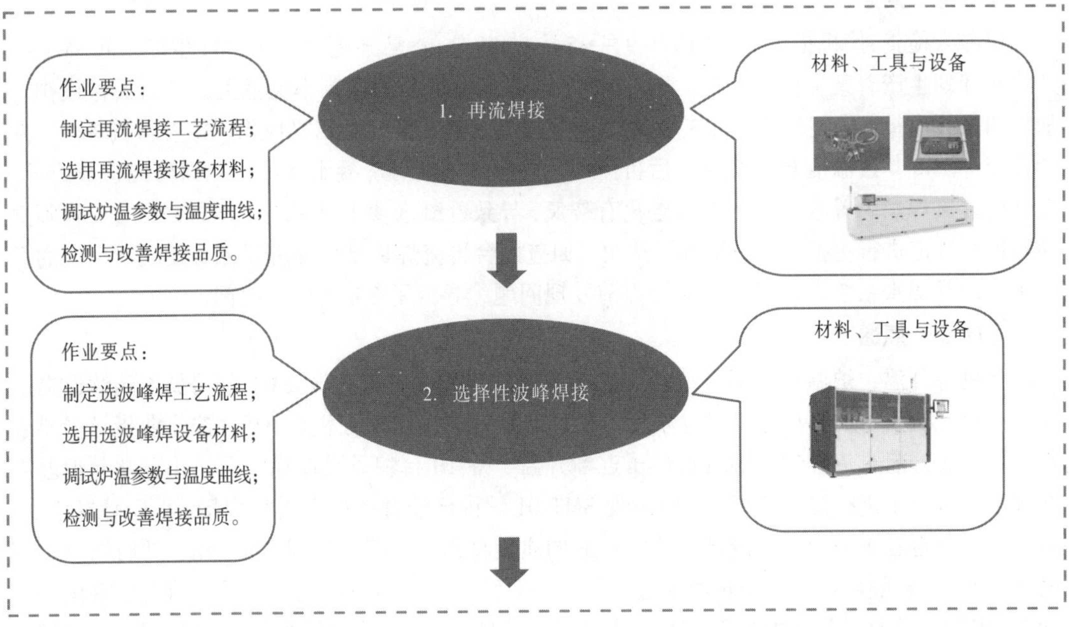

作业要点：

制定机器人焊接工艺流程；

选用机器人焊接设备材料；

调试机器人焊接参数；

检测与改善焊接品质。

3. 机器人焊接

材料、工具与设备

任务先通

匠心一点通

喷嘴改善，增产增效。王工是某汽车电子配件公司波峰焊接工程师，在他领导下的焊接改善项目不计其数。最近随着新能源汽车的爆火，公司选择性波峰焊接设备也满负荷运行。其中生产的一款域控制器产能始终提升不上去，这可把公司各工序工程师苦恼坏了。在公司联合调研下发现，选择性波峰焊接成为了此产品的瓶颈站位。王工一马当先地认领了此改善任务，势必缩短焊接时间。王工苦思冥想，观察着选择性波峰焊接的每一个动作，Mark 点识别、涂覆助焊剂、预热、焊接，一遍又一遍地反复观察。最终在焊接某一连接器时找到了问题点，此连接器底部一共有 12 个焊点，且焊点均匀与轨道平行呈直线，现在由小口径圆形喷嘴对焊点进行拖焊焊接，共需 14 s 时间。王工心中想：如果使用大功率电磁泵，加上设计改善的宽波喷嘴，覆盖所有焊点，一次性完成焊接，岂不是能大大提升效率。随即联系供应商修改喷嘴形状，并且升级电磁泵，调试相关程序参数后，最终焊接时间稳定在了 7 s/PCS，效率提升了一倍，至此，公司在未采购线体的情况下产能随之上升，得到了客户的一致认可。

安全一点通

保养未检查，停机损失大。2019 年 9 月 25 日 15:50 分，青岛某电科公司 SMT 生产车间 SMT-02 产线按计划生产着某主控板，炉后 AOI 作业员发现此产品的误判率突然上升，且影像模糊。随即叫来技术员，发现在检测主控板表面温度偏高，热气影响了相机成像，检查再流焊炉，发现再流焊炉冷却区温度异常偏高。后再流焊炉冷却区逐渐有冷凝水渗出。立即停线检查炉子，发现此再流焊炉内置水冷回水管道老化有裂痕，导致冷凝水渗出且影响了冷却效果。工程师立即对回水管道进行更换，问题得到了解决。回查此台再流焊炉维修保养记录，发现前一天的保养未对冷凝回水系统进行点检，未能提前发现问题，导致了 3 h 的停机时间。

质量一点通

开机待升温，炉温测试不可缺。2023 年春节假期结束，苏州某 SMT 公司员工陆续返岗，随着一台一台设备的开启，车间也恢复了往日的繁忙。再流焊技术员小杨，按作业指导书要求按线体依次开启再流焊炉，等待着炉子逐渐升温。待 10 台炉子温度稳定后，小杨拿起炉温测试仪准备对炉子进行温度测试，此时发现 SMT-01 炉内已经有产品在过炉焊接。小杨心想坏了，温度还没稳定且未进行炉温测试，这样产品的质量没办法保障，随即汇报 QE，并将已经焊接的 20 PCS 基板隔离待检，停止产品过炉焊接。后续测试炉温发现此台炉子峰值温度有偏差，同时 QE 测试这批基板也发现部分基板出现虚焊不良。小杨修改焊接参数后，再次测试炉温后，炉温恢复正常。调查发现产线作业员观察到软件上温度已经达到预设温度，自以为可以过炉焊接，故开始了生产，险些酿成批量不良。由此可知，再流焊接开机以及切换产品后，炉温测试一定不可缺少，这样才能保证炉温的一致性及可靠性！

作业 1　再流焊接

再流焊接是一种熔融预先涂覆在焊盘上的焊料，实现元件与电路板间电气连接的一种软钎焊焊接工艺。英文为 reflow soldering，单词 reflow 由 re-和 flow 两部分组成。flow 指的是焊料流动，re-为“回流”和“重熔”。但没有“去”的“回”不符合中文习惯，而“重熔”则是一种老工艺，无法代表新技术；其实，英文 reflow 的确切含义是 flow again，即“再一次的焊料流动”，因此，工业和信息化部发布的标准《电子组装技术术语》(SJ/T 10668—2023)中将 reflow 译为再流焊。

技能 1　认识再流焊接工艺流程

1. 再流焊接工艺原理

再流焊接目的是实现电子元件引脚或焊端与基板焊盘的电气互连的过程。热风再流焊接是靠热风对流使焊盘导热，膏状焊料在一定的高温气流下发生物理与化学反应而形成焊点的焊接。再流焊接一般分为预热区、保温区、再流区和冷却区。再流焊接主要工艺原理如图 3-1 所示。

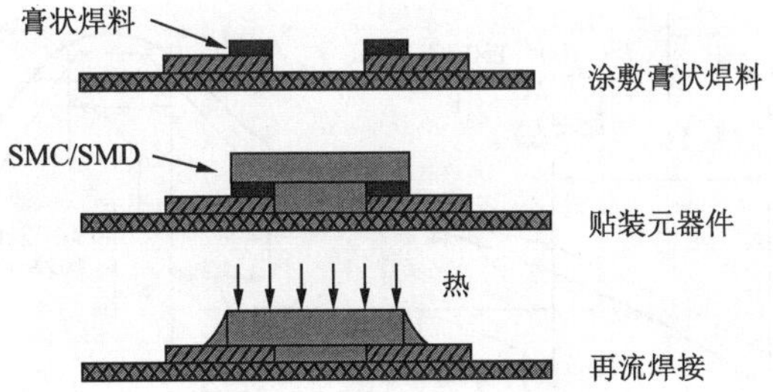

图 3-1　再流焊接工艺原理

第一阶段：预热升温。随着温度的上升，锡膏中用于调节粘度和印刷性能的溶剂开始蒸发。要求温度应当缓慢上升，升温速率不大于 4 ℃/s，防止锡膏中溶剂因快速升温汽化而发生沸腾和飞溅，形成锡珠缺陷。另一方面，一些元件对热应力比较敏感，元件外部温度如果上升太快，易造成开裂。

第二阶段：保温活化。达到一定温度后，助焊剂活性开始被激活，开始对待焊物表面进行氧化膜去除等化学清洗。水溶性助焊剂和免清洗助焊剂都会发生同样的清洗行为，只不过温度稍微不同。通过清洗，将金属氧化物和某些污染物从待焊金属和焊锡颗粒表面清除，从而获得可焊性良好的清洁表面。

第三阶段：再流焊接。温度继续上升，进入高温焊接区后，焊锡颗粒开始熔化，并在表面张力的作用下聚合在一起，形成液态焊锡，同时覆盖可焊物表面，形成焊点。如果元件引脚与基板焊盘的间隙过大，则极可能造成焊点开路。

第四阶段：冷却凝固。由于加热停止，焊点开始冷却凝固。通常冷却速率快，可避免焊点产生二次氧化；但过快的冷却速率，易引起焊点与元件内部应力，容易造成焊点撕裂或元件损坏。

2. 再流焊接温度曲线

基板再流焊接过程可以用温度曲线来描述。再流焊接温度曲线反映了锡膏合金在整个再流焊接过程中，基板上某一点的温度随时间的变化。是该点在整个焊接过程中温度变化的直观反映，为获得最佳焊接效果提供了科学依据。按照温度变化的不同阶段，温度曲线通常呈现升温-保温方式（RSS）和缓慢升温方式（RTS）两种形式，如图 3-2 所示。

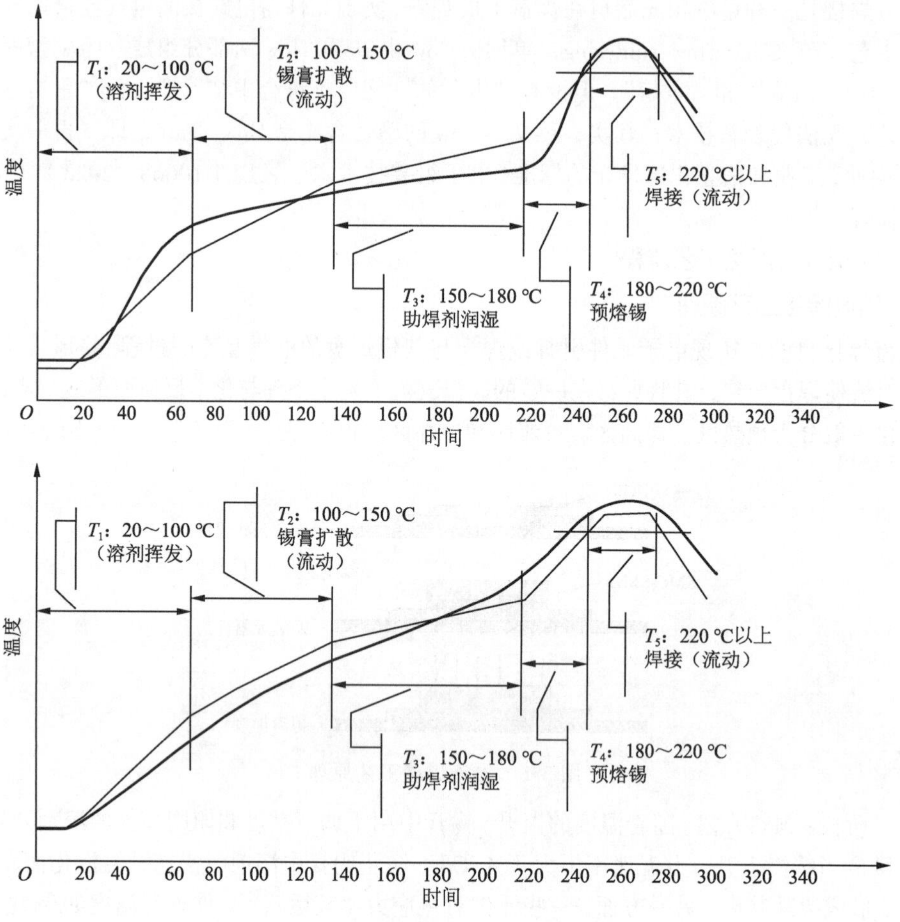

图 3-2　再流焊接典型温度曲线示意图

（1）RSS 温度曲线。RSS 温度曲线是最经典的一种再流焊接温度曲线，其优点是爬坡能力强，通常适合可焊性差的基板焊接，也适用于含有 BGA 芯片的基板再流焊接；缺点是容易造成助焊剂过量挥发影响焊接，产生“锡珠”和“立碑”等焊接缺陷；其曲线通常分为预热区、保温区、再流区和冷却区四个阶段，如图 3-3 所示。

图 3-3　RSS 温度曲线示意图

RSS 温度曲线是这样的一条曲线：由起始温度开始快速上升至 140～170 ℃范围内的预热温度，在保持一段时间后，进入由再流焊接最高温度 TPHH 与最低温度 TPHL 限定的再流区（视再流焊炉能力而定，通常为±10 ℃），随后进入冷却区。温度变化速率要求在 4 ℃/s 以下。RSS 温度曲线一般都采用较低的预热温度，以降低高温引发的热应力。采用较长的加热时间，以使助焊剂充分活化。但是，由于从预热区到再流区基板温度上升较快，容易产生焊接流变性恶化而致元件移位。

RSS 预热区，通常指从室温 25 ℃上升到 150 ℃左右的区域，在这个加热区域基板平稳受热升温，锡膏中的溶剂缓慢挥发，元件表面温度缓慢上升，以适应后续的焊接温度。但是，由于基板上元件尺寸不同，各元件温度上升速度也不相同，故上升速度通常控制在 1～4 ℃/s。如果升温速度过快，在热应力作用下，可能会导致陶瓷电容产生细微裂缝、基板变形、IC 芯片损坏；同时会导致锡膏中的溶剂挥发过快，会出现锡珠等不良现象。相反，如果升温速度太慢，基板及各元件的表面温度偏低，助焊剂活化程度低，导致焊接时锡膏无法润湿焊接区域，产生虚焊；同时锡膏中的溶剂不能完全挥发，在再流区高温作用下迅速汽化，产生爆裂，产生锡珠不良。

RSS 保温区，指温度从 150 ℃上升到 180 ℃左右的区域，锡膏中残留的溶剂挥发完毕，锡膏中的助焊剂活性随着温度的上升而逐渐增强，将基板焊盘和元件焊端表面的氧化物和污染物清除。基板缓慢升温，不同大小、不同材料的元件基本达到相同的温度。保温区的加热时间通常在 60～120 s，温度上升速率在 0.5 ℃/s 以下。如果时间太短，锡膏中的溶剂没有完全挥发，再流焊时会爆裂而产生锡珠。如果时间太长，助焊剂活性消失，焊接时容易形成润湿不良。同时，高温下，锡膏金属颗粒容易氧化，也会出现锡珠。

RSS 再流区，是指温度从 180 ℃上升到锡膏熔点 217 ℃后，再上升到 250 ℃，然后逐渐下降到 217 ℃的区域。在此区域，锡膏合金在 10～20 s 内，迅速上升到熔点温度，升温速率要求大于 2 ℃/s，达到熔化状态并迅速润湿焊盘。随着温度的进一步升高，焊料表面张力逐渐降低，在润湿力的作用下，焊料会沿引脚向上爬升，形成一个弯月面。此时，焊料中的锡原子与基板焊盘上的铜原子在界面处相互渗透，形成金属间化合物。初期 Cu-Sn 合金的结构为 Cu6Sn5，厚度为 1～3 μm，随着时间延长或温度升高，铜原子会进一步渗透，其局部组织将从 Cu6Sn5 变成 Cu3Sn。由于前者合金焊接强度高，导电性好，而后者呈脆性，焊接强度低、导电性差，所以要控制焊接时间来抑制 Cu3Sn 的产生。此外，再流区时间过长或温度过高会造成基板板面烧焦、起泡，甚至损坏元件。基板在理想温度下再流，基板颜色保持不变并且焊点光亮。

此外，再流时，熔融锡膏的表面张力能适度校准由于贴片过程中产生的元件偏移，同时也会由于焊盘设计不合理而引起多种焊接不良，如“立碑”，“桥连”等。再流区的最高温度为 250 ℃，基板在再流区停留的时间为 40～90 s。

RSS 冷却区，加热程序运行到冷却区后，焊点迅速降温，焊料凝固。焊点的迅速冷却可以使焊料晶格细化，结合强度提高，焊点表面光亮。冷却区的降温速度要求不大于 4 ℃/s。

（2）RTS 温度曲线。首先以 0.5～1 ℃/s 的较慢上升速率加热到大约 175 ℃，然后在 20～30 s 时间内只需将温度继续上升到 180 ℃左右，再以 2.5～3.5 ℃/s 的速率快速提升到 220 ℃左右，最后以不超过 4 ℃/s 速率快速冷却。RTS 型温度曲线的特点是：在预热阶段，温度始终保持着一定的上升速率，预热的终点温度接近于焊料的熔点温度。采用 RTS 温度曲线，元件不会受急剧的温度变化影响，助焊剂的活化温度可以设定较高，但活化时间较短。另外，由于预热温度较高，元件需要耐受较高的温度。

比较 RSS 和 RTS 曲线发现，它们主要的不同之处在于 RTS 无高原结构（即恒温区）部分。由于基板结构和元件热容量的差异，以及设备可控制加热速率的限制，穿过再流焊炉时基板的不同位点仍然存在温度差异。对于 RSS 曲线，在恒温区，温度不同的位点将达到相同温度，可有效避免局部虚焊或局部高温现象。另一方面，从 RSS 曲线恒温区末端温度上升至焊锡熔融温度需要一个快速升温过程，而此过程可能会因飞溅而引起锡珠。此外，如果发生元件两侧润湿不平衡，继而会引起立碑。因此，很多品质不良可以采用熔点之前线性升温来预防或消除。

3. 再流焊接作业流程

如图 3-4 所示，一个完整的再流焊工艺作业流程需要经过作业准备、开机、设定温度参数、设定炉温曲线、调试温度曲线、试生产并首件确认后，再进行连续生产。调整与控制炉内产品在加热过程中的时间-温度曲线是决定再流焊质量的关键。 基板沿着传送系统的运行方向顺序通过炉内的各个温度区域。

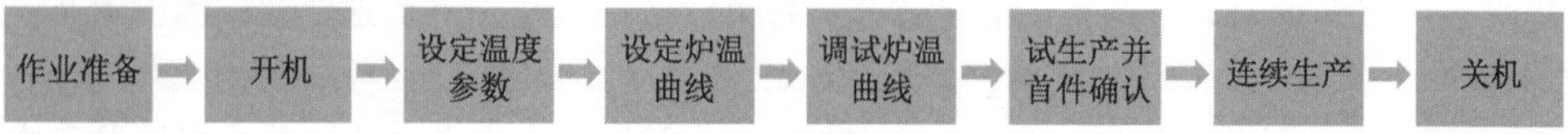

图 3-4　再流焊接作业流程

技能 2　认识再流焊接设备材料

再流焊接所用的主要设备与材料有：再流焊炉、测温板、炉温测试仪、治具、高温防护手套等。再流焊炉主要提供焊接所需要的热能与焊接环境。测温板用于测量再流焊炉中的焊接环境是否满足要求，治具用于运输一些特殊基板。

1. 再流焊炉类型结构

根据加热方式不同，再流焊炉可分为红外再流焊炉、热风对流再流焊炉、红外-热风复合再流焊炉、气相再流焊炉和激光再流焊炉等。

（1）红外再流焊炉。加热原理是采用 2～19 μm 波长的远红外线，热能传递方式中辐射约占 40%、对流约占 60%。基板、助焊剂、元件在热能作用下分子发生伸缩、变换角度等振动。当振动频率与辐射的远红外线电磁波频率相近时，两者产生共振，从而振动变得更激烈。振动产生的热能在短时间内迅速均匀地传遍整个物体，使物体充分加热。

红外再流焊炉的优点：被焊件产生的热应力小，热效率比电阻炉高，因而可以节省能源，并且设备占地面积较小。但是它存在的缺点也很明显：受红外线照射的物体，表面色泽的反光程度及体积差异会造成物体能量吸收存在差异而出现温度差异，甚至个别物体会因过量吸收热能而出现过热现象。另外，类似 QFN、BGA 等引脚位于器件底部的元件，无法接收远红外线。同时，容易受元件位置的影响，产生辐射阴影。因此，红外再流焊炉不适合要求较高的基板组装焊接。红外再流焊炉结构示意图如图 3-5 所示。

（2）热风对流再流焊炉。加热原理是通过对流喷射管嘴或者耐热风机形成热气流循环对被焊件进行加热。此种传热方式克服了红外再流焊接的温差和阴影效应，能够使基板和元件的温度更加均匀，目前应用十分广泛。在热风再流焊炉中，为确保循环气体能够均匀地作用于基板的所有区域，必须具有足够的气流速度。这在一定程度上容易造成薄基板的抖动和元件的移位。此外，此种加热方式热交换效率较低，耗电量较大。

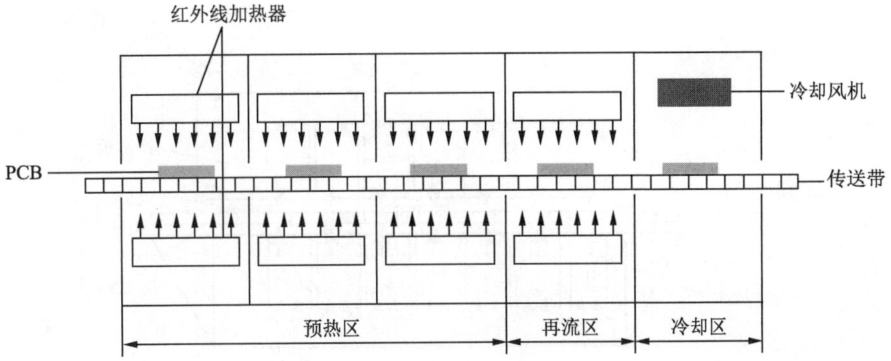

图 3-5　红外再流焊炉结构示意图

热风再流焊炉体内每个加热区的结构都大致相似，上、下加热区各有一个热风马达高速旋转，产生气流，如图 3-6 所示。气流经加热管或其他材料加热后，从多孔板吹出，流到基板上。有的再流焊炉中电机转速可编程调节。电机转速越快，风力越大，热交换能力越强。通过测量气体吹出的风压，可以监控电机的运转是否正常。需要注意的是，由于再流过程中锡膏中挥发的助焊剂可能会在叶轮上凝结，影响出风量，会导致温度降低。因此需定期检查和清洁叶轮。

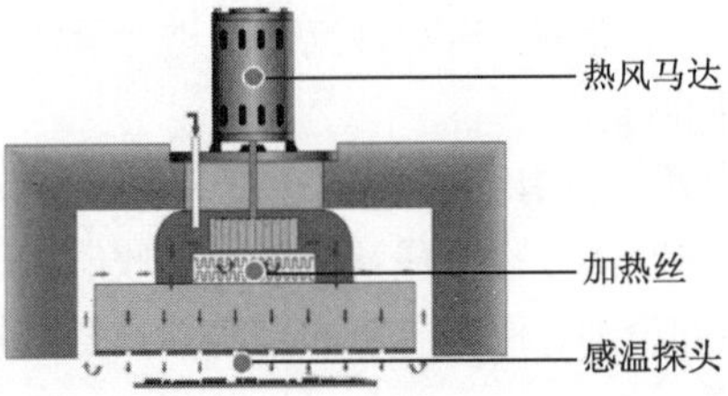

图 3-6　热风加热单元的结构

热风再流焊炉的优点：一是加热器寿命长，不易被助焊剂污染而导致性能劣化；二是温度控制的对象是基板上、下面附近的热空气温度，基板和元件比较安全；三是不存在红外线加热时助焊剂的过热现象，气孔少，润湿性能好，焊接效果好；四是不存在因元件外表色泽而产生的温度差异，元件间温差小；五是适合如 BGA/QFN 等底部引线器件、线圈等，可进行立体化再流焊接。热风再流焊炉的缺点：一是调整气流分布的整流网结构复杂；二是热传递效率比远红外线差，因而生产效率低于红外线加热方式；三是由于热传递效率低，因此不同元件间的升温速率差异变大。

热风再流焊炉的典型结构如图 3-7 所示。主要包含加热装置、热风循环装置、基板传送装置、冷却装置、排风及废气处理装置、炉盖升降装置、助焊剂回收装置、润滑装置、计算机与电气控制装置，还有氮气保护装置等。

加热装置。由控制装置控制加热管将循环气流加热到设定温度。

热风循环装置。在电机驱动下，风机产生的气流在特殊设计的风道和炉膛中形成强制的对流气流。

基板传动装置。负责传送焊接基板，由包括导轨、网带、中央支承、链条、传动电机、轨道宽度调节机构等部分组成。

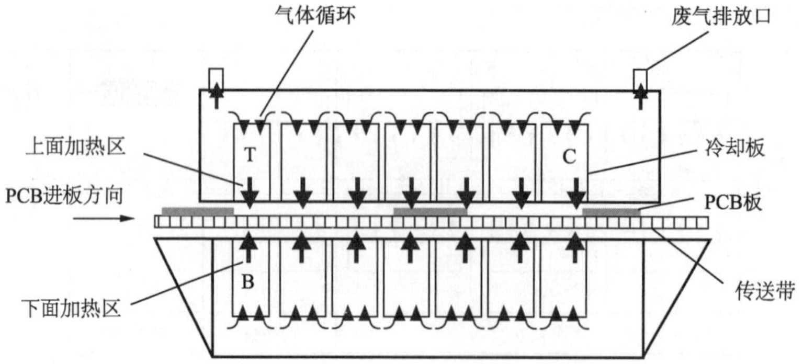

图 3-7　热风再流焊炉内部典型结构示意图

冷却系统。对焊接完成的组件快速冷却。通常有风冷、水冷两种方式。

排风及废气处理装置。强制抽风可保证废气的良好排放。特殊的废气过滤装置保证了工作环境的空气清洁，减少了废气对排风管道的污染。废气处理配合助焊剂回收装置可以满足环保要求，不让助焊剂挥发物直接排放到大气中；避免在循环回路中凝固，避免影响热风流动，降低对流效率；在氮气保护焊时，为避免循环使用氮气污染，节省氮气。

炉盖升降装置。便于焊膛清洁保养。当对再流焊炉进行清洁维护或生产过程中发生掉板等状况时，需将再流焊炉上盖打开操作。

助焊剂回收装置。系统中通常设有蒸发器，通过蒸发器将废气中的助焊剂挥发物加温到450 ℃以上，使其气化，然后用冷却器冷却成液体流到回收罐中。

润滑装置。通过添加高温润滑油，保护导轨和基板传送链条持续正常运转，避免其因高温而产生的氧化、变形等现象。

计算机与电气控制装置。控制再流焊炉的加热、基板传送、排风等各装置的运转与监控。

氮气保护系统。对基板进行全制程的氮气保护，可杜绝焊点及铜箔在高温下的氧化，增强润湿能力，减少内部空洞，提高焊点质量。

设备结构参数，包括设备的外形、加热温区数量和加热区长度。目前再流焊炉普遍采用八个以上加热温区的炉子，以满足无铅焊接工艺要求。

（3）红外-热风复合再流焊炉。加热原理是在强制对流热能传递的基础上，加入一定量的辐射能，可解决较低温度时的基板表面温度均匀性问题。是以最小成本达到最高产量的最佳方案。红外-热风复合加热的基本加热单元的热源配置和传热示意图如图 3-8 所示。

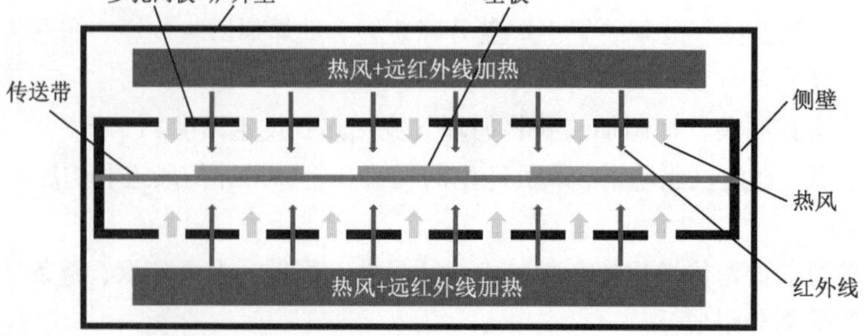

图 3-8　红外-热风复合加热热源配置和传热示意图

红外-热风复合再流焊采用热风对流和红外线加热组合的加热方式，集中了红外再流焊和强制对流热风再流焊的长处。换句话说，它既充分利用了远红外线穿透力强、热效率高、节能的特点，弥补了热风再流焊对气体流速要求过快而带来的影响，同时又有效地克服了远红外线的温差和阴影效应。优点：一是炉内温度分布更加均匀；二是热传递性能好，适用于大批量生产运行；三是由于远红外线能对基板、元件内部同时进行加热，所以因封装太小而引起的温差将缩小。

（4）气相再流焊接炉（vapor phase reflow soldering，VPS）。又称蒸汽再流焊炉。原理是氟系惰性有机溶剂因加热沸腾而气化，从而发生物态的变化。液体汽化时吸收热量，所吸收的热量称为汽化潜热，简称汽化热。当饱和的蒸汽遇到温度较低的基板时，蒸汽会凝结成相同温度的液体并释放出汽化潜热，从而使物体升温，这个过程称为凝结传热，属相变传热的一种形式。目前多采用真空气相焊，通过真空蒸汽冷凝焊接系统，实施密闭空间的无空洞焊接，热传递效率更高。焊接过程保持静止无振动。冷却效果优秀，元件颜色对吸热量没有影响。

（5）激光再流焊炉。焊接原理是利用激光束直接照射焊接部位，焊点将吸收的光能转变成热能，加热焊接部位，使焊料熔化。光照停止后，焊接部位迅速冷却，焊料凝固，形成焊点。影响焊接质量的主要因素有：激光器输出功率、光斑形状和大小、激光照射时间、元件引脚共面性、引脚与焊盘接触程度、基板质量、焊料涂覆方式和均匀程度、器件贴装精度、焊料种类等。利用激光束优良的方向性和高功率密度特点，通过光学系统将激光束聚焦在很小的区域，以很短的时间，使被焊处形成一个能量高度集中的加热区。由于激光焊局部加热时间短，无热应力产生，即使强热敏性元件也不会受到热冲击，同时还能细化焊接接头的晶粒度，因此，激光再流焊适用于热敏元件、封装组件及贵重基板的焊接。根据不同材料对激光辐射的不同吸收、反射和透射特性采用不同的激光，通常采用固体 YAG 激光和 CO_2 激光。激光再流焊的优点：加热高度集中，减少了热敏件损伤的可能性；焊点形成非常迅速，降低了金属间化合物增厚的机会，有利于形成高韧度、低脆性的焊点；与整体再流焊相比，减少了焊点的应力；局部加热，对基板、元件本身及周边的元件影响小。缺点：初始投资大，维护成本高，生产速度较低。作为一种新的再流焊技术，可作为其他方法的补充，但不建议取代。

2. 再流焊接温度曲线测试板

视频

测温板制作

再流焊接中，影响焊接质量的重要因素之一是焊接温度。而判断炉温设定是否满足焊接温度要求，最好的办法就是测试焊接温度曲线。焊接温度曲线测试有使用实际产品+热电耦、内置抽样测温系统、内置实时监控系统三种方法。目前行业最常采用“实际产品+热电偶”的测量方法，因为它能够比较真实地反映出实际产品在焊接过程中的温度变化情况。

采用该方法之前，首先需要制作一块专用的温度测试板。测温板制作的主要工序是：材料工具准备→测温点选择→热电偶选择→测温热电偶固定。

（1）材料工具准备。根据测温板制作材料要求，提前准备好高温锡丝、高温胶带、热风枪、测试板、热电偶测温线、炉温测试仪等工具材料，如图 3-9 所示。其中，热风枪要求最高调节温度为 300～350 ℃；测试板用已经贴装元件的基板；炉温测试仪的误差要求为±1 ℃；热电偶测温线要求耐温 350 ℃。测试板流入方向一般与贴装进板方向一致，并置于轨道中间，环境温度一般在 15～30 ℃，测试频率一般每班一次，换线或其他异常情况例外。

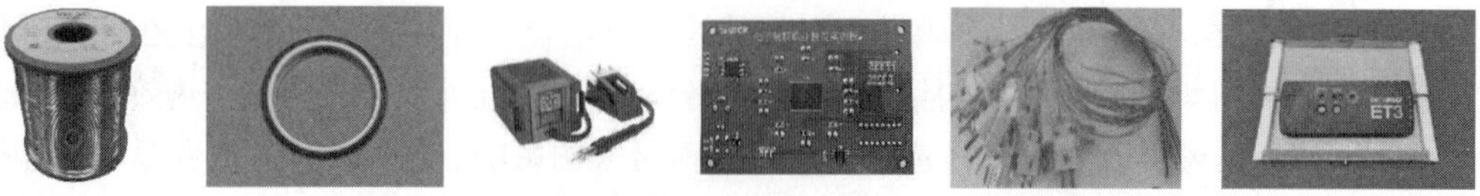

（a）高温锡丝　（b）高温胶带　（c）热风枪　（d）测试板　（e）热电偶测温线　（f）炉温测试仪

图 3-9　测温材料

（2）测温点选择。是指针对待测试基板（即测试板），选择要进行温度测试的焊接点。选点的基本原则是需平均分配覆盖基板表面区域，同时需要覆盖大中小热容量元件，必须反映基板上最高、最低、关键器件（如热敏感器件）焊点的温度，如图 3-10 所示。

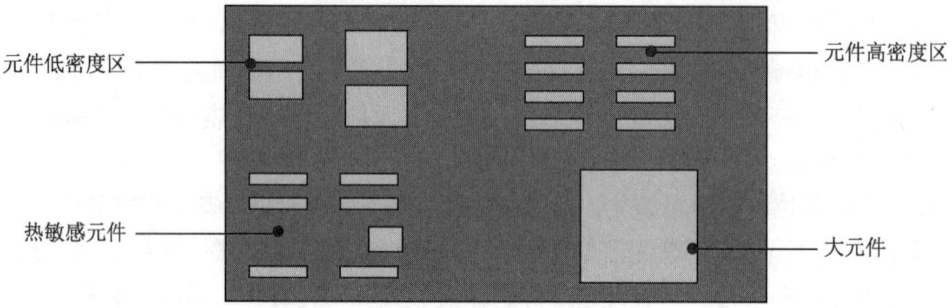

图 3-10　测试板测温点选择示例图

客户有指定选取测试点则必须按照客户指定的测试点进行温度测试。客户没有指定测试点时，选取测试点遵循以下具体原则：

① 基板为 100 个焊点以下。如果无特殊敏感器件，则温度测试板只需选择三个点：热容量小的元件（如 0402、空焊盘等）焊点、中等热容量元件（如钽电容、功率三极管等）焊点、最大热容量元件（如 QFP、BGA 等）焊点，且选点距离越远越好。

② 基板为 100 个焊点以上。分两种状况：一种是基板上有 QFP 但无 BGA 的基板，温度测试板只需选择四个点，即大 IC 及小 IC 各一点、电感及高电容必须选取；另外一种是基板上既有 QFP 又有 BGA 的基板，温度测试板必选择五个点以上，应选择元件较密的中心位置的点。

③ 基板有 QFP 时。在 QFP 引脚焊盘上选取一点测试 QFP 引脚底部温度，对比测试基板表面温度或片式元件焊点温度。若基板上有多个 QFP，优先选取较大的作为测试点。

④ 基板有 BGA 时。BGA 上的测试点应不少于两点：BGA 中心锡球和 BGA 表面温度，如图 3-11 所示。

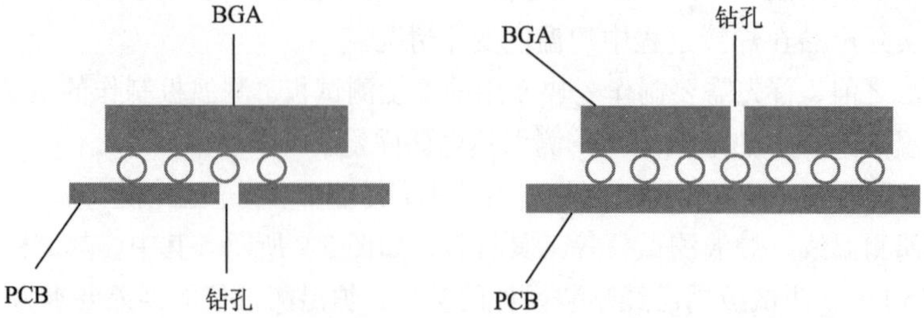

（a）BGA 底部焊点处　（b）BGA 表面

图 3-11　BGA 测温点的选取

⑤ 元件种类较多时。根据 BGA→QFP→PLCC→SOP→SOJ→SOT→DIODE→CHIP 顺序选择测试点。

⑥ 双面贴片同时焊接时。应在基板正反两面都布置测试点，一般背面选择一个测试点，如图 3-12 所示。

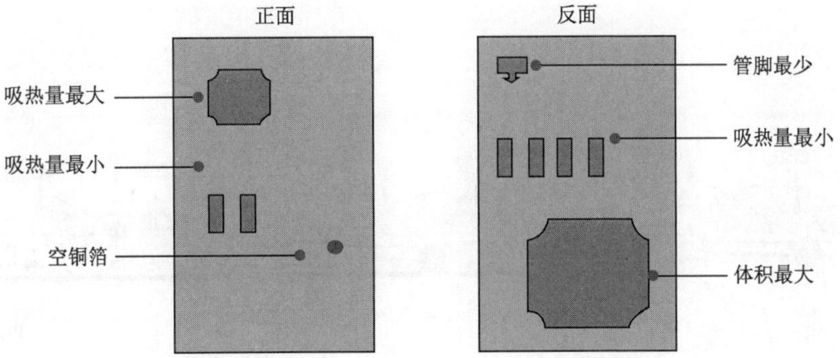

图 3-12 双面板选点测温位置示意图

⑦ 有特殊材料时。在选取测试点时，必须优先考虑在此材料焊盘上选取测试点，以确保材料的焊接效果（如易发生冷焊的电感引脚、易爆裂的电解电容本体等）。

（3）测温点固定。是指将测温线热电偶探头可靠地固定到测试板的焊接测试点上。固定好的测温点在测试过程中不能松动，且固定点尺寸应尽可能小，以真实反映测温点温度。测温线热电偶与基板测试点之间的固定方式有焊接固定、粘接固定、胶带固定三种方式，如图 3-13 所示。

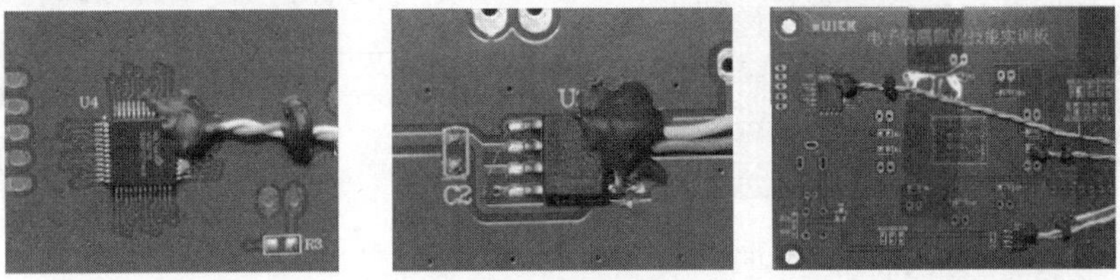

（a）焊接固定　（b）粘接固定　（c）胶带固定

图 3-13 测温点固定方法

① 焊接固定：用高温锡丝将热电偶探头直接焊在测试点上，热电偶电动机应被完全包裹，不得暴露；焊点应尽可能小，如图 3-13（a）所示。

② 粘接固定：热电偶已经牢固固定在测试点后，在离测试点 5 mm 处点胶强化固定，如图 3-13（b）所示，一般为红胶，银胶传导效果最好。

③ 胶带固定：使用高温胶带固定测温线，使测温线另一端长度保持相同，便于连接测温温度测试仪，如图 3-13（c）所示。

焊接点大小：通常要求测温点高度≤2.5 mm，长宽≤5 mm，越小越好，确保真实地反馈焊点温度。

不同元件测温点固定要求：

引脚类元件测温点：必须平贴基板，与元件引脚紧紧相连。探头浮起时，将导致测量值偏高且不稳定。固定方法示意如图 3-14 所示。

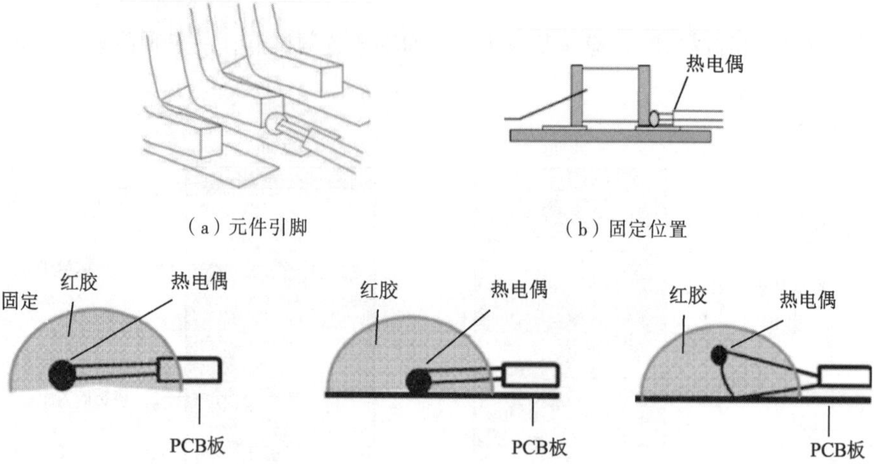

（a）元件引脚　（b）固定位置

（c）OK　（d）NG 只固定前端　（e）NG 热电偶浮起

图 3-14　引脚类元件测温点固定方法示意

BGA 类元件测温点：必须紧贴在所选取的焊点上面，从元件背面打孔，测温线穿过孔将热电偶埋在孔内，然后用红胶对 BGA 元件四边固定并封堵洞口，如图 3-15 所示。

（a）BGA　（b）BGA 打孔位置　（c）BGA 测温点固定连接

图 3-15　BGA 类元件测温点固定方法示意

QFN/QFP 类元件测温点：用少量的锡线将热电偶焊接在 QFN/QFP 元件引脚与焊盘间接触的区域（QFN 也可按 BGA 类元件在接地焊盘位置钻孔），要求完全包裹住热电偶，不允许一部分暴露在外面，同时，应使测试点体积尽量小，如图 3-16 所示。

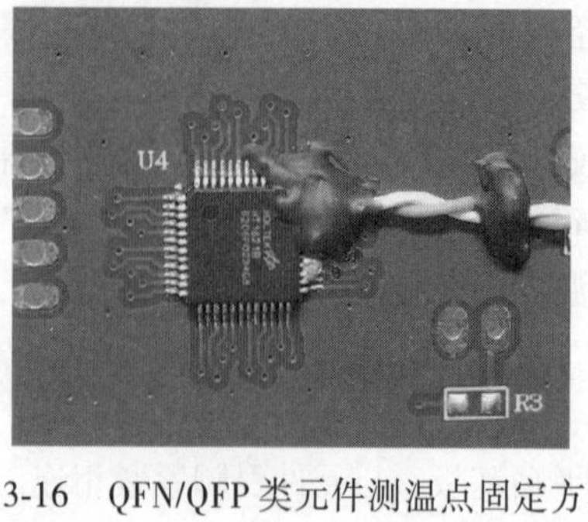

图 3-16　QFN/QFP 类元件测温点固定方法

（4）红胶固定测温线。通常，一根测温线上红胶固定点数至少是 2 个，第 1 点距测温点 0.5 mm，第 2 点可以在距离测温点 2 cm 处，如图 3-17 所示。因为若只有前端固定，测量时的轻微拉扯就可能导致测温线脱落。

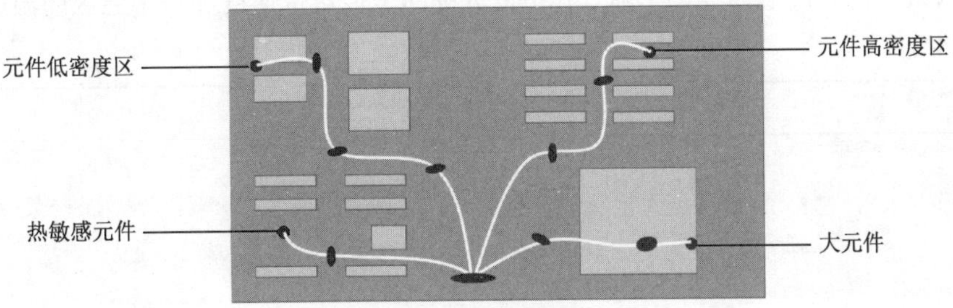

图 3-17　红胶固定

（5）空气探头布置。空气探头是测试仪开始记录温度的开关。当空气探头温度高于 40 ℃，测温仪自动开始记录。通常，空气探头位于进板前端（温度测试板进板方向必须与实际生产方向一致）并伸出基板前端约 20 mm 长度。探头稍微上翘，然后用红胶或者高温胶带固定，如图 3-18 所示。

测温线防松要求。用高温胶带把测试线整齐固定在温度测试板上，不能打结或者缠绕，如图 3-19 所示。

（6）编制测温线序号。记录测温点所对应的元件编号、位置，并与测温头一一对应。

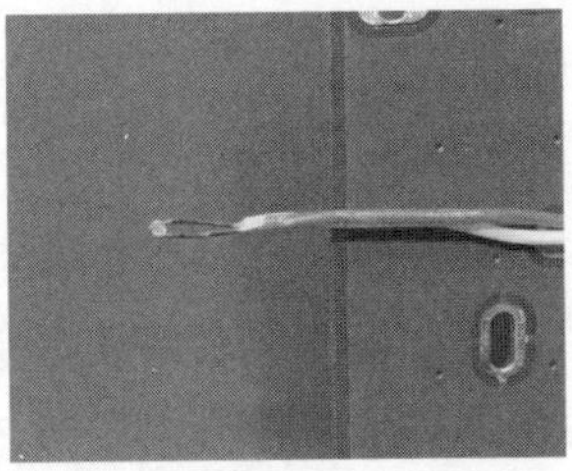

图 3-18　空气探头布置

图 3-19　高温胶带固定防松

技能 3　再流焊接参数设计

实现良好焊接品质的前提是设定合适的焊接参数，主要包括：各温区温度、基板传送速度（链速）、热风马达风速与风量。温区温度和传送链速两者是相辅相成的，目标是得到最佳的温度曲线。

1. 再流焊接温度设定

焊接温度主要根据锡膏的特性设定，每种锡膏，供应商都会给一个参考数值。此外，还要考虑其他因素：

（1）基板的材料、厚度、结构（如层数、铺铜面积等）、尺寸等。

（2）元件贴装密度、元件尺寸以及 BGA、CSP 等特殊元件。

（3）加热方式。热风再流焊炉会通过一些措施改善对流方式，如小对流方式、各个温度区独立调节风量、在下方采取制冷等手段以满足工艺曲线要求。

（4）环境温度。对于加热区总长比较短、炉体较窄的再流焊炉，炉膛温度受环境影响比较大。因此，在生产布局时要注意避免再流焊炉出口处的环境气流。

（5）排风量的大小。一般再流焊炉对排风量都有具体要求，但实际排风量还需要根据具体情况而有所变化，要定时测量。

这些因素会同时影响曲线的形状，其中最关键的是传送带速度和每个温区的温度设定，如图 3-20 所示。

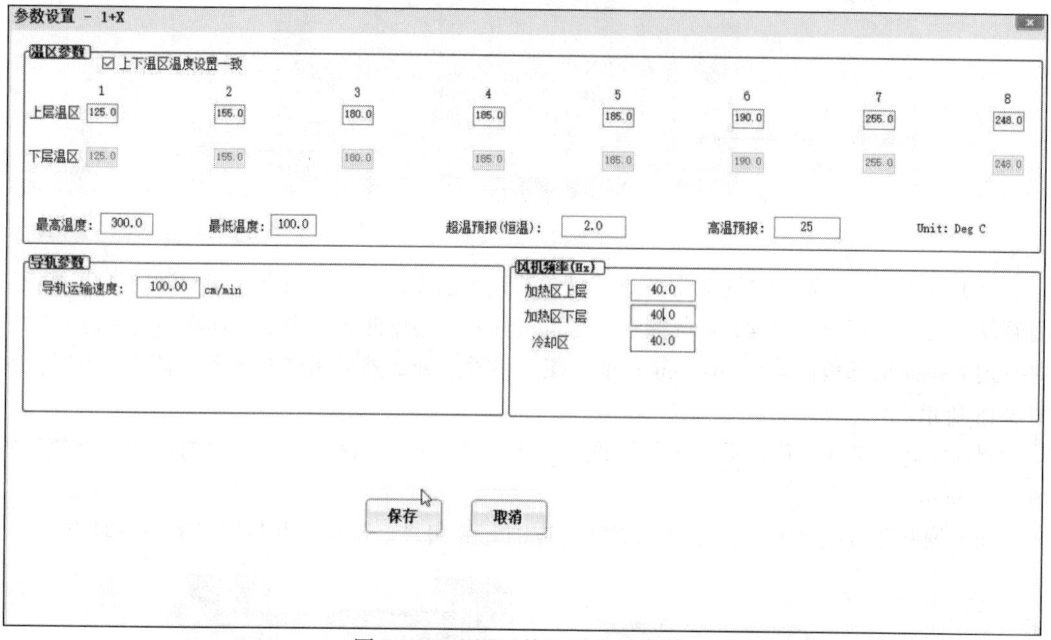

图 3-20　八温区炉温设定示意图

2. 基板传送速度设定

基板传送速度决定着基板在每个温区的暴露时间。时间增加，可以使基板的温度有更多时间接近该温区的设定温度。每个温区时间的总和决定了再流焊接工艺的时长。传送速度的控制会影响基板的横向温差。降低传送速度，会给予大热容量器件更多的升温时间，使横向温差减小；但是，受温度曲线和生产效率影响，需在满足炉温曲线的情况下尽量提高传送速度。

3. 再流焊风速与风量控制

如果保持再流焊炉内的其他条件不变，将风扇转速降低 30%，基板上的温度会下降 10 ℃左右，可见风速与风量的控制对炉温控制的重要性。为了实现对风速与风量的控制，需要注意两点：

（1）风扇的转速应实行变频控制，以减小电压波动对它的影响。

（2）尽量减少设备的抽排风量，因为抽排风的中央负载往往是不稳定的，容易影响炉内热风的流动。

技能 4　再流焊接缺陷管控

再流焊过程中发生的缺陷可大概分成两大类：第一类是与金属合金有关，包括冷焊、不润湿、浸析、过量的金属间化合物；第二类与异常的焊点形态有关，包括立碑、偏移、芯吸、桥连、空洞、虚焊和锡珠等。

1. 冷焊

图 3-21　冷焊

是指焊点有不完全再流焊接现象。如葡萄球焊点、不规则形状焊点，或焊粉未完全润湿焊点，如图 3-21 所示。

产生冷焊的原因包括：

（1）再流焊接时加热不充分。

（2）表面污染抑制了润湿。

（3）助焊剂活性不良。

（4）焊粉质量不良。

再流时的热量不充足，可能是由于温度太低或者在液相线以上停留时间太短，导致焊粉未完全融合。对于共晶 Sn/Pb 焊料，建议的峰值温度不低于 215 ℃；对于无铅 SAC305 焊料，建议峰值温度约为 245 ℃。且建议液相线以上的停留时间为 40～90 s。焊盘或引脚上及其周围的表面污染会抑制助焊剂能力，导致焊盘没有完全润湿。

2. 不润湿

在焊盘或元件引脚上焊料的覆盖范围小且焊料和基底金属之间形成超过 90°的接触角，如图 3-22 所示。再流时由于无法润湿焊盘表面，熔融的锡膏在表面张力的作用下发生收缩，从而暴露基体金属。不润湿的原理是焊料与接触面基底金属没有形成冶金键合。

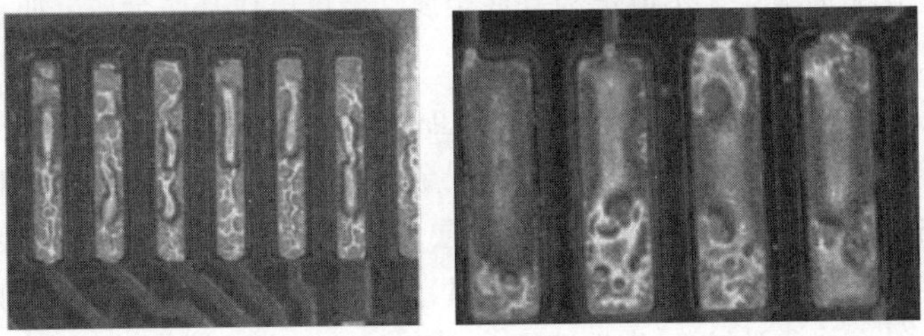
图 3-22　不润湿

产生不润湿的原因有：

（1）金属表面润湿性差。

（2）焊料合金质量不良。

（3）焊料氧化严重。

（4）助焊剂活性不良。

（5）再流焊温度曲线异常。

（6）再流焊炉内氧含量超标。

通常，润湿性差是由焊盘或引脚表面的杂质、焊盘或引脚氧化以及焊盘或引脚的表面镀层性质变化引起。例如，电镀工艺中，Ni 或 Au 表面镀层存在磷、金层针孔内存在镍的氧化物、铜焊盘氧化或 OSP 涂层太厚等。焊料合金纯度差，含铝、镉或砷等杂质也可能产生不良润湿。不规则的焊粉形状表现为较大的氧化物含量，因而需要消耗更多的助焊剂，否则将会引起润湿不良。时间、温度和再流焊气体氛围也会对润湿性能有很大的影响。一方面，加热时间太短或者温度太低会引起热量不足，导致助焊剂催化不完全以及冶金润湿反应不完全，结果产生不良润湿。另一方面，温度过高或加热时间过长会引起热量过量，会使焊盘和引脚金属过度氧化，并且会消耗更多的助焊剂，这两种现象都可能导致润湿不良。这种情况下，使用氮气去改善不润湿现象。一般来说，洁净的热风整平焊盘上焊料的润湿较好；对于其他表面处理的焊盘，如OSP或Ni/Au，焊料通常在焊盘边缘周围不能润湿，尽管已经形成了适当的焊点结构，也需要更多热量和时间，用于焊料与表面镀层或基底金属反应形成冶金键合。

3. 浸析

是在再流时基底金属溶解到熔融焊料中的现象，又称溶蚀或“吃金”。这些相异的金属溶入焊点，有时可能达到饱和状态或形成松散结构，形成含这些金属的金属间化合物颗粒。如果在表面堆积，焊点表面会出现砂粒状。如果发生基底金属的过度浸析，会产生不润湿现象。

产生浸析的原因有：

（1）基底金属在焊料中的高溶解率。

（2）金属层太薄。

（3）助焊剂的高活性。

（4）再流焊温度过高。

（5）再流焊驻留时间过长。

溶解率按如下顺序减少：Sn>Au>Ag>Cu>Pd>Ni。浸析问题由一些基底金属的高溶解率引起，可以更换金属或加一些较低溶解率的金属进行调节。由于锡具有非常高的溶解率，加上较低的熔化温度，只可用作表面镀层，不能作为基底金属。金可以作基底金属，如金厚膜。金的浸析问题可用铜、钯或镍来替换以减少浸析率。然而，铜易于氧化，且必须用某些表面涂层来保护，如OSP。钯是稳定的，但没有很好的可焊性。镍也易于氧化，同样必须用某些表面涂层来保护。所以经常采用组合金属，如在化学镀镍的上部浸金。这里金是3～8 μm的薄膜，可作为氧化保护层，而镍是105～200 μm厚，可作溶解阻挡层和扩散阻挡层。当在化学镀镍/浸金表面上焊接时，金元素在零点几秒之内完全溶解到焊料里，因此，在焊料和无氧化的镍之间直接形成冶金键合。其他系统组合如化学镀金/化学镍银和电解金/电解镍。在使用银时，为了减少溶解率，同时具有牢靠的可焊性，通常使用银与钯的合金。对于混合器件的应用，由于不良的烧结工艺在厚膜里产生了高气孔率，厚膜也会呈现出高的溶解率。基底金属的高溶解率也可以通过预先把基底金属掺杂到焊料来解决。

然而，此种方法不能应用在金表面的焊接。掺加金到Sn/Pd系统里将形成$AuSn_4$金属间化合物。$AuSn_4$金属间化合物将会把焊料转换成粘性流体从而导致润湿不良。虽然浸析是冶金的现象，但是助焊剂的活性也将影响浸析现象。使用更高活性的助焊剂会加重浸析。较高活性的助焊剂会迅速地除去金属氧化物，因此更快密切接触，这就导致在熔融焊料和基底金属之间接触时间更长。较长的接触时间就意味着较大的浸析程度。

再流焊接时，高工艺温度和长再流时间对浸析有双重影响。首先，将会增加焊料中金属层的溶解。其次，由于助焊剂活性会随温度的升高而增加，更进一步地增加浸析。故大多数再流焊接工艺窗口为“目标峰值温度（245±15）℃”，和“目标再流时间（75±15）s”。在这窗口之内，再流温度的变化比再流时间对浸析有更大的影响。例如，当再流时间从60 s增加到90 s，SAC305中金的溶解率增加1.5倍；但当焊接温度从230 ℃增至260 ℃时，SAC305中金的溶解率大约增加了3倍。

减少浸析的解决方法有：

（1）用较低溶解率的金属替换基底金属，可以用或不用表面镀层。

（2）在基底金属中掺入较低溶解率的元素。

（3）在焊料中掺入基底金属的元素。

（4）保证厚膜的烧结质量。

（5）使用低活性的助焊剂。

（6）使用较低的再流温度。

4. 过量的金属间化合物

当两种合金溶液凝固时，由于两种金属元素间的溶解度有限，故会形成新的相，这些新的相不是固溶体，而是被称为金属间化合物。

金属间化合物可分类为化学计量化合物和非化学计量化合物。使金属原子结合在一起的自由电子的密度，可用来描述金属性能的特性。当两个元素中一个是强金属而另外一个较弱时，会形成化学计量化合物。经常形成低对称性晶体结构，束缚塑性流动，具有硬而脆的特性。在这些化合物和其他相之间的界面也往往是不稳定的。这类金属间化合物如 Cu_3Sn 和 Cu_6Sn_5。

非化学计量化合物指的化合物成分在一定范围内是稳定的。它们有一定的延伸性并呈现高对称性的晶体结构。往往可忽视这些化合物对焊接性能的影响，如 Ag_3Sn，在室温时，银的成分含量范围从 13%到 20%都是稳定的。化学计量的 IMC 导致较低的抗拉强度和剪切强度。图 3-23 展示了在用 30Sn/70Pb 在塞子-和-环（plug-and-ring）试样上焊接铜所获得的结果。最初的剪切强度表现为焊接材料本身的强度。当金属间化合物厚度增厚到大约 1.3 μm 时，剪切强度大约增加 20%。若 IMC 进一步增厚，即开始显示其本身的脆性，强度曲线降到焊料本体的强度以下，同时 IMC 也会导致焊料润湿不良。一般来说，润湿时间随着 IMC 层厚度的增加和初始焊料涂层厚度的减少而增加，润湿力表现出相反的趋势。因为不牢固的界面和不良的润湿都会导致不合格焊点的产生，故应该避免化学计量 IMC 的出现。

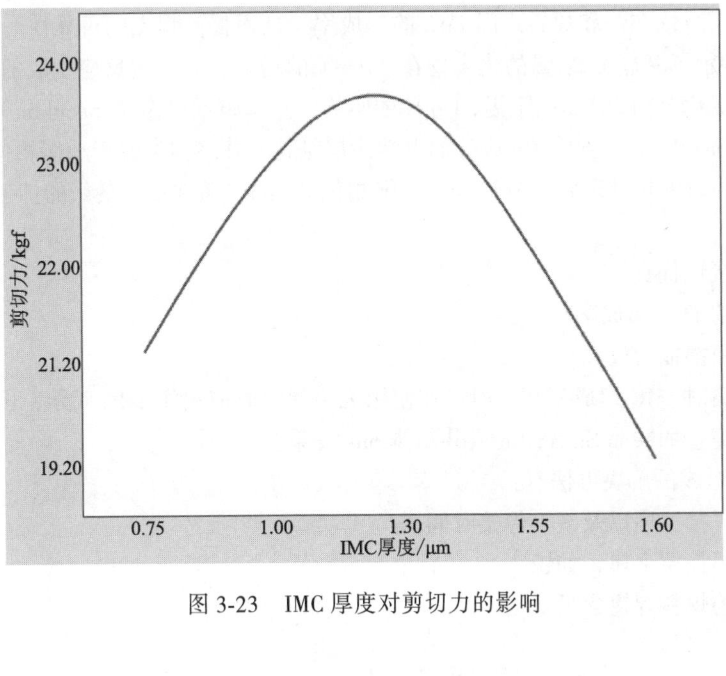

图 3-23　IMC 厚度对剪切力的影响

影响 IMC 厚度的因素有时间、温度、基底金属的类型、焊料的成分等。图 3-24（a）显示了在润湿 Cu 上 Cu/Sn IMC 的增长随着时间和温度的增加而增加。IMC 的生长率与相态有紧密关联。从图 3-24（b）看到，在达到焊料熔化温度之前，增长率随着温度的增加而平滑地增加。在温度超过熔化温度时，IMC 的增长率随着温度的上升而迅速地增加。在再流期间减少 IMC 形成的有效方法包括使用较低的温度和较短的再流时间。

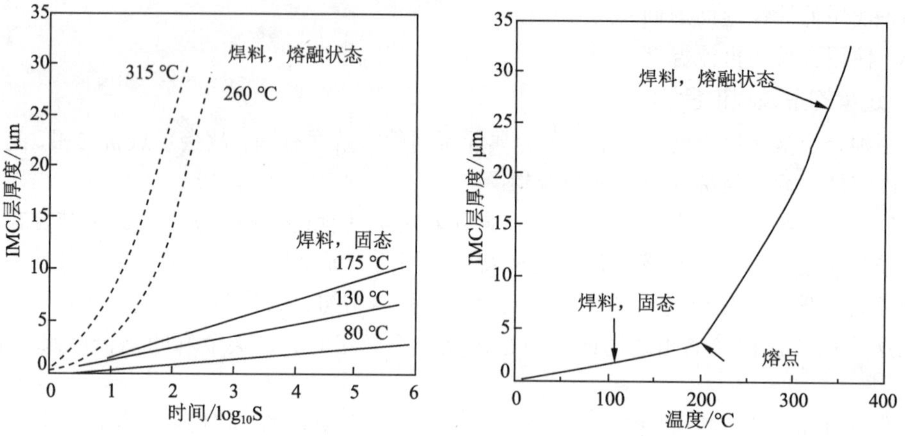

（a）不同温度下 IMC 增长率　　（b）IMC 随温度的增长

图 3-24　金属间化合物不同情况下的增长

在温度超过焊料的熔化温度时，除了加工的时间和温度之外，基底金属的金属类型也对 IMC 的形成有很大影响。在铜或黄铜之上镀厚度为 5 μm 的不同的表面金属层，如钴 Co、镍 Ni-铁 Fe、银 Ag，在其上紧接着是 25 μm 厚度的电镀锡层在 178 ℃老化，以时间作为参数来监测 IMC 厚度，如图 3-25 所示。结果显示铁对于形成 IMC 的 $FeSn_2$ 的趋势是最小的；钴对于形成 $CoSn_2$ 的 IMC 的趋势很强烈。其余金属介于二者之间。铜是电路系统优选的材料，主要是由于它优良的导电性和优良的可焊性。但是铜的 IMC 形成率仍然比较高。因此，在铜的上部使用扩散阻挡层以减慢在铜和焊料之间 IMC 的形成率，从而提高焊点的可靠性。

图 3-26 展示了基底金属-锡的化合物在 170 ℃的增长，有一层反应生成的金属-锡化合物阻挡层，金属锡化合物为（a）铜-锡，（b）黄铜-锡。这里铜锡合金（speculum）是单相合金具有 38%～42% Sn 和 58%～62% Cu 成分的电镀涂层结构，其结构类似于平衡相位的 Cu_6Sn_5。在 135 ℃时一个小时的热处理将成分转换成平衡相位 Cu_3Sn。通常镍是最好的扩散阻挡层，它能满足以下需求：

（1）可焊接性优良。

（2）本身的 IMC 形成率较低。

（3）扩散阻挡能力较强。

锡含量较高时 IMC 形成率高，所以在使用无铅焊料时应关注 IMC 问题，因为无铅焊料中锡的含量比较高，如共晶 Sn-Ag-Cu 或共晶体 Sn-Ag 系统。

减少 IMC 形成的解决方法有：

（1）降低焊接温度以及减少焊接时间。

（2）采用阻挡层金属，如镍。

（3）选用的焊料焊锡含量适当。

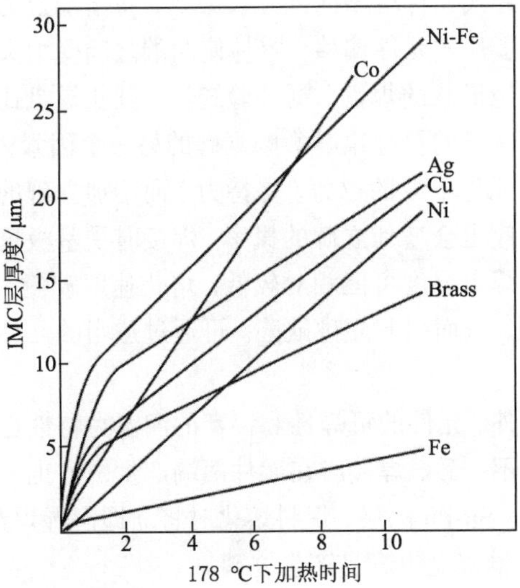

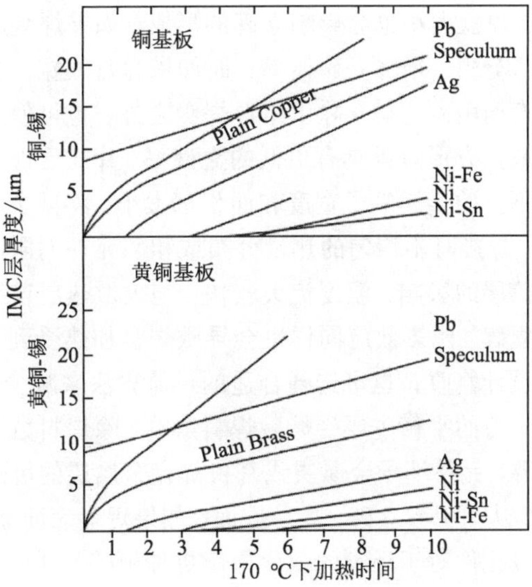

图 3-25 金属层类型对金属间化合物形成率的影响 图 3-26 铜-锡和黄铜-锡在 170 ℃下生成阻挡层

5. 立碑

立碑是无引脚元件（如片式电容或片式电阻）的一端被提起，且站立在它的另一端之上的现象，如图 3-27 所示。立碑又称曼哈顿效应或吊桥效应等。立碑的另外一重含义是此元件的电气连接失效。

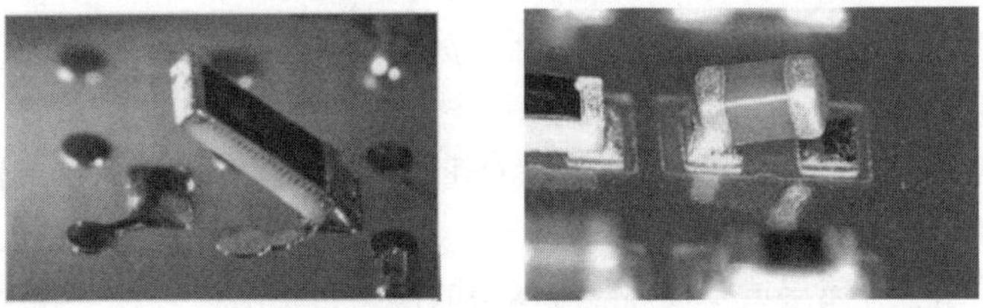

图 3-27 立碑

立碑产生的主要原因是在再流焊接时，元件两端润湿不平衡导致两端的表面张力不平衡，如图 3-28 所示。图中有三个力施加在片式元件上：片式元件的重力 F_1、片式元件下方熔融焊料表面张力的垂直分力 F_2、片式元件右边熔融焊料表面张力的垂直分力 F_3。F_1 和 F_2 都是有助于保持元件在适当的位置上的力，而 F_3 作用在片式元件角上，具有拉起元件到垂直位置的趋势。当 $F_3 > F_1+F_2$，立碑就发生了。

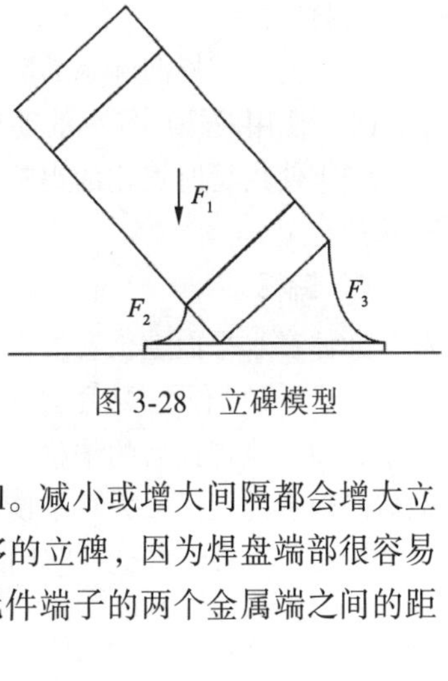

图 3-28 立碑模型

焊盘间隔、焊盘大小、片式元件端子尺寸和热量分布都会导致立碑的形成。两焊盘之间间隔不合适会产生立碑。间隔太小，将引起片式元件本体在熔融焊料上偏移；间隙太大将导致 F_2 力减小，容易造成端部在焊盘上立起。以 0805 片式电阻为例，为了降低立碑率，推荐的焊盘间隔大约为 43 mil。减小或增大间隔都会增大立碑的概率。此外，片式元件与焊盘之间的临界复叠也会产生更多的立碑，因为焊盘端部很容易与焊盘分离。所以，焊盘之间的最佳间隔，可定为稍短于片式元件端子的两个金属端之间的距离。焊盘大小也会影响立碑的形成。如果焊盘超过片式元件端子向外延长太少，将增加拉力的垂直分力，增加立碑概率；而如果焊盘太宽，增加了片式元件偏移，容易使两端之间受力失去平衡而引发立碑。除了矩形焊盘之外，也可使用其他形状的焊盘。据经验统计，圆状焊盘比矩形或正方形焊盘具有更低的立碑率。片式元件金属端子的尺寸也是影响立碑的另一个因素。如果下方的金属端子宽度和面积都太小，将减少片式元件下方的拉力（保持力）而增加立碑的产生。焊接时不均匀的热量分布或相邻元件的阴影效应也会增加立碑的概率。焊接时受基板里边散热层的影响，温度流失较快，与大散热层连接的焊盘温度可能相对较低，熔化速度较慢，导致立碑。阴影效应同样也会导致焊盘加热受到影响，从而引起立碑缺陷。可通过适当的元件布局设计修改，也可选择合适的再流方法来减少。

力的平衡主要受熔融焊料影响，除焊料数量以外，元件的可焊性和锡膏的润湿力特性也很重要。元件端子金属层或基板焊盘金属层的可焊性不一致，焊接时在元件两端产生的力也不平衡，从而引起立碑。另一方面，如果焊盘表面涂层是 Sn-Pb 涂层，焊料熔化时将立即润湿焊盘，所以元件对于焊盘的温度梯度更加敏感，比常见的铜焊盘更容易产生立碑。

减少或消除立碑的方法有：

工艺或设计方面：

（1）加大片式元件下方金属端子的宽度和面积。

（2）在片式元件两焊盘之间采用适当的间隔。

（3）焊盘超过片式元件端子的延伸长度要适当。圆形焊盘比矩形或正方形焊盘更能减少立碑。

（4）减少基板焊盘的宽度。

（5）减少焊盘热量分布不均匀现象，包括焊盘与散热层的连接。

（6）通过适当的基板设计和选择再流焊接方法，减小阴影效应。

（7）在铜焊盘上使用有机可焊性保护剂（OSP）、镍/金（Ni/Au）涂层或锡（Sn）涂层代替锡/铅（Sn/Pb）涂层。

（8）减少元件端子金属层或基板焊盘金属层的污染和氧化。

（9）再流时使用缓慢的加热速率。避免采用气相再流焊。

（10）超过焊料熔化温度时的温度曲线使用缓慢的升温速率。

（11）控制印刷工艺，确保锡膏印刷量的均匀性以及准确性。

材料方面：

（1）使用较慢润湿率的助焊剂。

（2）使用较慢出气率的助焊剂。

（3）使用延时熔化的锡膏，例如锡粉和铅粉的混合或糊状的合金。

6. 偏移

元件在水平面上位置发生移动，导致元件引线对位不准，如图 3-29 所示。贴片偏移是导致此缺陷最直接明了的因素，而再流焊接后的偏移，其主要原因是由片式元件两端熔融焊料的表面张力不平衡。它也被认为是一种立碑的早期阶段。另外，其他一些因素也会引起偏移：

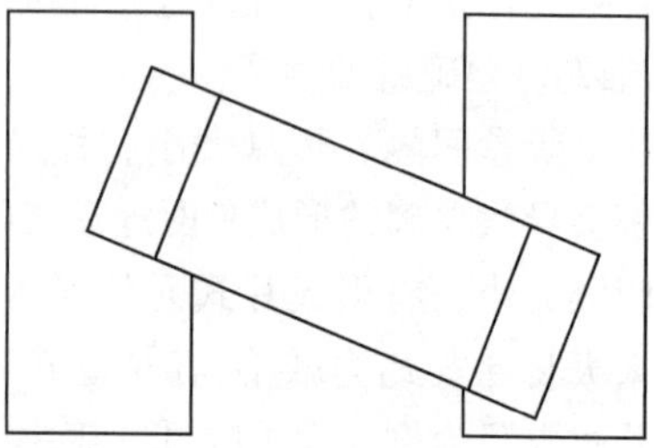

图 3-29　偏移

（1）再流焊接时元件被高密度的热风卷起。
（2）片式元件两端焊盘设计不平衡。
（3）元件金属层的宽度和面积太小。
（4）元件引脚金属镀层可焊性不良。
（5）焊盘太狭窄。

因素（3）和（4）由于在熔融焊料圆弧顶面上引脚偏位而加重了偏移。

偏移可采用以下方法降低或消除。

工艺或设计方面：
（1）降低再流焊接时的加热速率。避免使用气相再流焊。
（2）平衡片式元件的两端焊盘设计，包括焊盘大小、热量分布和散热层连接。
（3）增加元件宽度和金属层的面积。
（4）增加焊盘的宽度。
（5）减少元件和基板金属层的污染。
（6）减少锡膏印刷厚度。
（7）提高元件贴放准确度。

材料方面：
（1）使用较低出气率的助焊剂。
（2）使用较低润湿速率的助焊剂。
（3）使用延时熔化特性的焊料。例如，使用锡粉与铅粉混合成的焊料合金。

7. 芯吸

是熔融焊料润湿元件引脚时，焊料从焊点位置爬上引脚，引脚与焊盘间焊料不足或开路，图 3-30（a）是 J 形引脚焊点，图 3-30（b）是鸥翼形引脚焊点的示例。

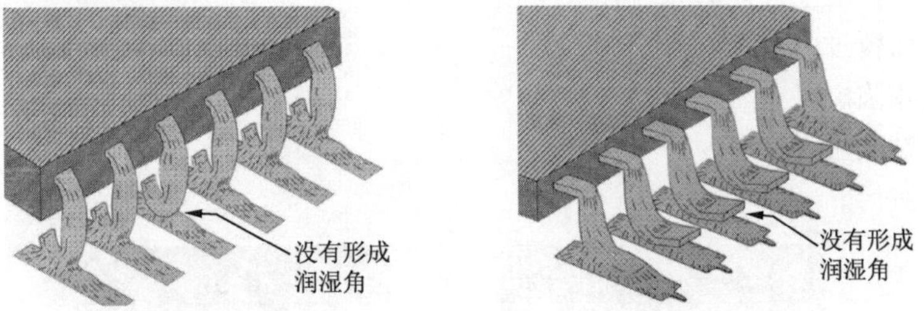

（a）J 形引脚芯吸　　（b）鸥翼形引脚芯吸

图 3-30　芯吸

芯吸现象发生有三个步骤，如图 3-31 所示，第一个步骤，引脚放入锡膏中；第二个步骤，锡膏熔化并沿引脚向上爬；第三个步骤，大部分焊料继续沿着引脚向上爬升，焊盘上只留下少量焊料，形成焊料不足或开路。芯吸发生的主要原因为元件引脚导热率高，升温迅速，使焊料优先湿润引脚，造成焊料与引脚之间的润湿力远大于焊料与焊盘之间的润湿力。引脚的上翘会严重拉大引脚与焊盘的温差，基于锡向高温处流淌的机理，将加剧芯吸现象的发生。再流焊接过程中，基板与焊料中的助焊剂是热量的传播介质，能够快速加热焊盘，使焊料优先润湿焊盘，从而使焊盘处的润湿力大于引脚处的润湿力，减少焊料上爬。

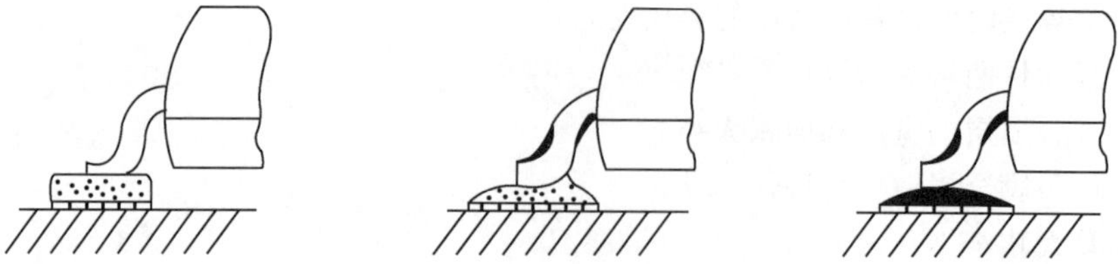

第一步　　第二步　　第三步

图 3-31　芯吸缺陷机理

消除芯吸的解决方法：

工艺或设计方面：

（1）使用较慢的加热速率。避免使用气相再流方法。

（2）使用底部加热，少用顶部加热。

（3）确保元件引脚的共面性。

（4）对于基板和引脚使用 Sn 或非可熔的表面涂层。

材料方面：

（1）使用较小塌陷趋势的锡膏，用较高粘度的锡膏。

（2）使用较慢润湿速率的助焊剂。

（3）使用较高活化温度的助焊剂。

（4）使用延时熔化的锡膏。

8. 桥连

由于局部焊料量过多，在邻近的焊点之间形成桥连。焊料桥连可能跨越两个或更多的焊点。桥连尤其会出现在翼形类引脚上，偶尔也会发生在邻近的片式电容或电阻之间，如图 3-32 所示。锡膏再流焊接发生桥连的原因有：

（1）锡膏涂覆过多。

（2）锡膏塌陷。

（3）元件贴放压力过度。

（4）锡膏脏污。

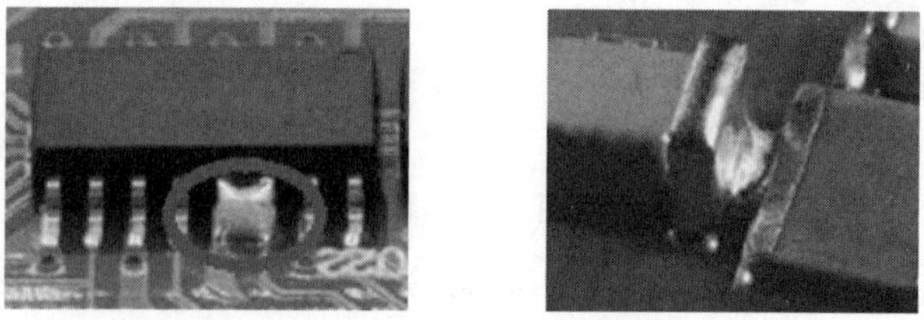

（a）翼形引脚桥连　　（b）片式元件桥连

图 3-32　桥连

桥连率随着引脚节距的变小而增加。从图 3-33 可以看到，当节距为 50 mil 时，桥连率为 0%；当节距为 35 mil 时，桥连率则迅速地上升到 17%。这是因为印刷厚度的减少率要比节距尺寸的较少率慢。例如，对于 50 mil 节距，一般印刷厚度为 8～10 mil，而对于 25 mil 节距，印刷厚度通常为 5～6 mil。所以，当引脚节距为 25 mil 时，往往会有较高的桥连率。

桥连率随着如下因素而增加：

（1）印刷厚度的递增，如图 3-34（a）所示。

（2）锡膏粘度的下降，如图 3-34（b）所示。

（3）溶剂含量的递增，如图 3-34（c）所示。

（4）树脂软化点的下降，如图 3-34（d）所示。

降低或消除桥连的方法如下：

（1）使用较薄的钢网，交错的孔图案，减小开孔尺寸以减小锡膏量。

（2）增大元件引脚节距。

（3）降低元件贴放压力。

（4）使用较低再流曲线或较慢的升温速率。

（5）基板加热快于元件。避免使用气相再流方法。

（6）使用较慢润湿速率的助焊剂。

（7）使用较低溶剂含量的助焊剂。

（8）使用较高的树脂软化点的助焊剂。

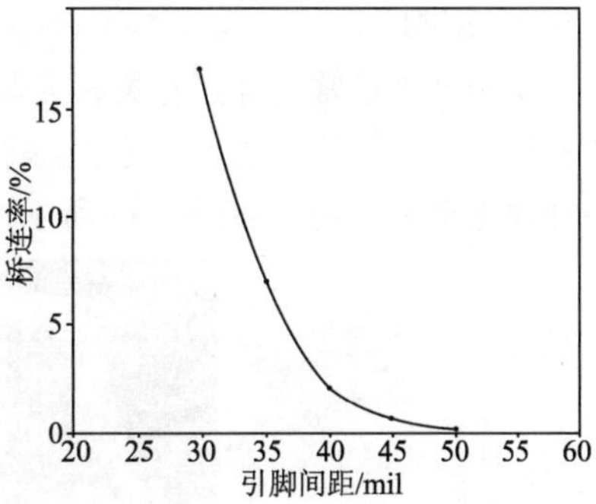

图 3-33　桥连率与引脚节距关系图

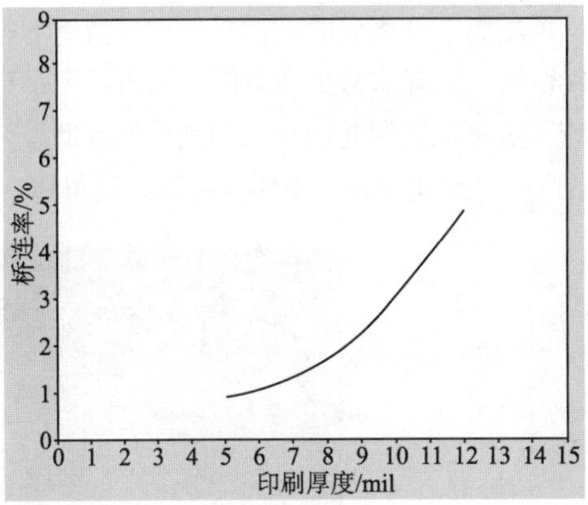

（a）印刷厚度与桥连率关系

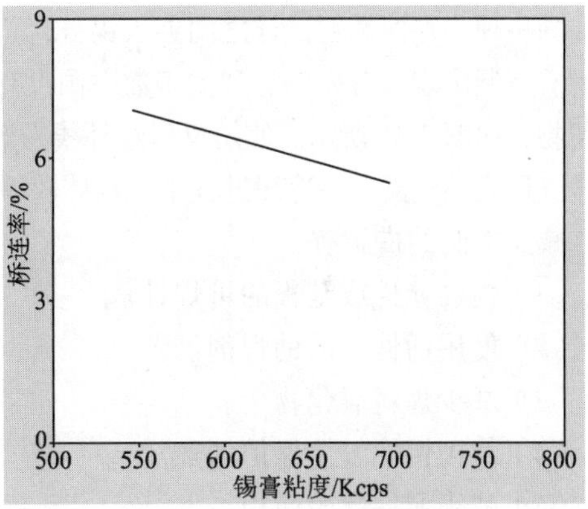

（b） 锡膏粘度与桥连率关系

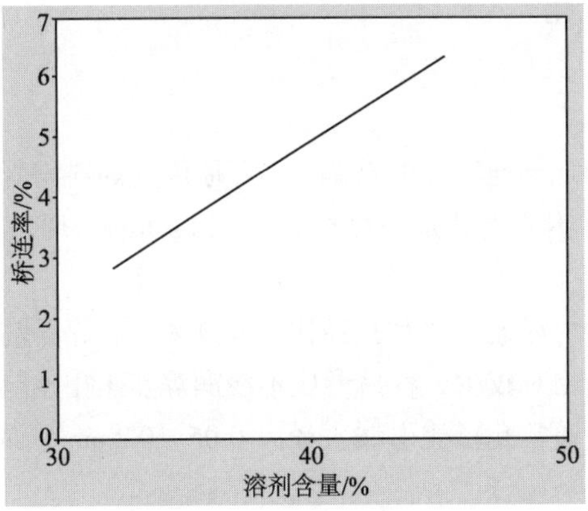

（c）溶剂含量与桥连率关系

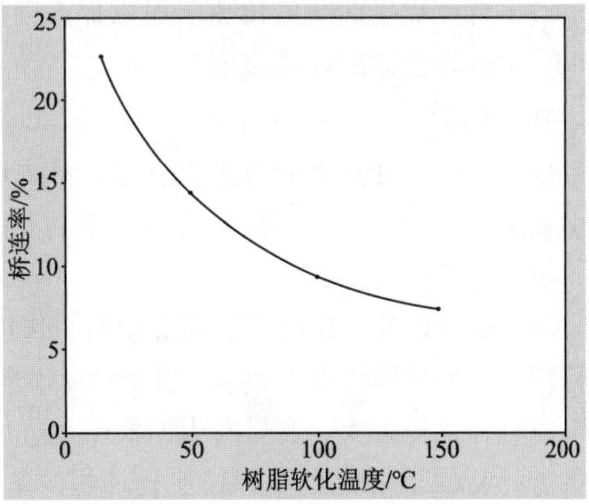

（d） 树脂软化温度与桥连率关系

图 3-34　桥连相关因素

9. 空洞

空洞现象通常与焊点有关，尤其在 SMT 应用的锡膏再流焊时经常出现。空洞将影响焊点的机械性能，使其强度、延展性、蠕变和疲劳寿命恶化。可将再流焊后的空洞分为焊端空洞和底部焊点空洞两种，如图 3-35 所示。

（a）焊端空洞

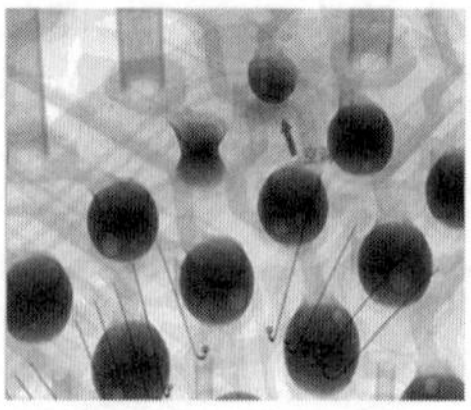
（b）底部焊点空洞

图 3-35 空洞

引起空洞的主要原因有：

（1）凝固期间焊料的收缩。

（2）镀覆孔焊接时层压材料内部气体的排放。

（3）内部裹挟助焊剂。锡膏的成分和结构对空洞的形成影响巨大。可通过如下实验研究空洞形成的机理：在两片铜试样之间夹入锡膏，然后进行再流焊。分离后的试样在光学显微镜下观察发现有空洞出现。首先注意到大多数空洞没有有机残留物，只有非常少的空洞显示出可观察到的残留物，如图 3-36 所示。使用反射红外线光谱仪检查，大多数空洞是由于助焊剂排气或助焊剂反应排气形成的气囊，在冷却过程中，气体随焊料凝结产生，因此没有留下明显可见的残留物。

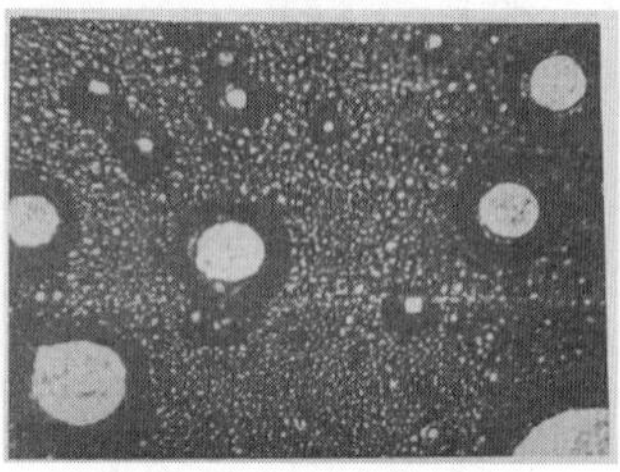
图 3-36 显微镜下的空洞

减少空洞的措施有：

（1）提高元件或基板的可焊性。

（2）使用活性高的助焊剂。

（3）减少焊料氧化物。

（4）使用惰性气体保护加热。

（5）减小元件覆盖面积。

（6）保持焊点排气通道的畅通。

（7）再流焊接前减慢预热阶段以促进助焊剂活化。

（8）选择合适的峰值温度。

10. 虚焊

虚焊是一种焊点表面看起来良好，测试时则出现导通不良的缺陷。主要原因是焊料与焊盘或引线端子之间存在着不润湿或不完全润湿问题。本质上就是一种冷焊（cold solder）现象。

消除虚焊的方法有：

（1）焊盘设计，在设计通孔焊盘时，选用合适的焊盘尺寸和孔径比。焊盘太大，焊料铺展面积较大，形成的焊点不饱满；焊盘太小，焊料量相对较少，容易形成不浸润焊点。孔径与元件引线直径之比太大，虚焊发生的概率就会增加。通常孔径比引线直径大 0.05～0.2 mm，焊盘直径为孔径的 2～2.5 倍是焊接比较理想的条件。

（2）保证基板平整度：一般要求基板的翘曲度小于 0.5%，尤其是厚度低于 1.5 mm 的薄板。

（3）元件和基板存放条件：基板及元件应保存在干燥、清洁的环境下并尽量缩短储存周期，减少氧化及尘埃、油脂等的污染。如果放置时间较长，一般要做表面的清洁处理，并检查其可焊性。对于氧化严重的元件引脚，应先除去表面氧化层，再做镀锡处理。

11. 锡珠

锡珠是指附着于层压板、阻焊层或者导体表面的小球形焊料，如图 3-37 所示。再流焊接中锡珠生成的机理：在元件贴装过程中，位于元件引脚与焊盘之间的锡膏，在基板通过再流焊炉时，熔化的锡膏与焊盘和元件引脚等润湿不良，液态焊料颗粒不能聚合于焊点，形成锡珠。因此，焊料与焊盘或元件引脚的润湿性差是导致锡珠形成的根本原因之一。

图 3-37　锡珠

第二种可能的原因是：在印刷工艺中，由于钢网与焊盘对位偏移过大，导致锡膏漫流到焊盘之外，加热后形成锡珠。另外，贴片过程中 Z 轴的压力也是引起锡珠的重要原因。如果贴片头 Z 轴高度设置不当，在将元件贴到基板时会将锡膏挤压到焊盘以外，同样会引起锡珠。这种情况下产生的锡珠尺寸稍大。

第三种原因是：再流焊接温度曲线设定不当。预热区温度上升速度过快，时间过短，使锡膏内部的溶剂成分未完全挥发出来，到达再流焊温区时，高温将引起溶剂沸腾，锡膏溅出形成锡珠。

减少锡珠缺陷的方法有：

（1）将预热区温度的上升速率控制在 1～4 ℃/s。

（2）如果总在同一位置上出现锡珠，需检查钢网网孔设计结构。如果钢网开口尺寸蚀刻精度低，焊盘尺寸偏大以及材质较软（如铜模板），就会造成印刷锡膏的外轮廓不清晰（多出现在细节距元件印刷时），再流后造成引脚间大量锡珠的产生。因此，针对焊盘图形的不同形状和节距，选择合适的钢网材料及钢网制作工艺来保证锡膏印刷质量。

（3）控制贴片至再流焊的时间。时间过长，会因锡膏中焊料粒子氧化，焊剂变质、活性降低，产生锡珠。选用工作寿命长一些的锡膏（一般至少 4 h）会减轻这种影响。

（4）清洗锡膏错印的基板，否则会使锡膏残留于基板表面及通孔中。

（5）贴放元件时，避免造成印刷锡膏变形。总之，应加强操作者和工艺人员在生产过程中的责任心，严格遵照工艺要求和操作规程，加强工艺过程质量控制。

技能 5　再流焊接工艺实例

视频

设备操作

以图 2-31 所示的某公司焊接的基板 dzzl-01 为载体，具体讨论再流焊接的工艺过程。注意：在完成元件贴装后，应立即进行再流焊接，完成元件与基板焊盘的可靠连接。

首先根据作业指导书设定焊接温度及测试温度曲线。基本步骤是：开机前检查→开启再流焊炉→设定炉温→轨道宽度调节→测试焊接温度曲线→下载测温仪温度数据→分析曲线。

1. 开机前检查

（1）检查本机是否为三相五线制电源及是否符合设备额定电源要求。

（2）检查设备接地是否良好。

（3）检查位于设备两端的紧急开关是否弹起。

（4）检查炉盖是否关闭紧密。

（5）查看传输链条及网带是否有挂、刮、碰现象。

（6）查看用户手册注意事项说明，确认开机前检查已经完成。

2. 开启再流焊炉

开启再流焊炉操作见表 3-1。

表 3-1　开启再流焊炉

序号	启动步骤	图例
1	将设备总空开拨到向上位置	
2	将控制面板上 POWER（电源总开关）旋至 ON	
3	打开计算机主机和显示器电源	
4	按下绿色开启按钮	
5	在桌面上双击软件快捷方式图标打开再流焊软件	
6	进入“主监控”操作界面	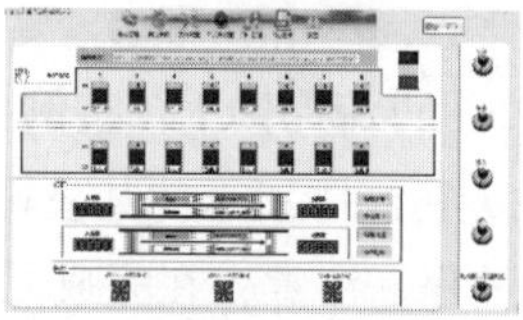
7	登录权限账户	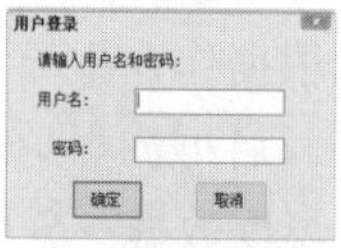
8	调整轨道的宽度，使轨道的宽度比基板的宽度略宽（约 1 mm）	
9	单击软件控制按钮，让机器“各模块功能”运行	

3. 设定炉温

对再流焊接炉各温区的温度进行设定与调整，使产品测试点温度符合文件要求的温度曲线。如果客户有炉温要求，按客户要求设定；如果客户无具体要求，则按如下几个要点设定：

（1）选择以前相似产品的炉温。

（2）依据锡膏供应商提供的参考资料。

（3）依据 BGA、IC、基板供应商提供的推荐炉温参考资料。

（4）依据再流焊设备供应商提供的参考资料。

（5）焊接效果。

结合工程经验，设定再流焊接炉各温区的温度、起始温度，可参考表 3-2。

表 3-2　HB 的温度设定的起始温度

温区	1	2	3	4	5	6	7	8
上温区	125	155	180	185	185	210	255	248
下温区	125	155	180	185	185	210	255	248
传送速度	80 cm/min							

温度设定步骤见表 3-3。

表 3-3　再流焊接炉炉温设定步骤

序　号	设定步骤	图　　例
1	在主监控界面单击“配方参数”按钮	
2	弹出“参数设定”界面，在相应文本框中设定温区参数、导轨参数、风机频率、氧气浓度报警值等，单击“应用”按钮	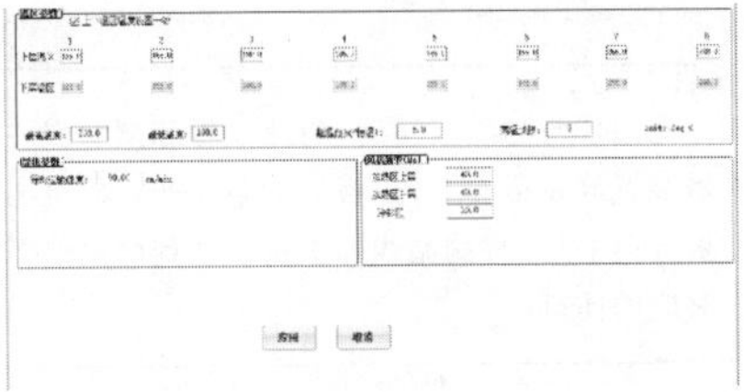
3	温区参数设定。各温区温度的设定范围为最低温度-最高温度。参数设定时，单击要修改的参数，然后输入数值，单击“应用”按钮即可	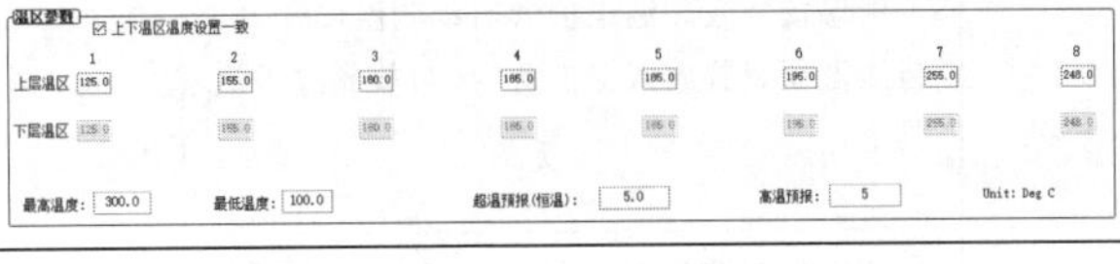
4	导轨参数设定。导轨传输速度的设定范围为 0～200 cm/min，导轨宽度的设定范围为 50 mm-导轨最大宽度	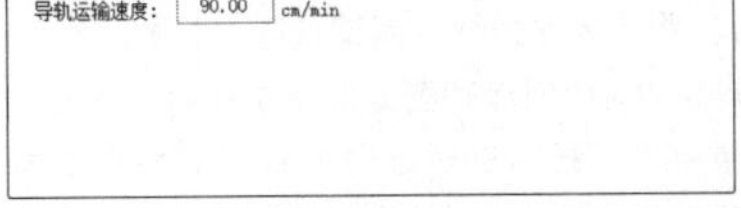
5	风机频率设定。设定上下温区、冷却区的风机频率，风机频率的设定范围为 20～50 Hz	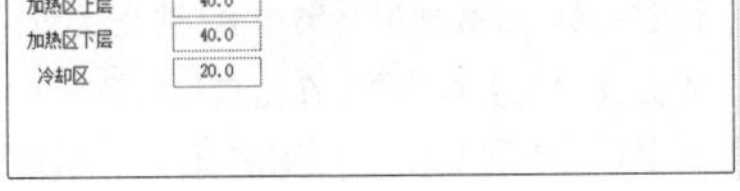

续表

序　号	设定步骤	图　　例
6	氧气浓度报警设定。氧气浓度超高报警值的设定范围为超低报警值-5 000，氧气浓度超低报警值的设定范围为100-设定值，氧气浓度设定值的设定范围为超低报警值-超高报警值，关闭氮气无板时间的值的设定范围为1～60 min	此处设置应用于氮气再流焊 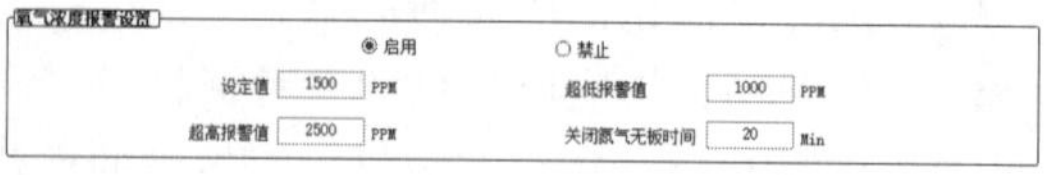

4. 轨道宽度调整

调整轨道宽度，要使轨道宽度比基板宽度略宽（约1 mm）。当炉温达到正常设定值，绿灯点亮后，再等10 min以上使炉温稳定，然后开始测试焊接温度。

5. 测试焊接温度曲线

焊接温度曲线测试步骤见表3-4。

表3-4　焊接温度曲线测试步骤

序　号	步　　骤	图　　例
1	清除测试仪内上一次的记录数据	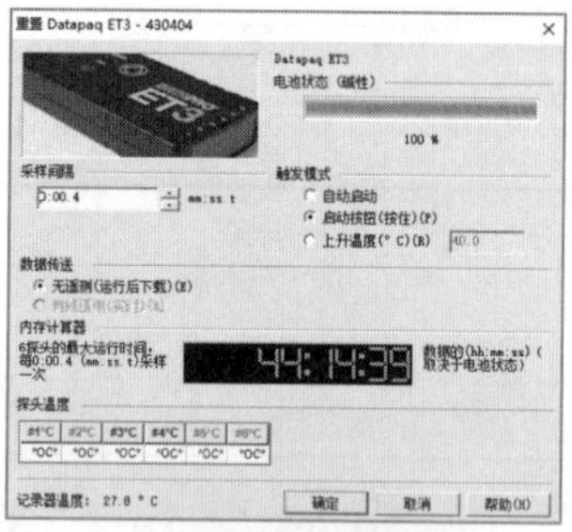
2	测温仪与测温板连接。将测试板和测温仪器装置放在桌面上，进板方向与生产线的进板方向一致，将测温线探头依次插到测温仪对应的插口	
3	测温仪装入高温保护盒启动测温仪开关，将测温仪装置放入保护盒内，再放到过炉治具上	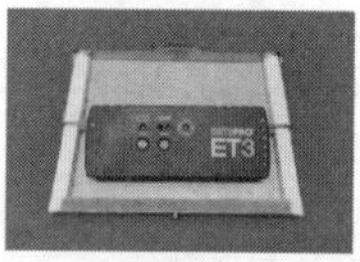
4	测温仪与测温板入炉：以基板在前的方式，将装入保护盒的测试仪随基板放入再流焊轨道。中间保持测温线基本拉直。进板方向与生产线的进板方向一致并立即将手离开，防止手和测温线夹在链条上，以免烫伤	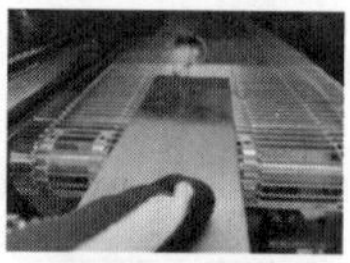
5	注意：操作时戴好耐高温手套，防止烫伤！ 测温仪和测温板出炉。在出口取出测试板和测温仪，注意不要发生跌落。打开高温保护盒，关闭测试电源，拔除测温线	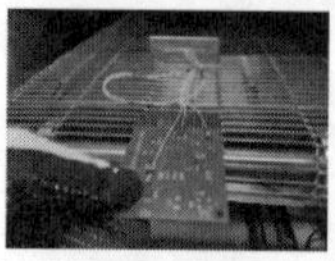

6．下载测温仪温度数据

打开计算机上炉温测试仪软件，将测温仪连接到专用 USB 插口上，按提示一步一步读取数据、绘制曲线。分析测量曲线，如果存在异常，分析原因，并重新测试。温度曲线示例如图 3-38 所示。

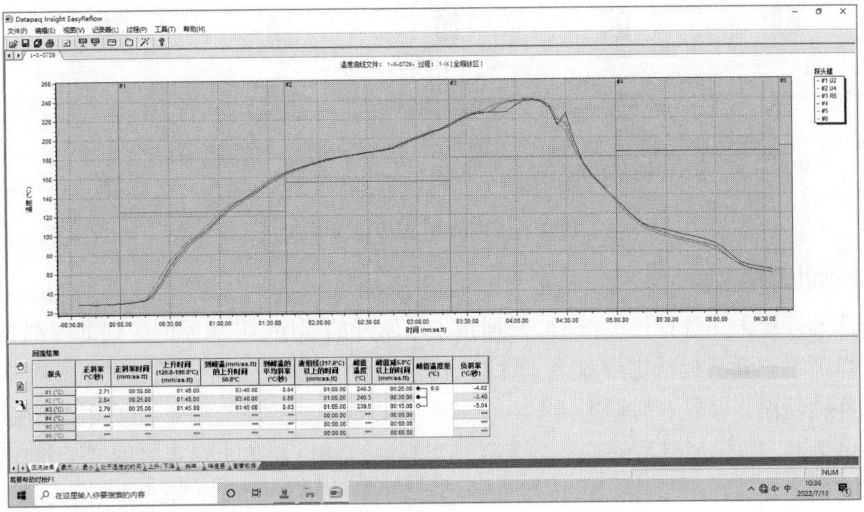

图 3-38　测试温度曲线

待确认炉温曲线及焊接温度符合作业指导书要求后，即可开始将贴片完成的基板进行再流焊接。但要注意进入炉中基板的间距，一般情况下，基板的距离应该保持 15 cm 左右，以控制炉膛中的负载，保证每块产品均能按要求的温度曲线进行再流焊接。

作业 2　选择性波峰焊接

选择性波峰焊接简称“选择焊”，是为了满足通孔元件焊接发展要求而产生的一种特殊形式的波峰焊。它通过编程设定，依次对每个焊盘实施助焊剂喷涂，经整板预热后，再逐点焊接的工艺过程。

表面贴装技术已成为当今电子产品组装的主流技术，但基于军工、航空、汽车电子和高端通信传输需求，为了追求焊点在极限条件下的高可靠性，基板上应用大功率器件、连接器、传感器、变压器和屏蔽罩等通孔元件使通孔波峰焊接技术仍然是不可或缺的基板焊接工艺。

波峰焊接技术在实际应用中，同一块基板上的不同元件焊点，其热容量、引脚节距、透锡要求等特性各不相同，这就意味着这些焊点的焊接参数也各不相同。但是，传统波峰焊的特征是对整块基板上所有不同的焊点只能设定同一个参数，这就使得不同焊点间需要彼此“将就”，难以完全满足高品质基板的焊接要求。波峰焊接中，常出现以下四个工艺品质问题：

（1）由于热冲击过大，容易造成基板变形而使得变形部位的元件焊点开路。

（2）双面混装基板，可能出现已焊接好元件的二次熔化。

（3）热敏元件容易因温度过高而损坏。

（4）基板载板治具容易形成焊接阴影，从而造成部分焊点出现空焊与冷焊现象。

选择性波峰焊正是为解决传统波峰焊接这些工艺痛点问题，而衍生出的一种新型通孔焊接工艺技术。

技能 1　认识选择性波峰焊接工艺流程

选择性波峰焊接工艺流程和传统波峰焊接工艺流程基本相同，都包含喷涂助焊剂、预热和焊接三个基本工序，如图 3-39 所示。

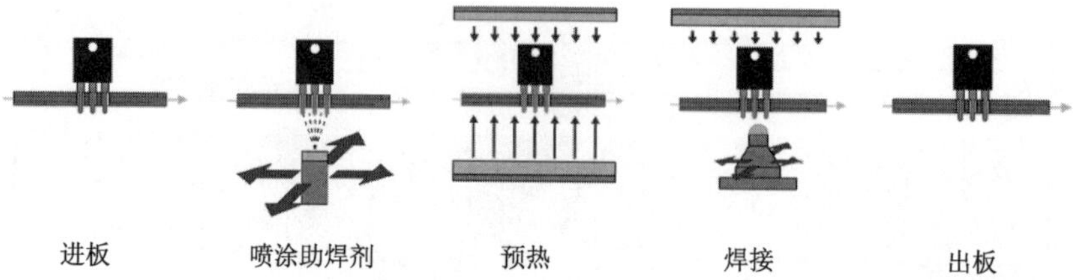

图 3-39　选择性波峰焊接工艺过程

1. 喷涂助焊剂工序

选择性波峰焊采用选择性喷涂。即根据预先编制好的程序，将基板传送到助焊剂喷涂区域，喷嘴将助焊剂喷涂到基板指定焊盘上。针对不同焊点，助焊剂喷涂量可由程序参数单独控制。由于是选择性喷涂，可减少助焊剂用量，也减少了助焊剂对基板的污染。也能保证在焊接加热时与焊接结束时，助焊剂有足够的活性来促进焊料的润湿以及防止焊点之间产生桥连，同时还能防止基板因受热而产生氧化。由于选择性喷涂，助焊剂喷涂的精确性非常重要，这对助焊剂喷头的驱动方式提出了较高要求，同时还应具备自动校准功能。此外，在助焊剂材料的选择上，应考虑助焊剂的腐蚀性，特别是水溶性助焊剂，凡有可能接触到助焊剂的装置材料，都必须能耐受其腐蚀性。

2. 预热工序

在选择性波峰焊接工艺中，预热是通过预热模块加热实现。预热温度的设置，主要与基板材料与厚度、元件封装规格以及助焊剂类型有关。预热不仅可以减少热应力，也可以挥发助焊剂中的溶剂，激活助焊剂活性，去除母材表面氧化物，降低表面张力，充分润湿。同时，可以有效防止基板因受热不均匀而产生翘曲和变形。预热的安全可控也非常重要，助焊剂的活化是在特定温度范围下完成的，过高和过低的温度，都不利于助焊剂的活化。基板上的热敏器件也要求预热温度在可控范围内，避免因过热而损坏元件。当焊接大热容量和多层电路板时，仅有底部预热是不够的，由于热容量大，底部热能很难完全传递到基板上方，使焊料从底部向顶部填充，不能达到 IPC-A-610 标准所规定的 75%以上透锡要求。对于无铅焊接，焊料流动性差，这种现象就更加严峻。所以增加顶部预热来改善透锡效果。因此，顶部预热模块也必不可少。

顶部预热有两种方式，一种是红外预热，一种是热风预热。由于基板上分布着不同类型、不同高度及大小的元件，为防止预热阴影，所以采用热风对流的预热方式最佳。

实验表明，充分的顶部热风预热还可以减少焊接时间，降低焊接所需温度，减少焊盘与基板剥离的风险。同时，由于对基板的热冲击小，也可降低基板焊盘溶铜的风险，焊接的可靠性得到增强。

3. 焊接工序

选择性波峰焊接工序有两种不同方式：浸焊和拖焊。

（1）浸焊。选择性波峰焊接系统有多个与基板待焊接点一一对应设计的喷嘴，其缺点是灵活性低，但产量却相当于传统波峰焊。根据基板的尺寸，浸焊可以进行单板或多板并行传送，所有待焊点都将以并行方式，在同一时间内完成助焊剂喷涂、预热和焊接。但不同型号基板上焊点的分布不同，故对不同的基板需制作专用的喷嘴，喷嘴的尺寸也应尽可能大，以保证工艺的稳定，但不能影响周边相邻元件。使用选择性波峰焊接浸焊工艺，可焊接 0.7～10 mm 的焊点，短引脚及小尺寸焊盘的焊接工艺更稳定，桥连风险也小，但要求相邻焊点、元件及焊喷嘴的距离应大于 5 mm。

（2）拖焊。通过一个或多个喷嘴将锡波喷射到焊盘上从而完成焊接。拖焊适用于在基板上紧密的空间上的焊接。例如，个别的焊点或引脚、单排引脚等。拖焊就是锡波平行于基板以一定的速度移动，润湿焊盘，从而完成焊接。为保证焊接工序的稳定性，喷嘴的内径应小于 6 mm。

与浸焊工艺相比，拖焊工艺的锡波或基板运动，使焊接时的热转换效率比浸焊工艺好。焊接所需要的热量由锡波传递，单喷嘴的锡波质量小，通常需设定相对高的锡波温度，才能达到拖焊工艺的要求。例如，通常设定焊锡温度为 275～300 ℃，拖拉速度 10～25 mm/s。在焊接区域使用氮气，可以防止锡波氧化，避免产生桥连缺陷，从而增加拖焊工艺的稳定性与可靠性。但单喷嘴锡波拖焊工艺也存在不足，焊接时间是选择性波峰焊接三个工序中时间最长的，并且由于是逐点拖焊，随着焊点数的增加，焊接时间会大幅增加，在焊接效率上无法与传统波峰焊工艺相比。但随着技术的进步，同步双缸、异步双缸选择性波峰焊正在最大限度地提高效率。

技能 2　认识选择性波峰焊接设备材料

1. 选择性波峰焊炉

选择性波峰焊炉主要包含助焊剂喷涂系统、预热系统、焊接系统和基板传送系统。图 3-40 所示为 W5050X 在线式选择性波峰焊炉。

图 3-40　选择性波峰焊炉

（1）助焊剂喷涂系统。选择性波峰焊采用选择性助焊剂喷涂系统，即助焊剂喷头根据预先编制好的程序指令运行到指定位置后，对基板上需要焊接的区域进行助焊剂喷涂（可点喷和线喷），不同区域的喷涂量可通过程序进行调节。由于是选择性喷涂，不仅助焊剂用量远远少于波峰焊的用量，同时也避免了对基板上非焊接区域的污染。W5050X 采用的是自研自制的运动控制模组，X 轴及 Y 轴有效行程 500 mm，如图 3-41（a）所示；采用微滴点喷工艺，所配置的蓝宝石高频喷射阀阀口直径为 0.178 mm，可以精确控制助焊剂喷涂量，如图 3-41（b）所示。

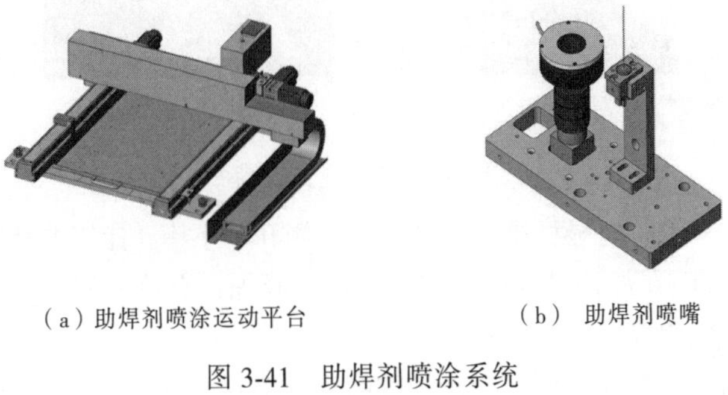

（a）助焊剂喷涂运动平台　　（b） 助焊剂喷嘴

图 3-41　助焊剂喷涂系统

（2）预热系统。整板预热是其中的关键。因为整板预热可以有效地防止基板的不同位置受热不均而造成基板变形。W5050X 上加热区采用热风加热；下加热区使用红外加热，使基板上下表面能较快升温。

（3）焊接系统。焊接系统主要由锡缸、电磁泵、焊接喷嘴、氮气保护装置等构成。

电磁泵的作用，使锡缸中的焊料从焊接喷嘴中不断涌出，形成稳定的动态锡波。针对不同的焊点，焊接系统应能对焊接时间、锡波高度和焊接位置进行单独设置，这就方便于工艺工程师有足够的空间进行工艺调整，从而使每个焊点的焊接效果达到最佳。W5050X 采用自主研发的电磁泵系统，如图 3-42 所示，传统机械泵叶轮在高温 280 ℃环境中旋转、摩擦，极易产生氧化、泵体中运动部件加速溶蚀、维修清理频繁。而电磁泵无任何运动部件，无磨损，可免维护，形成的波峰更加稳定，氧化产生的锡渣也大大降低。

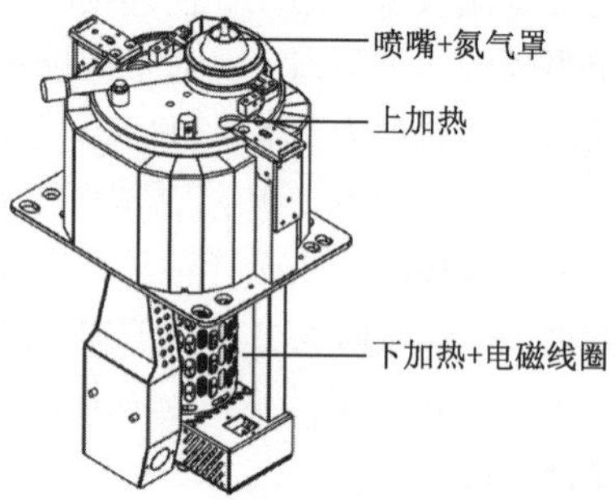

图 3-42　电磁泵

对于不同的焊点，在考虑焊接效果和生产效率的前提下，需选用不同内径和外径的喷嘴。喷嘴越小，焊接空间的适用性也越高，但效率相对较低。由于高温使得喷嘴更易氧化，寿命也越低。较大的喷嘴使用寿命长，根据产品的实际情况选择对应尺寸的喷嘴来实现点焊和拖焊，效率更高。

喷嘴类型。目前，选择性波峰焊接使用的喷嘴主要有润湿式和非润湿式两种形式。润湿式喷嘴，其表面有特殊涂层，焊料可以在喷嘴外表面润湿，锡波形成均匀的四周外溢的形式，如图 3-43（a）所示，这类喷嘴使用一段时间后，涂层会氧化，如图 3-43（b）所示，造成锡波偏移等情况，影响焊接效果。此时，需要用氧化还原剂刷洗保养，保持其润湿性。

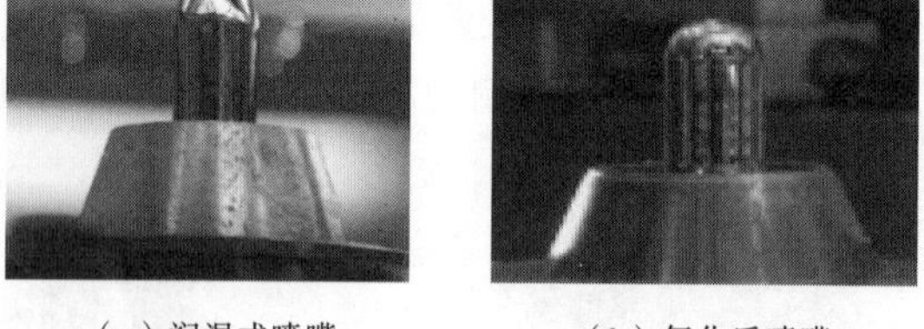

（a）润湿式喷嘴　　（b）氧化后喷嘴

图 3-43　润湿式喷嘴

非润湿式喷嘴，采用非润湿材质，在喷嘴的一侧开个小槽，让锡波从喷嘴的一侧流出，如图 3-44 所示。这类喷嘴在焊接过程中类似传统的波峰焊，有单侧的锡波流动和脱离的过程。如果设计得当，工艺性相对较好。

喷嘴规格。以润湿式喷嘴为例，选择性波峰焊喷嘴尺寸要考虑内、外直径。图 3-45 中 A 为喷嘴内径，B 为喷嘴外径，常见选择性波峰焊喷嘴尺寸见表 3-5。

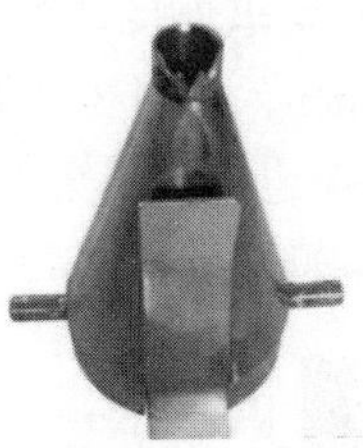

图 3-44　非润湿式喷嘴

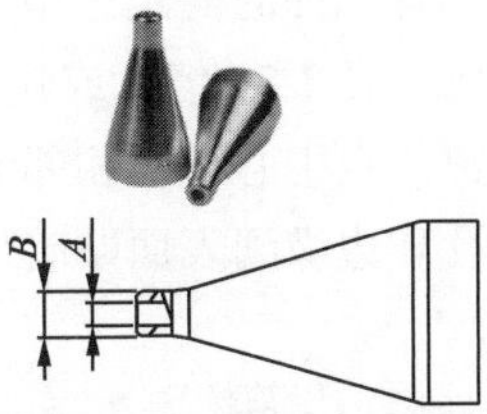

图 3-45　选择性波峰焊喷嘴外观

表 3-5　波峰喷嘴尺寸

喷嘴尺寸/mm	
A	*B*
$\phi 3$	$\phi 6$
$\phi 4$	$\phi 8$
$\phi 5$	$\phi 9$

喷嘴选取。在焊接空间足够的情况下，能选大喷嘴，不选小喷嘴。焊接空间要求如图 3-46 所示。

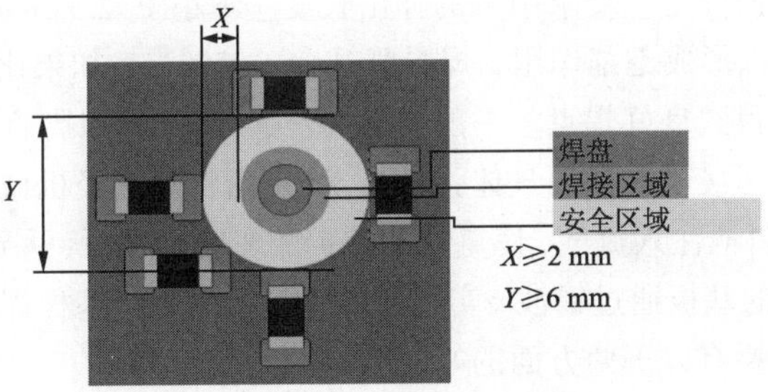

图 3-46　选择性波峰焊空间要求

焊接区域表示波峰与基板接触形成的焊料覆盖面积。

安全区域为保证相邻元件不受选择性波峰焊接影响而需要预留的空间（*X*）。

因此，在选择喷嘴时，如遇到周边元件与被焊接点距离较近时（参考图 3-46），需考量喷嘴尺寸与焊接高度，以保证焊接区域范围和安全区域的有效性，避免在焊接时发生“洗料”现象。如喷嘴尺寸越大，焊接区域越大；焊接高度越小，焊接区域越大。

不同喷嘴结构对基板上引脚的伸出长度和间距也有着不同的要求。图 3-47 说明了在采用单喷嘴和多喷嘴进行焊接时，基板上引脚的设计要求。

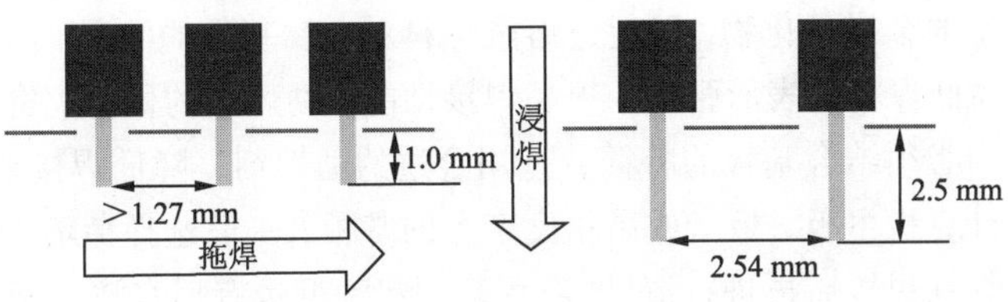

图 3-47　单喷嘴与多喷嘴选择性波峰焊接引脚设计要求

如果焊点和邻近元件的间距过小，会产生工艺问题。单点焊接时要求焊接位置与相邻元件的距离应大于喷嘴直径 1.25 倍，或喷嘴外边缘距最近元件至少 1.5 mm，如图 3-48（a）所示。如果喷嘴中心偏离焊点中心，则相邻元件距喷嘴外边缘或焊点距波峰边缘最小为 1 mm。多点焊时，要求焊点孔环边缘到表面贴装焊盘边缘的最小距离为 1 mm，如图 3-48（b）所示。

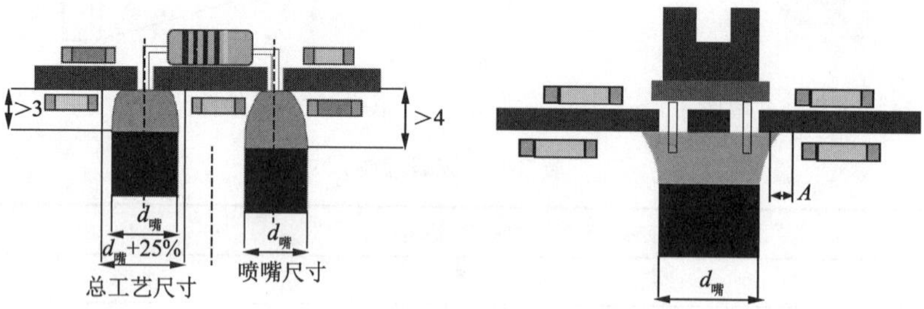

（a）单点焊接　　（b）多点焊接

图 3-48　单点、多点焊接相邻元件焊接空间尺寸要求

为保证焊接质量，如果基板有板边，则焊点中心到基板边距离可为 3.0 mm，如无板边，则此距离最小为 6 mm。选择性波峰焊对于元件引脚的伸出长度及通孔孔径与引脚直径之比也有相应的要求。多喷嘴浸焊工艺要求引脚的伸出长度应不小于 2.5 mm，以保证热量的传导。如果孔径比例过大，难以形成毛细作用，焊料爬升会比较缓慢；如果比例过小，会造成助焊剂无法深入通孔，也不能得到良好焊点。一般要求为：通孔直径=引脚直径+（0.3～0.5）mm。

选择性波峰焊充氮焊接通常采用气体弥散技术，是指将焊锡经机械泵或电磁泵喷流成设计要求的锡波，通过向焊料池注入氮气，使氮气均匀扩散在波峰表面，达到惰性气体保护的目的。同时，让预先装有元件的基板通过锡波，实现元件焊端或引脚与基板焊盘间机械与电气连接的软钎焊接。氮气保护主要有以下两方面的好处：

一是提高基板焊点质量，所有焊接设备或工具的最终目的是得到更好的焊点。选择性波峰焊是所有焊接方法中高精度点对点的焊接方式，有效增加了焊点的质量可靠性。所有的选择性波峰焊接设备都增加氮气保护部分。氮气属于惰性气体，在焊接中能够提高元件和基板焊接面的润湿能力，减少氧化程度，加快焊接反应速度。与空气环境中的焊接相比，在氮气环境中焊接，理论上能够降低所需的焊接温度，减少工艺缺陷，形成良好的焊点。

二是减少 90%以上焊锡氧化。选择性波峰焊设备使用氮气，与不使用氮气相比较，除了焊接工艺的变化外，锡渣产生的数量也大大减少，能够节省部分损耗。

2. 助焊剂

助焊剂是选择性波峰焊接的重要工艺辅材，是化学和物理活性的混合物，加热时能清除焊料和焊件表面所产生的金属氧化物，以促进熔融焊料对金属基材的润湿。助焊剂可防止焊接时表面的再次氧化，降低焊料的表面张力，提高焊接性能。助焊剂的优劣，将直接影响基板焊接的质量，因此生产中必须结合基板的特征，选用合适的助焊剂，降低焊接缺陷率。

高端的产品如计算机主板、板卡或高精度产品的基板，一般选择免清洗助焊剂，也有少数产品使用清洗型助焊剂焊接后再进行清洗，有用溶剂清洗型也有用水清洗型助焊剂。此类基板，无论是选择免清洗助焊剂还是清洗型助焊剂，都要保证焊后的可靠性，因为在板材状况良好时，残留物或残留离子是产品内在的一大隐患。建议此类产品选择免清洗助焊剂，此类焊剂活性适中，焊后残留少，离子状况残留能控制在1.5 μg NaCl/cm^2左右，大大加强了焊后产品的可靠性。焊后进行清洗这是目前在电子装联中最可靠的一种；如果需要选择清洗型助焊剂，为环保，建议选择水清洗助焊剂，此类助焊剂焊接效果好，焊后易清洗，清洗后产品的可靠性更高。

中端产品最好能够选择不含卤素的或含卤素很少的低固含量免清洗助焊剂，选择此类助焊剂，焊接后板面光洁、残留较少，不含卤素或很少的卤素基本可保证焊后的电气性能，一般不会造成漏电或电信号干扰等问题。

较低端的电子产品基板，一般来讲基板材质较差，多为单面裸铜板或预涂层板，如果选择免清洗无残留助焊剂，焊接效果可能较差，另外，可能会因为破坏了基板表面原有的涂层而造成泛白的现象。这种情况下建议选择活性较强的松香型助焊剂，虽然焊后板面残留较多，但是上锡效果及可靠性都能得到保证。

目前，在线束、线圈及小型片式（SMD）变压器等元件管脚镀锡时，多数选用免清洗波峰焊助焊剂，此类助焊剂活性适中，上锡效果好，焊后无残留，不会对元件管脚造成腐蚀，另外，焊点光亮平滑，且有良好的润湿性，能达到要求的焊锡“爬升”效果。

生产中无论高中低端产品，都要求焊接基板的焊点上锡饱满。焊点要上锡饱满就必须选用活性适当、润湿性能较好的助焊剂。为减少基板表面残留或泛白现象，多数会选择免清洗波峰焊助焊剂，如果确实因板材问题造成焊后泛白，可选用焊后清洗的办法来解决。为提升焊点的光亮度，选用松香型助焊剂比不含松香的助焊剂焊点相对要光亮些，如果在助焊剂中添加了使焊点光亮的成分，则焊后焊点会更加光亮。为减少锡珠、连焊、虚焊、漏焊等不良缺陷，需选择活性适当、润湿性能较好的助焊剂，再配合上良好的工艺，减少这些不良的发生。为减少漏电等电性能不良缺陷，就尽量不要选择活性很强的或卤素含量较高的助焊剂，如果确实因基板状况不好而必须选用此类助焊剂，那么可以通过清洗的办法进行解决，如果因为清洗的成本或考虑到环保要求，在产品及其他条件许可的情况下，选择水清洗助焊剂来解决这一问题。

结合产品选择助焊剂，就是要充分了解产品自身特点，包括产品的品质、基板的情况、元件管脚等情况，然后选择适合产品的助焊剂。

技能3　选择性波峰焊接参数设计

选择性波峰焊接主要工艺参数包括：助焊剂喷涂量、预热温度、焊接高度和焊接时间等。通过调试选择性波峰焊接参数，来提高焊接质量。采用不同的焊接参数焊接两个相同焊点，其焊点的外观和形状会有很大的差别，如图3-49所示。

视频

选择性波峰焊
（软件介绍）

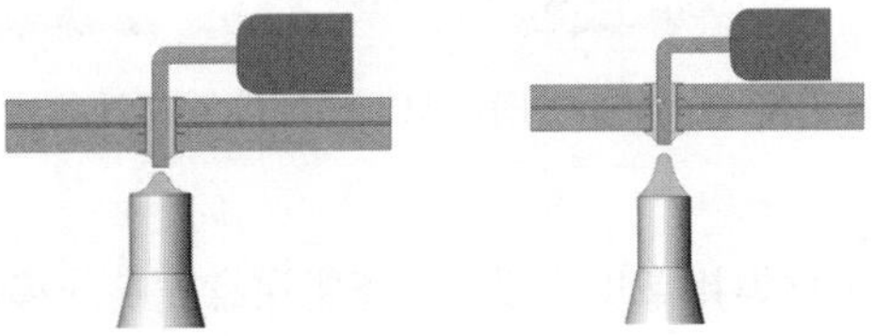

图3-49　不同焊接参数下的两个焊点

1. 助焊剂喷涂量

在助焊剂喷涂系统中，要尽可能地使用较低的压力喷涂，保证助焊剂能均匀地喷洒到基板两侧的焊点，不产生堆积；当到达预热系统时，要将机器上的助焊剂清洗干净，否则就会出现开路或者短路等现象。一般来说，助焊剂高频喷射阀可以喷洒出1～3 mm宽的扇形区域以便将助焊剂喷涂到通孔孔壁之中，并保证助焊剂的量达到最大，特别是针对内存插槽这样的连接器，它在板上的插孔直径只有 1 mm 大，喷涂效果会直接影响上锡的质量。W5050X 型选择性波峰焊的助焊剂喷射孔是一个直径只有 178 μm 的小孔，所以对使用的助焊剂的固态含量（助焊剂中起焊接作用的大部分都是固体材料，固态含量是助焊剂中固态物质所占重量比）要求较高，一般固态含量需小于 4%。

2．预热温度

预热温度将直接影响通孔元件焊接质量的两个重要指标，即焊料在焊盘上的铺展面积和通孔的填充率。

选择性波峰焊接是一种局部焊接，在冷态基板上直接进行焊接会造成焊接质量差、基板变形等缺陷。因此，预热过程是选择性波峰焊接的关键过程。一般情况下，预热温度控制在 135 ℃以内，时间为 30 s，而顶部预热系统的温度控制在 110 ℃左右，时间为 10 s。

对于松香型助焊剂选择性波峰焊采用的预热温度一般是在 120～150 ℃。过高的温度将使活化剂失效。同时，松香是一种大分子多环化合物，具有一定的成膜性，活化过程中可以去除金属氧化物，然后在金属表面形成一层膜防止再氧化。

对于热容量较大的电子元件或较厚的多层电路板，预热过程则更为重要。为达到良好的焊接效果，一般需采用底部红外预热和顶部热风预热的联合预热方式，从而改善透锡效果。

3. 焊接温度

选择性波峰焊最主要的特点是对基板上的每个焊点都可以单独设置焊接温度，确保得到最优的焊接效果。无铅波峰焊的焊接温度一般为 260 ℃左右，特殊情况下可调到 280 ℃。

在选择性波峰焊系统中，由于单个喷嘴一次只能焊接一个或一排焊点，焊接效率较低。目前，很多选择性波峰焊设备配备了双模组串联工作方式。即一个模组使用较小的喷嘴，用于完成单点焊接；另一模组采用较大喷嘴，用于完成某些元件双排针的焊接，生产效率大大提高。图 3-50 所示为双喷嘴选择性波峰焊结构，图 3-51 所示为多喷嘴选择性波峰焊系统，多个喷嘴一次性实施浸焊，生产效率可大幅提高。

图 3-50　双喷嘴选择性波峰焊结构

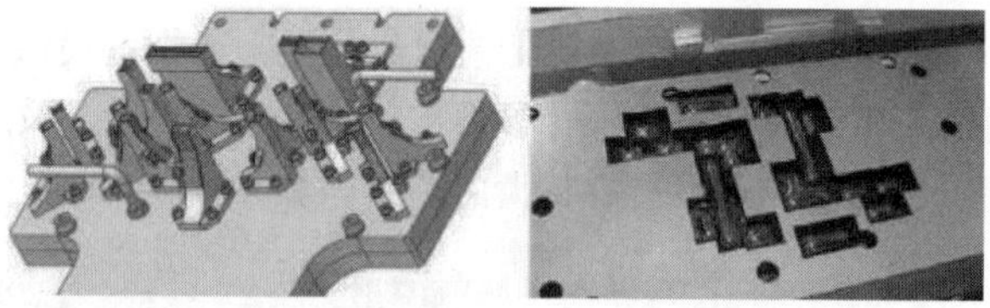

图 3-51　多喷嘴选择性波峰焊结构

4. 焊接高度

在选择性波峰焊接过程中，要注意焊接高度的设定，还要注意喷嘴的移动高度与波峰高度的设定。焊接高度是指焊接头完成焊接动作时的高度，一般需要高于被焊元件伸出基板引脚长度的 1 mm 以上，防止焊接头对元件造成碰伤，但高出的值不应大于 2.5 mm，否则影响焊接质量。移动高度是指为减少升降行程，缩短焊接时间，提高焊接效率，焊接喷嘴从一个焊接位置移动到下一个焊接位置时行走期间的高度，一般要低于焊接面最高元件 5 mm 以上，防止行走过程中对元件造成撞伤。波峰高度指的是锡波高出喷嘴的高度。理想情况下，波峰高度设置在 2.5～3.0 mm。确保有足够的锡填充到基板通孔和元件引脚之间。

在焊接过程中要避免基板移动，因为当焊料还未完全凝固时，元件引脚或者焊料发生抖动，会使焊点形成褶皱甚至产生裂纹。因此，在选择选择性波峰焊设备时，要尽量选择焊接过程中锡炉移动而基板静止的设备。焊接速度一般控制在 2.5～4.5 mm/s，速度过快或过慢都可能造成桥连、堆锡、拉尖等不良现象。

5. 基板 Mark 点设定

Mark 点参数设定有如下三个步骤：

步骤一：右击 Mark“单点”，在弹出的快捷菜单中选择“获取识别位”命令，右击 Mark“单点”，在弹出的快捷菜单中选择“识别位定位”命令，如图 3-52 所示，随后，相机将自动移动至 Mark 点位置。

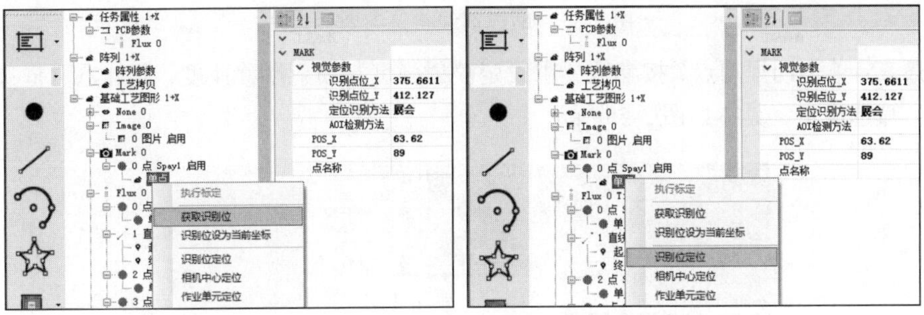

图 3-52　获取和定位识别位

步骤二：单击主工具栏中的“相机”按钮，打开相机。拖动黄色搜索框至 Mark 识别点位置，调整面积参数，设定为 1 000～4 000（根据识别点大小而设定），此时识别状态将从 NG 变位 OK，具体如图 3-53 所示。

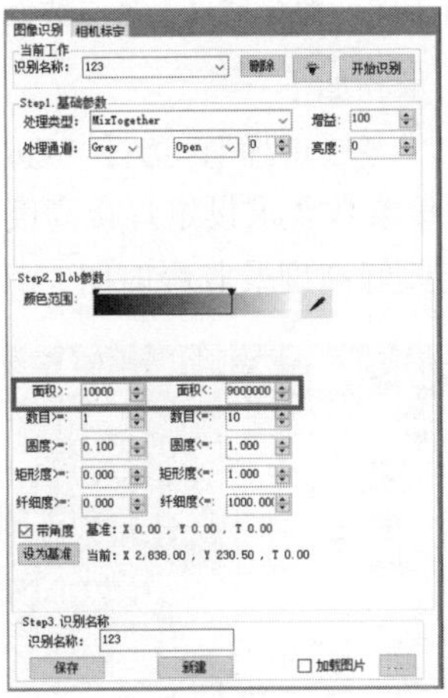

图 3-53　面积参数设定

步骤三：新建识别名称，选择该文件并保存。

6. 选择性波峰焊接参数编辑

（1）助焊剂喷涂参数设定。步骤如下：

步骤一：单击左侧工具栏中的“多层选择”，选择“solder2”。单击“隐藏”按钮将焊点隐藏。

步骤二：单击助焊剂线起始点与终止点，按参数要求设定喷射强度与喷射平移速度，单击“保存”按钮，具体如图 3-54 所示。

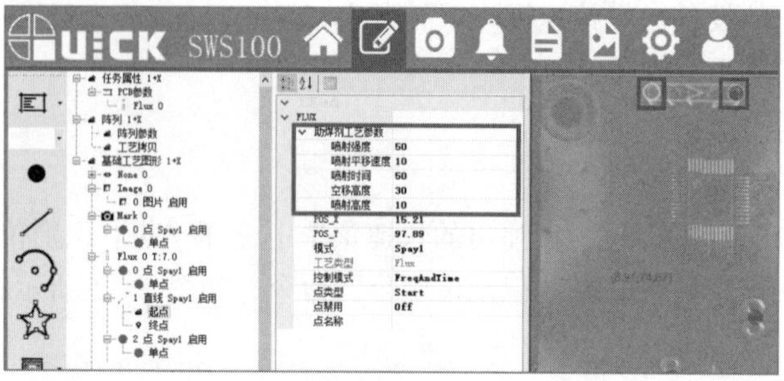

图 3-54　助焊剂线轨迹参数设定

步骤三：单击助焊剂点，按参数要求设定喷射强度与喷射平移速度，此处也可框选相同点位，同步筛选设定，具体如图 3-55 所示。

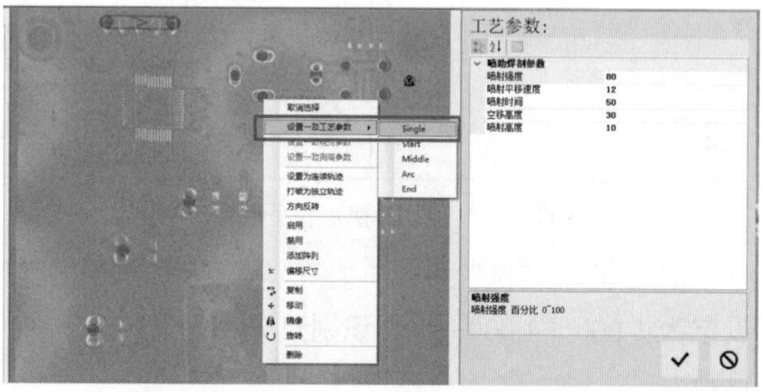

图 3-55　助焊剂点轨迹参数设定

（2）焊接点及轨迹参数编辑。步骤如下：

步骤一：单击左侧工具栏中的“多层选择”，选择“Flux0”，单击“隐藏”按钮将其隐藏。

步骤二：单击焊接线起始点，按参数要求设定焊接高度、波峰强度以及焊接平移速度。单击焊接线终止点，按参数要求设定收峰高度及收峰时间，具体如图 3-56 所示。

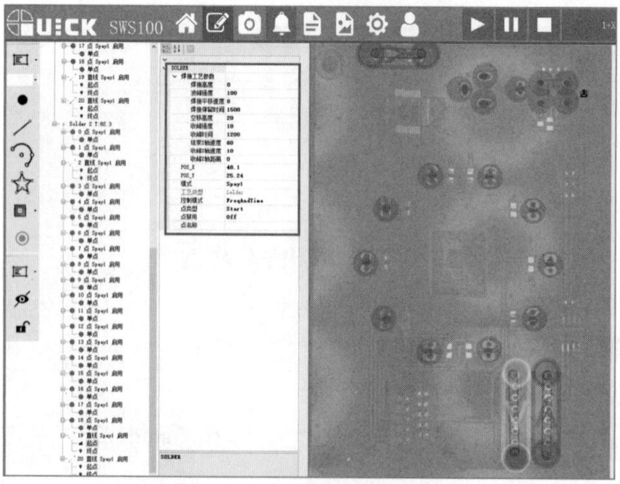

图 3-56　焊接线相关参数设定

步骤三：单击焊接点，设定焊接高度、波峰强度、焊接停留时间、收峰高度及收峰时间，此处也可框选相同点位，同步筛选设定，单击“保存”按钮，图 3-57 所示。

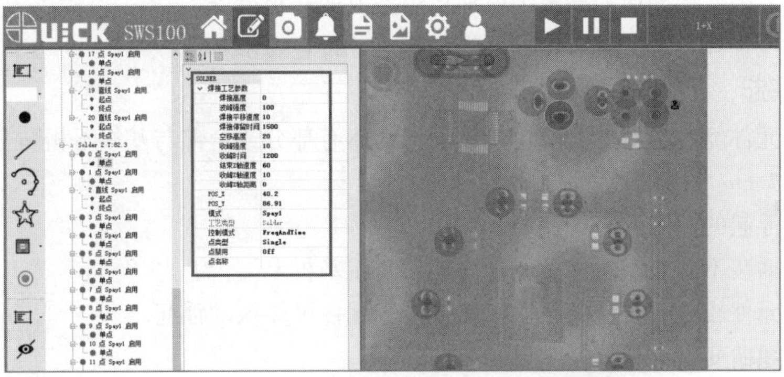

图 3-57　焊接点相关参数设定

技能 4　选择性波峰焊接工艺缺陷管控

选择性波峰焊接常见的缺陷有桥连、元件浮起、少锡、多锡、锡珠、掉件、拉尖、扰动焊点等。下面将对这几种缺陷产生的原因进行分析，并提出预防措施。

1. 桥连

是指元件端子、元件相邻的焊点之间以及焊点与邻近的导线、孔等导体之间由焊料连接形成的有害的导电通路的现象。

产生桥连缺陷的原因：

（1）基板预热温度过低，造成助焊剂活化不良或基板温度过低，导致焊料温度下降，使液态焊料润湿性和流动性变差，在相邻导体之间发生桥连。

（2）焊接温度过低，焊料流动性变差，在相邻导体之间发生桥连。

（3）元件引脚或基板焊盘不洁净或被氧化，导致液态焊料在焊盘或元件引脚上的流动性变差，尤其是在波峰脱离的瞬间，焊料被滞留在焊点之间，形成桥连。

（4）通孔元件引脚过长，焊料在润湿相邻引脚时交叠在一起发生桥连。

（5）焊盘间距过窄，导致焊料难以分开，产生桥连。

（6）基板的导锡焊盘缺失或设计得太细、距离太远。

（7）插装元件引脚不规则或插装歪斜，引脚之间过于接近或相接触。

（8）助焊剂活性较差，不能洁净基板焊盘，使焊料在铜箔表面的润湿力降低，导致浸润不良。

（9）基板翘曲变形，导致吃锡较深的地方锡流动不顺畅，产生桥连。

（10）焊料中有杂质，焊料中所含杂质超过允许的标准，焊料的特性发生变化，浸润或流动性变差，易形成桥连不良。

改善桥连的措施有：

（1）调整预热温度或焊接峰值温度。

（2）在氧化的元件引脚或基板焊盘上涂覆少量助焊剂。

（3）对引脚伸出长度超过标准的元件进行预加工剪脚。

（4）按设计规范设计焊盘，在多引脚插装元件的最后一个引脚焊盘处设计导锡焊盘。

（5）目视检查元件插装后的效果。

（6）使用有效期内的助焊剂，在使用之前检查助焊剂的比重。

（7）对易发生变形翘曲的基板采取加挡锡条或做载板措施。

（8）定期检查焊料合金成分，保证焊料的成分符合要求。

2. 元件浮起

是指插装元件经过选择性波峰焊接后元件本体有部分或全部与基板不相贴合，元件与基板之间有大于 0.7 mm 缝隙的现象。

产生元件浮起的原因：

（1）元件插装不到位，元件没有稳固地插装在基板上。

（2）插装元件较松，若链条抖动幅度较大，元件可能振动浮起。

（3）基板翘曲变形，导致喷嘴顶起元件。

（4）孔径与引脚直径设计不合理，导致插装不够稳固，稍遇外力就会浮起。

改善元件浮起的措施：

（1）提高插装质量，插装完成后目视检查。

（2）调整链条运输状态，保证传输稳定。

（3）针对基板翘曲变形可采取的措施有：①控制基板来料变形；②调整波峰高度；③采用挡锡条；④做载板控制变形。

（4）针对元件插装较松问题可采取的措施有：采用压块或压盖，或采用点胶工艺和修改孔径比。

3. 少锡

是指焊点干瘪、不完整、有空洞、孔中焊料不饱满或焊料没有足够爬升的现象。

产生少锡的原因：

（1）元件焊端、引脚、基板焊盘氧化污染或基板受潮，导致助焊剂无法完全清除氧化层或异物，焊料无法润湿铺展。

（2）元件引脚部分镀层异常或镀层不合格，元件引脚可焊性较差。

（3）助焊剂活性差，不能清洁基板焊盘，使焊料的润湿力降低，导致浸润不良。

（4）助焊剂喷涂量不足或喷涂不均匀，导致助焊剂不能完全达到应有的效果。

（5）基板预热温度不恰当。温度过高，使助焊剂碳化，失去活性，造成润湿不良；温度过低，助焊剂活化不良或基板温度不足，液态焊料润湿性变差。

（6）焊接温度不恰当。温度过高，焊料粘度过低；温度过低，焊料润湿性变差。

（7）焊盘镀层太薄或加工不良，容易使镀层脱落，导致焊盘可焊性变差。

（8）金属通孔质量差或阻焊膜流入通孔中，导致焊料无法在孔内润湿铺展。

（9）孔径过大，焊料从通孔中流出。

（10）基板翘曲导致与焊锡喷嘴接触不良。

（11）物料不良，如无托高设计，焊接时焊点中的气体无法排出，导致空洞与虚焊。

（12）轨道不平行，使基板与波峰移动位置不平行。

（13）程序中坐标位置或方向设定有误，偏离焊点中心。

（14）喷嘴氧化，使锡的流动性变差。

改善少锡的措施：

（1）物料宜存放在干燥环境中，且应先进先出，不使用超过规定日期的物料。

（2）针对引脚镀层不合格元件应推动供应商进行引脚改善。

（3）使用有效期内的助焊剂，在使用之前检查助焊剂的比重。

（4）助焊剂的喷涂量需调节到最佳值，一个焊点尽量实现三次喷涂。

（5）调整预热温度或焊接峰值温度。

（6）针对来料不良基板，推动供应商改善加工质量。

（7）通孔直径宜比引脚直径大 0.2～0.4 mm，细引脚取下限，粗引脚取上限。

（8）针对基板翘曲变形可采取的措施有：①控制基板来料变形不良；②调整波峰高度；③采用挡锡条；④做载板控制变形。

（9）定时点检选择性波峰焊接轨道水平。

（10）培训员工技能，提高编程水平。严格按照标准设定程序，然后须作小批量试制。

（11）喷嘴每两小时冲刷一次，每天上班前需点检，并定期更换。

4．多锡

多锡是指元件焊端或引脚周围被过多的焊料包围，不能形成标准的弯月面焊点的现象。此时润湿角 $\theta>90°$ 。

产生多锡的原因：

（1）焊接温度过低，使熔融焊料的粘度过大。

（2）基板预热温度较低，焊接时实际焊接温度降低。

（3）助焊剂的活性较差或助焊剂比例过小，导致焊料集中在一起无法铺展开。

（4）焊盘、通孔或引脚可焊性差，不能充分浸润。

（5）焊接时产生的气泡被裹在焊点中

（6）焊料中存在杂质，使焊料粘度增加，流动性变差。

（7）锡渣太多，导致焊料合金包裹锡渣驻留在焊点上。

改善多锡的措施：

（1）调整选择性波峰焊接峰值温度及焊接时间。

（2）根据基板尺寸、基板层数、元件数量、焊接元件数量等设定预热温度。

（3）更换助焊剂或调整助焊剂比重。

（4）提高基板的加工质量，元件先进先出，将元件保存于干燥环境中。

（5）定期检查焊料合金成分，保证焊料的成分符合要求。

（6）按要求维护保养，定期清理锡渣。

5．锡珠

是指焊点附近散布着微小球状焊料的现象。

产生锡珠的原因：

（1）基板和元件拆封后长时间暴露在空气中，导致基板和元件吸潮，焊接时发生炸锡。

（2）助焊剂和镀层材质不相容，助焊剂破坏镀层，导致焊料润湿性变差。

（3）助焊剂喷涂量不合适、助焊剂吸潮、比重不合理、溶剂没有在焊接前烘干。

（4）基板焊盘加工不良，表面粗糙，导致锡液积聚而无法铺展。

（5）预热温度过低，导致水分未充分挥发。

（6）波峰高度过高，锡液在流回锡缸时，溅出少量焊料。

（7）基板阻焊层选择不当，在选择性波峰焊接过程中变软，导致焊料粘附。

（8）喷嘴离开焊盘时沿着元件引脚延伸的方向拉出锡柱，在助焊剂润湿力、自身流动性、表面张力的作用下，锡液在流回锡缸时溅出锡珠。

改善锡珠的措施：

（1）OSP 基板开封后滞留时间不超过 72 h，否则焊盘将氧化，导致可焊性变差。

（2）选择正确的助焊剂。

（3）按照标准控制助焊剂涂覆量。

（4）优化基板制造工艺，提高焊盘表面光洁度。

（5）合理设置预热温度。

（6）针对选择性波峰焊接波峰较高问题：①调节合适波峰高度；②增加防锡珠罩。

（7）选择玻璃转换温度（Tg）高的阻焊材料。

（8）调整焊接时间及链速等工艺参数。

6. 掉件

是指应有元件的焊盘上发生元件掉落，该位置无元件存在的现象。

产生掉件的原因：

（1）插装元件焊盘与表贴元件之间距离小于 5 mm，在经过选择性波峰焊接时，锡波导致表贴元件焊点熔化，发生掉件。

（2）SMT 贴装产生偏移、空焊、立碑缺陷，导致发生表贴元件掉落。

（3）喷嘴口径过大，焊接时锡波与表贴元件焊点接触，导致发生元件掉落。

（4）程序坐标设定有误，使旁边表贴元件焊点熔化。

（5）元件松动，链条抖动，导致插装元件易掉落。

改善掉件的措施：

（1）优化焊盘设计。

（2）提高 SMT 标准要求，加强 AOI 及目检要求。

（3）选择尺寸合适的喷嘴。

（4）严格按照制程标准设定程序。

（5）针对元件较松的情况可采取：①调整链速；②增加压块过炉；③调整孔径与脚径比。

7. 拉尖

是指焊点处存在冰柱状、小旗状焊料的现象。

产生拉尖的原因：

（1）基板预热温度过低，焊接时焊料粘度较大，形成焊锡拉尖。

（2）焊接温度过低，熔融焊料粘度过大。

（3）助焊剂活性差，导致焊锡润湿性变差。

（4）焊料纯度不高，如 Cu 超标，导致焊料流动性变差，易形成锡尖。

（5）波峰高度过高，元件底部与焊喷嘴接触。

（6）焊接元件的引线直径与焊盘孔径比例不合理，孔径过大，吸热量大，会导致焊点拉尖现象。

（7）元件引脚过长或焊接时间过短，焊锡在脱离过程中冷凝。

（8）喷嘴中心偏离焊盘中心，导致元件引脚浸锡不良。

改善拉尖的措施：

（1）根据基板、基板层数、元件数量、元件类型等设定预热温度。

（2）调整选择性波峰焊接峰值温度或焊接时间。

（3）选择合适的助焊剂。

（4）定时监控锡缸中焊料合金成分，对于不合格锡缸采取换缸或采取补充、稀释焊料来调节焊料比例。

（5）调节合适的波峰高度。

（6）插装孔的孔径比引脚直径大 0.2～0.4 mm，细引线取下限，粗引线取上限。

（7）针对元件脚长可采用预加工剪脚措施。

（8）定期检测选择性波峰焊接设备精度。

8．扰动焊点

又称焊锡紊乱，是指焊点表面呈现紊乱痕迹的现象。

产生扰动焊点的原因

（1）链条振动，冷却时受到外力影响，使焊锡紊乱。

（2）焊接温度过低或链条速度过快，使熔融焊料的粘度过大，焊点表面发皱。

改善扰动焊点的措施

（1）检查电压是否稳定及传送链条的稳定性。人工取、放基板时要轻拿轻放。

（2）调整锡波温度及焊接时间。

技能 5　选择性波峰焊接工艺实例

以图 2-31 所示的基板 dzzl-01 电子装联实训板为例，以 W5050X 选择性波峰焊炉为例，具体讨论完成选择性波峰焊接的工艺过程。工艺实践包括：制作选择性波峰焊接程序与根据首件焊接状况调整选择性波峰焊接参数，直到满足焊接标准。步骤如下：

视频

选择性波峰焊
（设备操作）

步骤一：如图 3-58 所示，测量基板尺寸，并将尺寸 100 mm × 70 mm × 1.6 mm 输入程序。

步骤二：放入基板，用 Mark 相机扫描基板，生成图片，如图 3-59 所示，根据图片设定助焊剂喷涂位置和焊接位置。

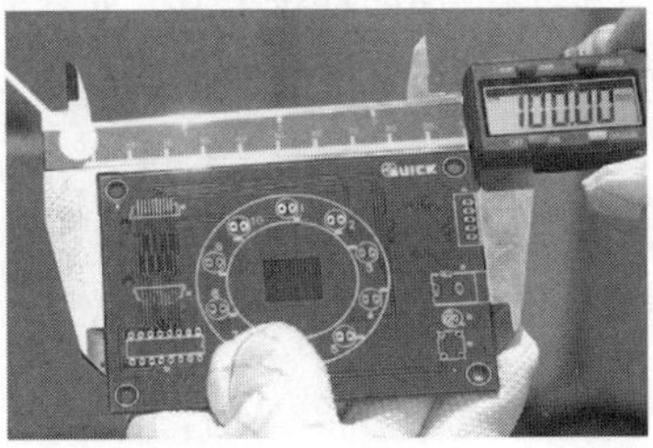

图 3-58　量测基板尺寸

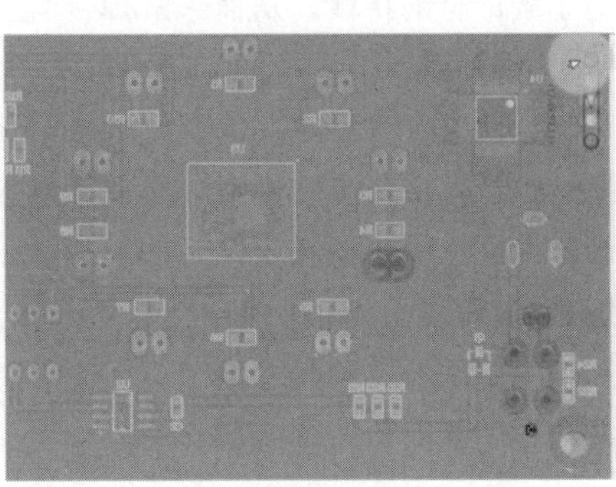

图 3-59　用 Mark 相机扫描基板生成图片

步骤三：根据作业指导书要求，对需要焊接位置设置助焊剂喷涂参数、预热参数和焊接参数，见表 3-6。

表 3-6　选择性波峰焊接参数设置

助焊剂喷涂参数		预热参数		喷嘴参数设定	
喷射强度	50%	预热温度	180 ℃	焊接高度	0.5 mm
喷射平移速度	10 mm/s	预热时间	15 s	波峰强度	130%
喷射时间	50 ms			焊接平移速度	10 mm/s
喷射压力	1.2 bar			焊接停留时间	1 200 ms

注：1 bar=100 kPa。

步骤四：首件焊接完成后，根据焊接结果，修改焊接参数，确保焊点饱满无缺陷。

作业 3　机器人焊接

机器人焊接又称自动焊接，主要应用于人工焊锡难达到场景的工艺制程。如 SMT 后段锡焊工艺中对温度敏感，而无法通过再流焊炉焊接的元件、细间距直插式（PTH）封装元件、连接器、排线、细小的线缆、喇叭和马达等。机器人具有生产柔性好、质量一致性好、生产效率高、生产品质可控、运行成本低等特点，因此将会是未来电子焊接的一个必然选择。

视频

焊接机器人
（工艺介绍）

技能 1　认识机器人焊接工艺

焊接机器人主要是改善手工焊接环境，其工艺流程和手工焊接基本相似，但也略有不同，如图 3-60 所示。

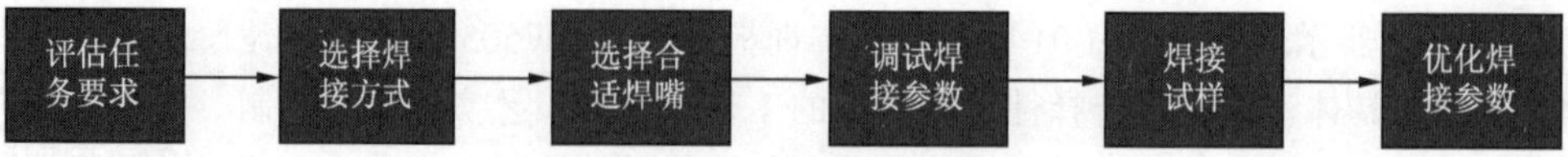

图 3-60　机器人焊接流程

1. 评估任务要求

通过观察，评估焊接母材，即基板和元件特性。基板镀层的不同、覆铜、接地面积的大小导致的散热性不同对于焊接效果影响较大。出于安全设计的考虑，器件本体散热性越来越大，并且有的元件是通过与基板铜箔接触来散热，故需增加基板接地焊盘面积，其焊接难度也持续增大。评估了解母材的特性，从而了解焊接时所需的温度。

2. 选择焊接方式

根据母材、焊接所需条件以及焊点周边元件分布状况，选择最佳的焊接方式。如果有本体较高元件靠近焊点，在焊接过程中必须进行规避，避免碰撞高元件；如果有小的表贴元件，也需要进行规避，避免烫伤损坏表贴元件。

3. 选择合适焊嘴

选择焊嘴主要从形状和尺寸两个方面来考虑。焊嘴主要由无氧铜、镀铁层、镀铬层、镀锡层构成。结构图和剖面图如图 3-61 所示。

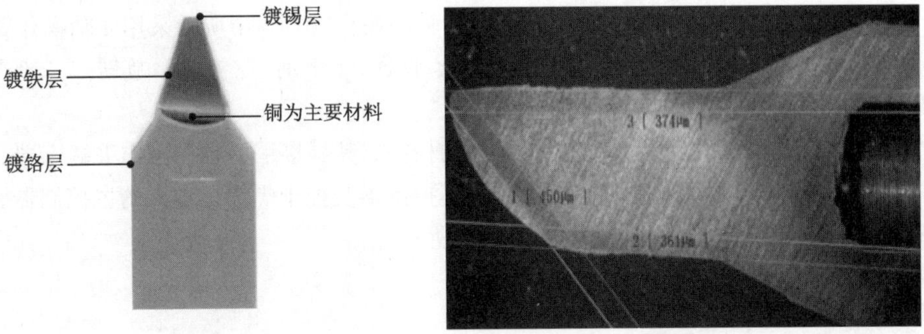

（a）焊嘴结构图　　　　（b）焊嘴剖面图

图 3-61　焊嘴的构成与剖面图

焊嘴选取原则如下：

（1）在焊接空间足够的情况下，能选大头不选小头。

（2）焊接空间要求：周边不能有干涉。

（3）对于散热大的焊点，选择热容量大的头型。

4. 调试焊接参数

焊接过程中主要的参数有焊接角度、送锡角度和焊接温度。焊接角度设定原则：在不影响送锡的前提下，焊嘴和焊盘的接触面越大越好，这样才能让焊盘更快地受热，缩短焊接时间。送锡角度设定及调试原理与焊接角度相同。焊接温度设定，主要与焊嘴温度、焊接时间、焊嘴尺寸及被焊物的散热情况等因素有关。自动焊接温控一般采用热电偶监测焊嘴芯的温度并加以控制，通过焊嘴传递焊接温度。焊嘴是用热传导性好的铜合金材料制成，焊嘴的长短可以调整，焊嘴越短，焊嘴传递的温度就越高；焊嘴越长，焊嘴传递的温度就越低。

5. 焊接试样

调整焊接参数后，即可进行。

6. 优化焊接程序

在完成试焊后，通过优化焊接角度、焊接温度和焊接时间等，优化焊接程序。

综上，焊接机器人操作步骤如下：

（1）焊接机器人连接与启动。

（2）根据产品，更换合适的焊嘴和锡丝。

（3）调整合适的焊接角度和送锡方式。

（4）设定并校正焊嘴温度。

（5）设定焊接参数，单批次焊接产品，调整焊接参数。

（6）批量焊接产品，优化焊接参数。

技能 2　认识焊接机器人及焊接材料

1. 焊接机器人

视频

焊接机器人
（设备介绍）

焊接机器人主要分为四个模块，操作臂（运动机构）、焊接单元（温控和出锡机构）、人机交互界面、视觉定位系统。下面以 ET9384EX 为例介绍焊接机器人的三个重要模块，如图 3-62 所示。

（1）操作臂。目前最多采用的是 3 轴、4 轴的操作臂，图中所示采用 4 轴操作臂（运动机构），包括 *X* 轴、*Y* 轴、*Z* 轴、*R* 轴、分别为 *X* 平动、*Y* 平动、*Z* 平动、旋转。一般产品都为平面焊接，四个自由度能基本满足焊接要求。

（2）焊接单元。焊接单元是焊接机器人的核心，其焊接手柄装在操作手柄末端，操作臂带动焊接单元移动到焊接位置进行焊接操作，其控制器受控于焊接机器人的主控制器，主要负责焊接单元的锡丝供给和温度控制，如图 3-63 所示。

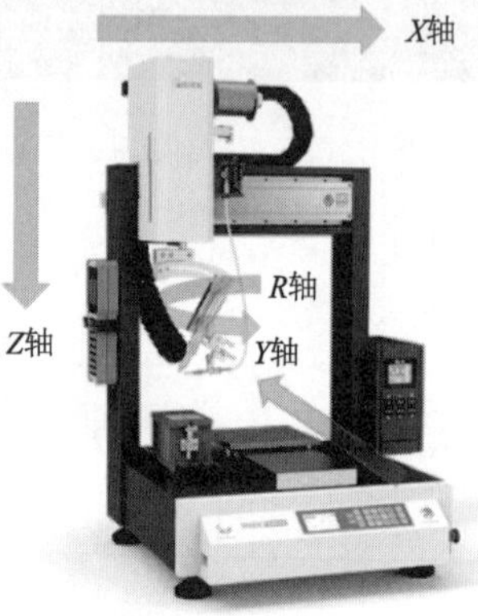

图 3-62　焊接机器人操作臂

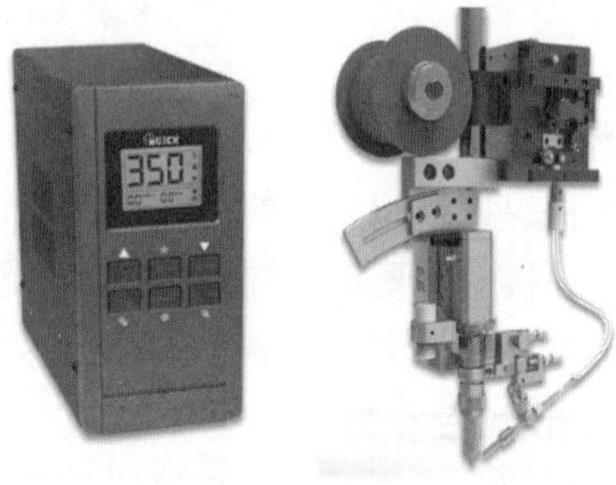

（a） 温度控制　　（b） 锡丝供给

图 3-63　焊接单元

锡丝供给，先掰开压紧轮，把锡丝穿入中间，如图 3-64（a）所示，旋转主动齿轮，如图 3-64（b）所示，锡丝通过锡丝导管送至焊嘴前端，如图 3-64（c）所示。

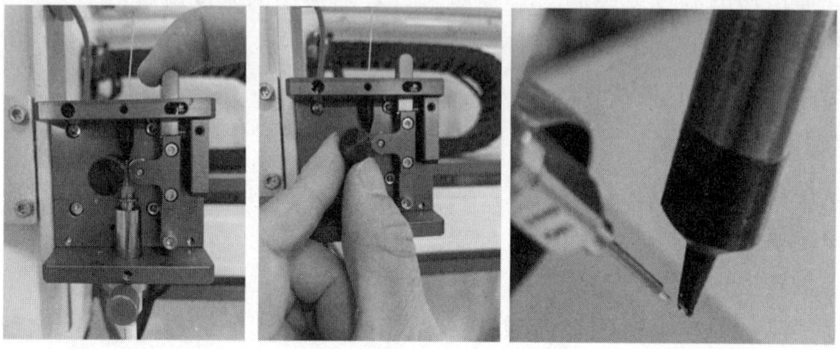

（a）　　（b）　　（c）

图 3-64　锡丝供给

温度校准和控制，通过调整温度控制器的温度，待温度上升完成后，按温度控制器中的 FEED 送锡按键，如图 3-65（a）所示，送一定锡至焊嘴上，把图 3-65（b）所示温度测试仪的三角传感器中心抵住焊嘴底部，比对温度控制器和温度测试仪上显示差异，同时按住温度控制器中的“UP”“DOWN”按键 2～3 s 进入温度校准模式，如图 3-65（c）所示，把温度测试仪上的温度输入，按“SELECT”按键确认，如图 3-65（d）所示，完成校准。

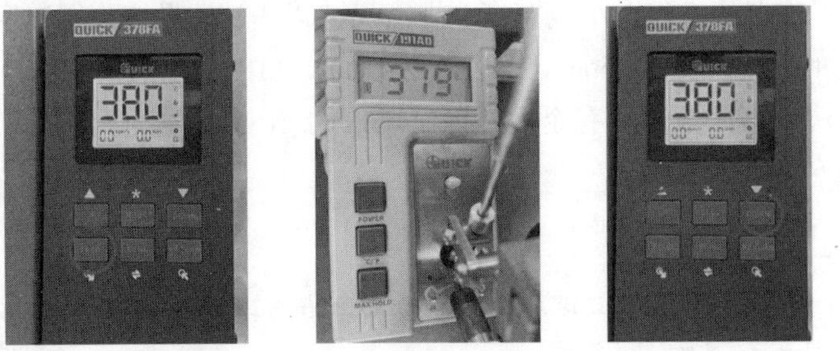

（a）　　（b）　　（c）　　（d）

图 3-65　温度校准和控制

（3）人机交互界面。主要实现焊接程序示教、焊接程序编辑、焊接参数编辑、程序选择等人机交互功能，如图 3-66 所示。

（4）视觉定位系统。主要用于 Mark 点识别，以消除定位偏差、基板制造公差以及基板尺寸公差，实现更精确的焊接，如图 3-67 所示。

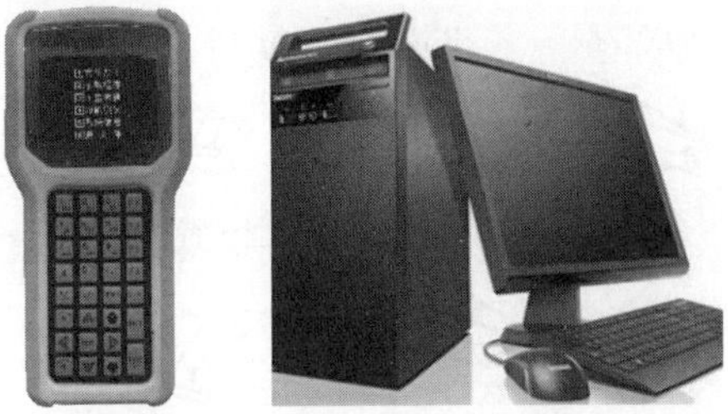

（a）示教编程器　　（b）PC

图 3-66　人机交互界面

图 3-67　视觉定位系统

2. 焊接材料

焊接过程中需要使用到的材料为焊嘴及锡丝。

（1）焊嘴材料。主要成分是铜，铜的导热性较高，可更快地传导温度。为防止铜高温氧化或腐蚀，在铜焊嘴头部镀上一层铁，隔离铜材，提高焊嘴耐磨性；为防止不必要的爬锡，保证焊嘴上锡尺寸不变，在焊嘴中部镀上铬层；为保证焊嘴可靠熔锡，在焊嘴镀铁层表面镀上一层锡，称上锡层，其中，镀锡层又可分为上锡面和工作面。上锡面即为熔锡面，工作面为焊嘴与焊盘接触的部位。而普通焊嘴，其上锡部位既是工作面又是上锡面。三种焊嘴的镀锡层如图 3-68 所示。

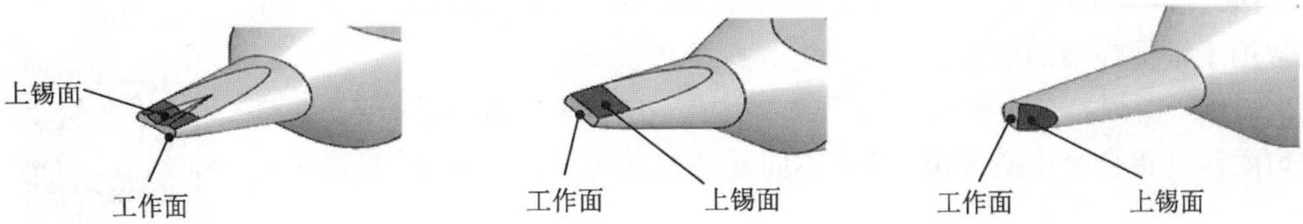

（a）DV1 型　　（b）D 型　　（c）PC 型

图 3-68　机器人焊接焊嘴镀锡层

（2）焊嘴尺寸。是指焊嘴端的直径大小或宽度。焊嘴尺寸以去掉小数点，用数字直接表示其规格，默认单位 mm。如：08 表示 0.8 mm，24 表示 2.4 mm，118 表示 11.8 mm。

焊嘴命名没有统一方法，但一般企业有企标。以某工厂的 N 型焊嘴为例，其命名规则如图 3-69 所示。

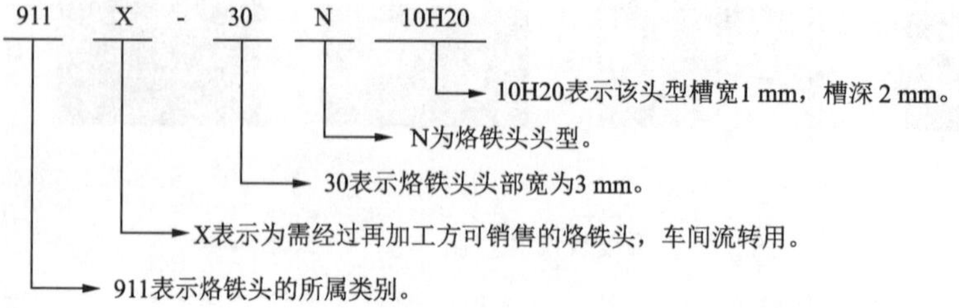

图 3-69　焊嘴命名规则

视频

焊接机器人
（焊嘴选型与更换）

在实际生产过程中，焊嘴头型是多样化的，可分为 D、DV1、DV2、P、PC、PCV、PCQ、R、L、N、M、I、B 等头型，如图 3-70 所示。在实际生产过程中，常用的焊嘴有四种类型，分别是 D 型头、DV1 型头、DV2 型头、PC 型头四种。

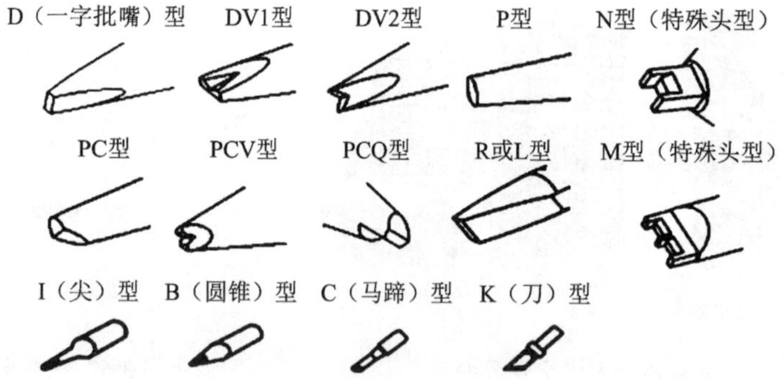

图 3-70　机器人焊嘴头型

D 型头。用于侧面拖焊、扁平针脚的点焊。D 型头用于侧面拖焊，在于可以实时观测锡的流淌，扁平针脚点焊时可以利用 D 型头的平面（上锡面）紧贴针脚，增加受热面积。

DV1 型头。该焊嘴在 D 型焊嘴的基础上增加 V 形槽（不穿透），如图 3-70 所示。适用于过孔插针的焊接，编辑焊点位置时，焊嘴 V 槽可将针脚包裹在其中，加快热传导速度完成焊接。V 槽对锡的流淌起引导作用，使熔化状态的锡快速从焊嘴流入焊盘。

DV2 型头。该焊嘴在 D 型焊嘴的基础上增加 V 形槽（穿透），如图 3-70 所示。多用于焊接线材，优势在于焊接线材时，焊嘴可以同时对线头和焊盘加热，满足工件同时受热的需求。

PC 型头。如图 3-70 所示，PC 型焊嘴底部工作面较大，外形粗壮，热容量充足。常用于平面焊盘的加锡，受热迅速，焊接更快更稳定。

（3）锡丝。由焊料合金和助焊剂两部分组成，合金成分为锡铅、无铅，助焊剂均匀灌注到锡合金中空部位。依据不同元件熔点选用锡丝成分，见表 3-7。

视频

锡丝选型

表 3-7　常规锡丝成分及熔点

锡丝类型	熔点/℃	成分
有铅锡丝	183	Sn63Pb37
无铅锡丝	217	Sn96.5Ag3.0Cu0.5
低温锡丝	138	Sn42Bi58

根据焊盘面积以及焊点所需要的锡量选择合适直径的锡丝。焊盘越小，使用的锡丝直径越小。焊接机器人常用的锡丝直径范围为 0.2～1.2 mm。以点焊为例，锡丝直径一般选择所需焊点直径的 1/3～1/2。常见锡丝包装，如图 3-71 所示。

图 3-71　锡丝包装

选取合适的锡丝后，需要将锡丝圈套入固定杆，再将锡丝经缺料传感器穿入，穿到手动送锡旋钮处。再通过送锡导管将锡丝送至焊嘴处。

技能 3　机器人焊接参数设定

1. 焊接角度和送锡角度设定

机器人焊接工艺通过设定焊接角度、送锡方式，用来调节焊嘴与焊盘接触面积，以及出锡的角度。

（1）焊接角度设定。原则是在不影响送锡的前提下，焊嘴和焊盘的接触面越大越好，这样能让焊盘更快地受热，缩短焊接时间，具体设定调试原理见表 3-8。

表 3-8　焊接角度设定调试原理

当前焊接角度，照片放大后可以看出，焊头底部已偏离焊盘，达不到工件同时受热效果，焊接时间会延长	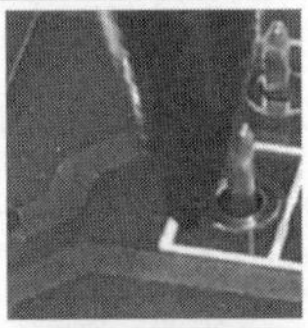
当前焊接角度，照片放大后可以看出，焊头底部充分接触焊盘，达到工件同时受热效果，焊接时间会大大缩短，良率提升	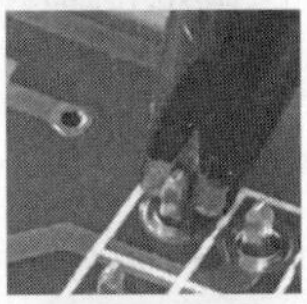
根据焊嘴底部倾斜角度，如底部倾斜 15%，弯架调整到 15%的位置	

（2）送锡角度设定。原则是在运行过程中不碰到被焊元器件的情况下，送锡的角度和焊嘴的角度尽量保持在 80°或略大于 80°，这样是为了更好地下锡，减少不良品（特别是带针脚的产品），如图 3-72 所示。

出锡支架结构调节，如图 3-73 所示，调节操作步骤如下：

步骤一：更换出锡针嘴。调节螺丝 2 向上扳起，出锡针嘴可以离开焊头一定距离，避免针嘴撞到焊嘴。

步骤二：调出锡针嘴的前后位置。旋动调节螺丝 1，微调出锡针嘴相对焊头的前后位置。顺时针，出锡针嘴向前移；逆时针，出锡针嘴向后移。

步骤三：调出锡针嘴的左右位置。旋动调节螺丝 2，微调出锡针嘴相对焊头的左右位置。顺时针，出锡针嘴向右移；逆时针，出锡针嘴向左移。

步骤四：固定出锡针嘴。出锡针嘴调节到适当的位置，旋紧螺母 3，出锡针嘴固定。

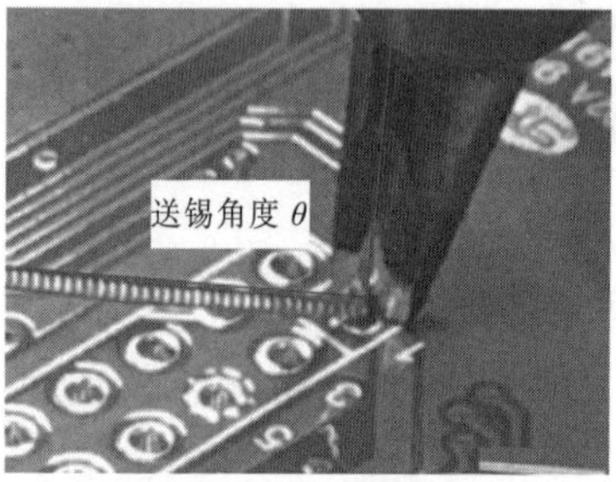

图 3-72　送锡角度

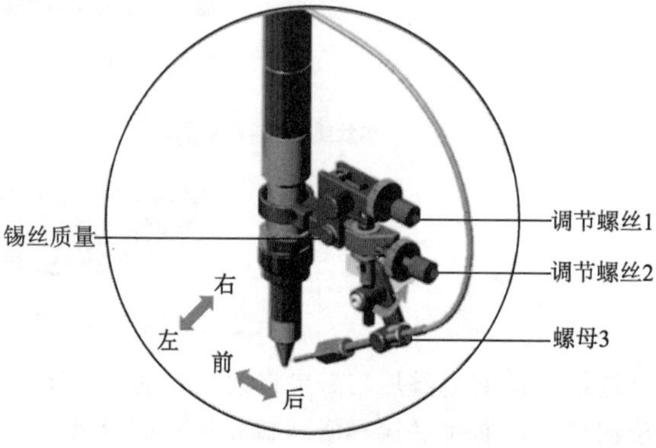

图 3-73　出锡调节支架

2. 焊接温度设定

视频
焊接机器人（焊接温度的设定与校准）

影响焊点温度的主要因素有：焊嘴温度、焊接时间、焊嘴尺寸及被焊物的散热情况。

（1）焊嘴温度。在能满足焊接要求的前提下，焊嘴温度设置不宜过高。过高的温度会加速助焊剂的挥发，不利于焊接，也容易损坏被焊物，同时，会加速焊嘴氧化，缩短使用寿命。温度也不宜过低，否则会造成虚焊现象。

（2）焊接时间。焊接时间越长，被焊接元件的温度越高，焊点氧化越严重，同时 IMC（金属间化合物）会急剧增厚。

（3）焊嘴尺寸。在不影响焊接的前提下，应尽量选择尺寸略小于焊盘直径的、头型大的焊嘴。头型大的焊嘴拥有更大的热容量，在焊接过程中温度跌落较小、回温速度快，有利于提高焊接效率。同时，可以选择更低的焊接温度，减少助焊剂挥发，不仅有利于焊接还能降低焊嘴的氧化程度，延长焊嘴的使用寿命。

（4）母材。被焊接元件的引线/焊端和焊盘。焊盘通常会与更多导体相连接。如果所连接的导体散热量大（如接地层），则焊嘴的升温速度会降低。

3. 焊接程序编制

焊接机器人焊接方式可分为点焊、拖焊、点动拖焊等，还有一些特殊的焊接方式，如抖动焊接、多点焊接、压焊等。点焊通常是完成单个焊点的焊接，程序编辑对应点为“孤立点”，完成一个孤立点的焊接之后焊嘴上抬，执行下一焊点的焊接。拖焊则是针对一排焊点的焊接，程序编辑对应为“直线”，适用多点，且规则排列的焊点。

对于焊接机器人的行动路线，一般是在人为设定好一个路径后，输入到焊接机器人的程序存储器，以控制各轴电机精确地动作。机器人每执行一个动作都是从头到尾地执行相应的一段程序代码，图 3-74 所示为机器人焊接程序编辑的流程图。

图 3-74　焊接程序制作流程图

编辑加工参数尤为重要，这里重点讲述“出料参数”。“出料参数”包括“高度、送料、延时”三个参数，以下对相应参数进行详细介绍。

“一次高度”“一次送料”，表示在离焊点一定高度的地方送一定量的锡丝，即为预上锡。预上锡的作用是，通过锡作为一个导热媒介，避免焊嘴下行时与产品接触不充分，焊接元件没有完全加热，导致锡丝送至焊接元件时锡丝不熔化，从而卡锡。在“一次高度”“一次送料”设定时，根据产品做调整，一般“一次高度”范围是 0～5 mm。“一次高度”和“一次送料”的设定值不宜过高，设定过高会导致锡丝中的助焊剂在焊嘴上损耗过多，助焊剂无法润湿焊盘。

“一次延时”表示焊嘴第一次对焊盘加热的时间，“一次延时”根据焊盘的散热量及选择的焊嘴大小来设定，保证被焊元器件的温度达到熔锡状态。

“二次送料”则在“一次延时”后再送点锡丝，避免在“一次延时”后焊点上的助焊剂挥发过多，再次送点锡丝补充锡量和助焊剂，避免在焊嘴离开焊点时产生拉尖的现象。

“二次延时”“三次送料”“三次延时”则是针对焊点散热很大，需要多次送料、延时，多次润湿的焊点。

“四次高度”“四次送料”“四次延时”的设定有利于避免拉尖，分别表示上抬高度、补料的送料长度以及加热时间。

技能 4　机器人焊接缺陷管控

机器人焊接缺陷主要有虚焊、针孔、气泡/空洞、冷焊、多锡、少锡、毛刺、锡珠、锡裂、焊盘损伤等。这些焊接缺陷在电子产品中会严重影响电子产品的使用寿命，或者直接导致电子产品生产不合格，轻则造成经济损失，重则造成使用安全隐患。

1. 虚焊

是指不能形成一个完整的焊点现象，如图 3-75 所示。

该缺陷产生的原因为焊盘、元件引线氧化；焊接过程中热量不足，焊料润湿不良；焊料太少。

解决对策：分析元件氧化的原因并消除，使用助焊剂处理电路板和元件引线，选择合适的焊接材料，使用正确的焊接方法。

2. 针孔

是指焊点上存在深凹痕、小渗孔的现象，如图 3-76 所示。

该缺陷产生的原因为焊锡焊料被污染，不清洁。

解决对策：在焊接前对焊接材料进行清洁，平时注意材料的储存环境，使用前检查材料是否被污染。

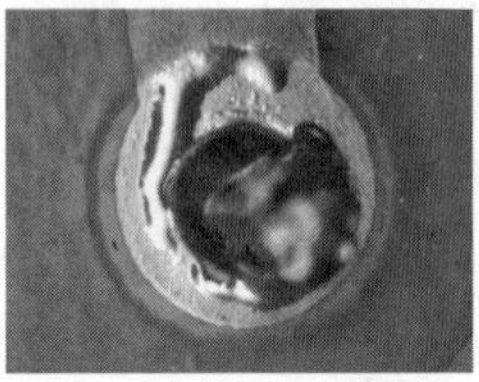

图 3-75　虚焊

图 3-76　针孔

3. 气泡/空洞

是指焊接表面有空洞、气泡的现象，如图 3-77 所示。

该缺陷产生的原因为焊盘、元件引线氧化处理不彻底；焊盘的穿线孔太大，而器件引脚太小；焊接过程中温度不足，或焊料太少。

解决对策：焊接前对焊盘和元件引脚进行氧化处理，注意是否存在穿线孔和引脚的比例过大，焊料随此定量，控制加热温度。

4. 冷焊

是指外观粗糙，可能有裂纹、塌锡的现象，如图 3-78 所示。

该缺陷产生的原因为焊料未凝固前焊件抖动。

解决对策：焊接时必须固定焊接元件，焊锡凝固前不要移动焊接件，选用适合的焊嘴进行焊接操作。

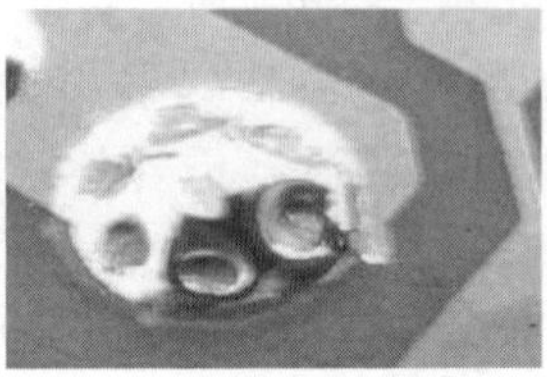

图 3-77　气泡/空洞

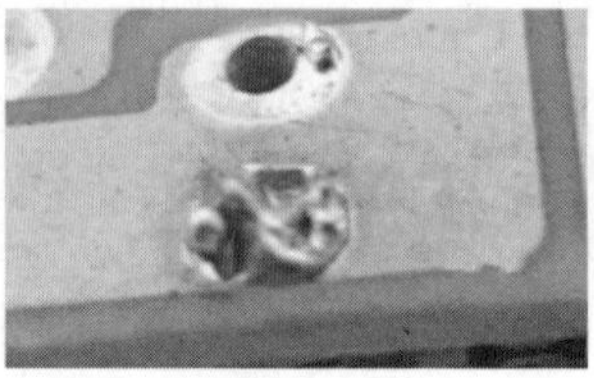

图 3-78　冷焊

5. 多锡

是指锡丝撤离较晚造成焊料过多，表现为焊点呈现蒙古包形状，焊锡覆盖了元件轮廓，看不到焊点，焊锡收束面呈圆凸状、焊点附近焊锡多余的现象，如图 3-79 所示。会导致短路，浪费焊料。

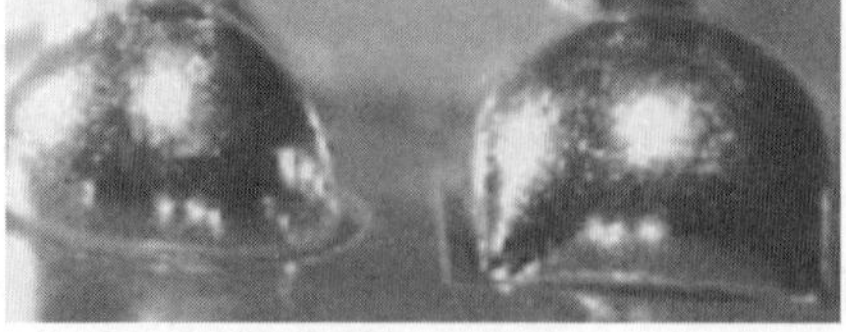

图 3-79　多锡

该缺陷产生的原因为焊丝撤离过迟。

解决对策：可用吸锡线或者吸锡枪进行处理，设置合理的锡丝供料速度以及供料时间。

6. 少锡

是指锡丝撤离过早，导致焊盘上焊料较少的现象，如图 3-80 所示。表现为焊面不能形成平滑面，焊锡量不足，焊接点不能完全覆盖，覆盖面薄。使得机械强度不够，会导致假焊。

该缺陷产生的原因为焊锡流动性差或焊锡撤离过早，助焊剂不足，焊接时间太短。

解决对策：优化锡丝撤离的时间，使用助焊剂加强焊锡的流动性。

7. 毛刺

是指焊点表面出现一个或多个极细小的显微金属颗粒的现象，如图 3-81 所示。

该缺陷产生的原因为焊料过多、焊接时间过长，使焊锡粘性增加，当焊嘴离开焊点时就容易产生毛刺现象。

解决对策：控制好焊料的供给量，把握好焊接的时间，控制好焊嘴的撤离方向，焊接动作要干净利落。

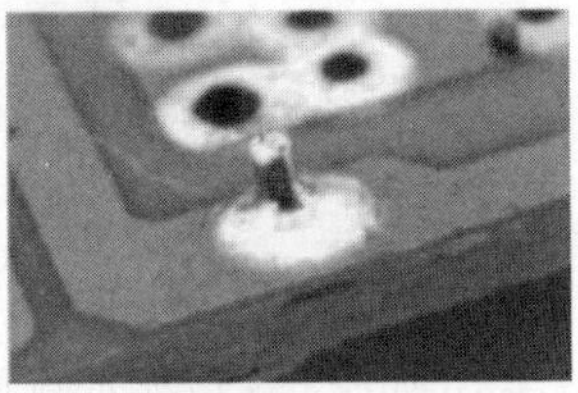

图 3-80　少锡

图 3-81　毛刺

8. 锡珠

是指在焊盘周围附着在基板上或元件上的一个或多个金属小球现象，如图 3-82 所示。

该缺陷产生的原因为助焊剂过度挥发导致焊锡粘度过大；一次送锡较多，接触焊盘的瞬间挤压；送锡速度较快。

解决对策：注意控制加热时间和加热温度，调整单次送锡长度。

9. 锡裂

是指焊点连接处存在裂痕和缝隙，接合处为齿状，如图 3-83 所示。

该缺陷产生的原因为焊嘴功率过大，加热时间过长。

解决对策：注意选用合适功率的焊嘴，注意加热时间。

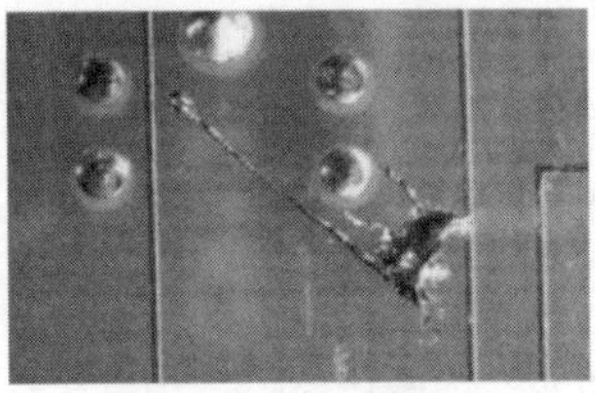

图 3-82　锡珠

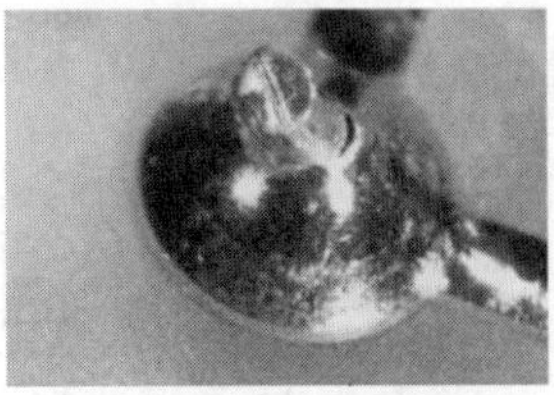

图 3-83　锡裂

10. 焊盘损伤

是指基板的金属基材（如线路、焊盘）上露铜或存在明显的伤痕，或者是损坏的现象，如图 3-84 所示。

该缺陷产生的原因为焊接时间太长，焊接温度过高。

解决对策：设置合理的焊接时间以及焊接温度。

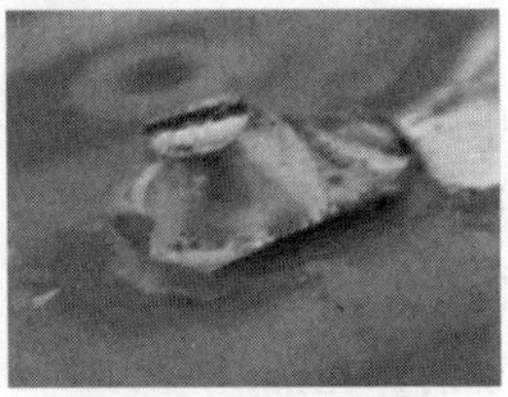

图 3-84　焊盘损伤

技能 5　机器人焊接实例

视频

焊接机器人（示教编程器操作）

继续以图 2-31 所示的某公司焊接的基板 dzzl-01 为例，以 ET9384EX 焊接机器人为例，具体讨论机器人焊接工艺流程。该基板中，需要使用机器人焊接的位置为 J4，该元件为 5 pin 的连接器，引脚节距为 2.54 mm，机器人焊接采用孤立点的方式进行。将连接器按正确方向插装到对应位置后，将基板放置在治具上，如图 3-85 所示。接下来，编辑焊接程序。

以“点焊”的程序编辑为例，如图 3-86 所示，具体程序编辑操作步骤如下：

图 3-85　机器人焊接基板治具固定

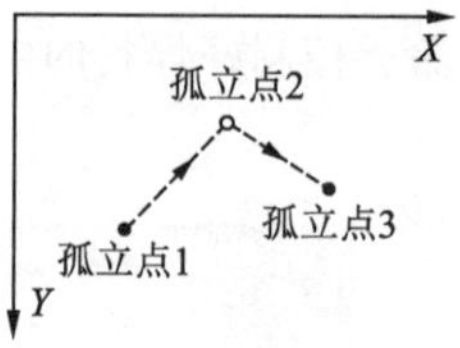

图 3-86　单点焊示意图

第一步：新建程序。在“主界面”中，按示教盒上的“2 示教程序”按键，进入“示教程序列表界面”，按“F1 新建”新建一个示教文件，如图 3-87 所示。窗口显示新建文件的文件名输入界面，输入文件名后，按“确认”键，返回到“示教程序列表”界面。

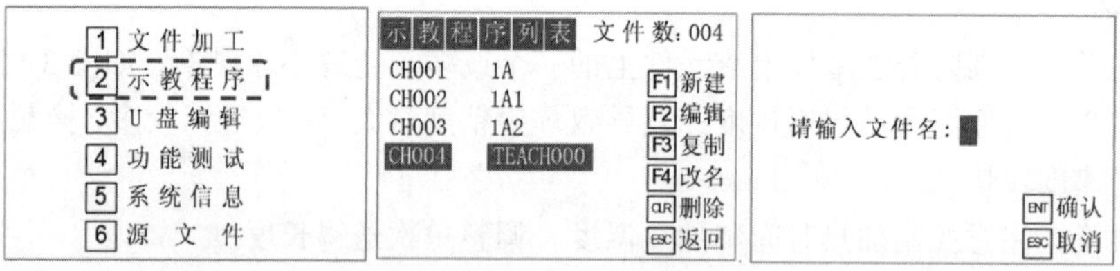

图 3-87　新建文件

第二步：清洗焊嘴。在“示教文件管理界面”按“F1 清洗点”按键即可设定清洗点，在清洗点界面，按数字按键可以设置清洗点的坐标或按方向键（X/Y/Z/R）点动调整清洗点的坐标，具体步骤如图 3-88 所示。

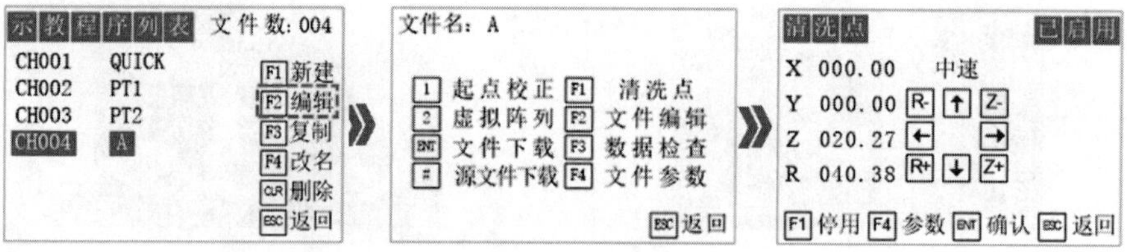

图 3-88　清洗焊嘴

第三步：编辑焊接点。焊嘴清洁后，即可进行焊接点编辑。编辑步骤如图 3-89 所示，选中该文件，按“F2 文件编辑”按键进入示教编辑界面，在示教编辑界面，按“F1 插入”按键，进入示教插入界面（即点类型选择界面）中，按“1”选择插入孤立点，进入孤立点的编辑界面，操作示教器方向按键，移动坐标至焊接点位，坐标设置完毕后，单击“ENT”按键确定设置的孤立点。

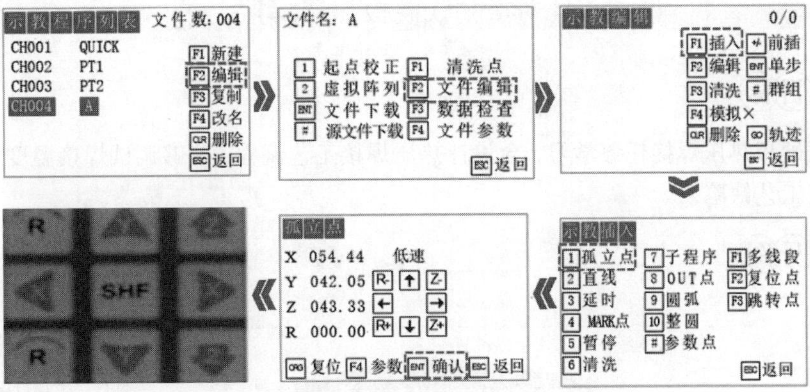

图 3-89 编辑焊接点

第四步：编辑焊接参数。在示教编辑界面中选择希望编辑的点，如图 3-90 所示，然后按“F2 编辑”按键即可对相应的点进行编辑，在编辑界面，按“F4 参数”按键即进入点参数设置界面，按“2 出料参数”按键，进入出料参数界面，按“F2”然后按“1～5”中数字键选择一组参数后，按“#”键，进入出料参数编辑界面，设置焊接参数；设定完毕后按“确认”按键返回出料参数编辑界面，再次按“确认”按键返回参数编辑界面。

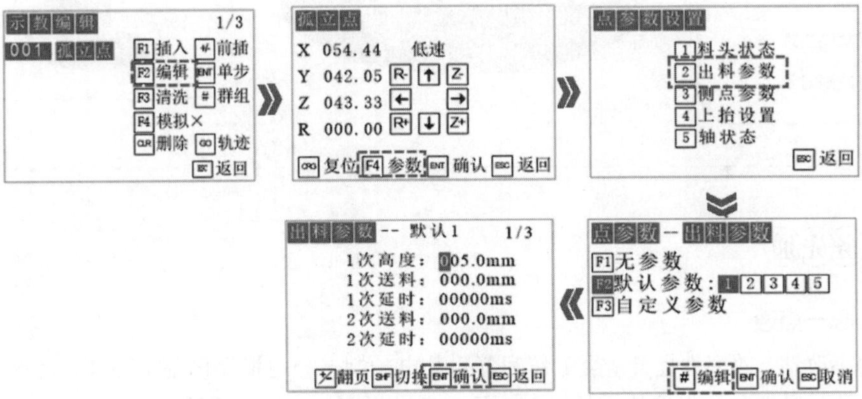

图 3-90 编辑焊参数

第五步：文件下载及加工。编辑完后，按【Esc】按键返回示教文件管理界面，按“ENT 文件下载”按键即可将已编写完成的示教文件进行下载，窗口将显示“文件下载中”及下载进度。进度到 100%表示下载已完成。示教盒将自动跳转到“文件加工界面”进行文件加工。程序启动的方法：①在加工界面，按示教盒“F1 开始”按键开始运行程序；②按设备面板中的“启动”按钮，如图 3-91 所示。

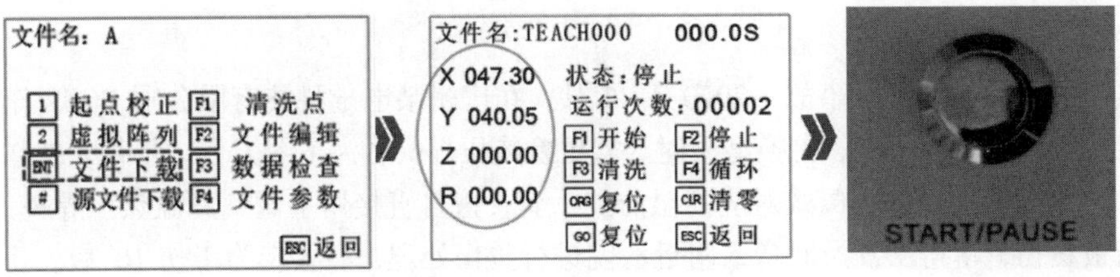

视频

焊接机器人
（焊接生产流程）

图 3-91 文件下载及加工

任务2　软硬板热压焊接

任务目标

通过软硬板热压焊接任务学习，会设计热压焊接工艺流程，能够调试焊接温度，分析并管控热压焊接工艺缺陷。

任务导图

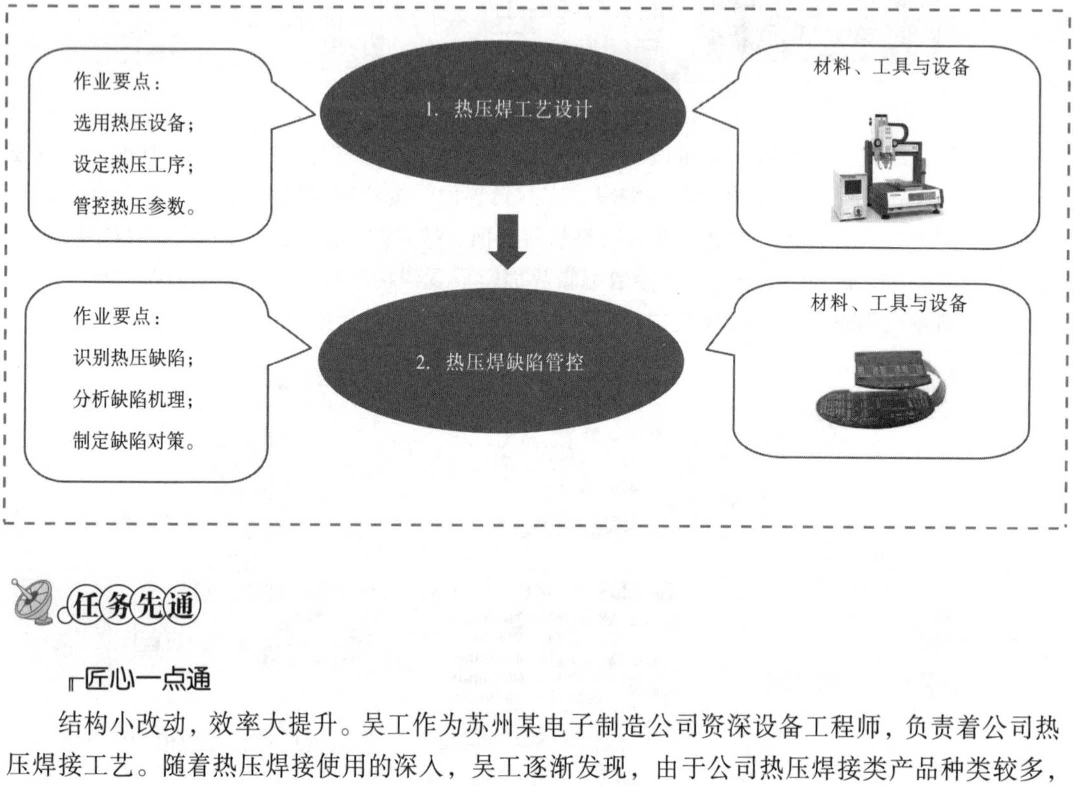

任务先通

匠心一点通

结构小改动，效率大提升。吴工作为苏州某电子制造公司资深设备工程师，负责着公司热压焊接工艺。随着热压焊接使用的深入，吴工逐渐发现，由于公司热压焊接类产品种类较多，对应的热压焊头类型也多，主要有钼、钛两种材质，主要结构也不同，故安装方式也不同。技术员在更换产品型号时，需花费大量时间更换机头组件来适应不同的热压焊头；同时，因为频繁的拆装，导致组件磨损，寿命降低，耗材成本大大上升。吴工仔细研究热压焊头结构以及机头组件，尝试设计一个通用转接模块。一天又一天，一张又一张的图纸，经历了三个月的尝试改进，最终研发成功。通过转接模块，直接更换热压焊头，不需要更换机头组件，大大降低了换型时间以及延长了使用寿命。

安全一点通

违规更换热压头，烫伤手掌酿事故。2020年11月，在广州某电子科技有限公司PCBA车间，操作员张某在操作热压焊接机，更换型号时，需更换热压焊头，为了图方便，张某未按作业指导书要求，待热压焊头冷却且佩戴对应高温防护手套，擅自直接用手碰到高温热压焊头，导致右手大拇指被烫伤，幸得工友及时送入附近医院进行烫伤处理，经鉴定为工伤10级。违规操作，贻害无穷。

质量一点通

擅自开机操作，酿成批量缺陷。2022 年 12 月 15 日，在苏州某电子科技有限公司热压焊接车间。操作员李某为了追赶生产进度，私自使用示教盒修改焊接参数。加快各轴移动速度，降低了焊接时间以及吹气冷却时间。未按作业指导书以及操作流程操作。最终导致批量 FPC 焊接产生虚焊。真的是捡了芝麻丢了西瓜，花费了 4 h 对不良品进行维修返工。浪费了大量时间及人力，受到了公司的通报批评。

作业 1　热压焊接工艺设计

热压焊接是连接柔性电路板和刚性电路板的一种焊接工艺，是表面组装技术领域的新兴制造工艺和重要组成部分。稳定和高效的热压焊接工艺无疑是保证产品良好品质的重要环节。

技能 1　认识热压焊接工艺流程

视频

热压焊接（原理及运作过程）

热压焊又称脉冲热压焊接，俗称“哈巴焊（hotbar）”，是加热并加压到足以使工件产生宏观变形的一种固态焊。流程中，先把锡膏印刷于基板的焊盘上，经再流焊炉后将锡膏熔化并预先焊于基板上，随后将待焊物柔性电路板（FPC）放置于已经焊有焊锡的基板上，再利用脉冲电流流过钼、钛等具有高电阻特性材料时所产生的巨大焦耳热加热热压焊头，将焊锡熔化并连接导通两个需要连接的电子元器件。哈巴焊得名于使用长条形的热压焊头，将扁平 FPC 焊接到基板上，同时也是更好区别于用热压焊头粘贴各向异性导电膜（ACF）到液晶显示器 LCD 或基板的热封（heatseal）制程。热压焊接可被应用于轻、薄、短、小的元器件，一般热压焊的工艺流程如图 3-92 所示。

图 3-92　热压焊工艺流程

1. 评估任务要求

通过观察，评估焊接母材即软硬板特性。通常情况下，硬板已经经过 SMT 组装成为半成品。在进行热压焊接前，确认焊接区域附近是否有其他元件，是否需要制作治具支撑。如果硬板厚度较大，或基板内部铜箔较多，为减小压头散热，可以在支撑治具上进行加热。

2. 选择焊接压头

根据硬板焊盘尺寸及软板材质，选择适当的焊接压头。也可以根据焊接的特殊要求定制相应材质的压头。

3. 调整压头水平

将所选的焊接压头安装到固定架，通过压敏纸调整压头水平。压敏纸又称感压纸、测量胶片、感压膜等。常用于测量机械压力、压力分布和压力平衡。当不同的压力施加在到敏纸上时，压敏纸就会显示不同的颜色，通过目视观察压敏纸颜色的深浅，从而调整焊接压头水平，直至压敏纸颜色分布均匀。

4. 设定压头压力

使用压力测试仪校正压头压力，通过在测试仪上施加压力，对比压力计和示教盒的压力，如果显示压力一致，则校准成功。不一致需重新校准。

5. 设定压头温度

将压头上的温度传感器线插入测温仪，设定高低温，将测温仪上的数据与设置温度进行比对，温差不超过 2 ℃，则不需要调整；超过 2 ℃，则将测温仪上数据填写到高低温校准值内进行温度校准。

6. 热压焊接试样

将软硬板按照要求放置在压头位置，根据热压焊接程序，进行热压焊接试样。

7. 检验

将焊接好的基板取出，观察焊接是否符合标准作业指导书。FPC 须无烫伤，金手指爬锡饱满；cable 线焊接牢固，线皮无烫伤；蘑菇头饱满光滑无划痕。

技能 2　认识热压焊设备材料

热压焊接设备材料包含热压焊接机、加热控制器、热压焊头、治具钢网以及待焊接基板和 FPC 等。

1. 热压焊接机

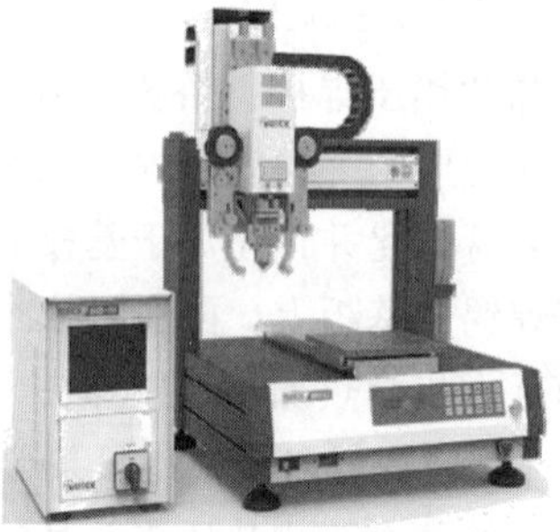

图 3-93　热压焊接机

视频

热压焊接
（设备介绍）

热压焊接机是利用加热和加压力，使焊接区金属发生塑性变形，同时破坏压焊界面上的氧化层，使压焊的金属丝与金属接触面间达到原子的引力范围，从而使原子间产生吸引力，达到键合目的的焊接设备。图 3-93 所示为 ET9H393X 热压焊接机，该设备主要由机头组件、治具平台、卷膜装置等组件组成，平台提供 *X-Y* 轴向运动，机头提供 *Z* 轴方向移动，这样可以为需要热压焊接的产品提供定制化焊接。

2. 加热控制器

提供定制的加热，模仿再流焊的预热、保温、热压焊接和冷却四大阶段过程。

（1）预热阶段。该阶段在基板以及 FPC 不因过热而造成基体损坏且助焊剂不挥发的前提下，迅速将焊盘从常温下加热至助焊剂的活化温度，这里活化温度一般为 120～170 ℃。热压焊可在短时间内快速加热，使焊头接触面温度分布均匀，通常在数秒内可将温度加热至活化温度。

（2）保温阶段。该阶段可以充分发挥助焊剂的作用，温度一般为 170～200 ℃，保温时间在 200～300 ms，确保整个焊件受热区域温度均匀。同时助焊剂能在焊盘表面上快速扩散、流动，除去焊料表面覆盖的氧化物层，为后续焊料铺展做准备。延长保温时间可能会蒸发太多的助焊剂，导致焊料与焊盘无法充分润湿，引起焊盘的氧化。而过短的保温时间又无法充分有效发挥助焊剂的功效。由于单次试验产品较少，较短的保温时间使焊头接触面温度均匀，故热压焊的保温时间通常为几百毫秒。

（3）热压焊接阶段。该阶段焊接温度通常高于焊料熔点的 30～50 ℃，此时液态焊料与焊盘表面充分发生润湿行为。焊接温度越高，会降低熔融液态焊料的粘度和表面张力，促使焊料在母材基板更快更好地润湿。但温度过高可能会造成焊盘热损伤，并可能引起焊料的再氧化、残留物烧焦、元件失效等问题；焊接温度过低可能难以发挥助焊剂的作用，导致焊料因存在非焊接状态而产生未焊接或虚焊等焊接缺陷。因此，该阶段必须掌控好适当的焊接温度，以获得更好的焊接质量效果。热压焊接过程中操作空间通常是非密闭的，且吸热与散热较快，焊接时间较短，因此温度设置范围可控制在 240～350 ℃。

（4）冷却阶段。该阶段焊料已经完全熔化并与焊件表面充分润湿，当焊接温度下降至焊头接触面传入的电阻热量不足以弥补热量散失时，焊点组织开始凝固结晶。冷却速度过快，可能会造成焊盘与焊料的热收缩不匹配现象，甚至焊盘表面因应力变形与焊点产生分离。缓慢冷却可能会使助焊剂完全挥发且焊接过度，会减弱焊点的结合能力。

视频

热压焊接
（焊头选型与安装调试）

3. 热压焊头

主要有钼热压焊头和钛热压焊头两种，二者的特性见表 3-9。钛合金质地较软，通常为双层热压焊头；相比钛合金，钼合金质地更硬，通常为单层热压焊头。

表 3-9　钼、钛热压焊头特性一览表

	钼热压焊头	钛热压焊头
热压焊头		
电流走向	左右方向	前后方向
电阻率	5.3×10^{-8}（Ω · m）	42.0×10^{-8}（Ω · m）
导热系数	138 W/（m · k）	15.24 W/（m · k）
硬度	HB160	HB115
优点	热传递性好	韧性好，易加工
缺点	较脆，不易加工成双面	热传递慢

4. 钢网

提供焊接所需焊料，通常为锡膏，作为 SMT 的后端组装制程，最为便捷的方法为在 SMT 段就进行预上锡。因为焊接过程中，焊锡位于两个母材中间，要注意锡膏量的计算，还要注意留出足够的焊盘空间，让热压焊头下压时挤压出来的多余熔锡有地方可以释放缓冲，避免熔锡溢出焊盘而与邻边的焊盘形成短路。SMT 所用锡膏基本上为 SAC305，其中金属混合物体积占比为 50%，热压位置钢网开孔可参考表 3-10，钢网厚度为 0.13 mm。

表 3-10　软硬板焊接钢网开口参数表

类型	压着物	被压着物	节距/mm	被压着物开孔率
Window	TCP（镀锡）	FPC PCB	1.0	70%
			0.8	60%
			0.6	45%
			0.5	

续表

类型	压着物	被压着物	节距/mm	被压着物开孔率
Window	FPC（镀金）	FPC、PCB（镀金）	1.0	85%
			0.8	
	FPC	FPC、PCB（镀金）	1.0	85%
			0.8	
No Window	TCP（镀金）	FPC PCB	0.8	50%
			0.6	35%
			0.5	
	FPC（镀金）	FPC、PCB（镀金）	0.8	50%
			0.7	
			0.6	
			0.5	45%
			0.45	
	COF（镀金）	FPC PCB	0.8	50%
			0.6	35%
			0.5	
			<0.5	喷锡 4～20 μm

如有厚度变更，钢网开孔覆盖面积计算方法为：Window 类型，钢网厚度为 0.13 mm 时，压着物为 TCP，被压物为 FPC，节距为 0.8 mm，原开孔率为 60%，钢网厚度改为 0.12 mm 后，新的开孔率为（60% × 0.13）/0.12=65%。

5. FPC

FPC（flexible printed circuit，柔性电路板）又称“软板”“柔性电路板”“挠性电路板”等。

追溯历史，FPC 是 20 世纪 70 年代为发展航天火箭技术发展而来的技术，是以聚酰亚胺（PI）为基材制成的一种具有高可靠性、绝佳挠曲性的印制电路板。通过在可弯曲的轻薄塑料片上嵌入设计电路，使在窄小和有限空间中堆嵌大量精密元件，从而形成可弯曲的挠性电路。此种电路可随意弯曲、折叠，质量小，体积小，散热性好，安装方便，冲破了传统的互连技术，在智能手机、笔记本计算机等产品中得到广泛应用。FPC 组成的材料包含绝缘薄膜、导体和粘接剂等。

由于热压焊不同于再流焊接和波峰焊接，在焊接的同时，需要在待焊物表面增加压力，所以软硬板焊盘的设计与其他基板焊盘的设计有所不同。

（1）FPC 焊盘（金手指）设计。FPC 是非金属基材，传热很慢。如果只有一层金手指，焊接时热量传递较慢，就很难完成焊接。所以需要在焊盘上设置过锡孔，实现更好的传热，并让熔化的焊锡可以在上下层之间流动，如图 3-94 所示。热压焊接完成后，可以从过锡孔中锡的含量判断焊接状况是否满足要求。

（2）软板焊盘大小设计。如图 3-95 所示，软板焊盘宽度 A 一般不小于 1.4 mm，焊盘长度 B 一般不小于 1.5 mm，软板凹槽边宽 C 不小于 0.4 mm，软板凹槽宽度 D 不小于 0.6 mm（FPC

基板生产最小冲槽 0.6 mm），软板凹槽深度 E 不小于 0.7 mm（$E \approx B/2$ 的长度为宜）。

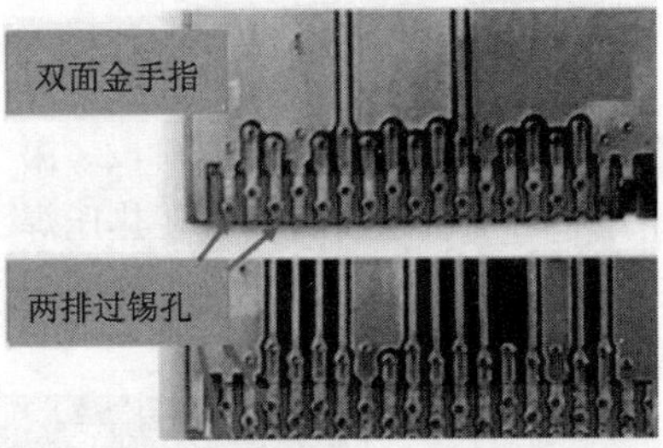

图 3-94　FPC 焊盘（金手指）设计

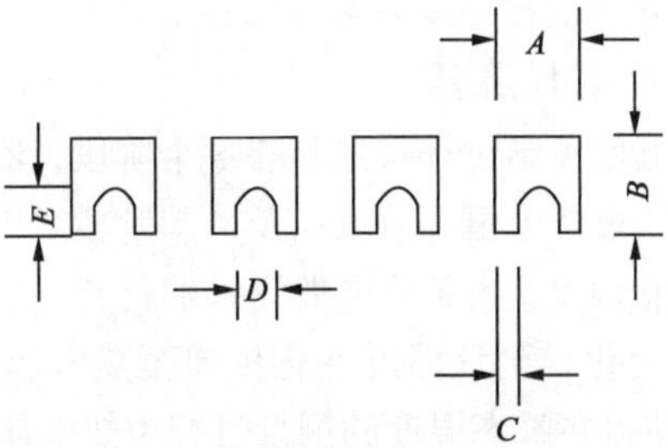

图 3-95　软板焊盘大小设计

（3）硬板焊盘大小设计。如图 3-96 所示，硬板焊盘宽度 F 为软板焊盘宽度 A+（0.2～0.3）mm，硬板焊盘长度 G 为软板焊盘长度 B+0.3 mm，外溢软板边距 H 为 0.3 mm，I 为 0.1～0.15 mm。

（4）软硬板单体焊盘安全间距。如图 3-97 所示，硬板焊盘间距 J 不小于 0.6 mm，极限距离不小于 0.5 mm；软板焊盘间距 K 不小于 0.8 mm，极限间距 0.7 mm；软板中间焊盘到边间距 P 不小于 1.4 mm（极限），随电流增大而增大。

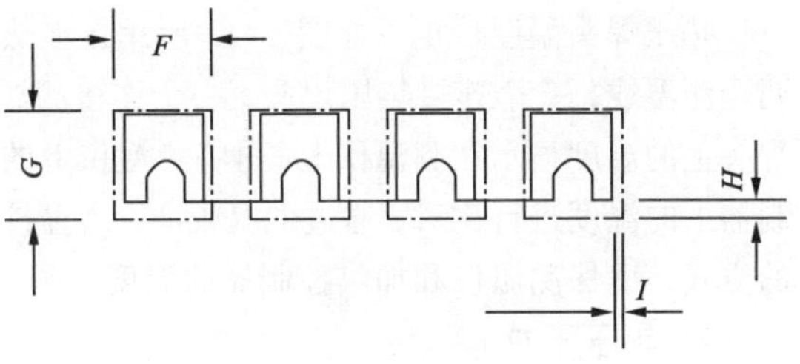

注：点画线框起的为 PCB 硬板焊盘。

图 3-96　硬板焊盘大小设计

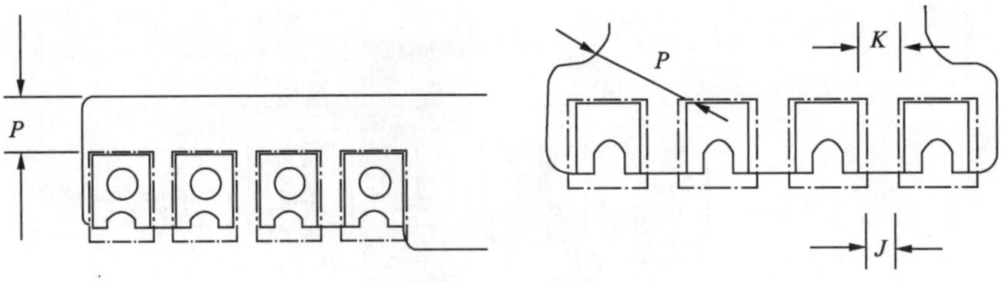

注：点画线框起的为 PCB 硬板焊盘。

图 3-97　软硬板单体焊盘安全间距

（5）焊盘到板边间距、元件安全间距。如图 3-98 所示，硬板焊盘到板边间距 L 不小于 0.3 mm；软硬结合区域到元件间距 M 不小于 1.5 mm（相同网络极限≥1.0 mm）；软硬结合区域到基板边缘间距 N 不小于 1.5 mm（相同网络极限≥1.0 mm）。

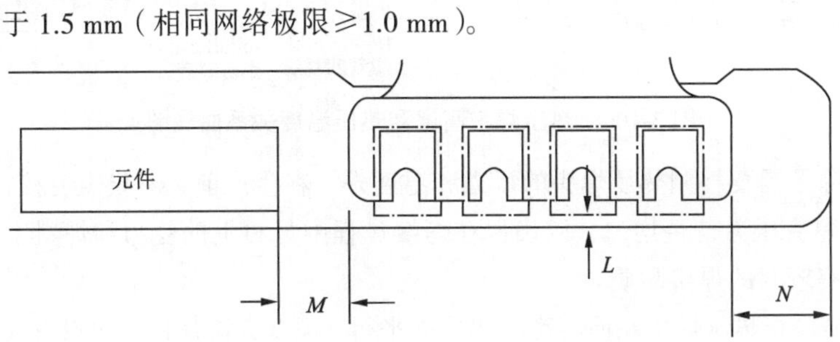

图 3-98　焊盘到板边间距、元件安全间距

技能 3　热压焊接参数设计

热压焊接主要参数是热压温度和热压压力等。

1. 热压温度

温度控制过程一般具有 5 个阶段，依次为第 1 个升温阶段、第 1 个恒温阶段、第 2 个升温阶段、第 2 个恒温阶段以及冷却阶段。热电偶经济耐用，目前普遍将其焊接在热压焊头上以检测焊接温度。由于热电偶测量端具有一定的热容量，并且从热压焊头与焊接工件的接触面发生温度变化，到该温度变化传递至热电偶焊接位置存在传热时间，使得在瞬态温度的测量过程中热电偶输出信号与实际温度信号存在动态误差，这对热压焊温度控制造成了一定困难。这就需要热压焊接前进行热压焊头温度校正。

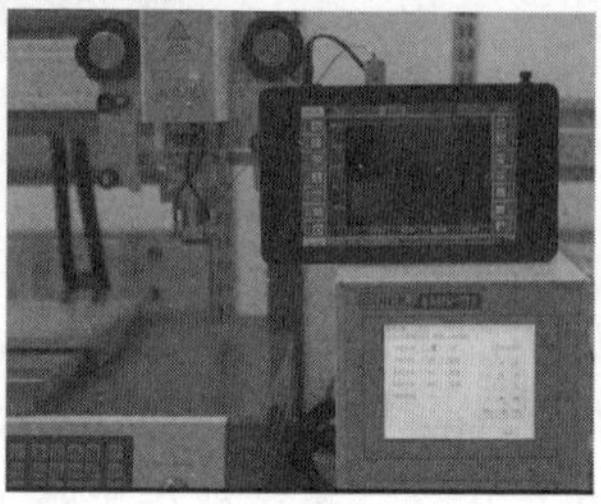

图 3-99　热压焊头温度校正

热压焊头温度校正。如图 3-99 所示，在热压焊头上连接两个测温线，一个连接热压焊头，一个连接测温仪，确保热压焊头上的温度显示在测温仪上，再将测温仪上的温度和加热控制器上的温度进行比对，通过低温校准、高温校准和多次校准的方式，确保测温仪和加热控制器的温度一致。

2. 热压压力

压力控制一般可通过热压焊头高度来控制，如图 3-100 所示，焊头高度和温度的关系，在压头温度完成第 1 个升温阶段时接触待焊物，将热量传导到锡膏上；待压头温度达到第 2 个恒温阶段后，逐步增大压力到设定的最大压力并保持；焊接结束后，使用压缩空气吹压焊部位，使温度迅速降低，待温度降低到锡膏熔点以下，逐步减小压力。完成焊接。

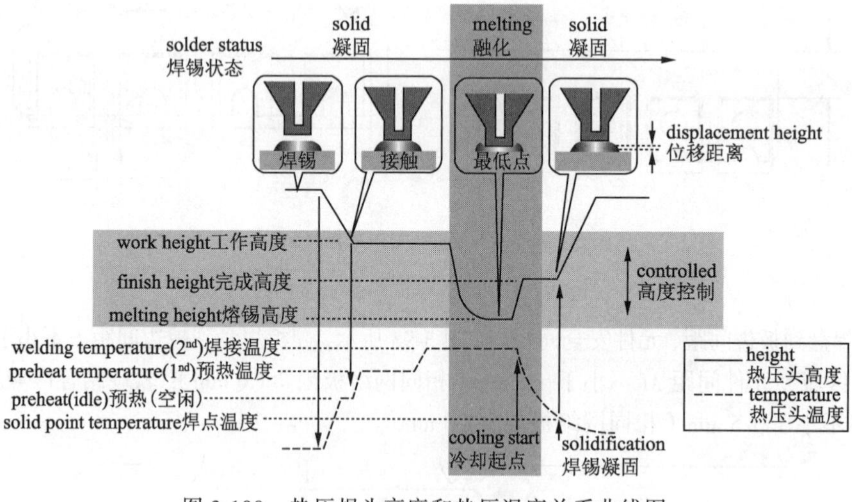

图 3-100　热压焊头高度和热压温度关系曲线图

热压焊接除了需要控制热压焊头的压力和温度外。在生产前，不仅需要校正压头的温度，还要确认热压焊头压力是否均匀，以确保在焊接过程中母材上的受力和焊料上的受热是均匀的，才能保证有较好的焊接品质。

热压时，要检查热压焊头端面与产品热压面平行。检查方法是把干净没有失效的压敏纸放入热压焊头和托盘之间，再按压热压焊头使其紧紧压在压敏纸上，如图 3-101 所示。压敏纸是压力测量胶片的俗称，可精确地测量压力、压力分布和压力平衡的胶片。施压时，在胶片上会出现红色区，彩色的浓度会随着压力的改变而改变。

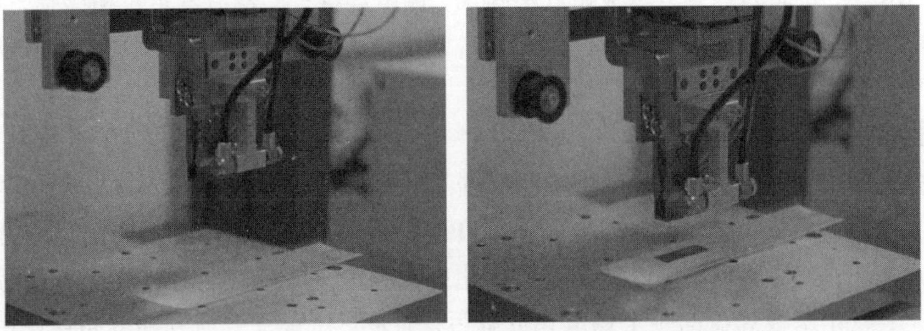

（a）放入压敏纸　　（b）查看压敏纸

图 3-101　热压焊头端面与产品热压面平行度检查

查看压敏纸上的印痕，并根据印痕的情况调节基座上的螺母，直到压敏纸上的印痕为清晰的长方形轮廓时，平行度才算合格，如图 3-102 所示。

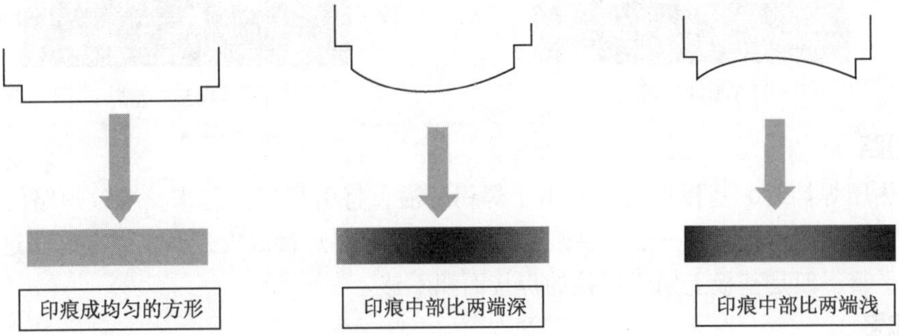

（a）合格热压焊头　　（b）热压焊头中央高，两端低　　（c）热压焊头中央低，两端高

图 3-102　热压焊头位置判定示意图

作业 2　热压焊缺陷管控

技能 1　热压焊接典型缺陷

在焊接过程中，和其他所有焊接一样，受到内外因素的影响，会出现各种不良。内部影响因素，如焊接表面氧化、焊料中助焊剂残留、焊料数量多少、焊接面引脚节距等；外部影响因素，如加热温度、加热时间、加热压力大小等。热压焊接典型缺陷主要有偏位、虚焊、短路，锡多、锡少、外观不良等类型，其产生概率分布如图 3-103 所示。

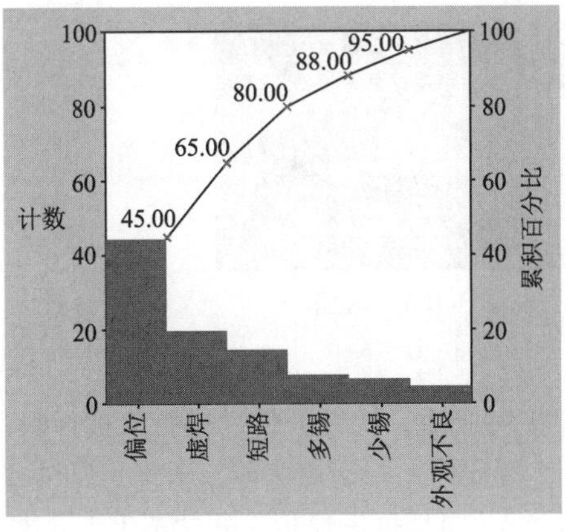

图 3-103　热压焊缺陷概率分布

视频

热压焊接（不良分析及处理）

1. 偏位

是指热压焊接结束后，基板焊点发生偏移，超出 IPC 规范要求焊盘的 50%的现象，如图 3-104 所示。主要原因：一是基板贴放不到位，偏出焊盘；二是治具定位槽磨损，定位偏移；三是设备参数不在合理范围内，导致机器振动、冲击；四是治具磨损、脏污，点检不到位；五是治具没有放置到位。

2. 虚焊

是指热压焊接完成后，部分或全部焊点未能完成焊接的现象，如图 3-105 所示。主要原因：一是焊接参数不符合 SOP 要求；二是没有将 FPC 线芯调整到基板的焊盘中间；三是热压焊头设计与待焊接产品不匹配；四是 FPC 线芯氧化或有脏污；五是热压焊头表面有脏污，导致热量传导受阻；六是基板焊盘的预上锡氧化或脏污；七是热压焊头寿命到期或超期使用，焊头不能达到固有性能。

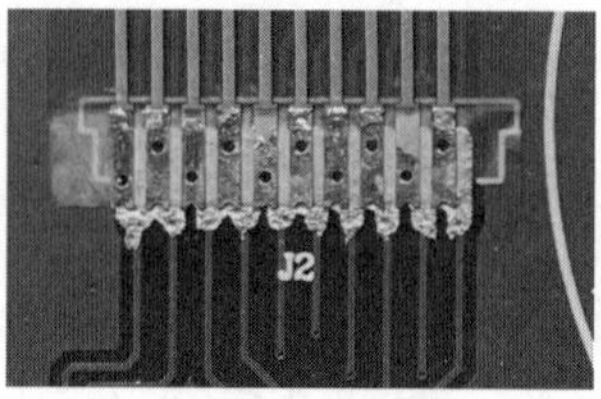

图 3-104　偏位

图 3-105　虚焊

3. 短路

是指热压焊接后，基板焊盘之间由于焊锡外溢，将引脚连接起来，导致短路的现象，如图 3-106 所示。主要原因：一是升温速度过快；二是液态焊接温度过高，焊接时间过长；三是压合面不平整；四是基板上用于焊接的焊接面积不够。

4. 锡多

是指热压焊料过多，焊接完成后，过多的焊料溢出焊接表面，导致外观不良的现象，如图 3-107 所示。主要原因：一是焊接前，预置的焊料过多；二是焊接时压力设定较大；三是热压焊头不平整，未调试至水平状态；四是热压焊头尺寸与焊接面积不匹配，导致部分位置未受到热压焊接压力。

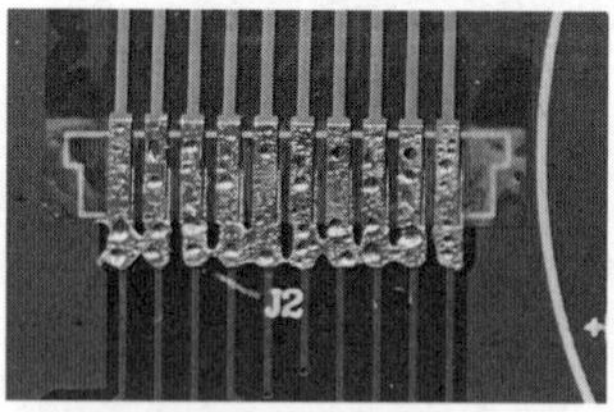

图 3-106　短路

图 3-107　锡多

5. 锡少

是指热压焊接完成后，软板上的过锡孔未被焊料填满，未填满部分超过 25%的现象，如图 3-108 所示。主要原因：一是焊接前，预置的焊料过少；二是焊接压力设定过小；三是硬板下的治具吸热量较大；四是热压焊头未调试至水平状态；五是热压焊头尺寸与焊接面积不匹配，导致部分位置未受到热压焊接压力。

6. 外观不良

是指热压焊接后，软板被烫伤的现象，如图 3-109 所示。软板的主要材料是聚酰亚胺，耐热温度为 260 ℃，耐热时间为 10 s。当热压温度超过软板耐热温度或超过耐热时间，接触热压焊头的部分软板就可能会被碳化，造成烫伤的现象。

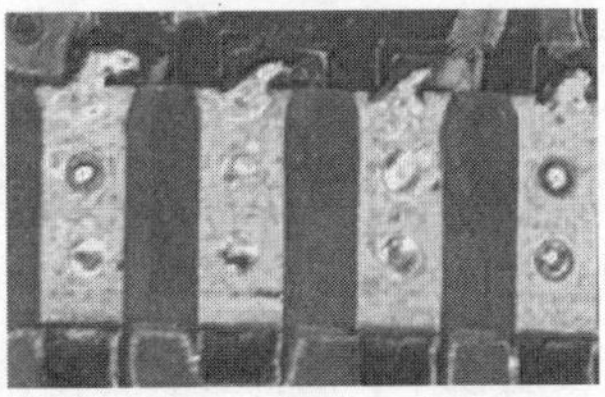

图 3-108　锡少

图 3-109　外观不良

技能 2　热压焊接缺陷改善对策

通过上面对热压焊接缺陷分析，为实现完美的热压焊接效果应满足正确的热压焊头、适当的热压压力、恰当的热压温度、合适的热压时间、匹配的治工具（低散热，准确的定位）等条件。

1. 正确的热压焊头

工欲善其事，必先利其器，所以选择正确的热压焊头是实现良好焊接品质的前提。对于一般的软板，选择底部平整的热压焊头，如图 3-110（a）所示；对于线材焊接，根据线材直径，定制相应的热压焊头，如图 3-110（b）所示。

（a）焊接 FPC

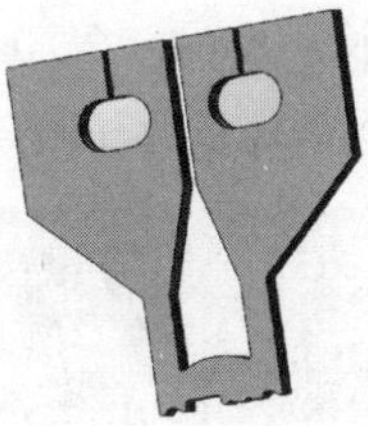

（b）焊接线材

图 3-110　热压焊头选择

2. 适当的压力

在热压焊头加热恒定后，需要接触到母材，将热量传递到母材和焊料，待温度达到焊料的熔化温度，需要施加压力将软硬板和焊料保持连接，待焊接完成后，迅速降温，待温度低于焊料熔化温度后，热压焊头即可离开焊接母材。但是压力不能设定过大，以减小因压力过大而导致的应力，导致软板损坏，一般可以按照表 3-11 设定初步压力，在产品试产阶段，通过 DOE 的方式得到最合适的压力值。

表 3-11　焊接面积热压力对应关系

焊接面积/mm^2	设定压力/（kg/cm^2）
小于 15 × 1.5	1
15 × 1.5～40 × 2	1～1.5

续表

焊接面积/mm^2	设定压力/（kg/cm^2）
40×2～70×2.5	1.5 ～2
大于 70×2.5	2

3. 恰当的温度

与 SMT 再流焊炉温度设定相同，每次生产前，都要使用热压焊测温板进行焊接处温度设定，确保焊接温度在制程能力范围之内。因为热压焊头、母材、制程治具的不同，均会导致设定温度和实际焊接温度的差值不同。为了减少不良品发生概率，就有必要在生产前进行焊接温度设定。

4. 合适的时间

热压焊接采用的是脉冲大电流进行加热，热压焊头使用的是大电阻，导热性好的钼合金或钛合金，所以产生的热量能够很快传递到被焊物。但是，如果焊接时间过长，会导致生成的 IMC 由 Cu_6Sn_5 转变为 Cu_3Sn，导致焊接点变脆，故温度达到熔融状态不能太长，一般设定为 2～5 s。

5. 匹配的治工具

焊接过程中，需要将基板固定在治具中，支撑被焊接部位，一般采用合成石，因为合成石的热传递系数较低，且适合加工，所以应用非常广泛。

技能 3 热压焊接工艺实例

以图 3-111（a）和（b）所示的待焊软硬板为例，对位号 J2 和 J3 进行热压焊接。测量对应位置焊盘信息为：长 4.5 mm，宽 0.35 mm，节距 1.0 mm，一共 10 个引脚。焊盘面积为（1×9+0.35）×4.5=9.35×4.5=42.75 mm^2=0.4275 cm^2，压力应为 1～1.5 kg。

（a）硬板　　（b）软板

图 3-111　软硬板热压焊接样例

1. 热压温度设定

SMT 段预上的焊料为 SAC305，熔点为 217 ℃，初步设定温度见表 3-12。

表 3-12　热压温度设定

	升温 1	恒温 1	升温 2	热压	冷却
温度/℃	180～250	250	250～280	280	—
时间/s	1.2	2	0.8	4.6	2

2. 选择正确的热压焊头

测定热压焊头水平。如图 3-112 所示，在安装热压焊头后，利用压敏纸，测试水平，通过进行焊头水平微调，使得在压敏纸上留下的按压痕迹颜色相同，则表示热压焊头水平调试完成。

视频

热压焊接
（压力校准）

水平调整完成后，进行压力校准，进入参数设定界面，单击“#设定”输入密码后选择“系统设定 1”，进入系统设定 1 后单击“6 料头校正”选择“Z 压力”，使用压力计分别进行低压和高压校正。示教盒显示压力 6×（1±10%）N 时，读取压力计上的参数写入校准值（低压校准），示教盒显示压力 10×（±10%）N 时，读取压力计上的参数写入校准值（高压校准），如图 3-113 所示。

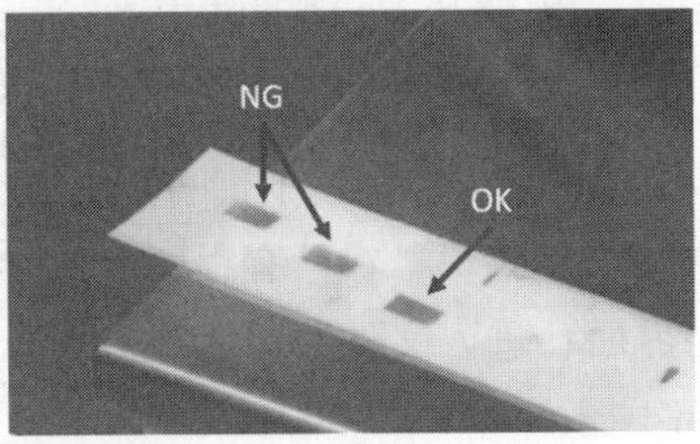

图 3-112　压敏纸测试水平度

图 3-113　热压压力校准

3. 温度校准

分别对环境温度、低温校准温度、高温校准温度进行校准。将温度显示液晶屏与传感器相连的插头 2 拔下，连接到温度测试仪上，如图 3-114 所示。

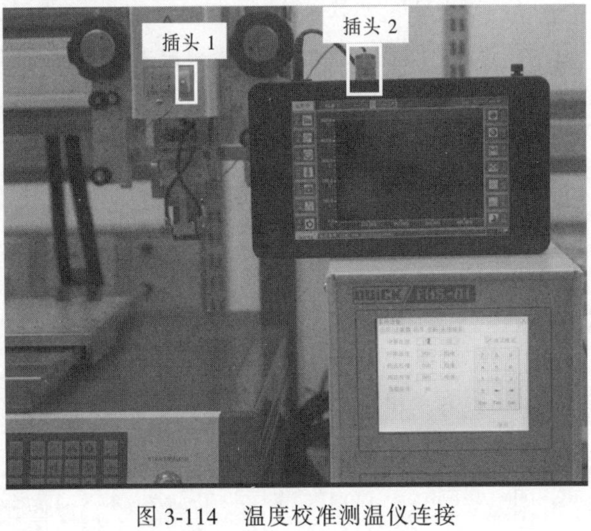

图 3-114　温度校准测温仪连接

视频

热压焊接
（温度校准）

（1）低温校准。以校准 150 ℃温度为例，单击“低温校准”后面的值文本框，待温度测试仪上显示的数值稳定后，手动在“低温校准”值文本框中输入温度测试仪显示的相对稳定的数值，单击“校准”按钮，如图 3-115 所示。

（2）高温校准。以校准 300 ℃温度为例，单击“高温校准”后面的值文本框，待温度测试仪上显示的数值稳定后，手动在“高温校准”值文本框中输入温度测试仪显示的相对稳定的数值，单击“校准”按钮，如图 3-116 所示，单击“保存”按钮，完成温度校准。

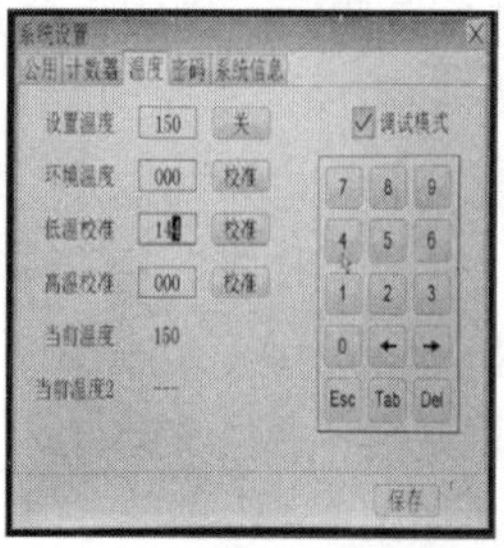

图 3-115　低温校准

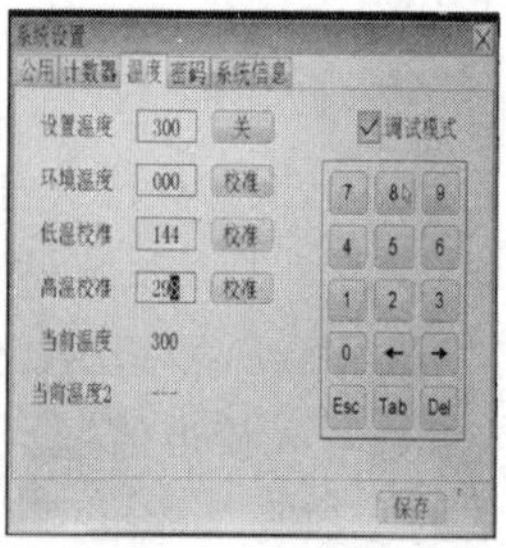

图 3-116　高温校准

视频

热压焊接

（焊接编程）

4. 程序编制

（1）示教编辑。连接示教盒，在示教盒的主界面选择“2 示教程序”，进入示教程序菜单后，选择“F1 新建”文件，或者选择“F2 编辑”在已有程序上进行修改。图 3-117 所示为单击 F1 或 F2 后进入的界面；进入文件菜单后，选择“F2 文件编辑”；进入文件编辑界面后，选择“F1 插入”。

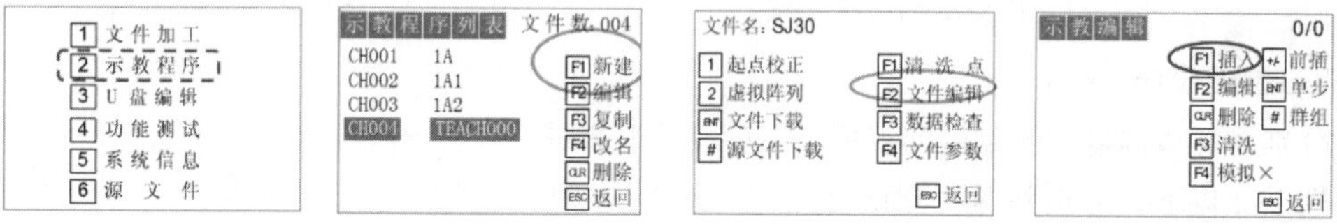

图 3-117　示教编辑

选择“8OUT 点”，进入“OUT 点设定”界面，单击 F3 后，再单击 4，从而打开“EOUT 12”端口（准备信号），然后按 ENT 保存，如图 3-118 所示。

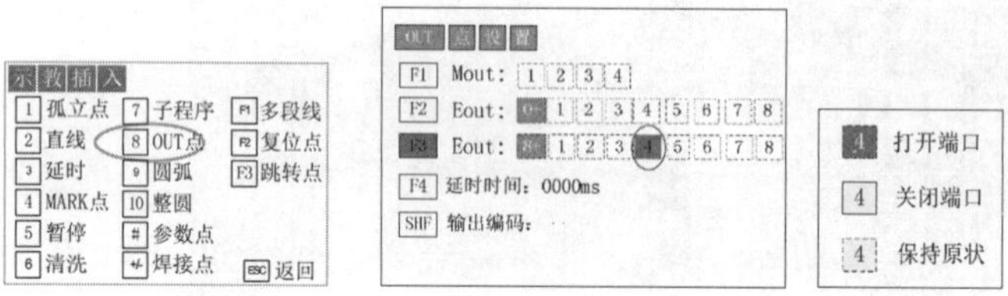

图 3-118　OUT 点设置

（2）选择焊接点位。与插入 OUT 点方式相同，再继续插入一个焊接点，如图 3-119 所示。

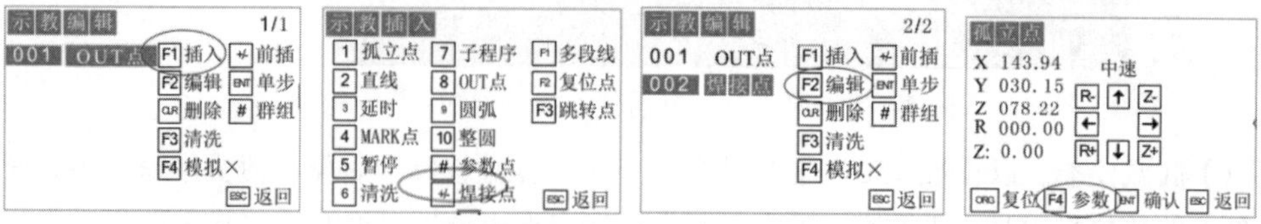

图 3-119　焊接点位选择设置

进入点位编辑界面后，单击示教盒上的方向移动键（如↓→↑←等），单击示教盒上 SHFT 键调整移动速度（低、中、高三种），机器会随着控制做出相应的移动。按下“F4 参数”可以对点位的参数进行修改，如图 3-120 所示。

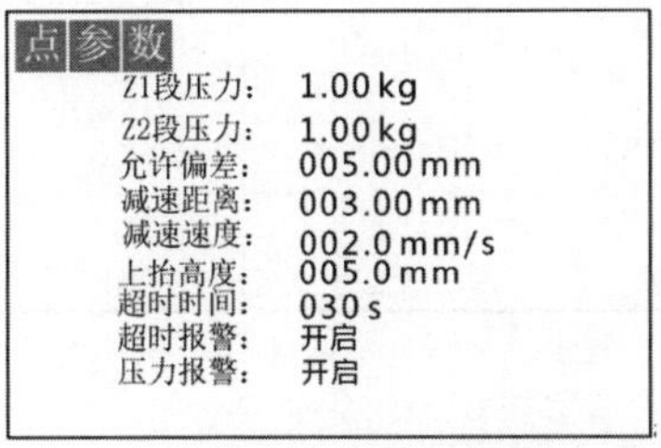

图 3-120　焊接点位编辑

（3）设定 Z1/Z2 段压力。设定第一段压力和第二段压力。

允许偏差：压力目标值和允许最大压力值之间的偏差。

减速距离：Z 轴在下降到焊接位置的过程中，先以 Z 轴运动速度下降，焊头与产品距离逐渐减小，当距离减小并达到“减速距离”时，下降速度立即降低为“减速速度”。“减速距离”就是开始降低为“减速速度”的距离。

上抬高度：焊接完成后，Z 轴上升的高度。

超时时间：焊接时间超过设定时间则会有报警提示。超时报警关闭则不会报警。

压力报警：开启时，压力超出设定范围会有报警，关闭则不会有报警。参数和位置设定好之后按下 ENT 确认并保存。

回到示教文件菜单，按下“ENT 文件下载”对文件进行下载，下载完成后自动进入文件加工界面。选择开始，开始运行编辑的焊接点程序，进行试焊，如图 3-121 所示。查看焊接状况，如果焊接不良，可通过调整压力和热压焊头温度改善焊接结果。

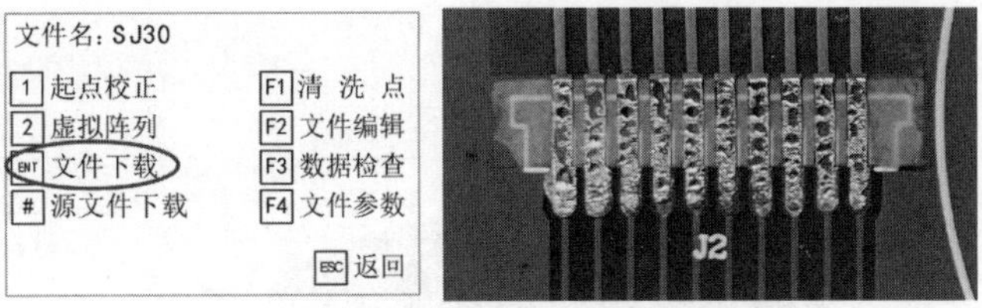

图 3-121　试焊过程

制程四

基板检修

“基板检修”制程是“1+X”电子装联职业技能等级标准（高级）第四个学习领域，该领域包含焊点检测改善、焊点缺陷返修两个工作任务。重点考评品质管理手法应用以及品管圈实战演练、缺陷焊点返修工艺方案制定以及焊点返修过程品质管控。

任务1　焊点检测

任务目标

通过焊点检测任务学习，会用七大品质分析手法，按照抽样检验规则，依据 PCBA 缺陷等级检测标准，检测 PCBA 缺陷，并根据电子产品生产工序质量分析故障路径，制定 PCBA 缺陷改善方案，管控 PCBA 贴装质量；会用工业机器人的深度学习技术管理 PCBA 生产品质。具备检测焊点品质和焊点品质改善等专业技能。

任务导图

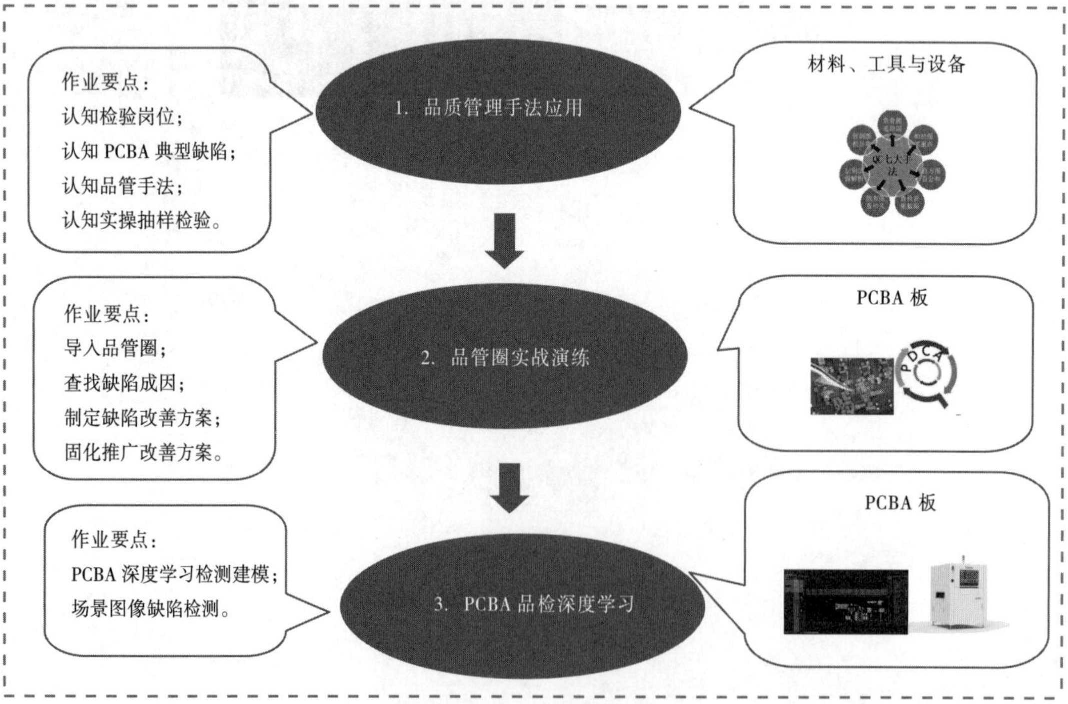

任务先通

匠心一点通

勤奋学习，成就工匠。2020 年 12 月 15 日下午四点，成都某电子科技有限公司五楼会议大厅张灯结彩，一派热闹景象，原来公司正在举办李成从事工艺检修岗位 20 年业绩展暨授予李成“工艺大师”称号仪式。李成至 21 岁高职生毕业进厂，在检修岗位上从学徒做起，坚持学习，20 年如一日，带领工友不断改革创新，先后申请发明专利 11 项，创造李成电路快速检修法，把原来返修要 8 h 的一块电路板硬是降到 8 min 就可以快速检修一块电路板，仅这一项创新，就为公司节省 2 000 多万元。李成以勤奋、进取、创新塑造一个职校人的完美人生，堪称新时代大学生学习的榜样。

安全一点通

一个误操作，损失十三万。2021 年 8 月 23 日，南京某电子科技有限公司 SMT 品管团队，针对某产品测试，发现部分单板出现 video 信号花屏的现象，对其进行分析讨论，最终结果是：SMT 在焊接 PCBA 板时造成 0402 排阻连锡以及虚焊。是什么原因呢？采用柏拉图法检查主要改善对象，根据焊接不良的要因图，改善组经过现场进行科学分析，筛选了 4 个因子进行实验，为了实验的针对性，把钢网设计作为固定因子，其他 3 个因子采用 2 个水准进行实验，采用目前先进的系统工程 DOC 分析法，经过交叉实验，发现无论如何改变这 3 个因子，良品率的提高都不明显，因此，验证出良品率不高的主要因子应该是钢网。但无论怎么设计钢网，最终改善目标的良品率都没有达到预期目标 99%。是什么原因达不到呢？品管团队再次检查与实验，原来是小李在实验中将刮刀压力多加了一个 0，将刮刀压力 8 kg 误算为 80 kg，导致结果错误，不但浪费了人力物力，而且影响了生产速度，造成当月直接经济损失达十三万元。

质量一点通

斤斤计较，方成卓越品质。吴工是广州某电子厂 SMT 生产车间一名品质主管。2021 年 5 月 23 日 9 点 30 分，吴工在例巡检查中，突然发现异常功能电路板数量激增，询问当班检验员，并调取检验记录查看，均无异常现象。于是，吴工重新调试检查程序，检查功能异常板，终于发现是三极管 V351 出现虚焊现象，究其原因，原来当班测试员在调试光照参数时出现设定问题，而未能有效查检出问题。正是像吴工这样“斤斤计较”的质量人，才能成就中国制造的卓越品质。

作业 1　品质管理手法运用

技能 1　检验岗位认知

1. 检验的定义

检验是对实体的一个或多个特性进行诸如测量、检查、试验或度量并将结果与规定要求进行比较以确定每项特性合格情况所进行的活动。其主要内容包括：

（1）熟悉与掌握“规定要求”，了解熟悉质量标准、工艺要求。

（2）测量、检查、试验或度量：依规定的方法使用检测设备进行检测。

（3）比较：检验结果与规定要求进行对照比较。

（4）判定：对比较的结果作出合格与否的判定。

（5）处理：颁发质量证明文件，合格证或不合格标识。

（6）记录：依规定的格式和要求认真做好检测和判定记录。

2. 检验的分类

（1）按检验数分为全检、抽检、免检。

（2）按工序流程分为来料质量控制（IQC）、制程控制（IPQC）、出货检验（FQC/OQC）、驻厂质量控制（QC）。

（3）按检验人责任分为专检、自检、互检。

（4）按检验场所分为工序专检和产线巡检、外发检验、库存检验、客处检验。

（5）按检验性质分为破坏检验、非破坏检验。

（6）按检验内容分为试制品检验、性能检验、可靠性检验、苛刻检验、分解检验。

（7）按检验数据类别分为计数检验、计量检验。

（8）检验的功能为鉴别、把关、预防、反馈。

3. 检验的职能

质量检验的职能是根据技术标准、产品图样、工艺规程和定货合同（协议）的规定，采用相应的检验方法观察试验、测量产品的质量特性。判定产品是否符合规定的要求，主要是起到预防、把关、报告的职能。

（1）把关职能。即根据技术标准和规范要求，对原辅材料在制品、半成品、成品和设备、工装等进行多层次的检验和实验，以免将不合格品投入生产或转入下道工序或出厂，从而保证质量，起到“把关”的作用。

（2）预防职能。预防和减少不符合质量标准的产品，主要通过下列活动得以实现：

首件检验和巡回检验。

进货检验、中间检验和完工检验。

工序能力的测定和控制图的使用。

（3）报告职能。报告职能也就是信息反馈的职能。通过对质量检验获取的原始数据的记录、分析、掌握、评价产品的实际质量水平。以报告的形式反馈给管理决策部门和有关管理部门，以便做出正确的判断和采取有效的决策措施。

技能 2　PCBA 典型缺陷认知

1. PCBA 缺陷等级

PCBA 缺陷：指在产品单位上任何不符合特定要求条件者。如短路、焊盘脱落等情形。主要有：

致命缺陷：将会给用户带来危险与伤害，或易使产品受到法律性扣押，或违背客户的要求。

主要缺陷：功能性缺陷，影响使用或装配。

次要缺陷：外观、包装轻微缺陷，不影响使用或装配。

2. 电子产品 PCBA 常见缺陷

电子产品 PCBA 常见缺陷见表 4-1。

表 4-1　电子产品 PCBA 常见缺陷

序号	名称	描述	主要原因	检测方法
1	混料	不同料号的物料混装在一起	来料混料； 过程疏忽混料	BOM 对料 外观检查
2	错料	使用的物料料号或规格与 BOM 不符	来料错料； 生产过程中人为疏忽	BOM 对料 外观检查
3	掉件	已焊接元件因受外力作用而掉落	PCBA 受到撞击； 搬运方法不正确	外观检查
4	反向	极性元件方向错误	贴片程序错误； 贴装或插件疏忽	外观检查
5	错位	元件贴装或插件的位置错误	贴片程序错误； 贴装或插件疏忽	外观检查功能测试
6	多件	焊接了 BOM 上没有要求的其他元件	贴片程序错误； 贴装或插件疏忽	外观检查功能测试
7	少件	基板上漏焊接 BOM 要求的元件	贴片程序错误； 贴装或插件疏忽	外观检查功能测试
8	空焊	元件焊接端没有与基板形成焊接	再流焊或波峰焊温度曲线不合理	外观检查功能测试
9	桥连	两焊接点被锡短接	锡膏印刷过多； 补焊人员疏忽	外观检查功能测试
10	虚焊	元件焊接端与基板形成的焊接点不牢靠，呈时开路时通路状态	①基板来料不良； ②焊接温度不够； ③锡膏松香含量不够	外观检查功能测试
11	少锡	元件焊接端或基板焊盘上锡面积小于规格值	元件或基板可焊性差；印刷不良	外观检查
12	锡珠	基板焊盘边缘或板面上有易松脱的颗粒状锡球	锡膏成分不良；焊接温度曲线不合理；补焊手法不正确	外观检查
13	锡尖	焊点有拉伸状突出尖角，容易断裂	补焊烙铁温度偏低；补焊手法不正确	外观检查
14	锡渣	基板焊盘边缘或板面上有泥状锡	补焊烙铁温度过高；补焊手法不正确	外观检查
15	起皮	基板板上线路剥离	①焊接温度过高，时间过长；②基板来料不良	外观检查
16	多锡	焊接点锡量过多	锡膏印刷过多；补焊人员操作失误	外观检查
17	起泡	基板起泡	基板不耐高温；焊接温度过高	外观检查
18	浮高	元件本体没有直接接触基板板面	基板受潮；锡膏印刷量不均匀；波峰焊治具不良	外观检查
19	锡孔	锡点有孔	焊盘破损；锡膏助焊剂含量过高；锡膏受潮；升温太快；波峰焊喷助剂过多	外观检查
20	焊反	线的正负极在PCB焊盘的位置焊反	人员操作失误	功能测试/外观检查

技能 3　品质管理手法认知

1. 品质管理手法

品质管理手法，通常是指品质管理七大手法，“七大手法”主要是指企业质量管理中常用的质量管理工具，有“老七种”和“新七种”之分，其本质都是初级统计管理方法。当然，质量统计管理方法也不止这七种，还有诸如实验设计、分布图、推移图等方法。

“老七种”主要包括：

（1）层别法（数据分层法）：按层分类，分别统计分析作用，从不同层面发现问题。

（2）特性要因图（因果分析图）：寻找因果关系作用，寻找引发结果的原因。又称鱼骨图。

（3）查检表（统计分析表）：调查记录数据用以分析作用，收集整理资料。

（4）散布图：找出两者之间的关系作用，展示变数之间的线性关系。

（5）直方图：解析数据分布状况作用，展示过程的分布情况。

（6）管制图（控制图）：了解制程能力变异状况、识别波动的来源。

（7）柏拉图（排列图）：找出重要的少数作用，确定主导因素（所谓的二八原则）。

“新七种”主要包括：

（1）关联图法：分析事物之间“原因与结果”“目的与手段”等复杂关系的一种图表，它能够从事物之间的逻辑关系中寻找出解决问题的办法。

（2）系统图法：把要实现的目的与需要采取的措施或手段，系统地展开，并绘制成图，以明确问题的重点，寻找最佳手段或措施。

（3）亲和图法：把大量收集到的关于未知事物或不明确的事实的意见或构思等语言资料，按其相互亲和性(相近性)归纳整理这些资料，使问题明确起来，求得统一认识和协调工作,以利于问题解决。

（4）矩阵图法：从多维问题的事件中，找出成对的因素，排列成矩阵图，然后根据矩阵图分析问题，确定关键点。

（5）过程决策程序图法（process decision program chart，PDPC）法：随事态的进展分析能导致各种结果的要素，并确定一个最优过程使之达到理想结果。

（6）箭条图法：将项目推行时所需的各步骤、作业按从属关系用网络图表示出来。

（7）矩阵资料分析法：对多个变动且复杂的因果进行解析。矩阵图上各元素间的关系如果能用数据定量化表示，就能更准确地整理和分析结果。

2. 品质管理手法使用步骤

（1）发掘问题。通常采用头脑风暴等激发性思维的方法去发掘问题，但要注意：

① 不要随意打断或者批评别人的讲话，如要发言，等人家说完再说。

② 欢迎各类意见。

③ 意见越多越好。

④ 在他人的意见中寻找灵感。

（2）选定题目。选题原则要求抓住质量中的主要问题，并符合团队合作，利于提高生产力，提高品质，降低成本。

（3）追查原因。针对问题，经由头脑风暴，从 4M1E（指 man，人；machine，机器；material，物料；method，方法；environments，环境）找出可能发生的原因。如采用鱼骨图（特性要因图）进行追查。

（4）分析资料。用品质管理分析七大工具找出产生问题的重点，加以分类、排列及编辑，以使小组成员做出明确的抉择。可采用工具，如采用查检表法、管制图法、直方图等方法进行抉择。

（5）提出办法。针对问题重点提出解决办法，同时订出解决方案的标准，以确定小组是否有能力解决。可采用鱼骨图（特性要因图）法。

（6）选择对象。选择对策要根据现状分析，检讨如何改善并将预期的成果显现出来。因此，需要注意：

① 采用全员认为最能发挥的方式；

② 防止再发生的方向选择；

③ 对策无副作用。

（7）草拟行动。

① 把每一样工作细节列下来；

② 每位组员参与讨论取得一致性目标；

③ 开始分配任务（平均分配、组员性格能力、职位相关）；

④ 制定完成时间和期限。

（8）成果比较。

① 期间比较（改善前、改善中、改善后）；

② 特性值比较（品质提高、成本降低、效率提升）；

③ 无形成果比较（意识、能力、信心、责任感、方法应用）；

④ 比较基准一致，不要以单一角度比较。

可采用柏拉图法。

（9）标准化。依据现场实际状况合理制定材料、设备、制品等作业方法、流程、规定、规格等标准，有组织有系统灵活运用，以达到管理目的。

3. 柏拉图法品质分析工艺实例

1897年，意大利的 Vilfredo pareto 提出的所谓“柏拉图原则”，就是利用少数的重要项目控制不重要的多数项目去降低大部分的不良品的方法。在生产现场，各个因素所占影响之比例不同，使用柏拉图找出重点因素，进而针对重点因素加以解决而去解决大部分问题。下面以某SMT流水线焊接质量的分析工艺举例进行分析。

（1）坐标取法。横轴：用以代表器件、焊接材料、锡膏印刷、贴片焊接和其他分析的原因。纵轴：不良百分率所造成的损失金额。

（2）搜集资料。搜集统计过去每期所造成的损失额作为参考数值。按柏拉图法，依据所选取的这些重要项目，进行质量管理，最终通过这些项目的管理，得到降低的损失额。

（3）制作柏拉图分析图。

① 按照横轴各可能原因所造成的影响大小，绘成直方图。

② 按照纵轴画出累积百方率曲线。

③ 将上期造成的影响总量标于图上方，作为参考。

④ 将改善目标值，以虚线画在图上方，作为改进的准则。

以一个月为期做柏拉图分析的期间。纵轴以损失金额取代不良品个数或其他非金额的影响，目的是使所有人均能一目了然。图 4-1 所示为柏拉图法进行品质分析。

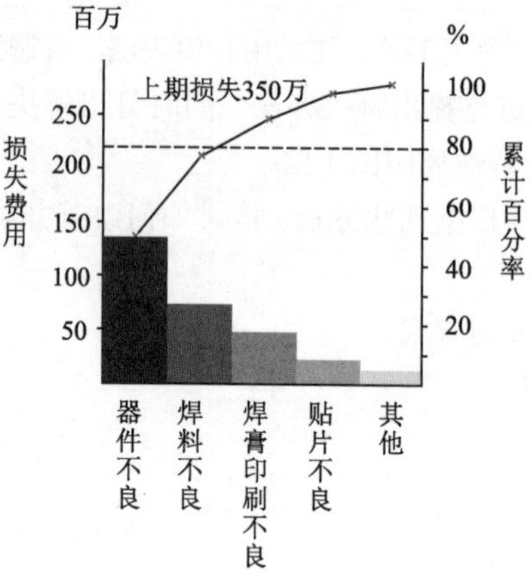

图 4-1　柏拉图法进行品质分析

（4）实施成效考核。从每期的柏拉图分析中，可以知道主要因素在改善前后的效果，重点在于损失金额减少量，以此为评量绩效的依据。

技能 4　品质管理抽样检验认知

1. 抽样检验定义

抽样检验是指从一批产品中随机抽取少量产品（样本）进行检验，以判断该批产品是否合格的统计方法和理论，又称抽样检查，如图 4-2 所示，其中，N 表示整体批量，P 表示基本单位产品，n 表示抽取的基本单位产品样本大小，X 表示不良品大小，C 表示验收标准。不同之处在于全面检验需对整批产品逐个进行检验，而抽样检验则根据样本中产品的检验结果来推断整批产品的质量。如果推断结果认为该批产品符合预先规定的合格标准，就予以接收；否则就拒收。采用抽样检验可以显著地节省工作量。

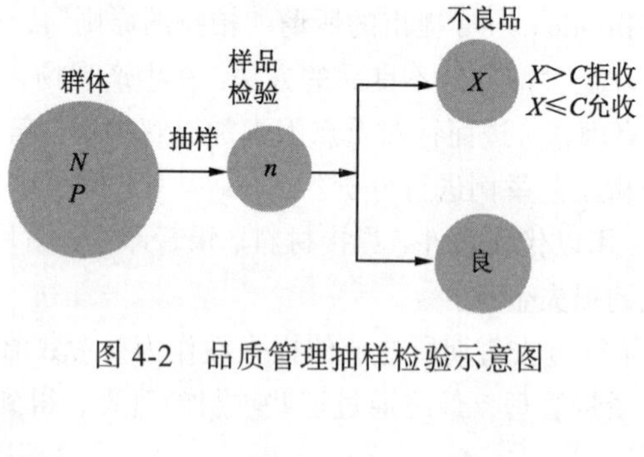

图 4-2　品质管理抽样检验示意图

2. 常用术语

（1）交货者及验收者。生产一方为交货者，接收一方为验收者，在工厂制程中，前一制程可视为交货者，后一制程为接收者。

（2）检验群体。同一生产批（LOT）的制品是检验群体，简称群体。群体的大小（多少）以 N 表示。

（3）样本。从群体内随机抽取部分单位体，称为样本。样本的大小以 n 表示。

（4）合格判定个数。作为判定群体是否合格的基准不良数，称为合格判定数，符号以 C

表示。

（5）合格判定值。作为判定群体是否合格的基准平均值，称为合格判定值，符号以 XU 或 XL 表示。

（6）缺陷。产品的品质特性不符合所规定的规格、外观、购买说明书等要求，称为缺陷。

（7）不良品。一般产品均有多种品质特性，而这些品质特性里，所指定须检验项目，称为检验项目。如果其中有一个或一个以上的检验项目不符合标准时，这个产品就被判定为不良品，全部检验项目都符合标准的产品称为良品。

3. 抽样检验的型态分类

（1）规准型抽样检验。主要是以同时考虑交货者及验收者的利益和损失，而判断群体的合格与不合格为目的。

（2）选别型抽样检验。对于被判为不合格的群体采取整批全检，并将全检后的不良品更换成良品。

（3）调整型的抽样检验。依照检验的结果采用：正常检验、加严检验、减量检验。在长期生产中，采用紧或松的方式，以确保品质。

（4）连续生产型抽样检验。适用于大量且连续生产的产品不断流动时的抽样检验。

4. 抽样检验与全数检验

抽样检验并非适用于任何场合，有些可以做抽样检验，有些就需要做全检。主要是确认检验群体的性质、数量、体积大小，或检验所产生的成本或者检验方式而定。

（1）适用抽样检验的场合。属于破坏性检验，如材料强度试验；检验群体数量非常大，如螺丝等；检验群体体积非常大，如原棉等；产品属于连续体的物品，如纱线等。

（2）适用全数检验的场合。检验很快，且费用少，如灯泡点火试验；产品必须全为良品，如手表、照相机等；产品中只要有少许不良品，就会严重影响人身或财产安全，如高压气筒、安全件等。

5. 抽样检验优劣

（1）优点。抽样成本比全检低；检验数量少，检验过程比较详细；判断不合格，全部退货，可以使生产方加强品质管理。

（2）缺点：虽然判为合格，也难免存在一些不良品；可能把良品的群体误判为不合格，也有可能把不良品的群体误判为合格。

在大量生产型的企业里，如果处处使用全数检验显然是不经济的，对时间的要求也是不允许的，因此如何加强预防不良的措施，使不良率降到最低，并采用抽检进而免检，才是最根本的方法。

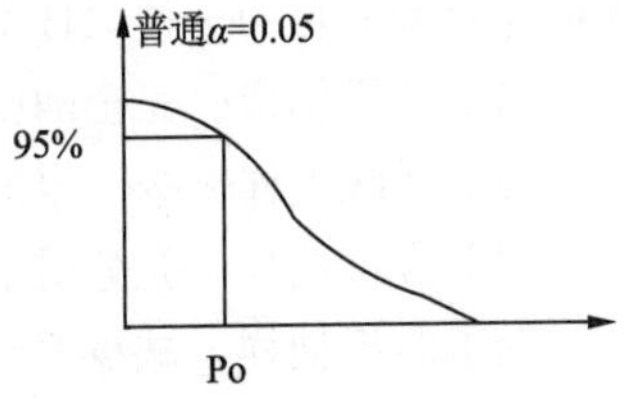

图 4-3　OC 曲线

6. 规准型抽样检验

依据消费者与生产者双方均可接受的图 4-3 的 OC 曲线，来决定抽检方式，称为规准型抽样检验。

（1）允收水准（acceptable quality level）。对生产者来说，考虑了现有的设备、物料、管理及操作员后，认为某程度下的不良率，消费者（接收者）也认为可以接受的不良率，也就是限定良品群体最高不良率，称为允收水准，以符号 Po 或 AQL 表示。抽样检验下，虽为良品的群体，很可能被误判别为不合格的概率，这种概率称为“生产者冒险率”，符号以 α 表示。

（2）AQL 型抽样检验。AQL 型抽样需设定 AQL 的值，为区别出检验的群体，在设定 AQL 值的不良率时，被判为合格的不良率（$1-\alpha$）极高。通常 $\alpha=5\%$。

一般适用于 AQL 型的抽检计划列举如下：

向不同供料商连续采购同种产品时。

群体被判为不合格，供方损失较大时。

合乎标准的群体尽可能允收时。

7. 正常检验单次抽样方案

MIL-STD-105EⅡ抽样步骤一般如图 4-4 所示。

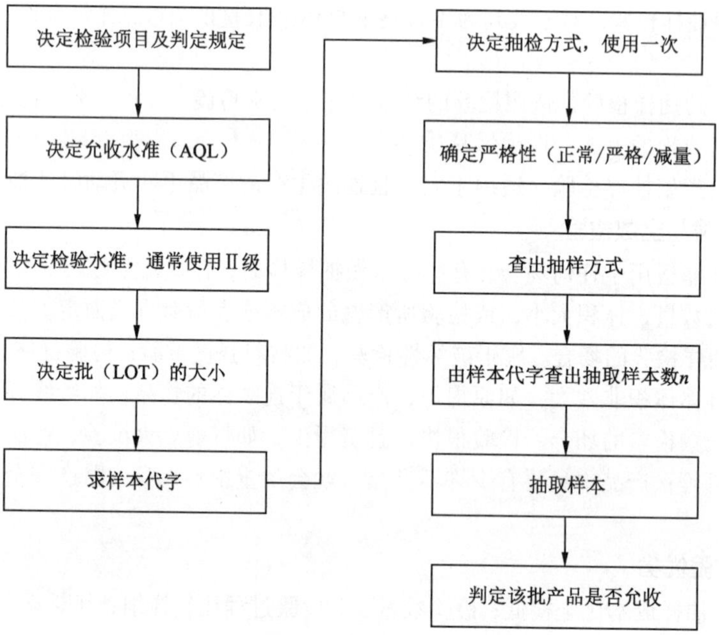

图 4-4　MIL-STD-105EⅡ抽样步骤

8. 抽取样本方法

抽样检验时，抽取的样本，必须能代表群体品质特征，也就是要能够“再现性”，才能达到抽样检验的目的。抽取样本的方法如下：

（1）随机抽样。完全随机，无限制，一般多使用乱数表或抽样球。

（2）系统抽样。按一定的时间/数量间隔抽样。

（3）分层抽样。先分层别后再抽样。

（4）曲折抽样。减少系统抽样因周期性而发生偏差等缺点所采用的方法。可视为随机抽样，但较复杂，具有规则性。

（5）区域抽样。群体如一大箱物品，箱中有数十个小盒，每一小盒装有若干物品。为抽样方便，可自数十个小盒中随机抽取若干样本盒，然后就各样本盒进行全数检验。这方法如社会调查时分为城镇或乡村取样，故称为区域抽样。适用前提。区域内变异大，区域间变异小。与分层抽样相反。

（6）分段抽样。先采用区域抽样，再从样本单位中随机抽样。可有两段、多段之分。

（7）反复抽样。在同一检验批内做一次以上的抽样来推定群体品质的抽样方法。一般用在抽样检验中两次、多次或逐次抽样。

目前普遍使用“随机抽样”的抽取样本方法。

作业 2　品管圈实战演练

技能 1　PCBA 缺陷分析

1. PCBA 缺陷产生原因

PCBA 产品缺陷产生的原因主要由生产因素对工序稳定性、波动性的影响决定的，影响程度越大，产品质量越差。也就是说，工序质量是诸多因素综合作用的结果，而影响工序质量的因素可归纳为“4M1E”，即人、机器、物、方法和环境。

通常采用“控制图”来测定工序能力，如排列图、柱状图、鱼骨图、流程图、调查表等统计工具，发掘关键少数的影响因素，找出相关联的影响。

2. 产品质量分析方法

电子产品的质量特性集中于电气特性、焊点特性两大根本特性上，而电气特性主要指元件和基板质量；焊点特性是指元件、焊点与基板之间的连接特性。采用检测技术来针对各类故障表征研究制定有效措施予以消除，开展工艺实验验证是最佳方法。

因此，需要不断地采集整理 PCBA 产品测试数据，如工艺材料、设备能力指标、故障代码、图谱等，制定并不断完善产品质量故障诊断手册，有助于快速解决现场工艺、材料、管理等问题。

3. 产品质量指标

（1）合格率 = 产出合格品数量 / 投入产品数量×100%。

（2）直通率 = 未经返工的合格品数量 / 投入产品数量×100%。

（3）元件缺陷概率。按元件数量统计的缺陷机会总数，发生在单个元件上（不算管脚数量）的任何缺陷算一次。

可计数缺陷包括：元件的物理损坏、元件的电气缺陷、元件的物理尺寸不符、非法或不适当的标记、基板起泡或脱层、基板弯曲或扭曲、没达到清洁度要求、引脚成形异常或引脚弯曲。

（4）元件安装的缺陷概率。以元件安装关系统计的缺陷机会总数，一个元件产生的所有可能的缺陷均计算一次概率。

此类可计数缺陷包括：元件多余、元件丢失、元件错误、元件竖立及侧立、引脚或引线布线不适当、元件反向等。

（5）焊点缺陷概率。以焊点连接关系统计的缺陷机会总数，元件每个引脚（焊端）均算一个缺陷概率，任何发生的焊点缺陷均计算一次概率。

此类可计数缺陷包括：不符合最小电气间隔、引线吸锡、导体/焊盘丢失或翘起、焊接不良或焊接未形成正确的电气连接、焊接去湿或不湿润、引脚翘起、引线排列扰乱。

（6）工序特征缺陷概率。按工序特征表现出现的缺陷机会总数。

PCBA 生产相关各个工序的缺陷分类，除元件、焊端（焊接包括手焊、再流焊、波峰焊等）外，还有锡膏印刷、点涂胶、在线测试、功能测试等，各个工序都有其特有的缺陷定义。

（7）过程缺陷概率。整个产品各个过程的综合缺陷概率。

PCBA 生产相关工序如图 4-5 所示，缺陷概率应是元件、焊端、锡膏印刷、点涂胶、在线测试、功能测试等所有工序的缺陷率的综合。

要统计一个完整的 PCBA 的 DPMO（defects per million opportunities，缺陷率水平），其公式为：缺陷总数除以机会总数，再乘 1 000 000。

DPMO={（*d*（锡膏印刷）+*d*（元件贴装）+*d*（再流焊接）+*d*（元件插装）+*d*（波峰焊接）+*d*（检测）/（*O*（锡膏印刷）+*O*（元件贴装）+*O*（再流焊接）+*O*（元件插装）+*O*（波峰焊接）+*O*（检测））}×1 000 000，式中 *d* 为相关工序缺陷总数，*O* 为相关工序的总数。

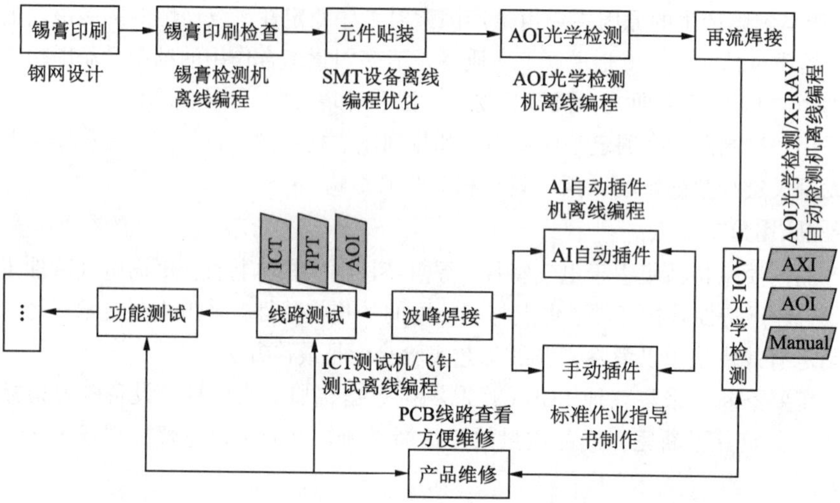

图 4-5　生产 PCBA 组装过程示意图

4. 质量分析及改进

PCBA 制造流程中涉及的工装夹具、元件、焊接材料、工具等材料与工艺，都会对生产中产品的质量造成影响。因此，改进工具、完善工艺能提高产品质量。质量分析及改进的基本步骤如下：

下面以某 PCBA 板自动焊接后，产生油墨脱落为例进行说明。

（1）问题描述。要求详细描述 PCBA 的缺陷。如本例中，阻焊油墨与覆膜连接处有开裂，如图 4-6 所示。

图 4-6　阻焊油墨与覆膜连接处开裂

（2）原因分析。采用人机料法环进行分析，并问三个为什么。

人机料法环是对全面质量管理理论中的五个影响产品质量的主要因素的简称，如图 4-7 所示。人，指制造产品的人员；机，指制造产品所用的设备；料，指制造产品所使用的原材料；法，指制造产品所使用的方法；环，指产品制造的过程中所处的环境。

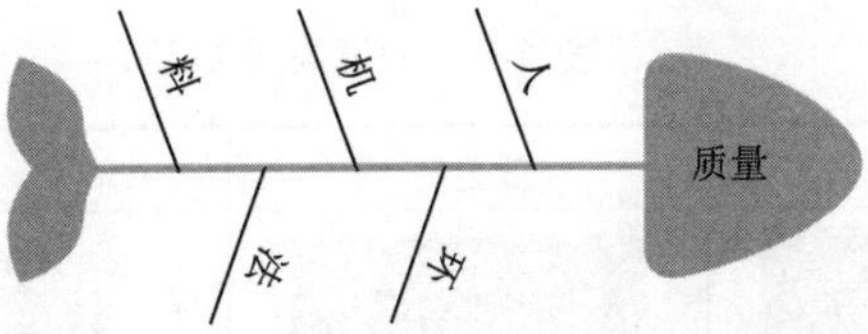

图 4-7　人机料法环法

本例油墨裂开的原因分析如图 4-8 所示。

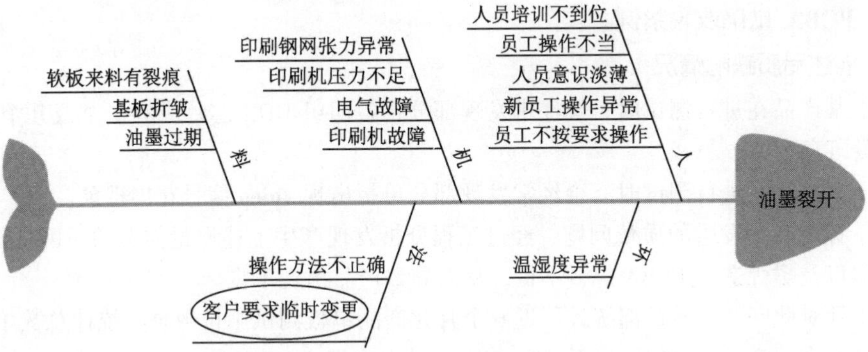

问题描述	根本原因		
	三个为何	结论	解决策略
油墨裂开	1-1 油墨处有预弯折导致裂开	客户临时变更增加弯折工序导致油墨裂开	与客户沟通进行设计变更，将弯折处覆膜内缩 0.54 mm
	1-2 设计时弯折区覆膜干涉导致裂开		
	1-3 客户为便于装配临时变更增加预弯折工序		

图 4-8　油墨裂开原因鱼骨图

（3）现象重现。模拟、确定直接原因。油墨裂开的原因是客户要求出货时，需要做预弯折动作。本例的模拟油墨裂开现象的重现过程见表 4-2。

表 4-2　油墨裂开原因分析

预弯折	预弯折的地方油墨裂开		裂开效果
	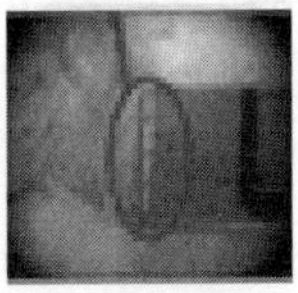	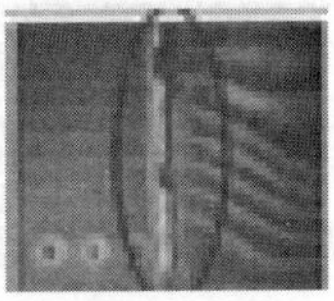	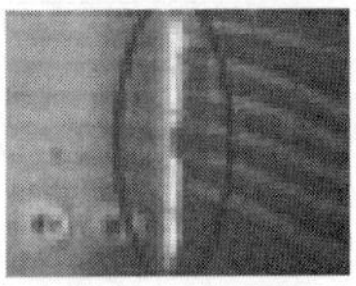
模拟出货时预弯折的动作	通过预弯折后，此处防焊油墨裂开		防焊裂开问题形成

（4）整改完善。计划及内容、效果评估。针对油墨裂开的原因，是因为客户要求出货时，需要做预弯折动作，导致弯折区域防焊油墨裂开。经过实验，可以采用内缩的方法防止油墨裂

开。其改善效果见表 4-3。

表 4-3　油墨裂开对策

原因	改善前	改善后	改善方法
设计不合理，导致弯折区域防焊油墨裂开	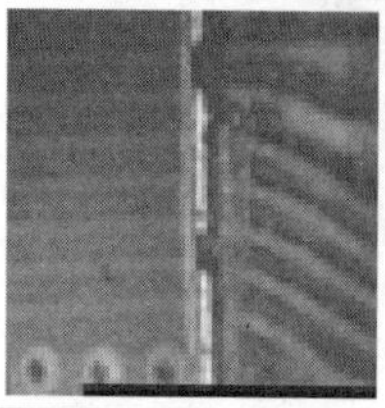	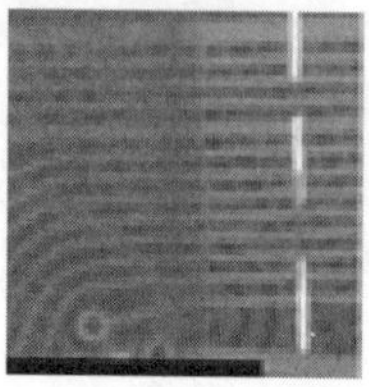	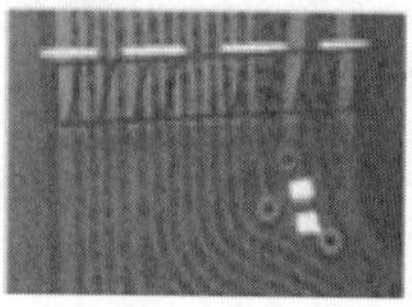 内缩 0.54 mm

技能 2　PCBA 缺陷改善案例

1. 描述品质缺陷情况

（1）某产品在进行测试时，会经常发现部分单板四组 DDR 芯片中有 1 个或几个芯片出现异常报警现象。

（2）某产品在进行测试时，会经常发现部分单板出现 video 信号花屏现象。

（3）针对以上发生的质量问题，经过工程分析发现产生上述质量问题的原因是部分 0402 排阻连锡以及虚焊造成 PCBA 焊接不良，从而导致产品出现不良。

（4）针对此问题，质量部统计了近 6 个月此产品单板测试工位数据，统计总数 18 200 个，缺陷品 800 个，良品率 95.6%，不良率 4.4%。其中虚焊 400，短路 300 个，其他 100 个。

2. 用柏拉图法分析改善对象

某产品缺陷品柏拉图如图 4-9 所示。

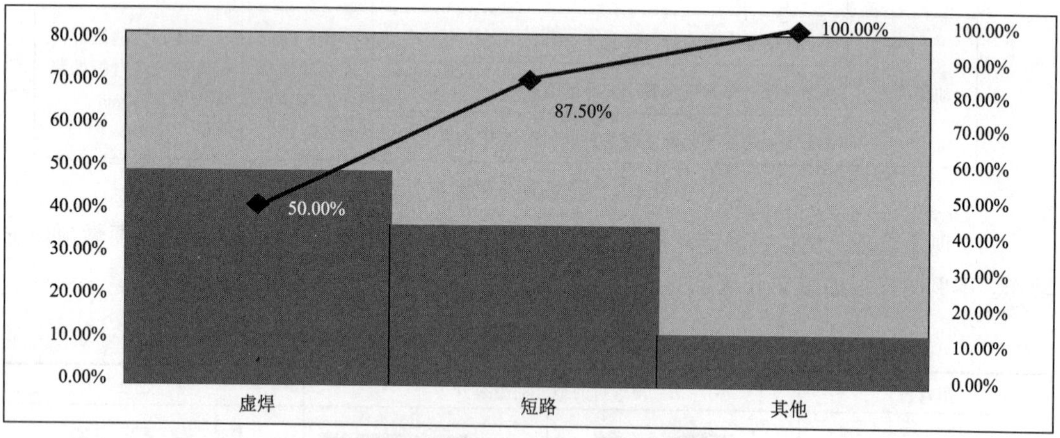

注：图中左侧为每个项目的百分比，右侧为累计百分比。

图 4-9　某产品缺陷品柏拉图

从图 4-9 中可以看出，此产品焊接不良率达到了 4.4%，其中，虚焊与短路占到了 87.5%，严重地影响到了产品的质量，必须立刻对 PCBA 板采取措施进行缺陷改善。

3. 成立品质缺陷改善组

针对此产品中的 PCBA 焊接不良缺陷，特别是虚焊与短路占到了总缺陷的 87.5%，改善组决定将“虚焊与短路”作为改善项目，制定出“PCBA 加工质量改善专案”。

4. 设定品质缺陷改善目标值

改善组经过充分论证，将改善目标的良品率确定为99%。

5. 分析品质缺陷产生要因

运用人机料法环的方法，采用头脑风暴，制作虚焊、连锡特性因子图，如图4-10所示。

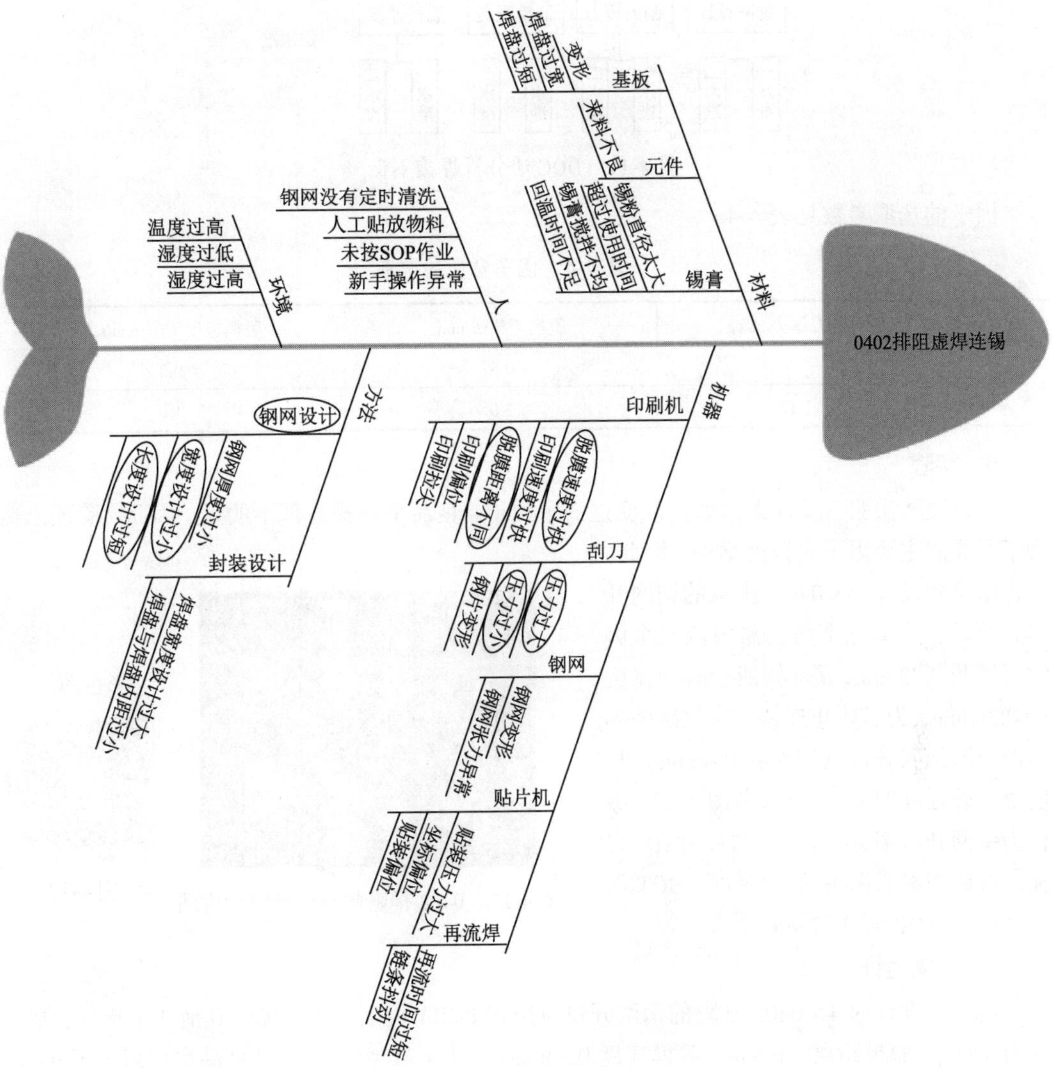

图4-10　焊接不良特性因子图

根据焊接不良的要因图，改善组经过现场实际焊接不良进行科学分析，筛选了4个因子进行实验。为了实验的针对性，把钢网设计作为固定因子，其他3个因子采用2个水准进行实验，采用目前先进的系统工程DOE分析法，如图4-11所示，使得改善效果更具有代表性。

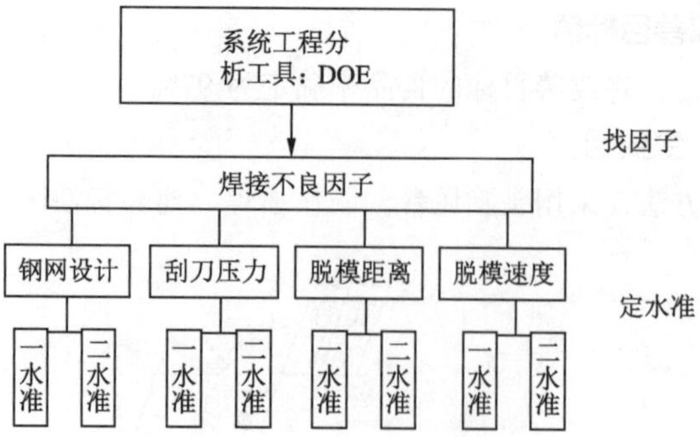

图 4-11　DOC 法分析焊接不良

因子的选取参数见表 4-4。

表 4-4　因子参数的选取

因子水平	刮刀压力 *A*/kg	脱模距离 *B*/mm	脱模速度 *C*/（mm/s）
1	8	0.5	0.3
2	10	2.0	1.0

6. 实验

经过交叉实验，发现无论如何改变这 3 个因子，良品率的提高都不明显，因此，验证出良品率不高的主要因子应该是钢网。因此，改善组重新设计 4 × 0402 排阻的钢网开口，要求：一共八个角，靠内侧四个脚的宽度开 0.23 mm，靠外侧四个脚的宽度开 0.30 mm，为了防止连锡，因此靠外侧的四个脚钢网开口宽度外移 0.05 mm，长度统一外延 0.05 mm，可参考图 4-12，绿色为钢网开口部分，红色为器件 PAD（扫描二维码查看彩图）；钢片厚度：BOT 面 0.13 mm，TOP 面 0.12 mm。

图 4-12　0402 排阻的钢网开口示意图

彩色图片

图 4-12

7. 结果验证

将重新设计的 4 × 0402 排阻的钢网开口应用到 PCBA 板生产中，选取其他 3 个指标：刮刀压力 10 kg、脱模距离 2.0 mm、脱模速度 0.3 mm/s，进行 10 组实验，其良品率均超过了 99%，达到了改善要求。

作业 3　PCBA 品检深度学习模型应用

1. 深度学习模型

深度学习模型检测缺陷被广泛应用于 PCBA 缺陷检测等领域。传统的算法对规则缺陷以及场景比较简单的场合，能够很好适用。但是对特征不明显的、形状多样、场景比较混乱的场合，例如，在手机的 PCBA 缺陷检测中，就会存在：

（1）元件体积小，大部分元件都是毫米级。

（2）元件不规则，特殊元器件（如摄像头、排线等）。

（3）产品样式多，产品系列众多。

（4）更新周期快，一台专用设备可能只用几个月就无法适用新产品。

（5）外观要求高，表面不能有细微划痕。

（6）速度要求高，生产效率对手机制造相当重要。

正因为这些原因，传统的机器学习方法，只能挖掘简单的线性关系，而不再适用这种复杂的 PCBA 缺陷检测。近年来，基于深度学习的识别算法越来越成熟，许多公司开始尝试把深度学习算法应用到工业场合中。

所谓深度学习，就是用多层神经元构成的神经网络，特别是 BP（back-propagation network）神经网络，通过样本数据的训练，不断修正网络权值和阈值，使误差函数沿负梯度方向下降，逼近期望输出。其三层 BP 神经网络模型如图 4-13 所示。

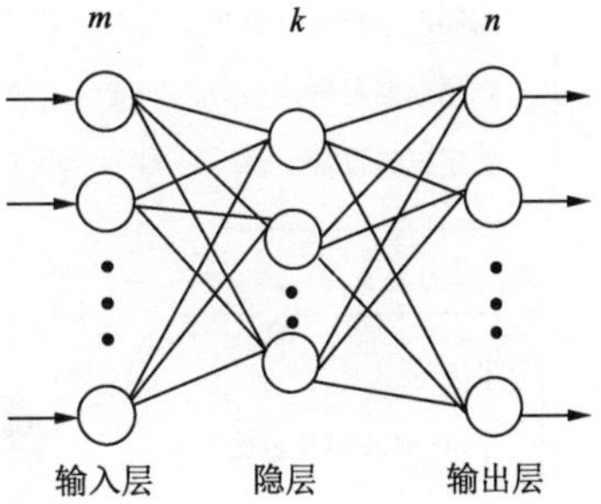

图 4-13　BP 神经网络模型

2. 深度学习模型检测 PCBA 缺陷

PCBA 是各类电子产品的控制核心，其元件的质量及电路焊接的准确，是产品能否稳定运行的关键，PCBA 上分布着很多电路元件，靠人工很难仔细检测，容易错漏。例如，基于深度学习的 PCBA 检测设备，是基于视觉原理实现自动检测 PCBA 的缺漏、极性、偏移和焊点的少锡、多锡、锡洞等功能，其最终目的是实现自动检测出 PCBA 存在的缺陷，减少人工成本和人工检测的失误。

在 PCBA 板的检测中，通过机器视觉检查 PCBA 板产品生产线上如缺漏、极性、偏移、少锡、多锡、锡洞等情况。检查时，先利用合格产品创建一个模板，对被检查产品与标准产品的图像成像面积进行比较，正确判断 PCBA 板产品结构以及外形形状。

如采用 BP 神经网络深度学习，将不合格 PCBA 板的图像作为输入层，通过隐层权值处理，得到输出为不合格 PCBA 板，记录隐层权值；将不合格 PCBA 板的图像作为输入层，通过隐层权值处理，得到输出为合格 PCBA 板，修正隐层权值；将合格 PCBA 板的图像作为输入层，通过隐层权值处理，得到输出为不合格 PCBA 板，修正隐层权值；将合格 PCBA 板的图像作为输入层，通过隐层权值处理，得到输出为合格 PCBA 板，记录隐层权值。依此反复训练，直至得到稳定的隐层权值，就完成了 BP 神经网络模型的学习，即可应用于 PCBA 板检测。

任务 2　焊点返修

任务目标

通过基板焊点返修工艺制定、返修过程管控两个任务学习，会设计返修工艺方案，正确选定元件、焊料、助焊剂等返修材料、设备及治具等，管控返修工艺参数和返修品质，具有制定和解决生产现场复杂返修工艺重难点问题的能力。

任务导图

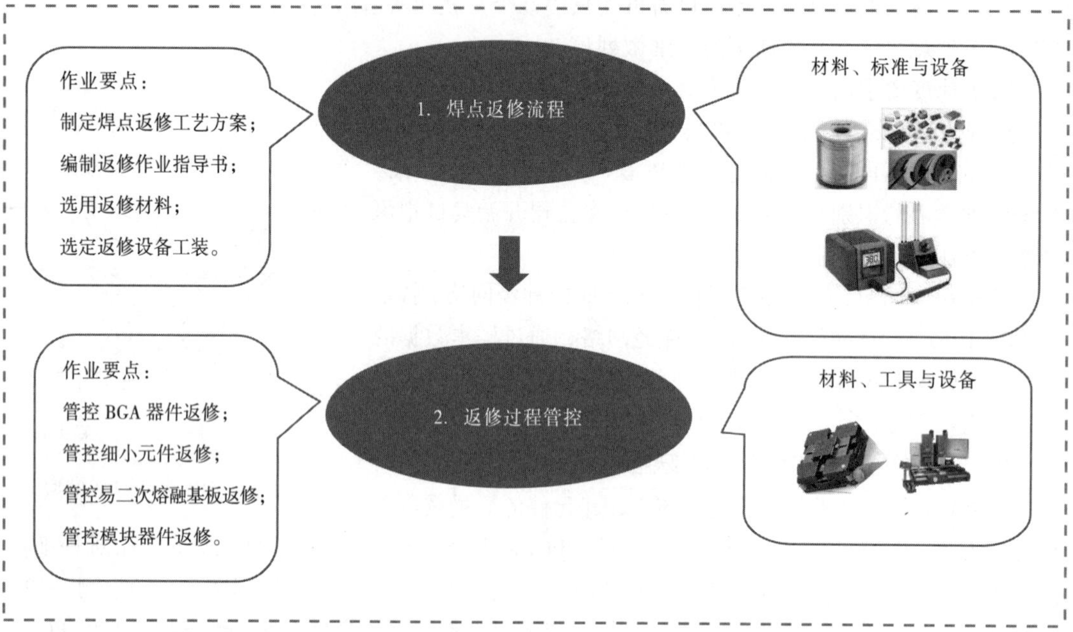

任务先通

匠心一点通

三年坚守，创就“除锡”神器。深圳某电子公司 SMT 工程部 PCBA 板返修员刘月琴，在返修细间距器件时，发现除锡是决定返修品质的重要工序，但也是最难以管控的工序，引脚残锡除不净、元件损坏率高达 40%，严重制约着公司经济效益的提升，同时元件损坏，导致公司损失。刘月琴决心要攻克这个难题，发扬“钉子”精神，不断探索，大胆改进，三年来，经过实验、改进、再实验、再改进，多次循环反复，终于研究出了“新型除锡机”神器，能在 3 s 内一次除净引脚上的残锡，元件完好率 99.9%。不但解决了公司生产返修的难题，而且研发的除锡机还销往国内许多公司，仅当年就给公司创造了一百多万的经济效益。

安全一点通

不遵作业规程，酿成生产事故。2021 年 3 月 24 日，南京某电子 SMT 车间当班操作员王某在临近下班时，突然接到 6 块急需返修的 PCBA 板。王某检查发现是 BGA 器件需要返修。为节省时间，准点下班，王某擅自用热风枪返修，不按 BGA 返修作业标准，选用 BGA 返修台作业，结果导致 4 块 PCBA 返修失败，导致直接经济损失 8 000 余元，王某这种无视作业标准规范，视质量为儿戏，是企业生产最大的安全隐患，受到了公司的严厉处分，教训深刻，制造人当应铭记。

质量一点通

潜心返修岗，十年零缺陷。成都某电子公司的 SMT 车间返修员李大行，人们尊称大李。

2021 年 8 月 31 日，是大李在 SMT 返修岗位上工作十年纪念日。十年来，大李默默地工作，精益求精，练就一双火眼，一手返修绝技，一块电路板，30 s 内即可全部找出返修焊点，经他之手返修的电路板，10 年零缺陷。为宣传大李这种“匠人”精神，公司特为大李举办了“李大行从岗十年”庆祝会，授予大李“爱岗敬业模范标兵”称号。

作业 1　焊点返修工艺制定

技能 1　认识基板焊点返修流程

1. 基板返修工艺目的

（1）再流焊、波峰焊工艺中产生的开路、桥连、虚焊和不良润湿等有缺陷焊点，需要通过手工进行修整后去除各种焊点缺陷，从而获得合格的基板焊点。

（2）返修焊接漏焊、漏贴的元器件。

（3）更换贴片偏移或损坏的元器件。

（4）单板和整机调试后一些需要更换的元器件。

（5）整机出厂后异常的返修。

2. 返修焊点判定

（1）确定电子产品定位级别。缺陷焊点是否需要返修，首先判断电子产品定位级别，不同级别的电子产品对焊点的要求也不同。

电子产品可划分为三个级别。

1 级——普通类电子产品，包括那些以完整组件功能为主要要求的产品。

2 级——专用服务类电子产品，包括持续性表现及长使用寿命要求的产品；但保持不间断的工作是希望达到的而不是关键性的。一般其最终应用环境不会导致产品故障。

3 级——高性能电子产品，包括以持续性优良表现或严格按指令运行为关键的产品。这类产品的服务间断是不可接受的，最终产品使用环境异常苛刻；产品在要求时必须能够操作，如救生设备或其他关键系统。

3 级电子产品的可靠性要求最高，1 级电子产品的可靠性要求最低。

（2）明确“优良焊点”的定义。优良焊点是指在设计考虑的使用环境、方式及寿命期内，能够保持电气性能和机械强度的焊点，因此，只要满足这个条件就不必返修。

（3）用 IPC-A-610 标准对焊点进行检测。一般要求不应低于“焊点检测作业指导书”要求，至少不得低于 IPC-A-610 标准中相应产品级别的可接受性要求。对每个级别产品均给出四种验收条件：目标、可接受、缺陷或制程警示条件。

① 目标条件：近乎完美的情形。

② 可接受条件：组件不必完美但要在使用环境下保持完整性和可靠性。

③ 缺陷条件：在最终使用环境下不足以确保外形、装配功能的情况。此种情况产品必须返修。

④ 制程警示：是指没有影响到产品的外形、装配和功能的情况。因此，通常不需要进行返修。

3. 返修注意要点

（1）返修加热次数的要求。PCBA 组件和元器件的累计返修加热次数要求：PCBA 组件允许的返修加热累计不超过 4 次；新器件允许的返修加热次数不超过 5 次；PCBA 上拆下的再利用器件允许的返修加热次数不超过 3 次；贴片 LED 只允许返修一次。

（2）注意基板存取。接触基板时必须戴好干净的防静电手套，不允许在没有任何保护措施的情况下直接接触基板，注意潜在的静电放电（ESD）危害。

（3）注意烙铁头选用。对大型元件及插件元件或不易连焊、需要较多锡量的元件需使用较为宽厚的烙铁头；对 SMT 贴片及细间距引脚元件或空间狭小返修位置均使用薄烙铁头；对特殊需求焊接的元件，需要额外定制烙铁头。

（4）注意返修前预处理。所有的待安装的贴片 LED，必须根据《SMD-LED 防潮管理作业规范》，符合储存要求，焊接前先要进行烘烤处理后才可开始返修。

在返修前需要确认返修区域是否有残胶或其他异物，是否有元器件妨碍返修；残留异物必须先清除，有元件妨碍返修则须先拆除，以留出足够的、干净的返修空间，确保可以安全返修。

（5）预热要求。预热温度根据组件上元器件的耐热条件确定，通常设置在 105 ℃以下。

① 当加热过程中有基板、元器件存在受到大热量冲击的风险时，需要进行预热。

② 当烙铁头加热不能使所有焊点在一定时间内达到再流温度时，需要进行预热。

③ 返修多层基板或散热较大基板的元器件时，需要进行预热。

（6）注意返修参数设定。尽可能地模拟生产过程中的工艺参数。返修最重要的是按照正确的焊接温度曲线进行操作。

（7）注意焊盘清洁及返修对周边元器件影响。使用热风枪返修时，需注意返修区域周边元器件的防护，避免熔化周边元件，或半熔化周边元器件的焊点造成冷焊不良。返修焊接后需有效清除表面污染物，避免影响产品的功能和可靠性。

技能 2　认识基板焊点返修工具设备

基板焊点返修除了要求操作员有较高的技能外，还需能根据元器件的特征选择不同的工具及设备。因此，根据基板和元器件特点，考虑焊点大小、数量、耐温要求等条件选择工具。

1. 返修设备选用原则

（1）单独焊点或少数焊点集中在小区域且有足够空间施放烙铁头和锡丝时，优选电烙铁返修。

（2）单独焊点、小区域焊点或底部焊点，烙铁无法返修且耐温无特殊要求时，优选热风枪返修。

（3）大区域焊点或底部焊点（如 BGA、QFN 等）且耐温要求高的，优选返修台返修。

（4）大热容量接地焊点，如铜基基板采用预热台返修。

（5）通孔类焊点，如果是单独 1 个或小范围普通焊点，可以用电烙铁返修，但如果多个焊点或接地大焊点，优选小锡炉返修。

2. 接触式返修工具

（1）电烙铁。接触焊接是使用加热的烙铁头或烙铁环直接接触焊接点完成焊接的过程。烙铁头或烙铁环安装在焊接工具上。烙铁头用来加热单个焊接点，而烙铁环用来同时加热多个焊接点。对环形式的烙铁头也有多种设计结构。有两面或四面的离散环，主要用于元件拆除。环的设计主要用于多脚元件，如集成电路（IC）；也可以用来拆除矩形和圆柱形的元件。由于温度冲击大，可能会损伤陶瓷元件，特别是多层电容。

烙铁头通过锡丝接触焊点，升温快，效率高，但加热范围小，需要根据焊点大小选择合适烙铁头；对于控温烙铁，焊点温度控制精确，可以应用不同场合，但焊接时烙铁头和锡丝施加需要一定空间。

电烙铁按照发展历史分为单支烙铁、恒温烙铁、无铅烙铁、智能烙铁，其工作原理和温控方式有差异，具体对比见表 4-5。

表 4-5 电烙铁对比

种类	工作原理	温度调节方式	应用举例
单支烙铁	直接 220 V 加热，无控温主机，温度稳定性差	无温度调节	单支烙铁
恒温烙铁	220 V 通过变压器降压后给发热芯供电，同时有控温主板调节温度	旋钮调节温度	QUICK 969 功率 60 W，适用于普通焊接
无铅烙铁	传感器前置于烙铁头内，温度更加灵敏，升温更快	数码调节	QUICK 203H 功率 90 W，可满足大多数无铅焊接
智能烙铁	烙铁头发热芯一体式发热，极速升温，温度更稳定	液晶显示，数字化调节温度	QUICK TS1200 功率 120 W，具有计算机联机、智能休眠、自动关机、静电接地监控等功能

针对不同器件，可选用不同的烙铁，具体选用情况见表 4-6。

表 4-6 不同器件选用不同的烙铁

件类型		烙铁类型	建议使用温度/℃		备注
			有铅	无铅	
贴片类	贴片电阻、贴片（钽）电容、贴片（功率）电感、贴片二极管、贴片保险管、变压器、编码开关、IC 等元器件、SOT 形式封装的元器件等	智能烙铁（TS1200）	350 ± 5	360 ± 5	—
插件类	色环电阻、瓷片电容、钽电容、短路块、插针、连接器、轻触开关、晶振等常规通孔元器件	智能烙铁（TS1200）	370 ± 5	380 ± 5	—
	管脚较粗（引脚 $\phi \geqslant 2$ mm）的模块电源、大功率管、变压器、电感、大电解电容、电位器、铜柱、大面积铜箔焊盘	大功率恒温电烙铁 150 W 以上	390 ± 5	400 ± 5	对于电源板、铜基板和沉金板等散热快单板，可以适当提高焊接温度，但最高不超过 450 ℃
其他	背板、电缆、整机等 8 W 以上大电阻及 $\phi 2$ mm 以上导线	大功率恒温电烙铁 150 W 以上	400 ± 5	420 ± 5	使用大功率恒温烙铁，最高温度不超过 450 ℃
	对焊接温度有特别要求的特殊器件（如光模块、光器件、特殊晶振等）	恒温电烙铁或大功率恒温电烙铁	严格按产品工艺的温度要求执行		—

（2）预热台。预热台如图 4-14 所示，主要由导热板、发热管、控制面板、测温器等组成。控制面板调节温度后，发热管升温，测温器感应温度达到后，停止升温；由于预热台没有气孔，属于接触式传导热量，因此只适用于平板加热场景，如铜基板、铝基板、电源模块等。

启动预热台开关，设定好温度（通常有铅 220～240 ℃，无铅 240～260 ℃）；清理导热板表面杂物，待温度稳定后（约 10 min），再将基板放到导热板上；基板在导热板上持续加热 3～5 min，待焊锡熔化后开始返修；返修完成后，将基板送至冷却框上冷却。

图 4-14　预热台

3. 非接触焊接工具

（1）加热气体（热风）焊接工具。热风焊接通过喷嘴加热空气或惰性气体，吹向焊接点和引脚完成焊接。热风焊接工具选项包括从简单的手持式系统加热焊接单独焊点，到复杂的自动化系统加热多个焊点位置。手持式系统可方便取下和更换矩形、圆柱形和其他小型元件。自动化系统取下更换复杂元件，如密脚芯片和 BGA 元件。

热风系统使用非接触焊接方式，可有效避免接触式产生的局部热应力，使得加热更加均匀可靠。可应用于陶瓷电容等元件的返修焊接加热以减少元器件的开裂损坏。热风系统的温度和加热率是可控制、可重复和可预测的，热风温度范围一般是 300～400 ℃。熔化焊锡所需要的时间由热风量决定。较大的元件可能需要超过 60 s 的加热时间。同时可在基板背面增加底部预热，减少元器件因热冲击而产生的开裂耐温问题。

常见的热风枪参数大致相同，但各有其特点与应用，其对比见表 4-7。

表 4-7　常见的热风枪比较

热风枪型号	特　点	适用范围	图　片
QUICK TR1300	智能功率、流量恒定、触摸屏设计液晶显示、快速切换温度风量参数智能休眠、自动关机、数据通信	SMD 贴片元器件拆焊	
QUICK 861DW	快速切换三温度通道、密码保护、自动休眠、无刷风机	SMD 贴片元器件拆焊	
QUICK 990D	数字显示温度、防静电设计、传感器闭合回路	常规 SMD 器件拆焊	
QUICK 885	液晶显示、功率大、风量大	预热、烘烤热收缩、器件返修	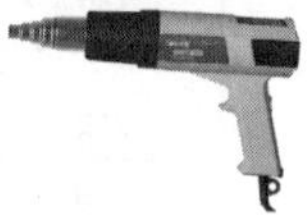

针对不同元器件，可选用不同的热风枪，具体选用情况见表 4-8。

表 4-8　不同器件选用不同的热风枪

焊点类型	TR1300	861DW	990D
小焊点：如贴片电阻、小于 2 cm 的 IC 等元器件	温度：360 ℃； 风量：30 挡位； 风嘴高度：5～10 mm； 时间：20～50 s	温度：380 ℃； 风量：30 挡位； 风嘴高度：5～10 mm； 时间：20～60 s	温度：400 ℃； 风量：5～6 挡位； 风嘴高度：5～10 mm； 时间：30～120 s
中型焊点：贴片连接器、变压器、2～4 cm 的器件或模块	温度：380 ℃； 风量：40 挡位； 风嘴高度：5～10 mm； 时间：30～120 s	温度：400 ℃； 风量：50 挡位； 风嘴高度：5～10 mm； 时间：40～120 s	温度：420 ℃； 风量：6～7 挡位； 风嘴高度：5～10 mm； 时间：50～120 s
大型焊点：4 cm 以上的器件或模块	温度：380～400 ℃； 风量：40～60 挡位； 风嘴高度：5～10 mm； 时间：30～120 s	温度：380～420 ℃； 风量：50～60 挡位； 风嘴高度：5～10 mm； 时间：30～120 s	不推荐

（2）BGA 返修台。返修台型号众多，图 4-15 所示为 EA-H15X 红外型 BGA 返修台，它主要由 IR 加热系统、预热平台、固定机构、PL 精密对位系统、测温装置、RPC 监控系统、计算机等组成。BGA 返修台按照程序设置，模拟再流焊接曲线，自动控制顶部和底部温度、加热时间、风量大小，并可实现自动吸取、自动拆卸芯片；通过测温装置精确测量 BGA 焊接温度缺陷；通过 PL 精密对位系统实现芯片的自动对位贴放等。

BGA 返修台主要用于返修 BGA 元件、密脚芯片及细小元件。

（3）锡炉返修工具。锡炉如图 4-16 所示，主要由合金锡锅、内部纳米陶瓷涂层、K 型测温传感器、发热棒、控温电路、液晶显示屏和全金属外壳组成。

主要应用于通孔类器件或模块的返修。锡炉通过锡波直接接触焊点，加热效率高，速度快，但需目视判断焊锡熔化，再取出元器件。

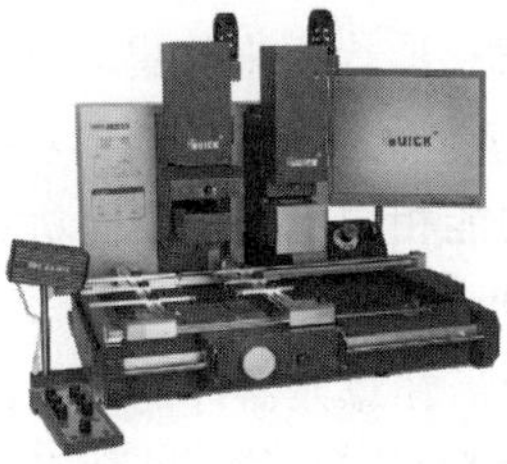

图 4-15　红外型 BGA 返修台

图 4-16　锡炉

技能 3　认识焊点返修材料

基板焊点返修材料原则上应选用原焊接材料。特殊情况下可用相近或相似的材料代替。

1. 焊锡特性认知

（1）防止焊锡氧化。由于焊锡的化学成分不只是锡，它是锡、银、铜等元素的混合物。在焊接中，多采用免清洗的 Sn96.5Ag3Cu0.5 成分比例的焊锡，在高温作用下，它与基板的焊盘发生化学反应，熔合在一起，形成合金。如果焊接时的温度过高，时间过长，会使焊锡氧化且会使焊点变脆。

（2）掌握焊锡的张力和拉力。焊锡熔化后的张力和拉力给焊接带来方便。当放置的元器件的引脚与基板焊盘位置有偏差但在合理范围内，焊接过程中熔化的焊锡通过拉力对元器件焊脚位置补正。

2. 锡丝准备

（1）根据基板焊接所用的材料，判断原焊接材料是无铅、Rohs、无卤等，再选用相应的返修焊料。

（2）根据焊盘大小可判断选用锡丝直径。通常 0402 及以上元器件的焊点可以使用直径为 0.8 mm 的锡丝；大焊盘或通孔焊盘，可以选择直径更粗的锡丝，如 1 mm、2 mm 等。

3. 助焊剂准备

（1）根据基板焊接特点，正确判断出原焊点所用的助锡膏是无铅、Rohs、无卤、免清洗等。

（2）根据原焊点的用途，判断出原焊点所用的助锡膏种类，如高活性、高粘性等。

4. 返修元器件准备

基板返修时，要尽可能采用原型号元器件，在特殊情况下，只能准备替换元器件，其替换原则是：

一般元器件替换。替换原则可划分为三种：即类型相同、特性相近、外形相似。

类型相同，如三极管替换，只需材料相同即可，如锗管换锗管、硅管换硅管；极性相同，即 NPN 型管换 NPN 型管、PNP 型管换 PNP 型管；实际型号一样，标注方法可以不同，如 D1555 同 2SDl555。当然，也不排除同一型号因为生产厂商的不同，导致参数差别极大，因此，替换时需反复确认。特性相近，用于替换的元器件应与原元器件的特性相近，它们的主要参数值及特性应相差不多或优于原元器件，对于不同的电路，应有所偏重。一般情况下，主要参数相近，即可满足替换要求。外形相似，替换元器件一般外形需相似，需要各个电极引脚标志明确，且引脚排列顺序与待换元器件一致，即可进行更换。

集成电路替换。由于集成电路的型号较多，生产与封装测试厂商不同，就有了不同的型号，但不同的型号间的集成电路在一定条件下也可以实现替换。

直接替换。是指用其他集成电路不经任何改动而直接取代原来的集成电路，替换后不会影响机器的主要性能与特性参数的方法。其替换原则是与待替换集成电路的功能、性能指标、封装形式、引脚用途、引脚序号和间隔等均相同。其中功能相同不仅指表面功能相同，还应包括逻辑极性相同，即输入/输出电平极性、电压、电流幅度相同。

同一型号集成电路替换。同一型号集成电路的替换需注意元器件的极性，切勿反向，否则，功能将受到影响甚至损坏。单列直插式集成电路，虽然型号、功能、特性完全相同，但引脚排列顺序的方向可能不同，如 LA4507，其引脚有“正”“反”之分，需尤其关注。

不同型号集成电路的替换。第一种，型号前缀字母相同、数字不同的集成电路在特定条件下是可以互换的，前提是它们的引脚功能完全相同，其内部电路参数稍有差异，也可相互直接替换，如 LA1363 和 LA1365。第二种，型号前缀字母不同、数字相同的集成电路，一般是可以直接替换的，但也有少数数字相同，但功能却完全不同，如 8 脚的运算放大器 NJM4558，14 脚的 CD4558 数字电路，二者功能完全不同不能替换。第三种，型号前缀字母和数字都不同的集成电路有的也能相互替换，如 AN380 与 uPC1380 可以直接替换；AN5620、TEA5620、DG5620 等可以直接替换，这是因为有的生产厂商引进相同的未封装集成电路芯片，加工后按内部命名或者为了提高某些参数指标而改变了型号，通常这些产品型号加后缀进行区别。

非直接替换。是指不能进行直接替换的集成电路稍加修改外围电路，改变原引脚的排列或增减元器件等，使之成为可替换的集成电路的方法。尽管替换的集成电路与原来的集成电路引脚不同、外形不同，但电路功能要相同，特性要相近，替换后不会对整体产品产生影响。

不同封装集成电路的替换。第一种，相同类型的集成电路芯片，但封装外形不同，替换时需将新元器件的引脚按原元器件引脚的形状和排列进行整形，如 CA3064 和 CA3064E，前者为圆形封装，后者为双列直插塑料封装，两者内部特性完全一样，按引脚功能进行连接即可。第二种，电路功能相同但个别引脚功能不同的集成电路，替换时需对个别引脚功能进行改变。第三种，类型相同但引脚功能不同的集成电路，这种替换需要改变外围电路及引脚排列，涉及这个电路的排布，难度较高。

作业 2　焊点返修过程控制

技能 1　热风再流焊接过程管控

1. 热风再流焊接过程管控要点

（1）返修时，尽量采用原始焊接温度曲线。因为需要返修焊接的条件基本相同，以减少差异带来的焊接不良，故返修焊接的再流焊接温度曲线应与原焊接曲线接近。

（2）返修时，要注意再流焊的升温降温速度。再流焊接过程中，在各温区加热温度与加热时间都合适的前提下，如果升温降温速度不合适，仍然会造成焊接不良。一般在 100 ℃之前，最大升温速度不超过 4 ℃/s，100 ℃之后最大升温速度不超过 3 ℃/s；在冷却区，最大冷却速度不超过 4 ℃/s。因为过高的升温速度和降温速度会使基板与返修元件在热应力的作用下损坏，这种损坏可能是目视检查不能观察到的。不同的元件、不同的锡膏，应选择不同的加热温度和加热时间。如 BGA 芯片的再流温度应高于 PBGA 的再流温度，SAC305 锡膏比 Sn63Pb37 锡膏使用更高的再流温度。对于免洗锡膏，其活性低于非免洗锡膏，因此焊接温度不宜过高，焊接时间不宜过长，以防止锡膏颗粒的氧化。

（3）返修时，基板的底部需预热。在热风再流焊时，基板的底部加热可以避免基板单面受热而产生的翘曲和变形。同时，预热使锡膏熔化时间缩短。而对于大尺寸基板返修 BGA 类器件，底部加热尤为重要。通常返修设备的底部加热应采用加热更加均匀的热风加热。

（4）返修时，应选择合适的热风再流喷嘴。热风再流喷嘴尺寸不符，不利于 BGA 返修焊接。热风再流喷嘴属于非接触式加热，加热时依靠高温空气流使 BGA 芯片上各焊点焊锡同时熔化。热风过大，容易影响附近器件的焊点；热风过小，容易造成局部受热过高，而另一部分受热过低而造成焊接不良。

（5）返修后，应采用局部清洗。返修后的清洗一般为局部清洗，有两种清洗方法，需要考虑相关工艺标准。一是直接使用与焊接材料、助焊剂相匹配的溶剂清洗，这种方法清洗后可能会有痕迹；二是采用清洗液兑水清洗，由于水的存在，后续需烘干处理，但此种方法洁净度较好。

2. 人员与设备管控

（1）返修人员管控。虽然现在的返修设备在功能上、能力上有了很大的提高，精度、可重复程度均可与自动化贴装设备相媲美，但是人员的参与操作仍然贯穿整个返修流程，故操作人员的技能能力对整个返修品质起到至关重要的作用，需对操作人员技能进行管控培养。

（2）返修设备管控。首先需选择功能和作用上与再流焊更加接近的返修平台，以实现温度曲线的重现。其次需定期检测热风或红外加热器，确保实际温度与设置温度的一致性，故使用前需测试温度曲线。

技能 2　带有 QFP 缺陷焊点返修管控

针对 IC 类元器件缺陷焊点返修，以 QFP 芯片返修过程为案例进行说明。

1. 再流焊接返修 QFP 缺陷焊点

（1）QFP 芯片返修焊接时，必须掌握好焊接温度。焊接 QFP 芯片时，有铅焊料的熔点是 183 ℃，无铅焊料的熔点是 217 ℃。但无论在产线生产还是返修时都要考虑热量的"自然损耗""热量流失"，所以实际采用的焊接温度都会加大。采用有铅焊料，建议再流焊温度采用 215～220 ℃；采用无铅焊料，建议再流焊温度采用 255～260 ℃。

相对于表面贴装生产线的再流焊，手工焊接热量更易流失。同时不同厂商的烙铁有差异，温度调节有差异，有时拆焊 IC 温度高达 300～400 ℃，甚至更高。另外，使用不同熔点锡膏时往往需要采用不同的温度，所以 QFP 芯片返修时，应需根据母材焊料等实际情况确定准确的温度。

（2）QFP 芯片返修焊接时，应控制好再流区时间。QFP 芯片焊接时间，从温度曲线图上可以看出，芯片与基板熔合在一起的时间是 40～90 s。如果再流时间太短，焊点容易产生虚焊；再流时间太长易造成芯片翘起和基板焊盘脱落。虽然不能像表面装贴工艺那样对预热区、恒温区、再流区等时间和温度进行标准设定以及完美呈现，但也需要在实际生产中总结出焊接返修温度及时间。

（3）QFP 芯片返修焊接时，最佳的返修焊接方式为热风再流焊方式。返修焊接加热方式目前普遍采用两种方式，一种是红外线加热，另一种是热风加热。采用红外线辐射加热时，因为基板及各元器件吸收红外波长的能力不一样，所以整个基板上的温度差异较大，有时温度差异可达到 20%。而热风再流焊方式能使温度较均匀，一般的温度差异只有几摄氏度。所以行业通常使用热风加热方式焊接返修 QFP。

2. 手工返修 QFP 缺陷焊点

（1）检查 QFP 周围有无影响方形烙铁头操作的元器件。如果有，应先将这些元器件拆卸，待返修完毕后再焊接复位。

（2）用细静电毛刷蘸助焊剂均匀涂抹在 QFP 四周的所有引脚焊点上。

（3）选择与 QFP 尺寸相匹配的四方形烙铁头，在四方形烙铁头端面上加适量焊锡，扣在需要拆卸 QFP 引脚的焊点处，四方形烙铁头要放平，必须同时加热器件四端所有引脚焊点。

（4）待焊点完全融化后，用镊子夹持 QFP 离开焊盘和烙铁头。

（5）用烙铁将焊盘和 QFP 引脚上残留的焊锡清理干净、平整。

（6）用镊子夹持 QFP，对准极性和方向，将引脚对齐焊盘，居中贴放在相应的焊盘上，对准后用镊子按住不要移动。

（7）用刀形烙铁头先焊牢器件斜对角 1～2 个引脚，以固定器件位置，确认准确后，用细静电毛刷蘸助焊剂涂在 QFP 四周的所有引脚和焊盘上，沿引脚边缘与焊盘交接处从第一个引脚开始顺序向下缓慢匀速拖拉，同时加少许直径为 0.5～0.8 mm 的锡丝，用此方法焊接 QFP 四侧引脚。

（8）焊接 PLCC 器件时，烙铁头与器件应成小于 45°角度，在 J 形引脚弯曲面与焊盘交接处进行焊接。

技能 3　带有 BGA 缺陷焊点返修管控

BGA 是指集成电路的一种封装形式，其输入/输出端子（包括焊球、焊柱、焊盘等）在元件的底面上按栅格方式排列。包括但不限于 PBGA、UBGA、WBGA、TBGA、CBGA 及 CCGA。

BGA 焊点返修过程管控：是指现场操作人员在使用返修设备返修有铅、混合、无铅工艺单板 BGA 元器件时，如何合理选择及调用程序、规范操作方法和过程，保证返修质量的过程。

1. 返修工具、辅料及设备管控

（1）返修工具：BGA 返修台、电烙铁、刮刀、小钢网、真空吸笔、剪刀、镊子、防静电毛刷（涂锡膏用）。

（2）辅料：膏状助焊剂、清洗剂、SC-10（无铅使用）、吸锡编带、有铅锡膏（Sn63Pb37.NC-92J）；无铅锡膏（Sn96.5Ag3.0Cu0.5）、无尘布等。

（3）返修设备：常用的 BGA 返修设备 EA-H15X 的外观如图 4-17 所示。

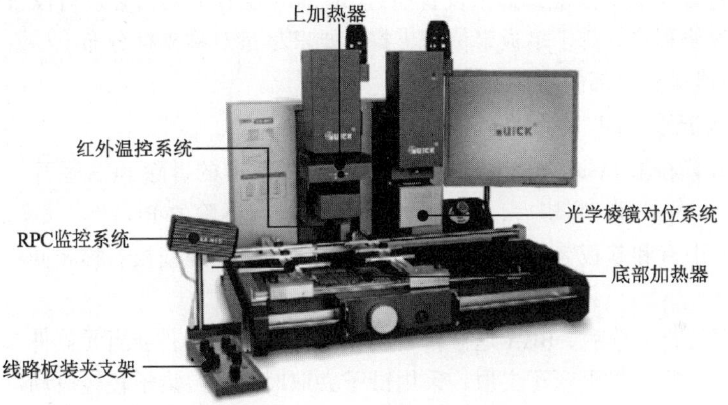

图 4-17　EA-H15X BGA 返修台

2. 返修生产前准备管控

（1）基板烘烤准备。根据暴露时间不同，基板有着不同的烘烤要求。PCBA 暴露时间，以 PCBA 制成板条码上的加工月份时间为准，当月批次 PCBA 默认 1 个月，依此类推。其烘烤时间为：

SMT 送修基板默认小于 24 h，可以不经过烘烤，BGA 返修从接收基板后 10 h 内完成返修；如果 10 h 内不能完成，BGA 返修作业的基板及物料，须放置在干燥箱保存。特殊基板送修人员需标注特殊需求，如元器件分析等；反馈工艺人员给出烘烤要求。

非 24 h 内送修基板，按表 4-9 规定进行烘烤。

表 4-9　送修基板暴露时间与烘烤时间的关系

暴露时间	≤2 个月	2 个月以上
烘烤时间/h	10	20
烘烤温度/℃	105 ± 5	105±5

（2）基板返修前检查。查看基板上是否有屏蔽罩和返修芯片（基板返修面与背面）周围

10 mm 以内有高度超过 20 mm（只要与热风喷嘴产生干涉）的元器件，需将屏蔽罩及干涉返修的元器件拆卸后才可返修。若返修基板正面、背面有光纤、附件区域的电池需要拆除后才可返修。若返修基板背面距离返修芯片 10 mm 及 10 mm 以外有散热器、插装晶振、电解电容、塑胶导光柱、非高温条形码、BGA、BGA 插座及通孔塑封器件，在这些元器件表面需贴 5～6 层高温胶带密封后才可返修。若在 10 mm 以内则需要将相应器件拆除（BGA 除外）后才可以返修。其他可能在返修过程受热影响的 BGA 及其他塑封器件，需进行相应隔热处理。

（3）返修辅料的管控。返修的器件是 CCGA、CBGA、BGA 并且锡球材料不是 Sn63Pb37 的焊锡材料时，必须使用印刷锡膏方式进行返修。锡膏的种类依据产品作业指导书中规定的锡膏进行选择。当是 Sn63Pb37 的焊锡材料时，可用助锡膏或印刷锡膏方式焊接；当使用锡膏焊接时，需要使用与元器件焊盘相对应的印刷小钢网进行印刷锡膏。锡膏的种类依据产品作业指导书中规定的锡膏进行选择，助锡膏均匀涂抹。无铅器件的返修，针对小于 15 mm × 15 mm 的 BGA，可以使用涂抹助锡膏的方式焊接；其他大尺寸 BGA 必须使用印刷锡膏的方式焊接。锡膏的种类依据产品作业指导书中规定的锡膏进行选择，助锡膏须均匀涂抹。

（4）返修设备管控。返修前，如果设备超过 30 min 没有加热，必须对设备进行预热。预热程序可为任何返修程序。对于单板定位与支撑，要求尽量对称支撑分布（尽量使得单板受热均匀为原则），不能碰到底部的器件。

3. 拆除 BGA 流程管控

视频

BGA 返修
（芯片拆焊）

将返修基板放置在 BGA 返修台上，在程序库中选择对应的拆除 BGA 程序对 BGA 进行加热。程序运行完毕后，返修台吸嘴下降吸取拆除的 BGA。

（1）当程序库中有和基板名称相对应的程序时，优先选用和基板名称相同的程序。

（2）返修程序运行完毕后，BGA 返修台自动吸取拆除的元器件，当元器件表面粗糙不平时，可采用静电镊子夹取；采用镊子夹取时，先用镊子轻轻拨动元器件，确定焊点完全融化后立即夹起。

（3）拆除元器件后，清理焊盘，并且检查被拆下元器件以及焊盘是否有脱落，受损等缺陷，如有异常，反馈工程师处理。

（4）拆卸的 BGA，若需要重复利用，则需要对 BGA 进行植球处理。

4. 焊盘清理管控

视频

BGA 返修
（PCB 清理）

将基板放置在工作台上并用烙铁、吸锡线将焊盘上多余的残锡吸走，平整焊盘。

有铅器件焊盘清理，烙铁温度一般设置为 340 ± 40 ℃；无铅器件焊盘清理，烙铁温度一般设置为 370±30 ℃；对于 CBGA、CCGA 焊盘清理，烙铁温度一般设置为 400±30 ℃。清理后使用清洗剂清除器件和基板焊盘上的焊锡残留物和其他杂质等。清理干净后使用 20X～50X 放大镜检查元器件和基板焊盘，线路等有无划伤、脱落、受损等缺陷；若有则反馈工程师处理。

5. 辅料涂抹管控

（1）助焊膏涂抹管控。用防静电刷蘸少许助焊膏，在焊盘上来回轻轻涂抹。检查焊盘上助焊膏的涂抹情况，要求助焊膏涂抹均匀。基板上不可有助焊膏堆积现象。

检查涂抹好助焊膏的基板焊盘，不可有纤维、毛发等杂物残留；若有需要重新清洗后，再次涂抹。

（2）锡膏印刷管控。选择对应的印刷钢网，将印刷钢网定位并用胶带粘贴于基板上；使钢网开口和焊盘完全重合，无错位，如图 4-18 所示。用刮刀取适量锡膏，然后在印刷钢网上刮过。刮锡膏时尽量使锡膏能在钢网和刮刀之间滚动，如图 4-19 所示。

用手或工具向上慢慢提起钢网，提取过程中，减少操作人员手的抖动。目视检查锡膏印刷质量及焊盘周围是否有溅锡，检查焊盘是否有漏印、连锡、少锡、拉尖、偏位等不良现象，如图 4-20 所示。有则需要使用洗板水将焊盘清理干净，并待洗板水挥发后重新印刷。印刷品质确认无误后，清洗钢网和刮刀，放回原位，待下次使用。

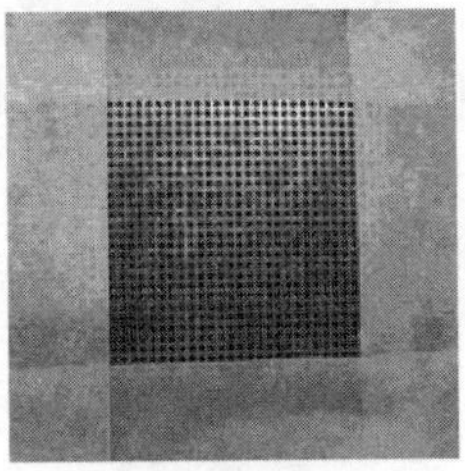

图 4-18　钢网对位、固定

图 4-19　锡膏印刷

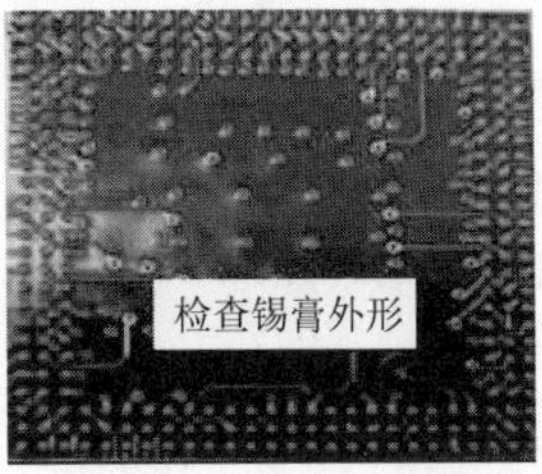

图 4-20　印锡质量检查

备注：针对元器件布局较密，基板上无法放置印刷钢网的情况下，可以通过在元器件上印锡的方式实现。一般通过植球治具，将锡球附着到 BGA 引脚上。

6. BGA 对位贴放管控

（1）贴放 BGA 前，需要核对 BGA 的料号与极性方向，需要和待维修基板一致；检查 BGA 器件的底部焊球是否完整，如出现焊球大小不一、缺球、焊球形状不规则等，需要重新更换处理。

（2）将涂抹好锡膏的基板放置在工作台上，并对基板底部进行均匀支撑。通过光学棱镜对位系统，使元器件底部焊盘和基板焊盘的影像重合，运行返修台，完成贴放动作。

（3）元器件贴放后，检查返修元器件的高度是否一致，是否水平、元器件是否存在倾斜等异常。确认完成后，需缓慢将待焊接区域移动至焊接区域进行焊接返修。

视频

BGA 返修
（对位）

视频

BGA 返修
（芯片焊接）

视频

BGA 返修
（返修检测）

7. BGA 焊接管控

对位好待焊接返修的 BGA 区域，在焊接 BGA 程序库中加载产品对应程序，运行程序进行焊接，焊接完成后待基板冷却后取出基板。

注意：操作过程中需通过监控系统观察基板焊接情况，若有基板烧焦、严重变形等异常，须立即停止返修，并反馈工程师处理。同一块基板最多可以返修 3 次，同一个 BGA 最多可以返修 2 次。

8. BGA 焊接品质检验管控

焊接完成后，需要对基板焊接品质进行检验。重点检验以下事项：

（1）目视检查 BGA 四周的焊点，观察是否有虚焊、桥连、锡珠等缺陷。并且使用 X-Ray 确定内部焊点是否存在有虚焊、桥连、气泡等缺陷。品质确认完成后，才可以进行后续流程。

（2）检查被焊接元器件周围，是否有锡珠、变形及其他缺陷，检查基板背面片式元件等是否被顶针压坏。

（3）用洗板水清洗 BGA 周围多余的助锡膏残留。

技能 4　带有细小元件缺陷焊点返修管控

较小的元器件尺寸使得基板和元器件的装配工艺变得复杂化，随着 01005 尺寸的片式元件广泛使用，焊接装配问题将变得更加突出。

01005 是元件的规格型号（英制），对应的尺寸为长 0.4 mm、宽/厚 0.2 mm。这些元件难以通过肉眼观察识别，而且质量极轻，约为 0.04 mg。因此，返修时，管控焊接质量就显得格外重要了。

返修细小组件的关键因素包括返修台的定位系统、取料过程控制、影像系统和对贴片过程的控制。除了这些因素之外，还有一些不容忽视的地方，如焊锡颗粒的尺寸、供料器的精度、元器件包装的公差和元器件本身的制造公差，以及吸嘴的材料、嘴型设计等，在返修之前都需要综合考虑。

1. 定位系统的管控

对于细小组件的贴装，需要返修台的驱动定位系统的驱动轴采用闭合环路控制，以保证取料和贴装的位置精度。因此，选用返修台时，需要选用带可变磁阻电动机（VRM）驱动系统的返修台，它可以提高热稳定性，获得较高的加速度和精度，甚至有的分辨率已达到 1 μm。这种技术为贴装细小组件提供了保障。

2. 取料过程的管控

准确的取料是成功实现返修贴装的第一步，在此过程中，影响正确取料的因素有元件之间的差异、包装的公差、供料器的精度、贴片机驱动定位系统的误差、贴片头 Z 轴方向的压力控制、吸嘴材料和设计，以及在取料过程中对静电的控制等。

（1）选用贴片头上安装压力感应器的返修台。由于细小组件之间的细小公差会对取料和贴片过程产生显著的影响，这就要求贴片头在此过程中能自动感应其压力变化并采取相应的补偿措施，以消除元器件高度对返修贴装的影响。通常在贴片头上安装压力感应器，从而防止在贴装过程中过大的压力将元器件压碎。

（2）选用具有动态的自动校正取料位置的返修台。从而消除包装公差和供料器等带来的误差，保证取料的一致性。

（3）选用带有 2～3 个透气孔吸嘴的返修台。为了降低吸料过程中元器件侧立，保证足够的真空和元器件被吸起之后的平衡，在吸嘴头部需要设计 2 个或 3 个孔。考虑到贴装密度小于 0.25 mm 的情况，吸嘴头部要足够得细，它上面的孔也需比较细。对于吸取 0201 元件的吸嘴，最小的孔为 0.127 mm，而对于吸取 01005 元件的吸嘴，最小的孔为 0.1 mm。

3. 元器件的视觉对中管控

确定元器件的中心有两种方式，一种是采用数码相机，另一种是采用激光。两种方法各有优缺点。

（1）选用数码相机视觉对中。对于 0201 元器件和 01005 元器件识别成像，一般需要选用数码相机组件系统进行视觉对中。使用这种系统可以检查出元器件电气端的形状缺陷，但是不能检测元器件厚度的变化，此时就需要贴片机有 Z 轴压力感应以及取料贴片补偿功能，从而消除此种缺陷带来的影响。

（2）选用更高倍率的数码相机。由于 0201 或 01005 元器件体积更小，因而需要选用更高倍率的数码相机才能准确对中。

（3）选用前光源。一般的元器件（如 0603 或 0805 等）使用背光，如图 4-21（a）所示，通过识别元器件外形轮廓的中心实现对中。但是 0201 或 01005 元器件则需要使用前光如图 4-21（b）所示，通过识别两个电气端之间的中心，可以提高贴装精度。

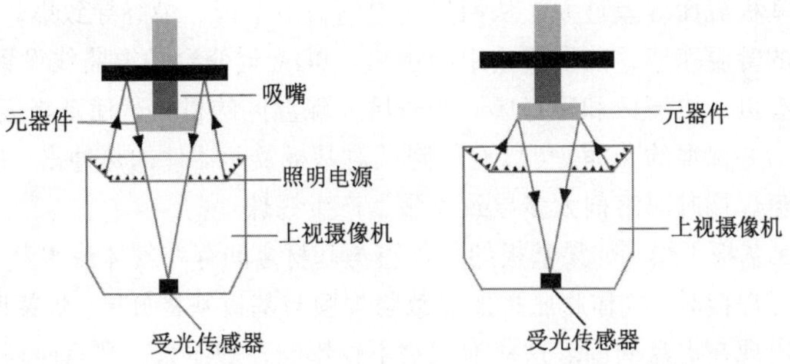

（a）背光照明　　（b）前光照明

图 4-21　两种照明方式对比

（4）激光识别对中。通过从光源产生一束激光光束，照射在元器件上，来测量元器件投射的影响。这种方法可以测量元器件的尺寸、形状以及吸嘴中心轴的偏差。但是不能实现对元器件的引脚进行检查。

4. 返修台管控

在贴片过程中，关键控制因素有基板底部的平整支撑、真空关闭转为吹气的控制、贴片压力的控制以及贴片的精度和稳定性。

（1）使用底部支撑支架对基板进行支撑。基板载入 BGA 返修台后，传输导轨将电路板两边夹住，同时支撑平台上升，将板支撑住并继续上升到贴片高度。在此过程中，由于外力的作用，容易导致基板变形，会严重影响贴片的质量。因此，对基板平整的支撑变得非常重要。当基板厚度较薄时，更容易出现“弹簧床”效应。薄板随着贴片头的下压而下凹，并随着贴片压力的消失而恢复变形，这样反复，造成元件在基板上移动，从而出现贴片缺陷。所以，在支撑平台上需要设置支撑装置，保证基板在贴片过程中平整稳定。

（2）选用具有灵敏的真空切换装置。贴片头将元件拾取后，照相机对元件对中照相，贴片头将元件移至基板贴片位置上方。贴片头 Z 轴加速下降到贴片高度，这时 Z 轴继续减速下降，同时轴内真空关闭，转换为吹气。元件接触到基板上的锡膏，贴片轴感应到设定的压力后上升并移开，完成单个元件的贴片过程。在这个过程中，真空的灵敏快速切换和吹气的时间和强度控制很关键。真空关闭太慢，吹气动作也会延迟，在贴片轴上升过程中会将元件带走，或导致元件偏移。真空关闭太快，吹气动作也会提前，有可能元件还未接触到锡膏便被吹飞，导致锡膏被吹散。灵敏的真空切换需要在 5 ms 内在 50 mm 的轴内完成。

（3）选用具有高灵敏度贴片压力感知器。贴片压力控制不当，会导致元件损坏，锡膏压塌，导致元件焊接后出现锡珠，还有可能导致元件偏移。因此，贴装 0201 和 01005 元件应选择压力感知范围为 150～300 g 的压力感知器，并且，贴装轴还必须能够感知小到 25.4 μm 的基板变形以补偿基板变形。

5. 贴片过程管控

（1）选用活性较高的焊锡膏。当焊锡膏的活性差或元件的可焊性差，焊锡膏熔化后，表面张力不均匀，导致焊盘湿润力不平衡；同时当焊盘的焊锡膏印刷量不均匀，多的一边会因焊锡膏吸热量较多，熔化时间较长，也会导致湿润力不平衡。

（2）根据产品特性选择合适的温度曲线。如果返修加热时间过短或升温不均匀，会使得炉温曲线异常，导致基板表面湿差过大，从而造成湿润力不平衡，最终导致虚焊。

（3）选择合适的升温速率，并设置适中的预热。BGA 返修台炉温曲线设置有 4 个区段，分别是预热区、保温区、再流区和冷却区。预热区、保温区的目的是使基板表面温度在 60～90 s 内升到 150 ℃，并保温约 90 s，可以有效降低对基板及元器件的热冲击，确保焊膏中的溶剂能有效挥发，避免焊接时因溶剂太多导致飞溅，产生锡珠。

（4）返修前确保基板干燥。如果基板的阻焊膜与基材之间存在气体或水蒸气，这些微量的气体或水蒸气在高温焊接时，气体膨胀挥发导致阻焊膜与基板基材分层。焊接时焊盘温度相对较高，故气泡首先出现在焊盘周围。这些泡状物不仅影响外观质量，严重时还会影响性能。

技能 5　特殊元器件焊接缺陷焊点返修管控

1. 返修焊接，防止相邻器件二次熔融

使用 EA-H15X BGA 返修平台返修 PBCA 板，使用的是无铅锡球的 BGA，SMT 是有铅制程。待返修的金属 BGA 旁边有两个 35 mm × 35 mm 且间距为 4 mm 的 BGA，此时使用 BGA 返修台返修时，要求焊接最高温度为 225～230 ℃，相邻的 BGA 锡球温度不能超过 200 ℃，可以防止相邻的 BGA 二次熔锡导致焊接不良。

该 PCBA 板返修使用 EA-H15X BGA 返修平台，此设备拥有独特的发热系统，通过不同的组合设置后，实际返修的温度曲线如图 4-22 所示为，由温度曲线可知相邻的 BGA 温差达到 60 ℃以上，远离工艺要求临界点，避免相邻的 BGA 二次熔锡。

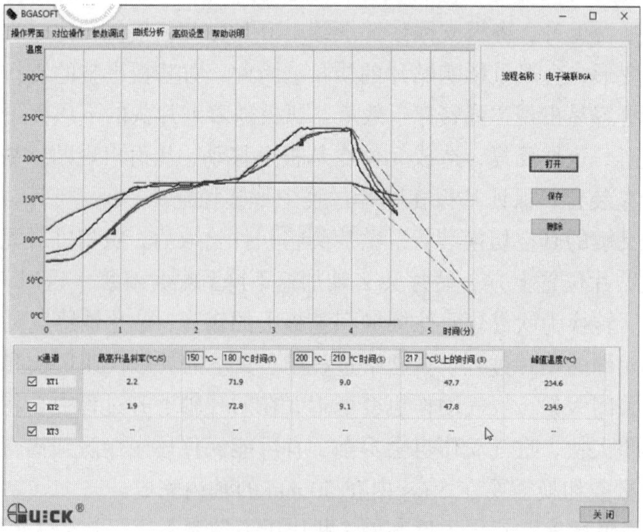

图 4-22　返修温度曲线设置

2. 屏蔽框返修，防止框内 BGA 二次熔锡

图 4-23 所示为某高频板卡，在拆除和焊接屏蔽罩时，工艺参数设置不当会导致屏蔽罩内的 BGA 二次熔锡，产生焊接不良。故要求在移除和焊接屏蔽罩时，BGA 锡球的温度不能超过 200 ℃。

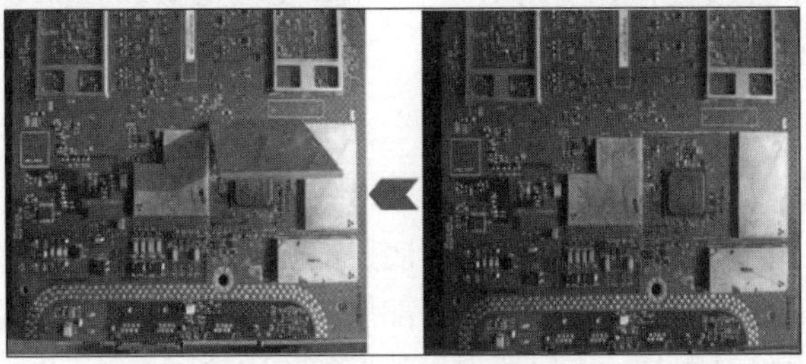

图 4-23　某高频板卡

使用 EA-H15X 型 BGA 返修设备，对温度参数进行优化，对屏蔽罩的熔锡点和屏蔽罩内 BGA 锡球点温度进行测量，并使用分析软件对 Parole 进行分析，得到的实际温度曲线要符合各部件的焊接及临界温度。图 4-24 所示为某高频板卡的焊接温度曲线设置。

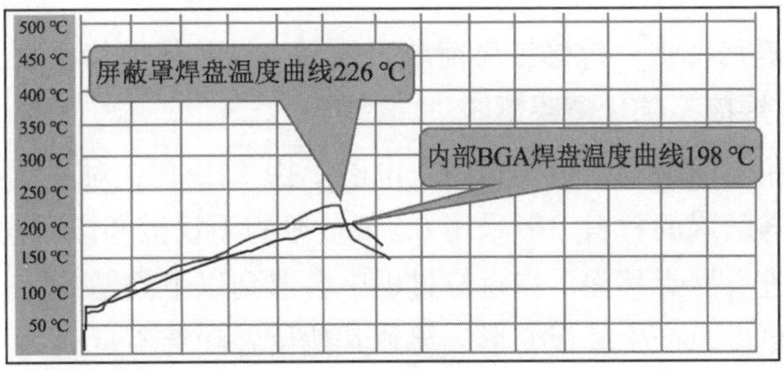

图 4-24　某高频板卡的焊接温度曲线设置

3. 模块产品返修，防止损坏模块的 BGA

图 4-25 所示为某手机产品上模块，又称子母板。模块的屏蔽盖内基板上有多颗 BGA，模块与旁边的连接器 PIN 脚间距为 0.1 mm。使用传统方法加热拆焊，无法夹取器件，且容易碰到屏蔽盖或导致屏蔽框内的器件受损。

图 4-25　某手机产品上模块

返修难点：一是移除时无吸取点；二是熔锡后容易损坏上层模块内器件。

4. 高密度高散热基板返修，防止多次加热

图 4-26 所示为某高散热 PCBA 基板，该产品 QFN 芯片正面与板底均贴满散热片，散热片高度 25 mm。

制程四　基板检修

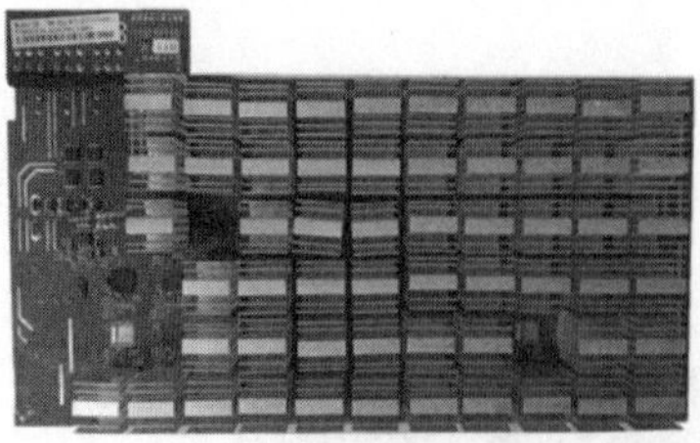

（a）正面

（b）背面

图 4-26　某高散热的 PCBA 基板

传统返修流程是：拆除上层散热片→拆除底层散热片→拆除 QFN 芯片→返修焊盘除锡→芯片除锡→芯片印锡→贴装焊接芯片→焊接底部散热片→加热焊接上层散热片。

传统流程缺点：返修时间长；工序烦琐；基板加热次数过多（6 次），影响可靠性。

采用 EA-H15X 型返修平台，操作步骤如下：

（1）返修平台将上层散热片和芯片同时移除，并同时焊盘除锡。

（2）上层芯片除锡同时印锡。

（3）芯片焊接。

（4）上层散热片焊接。

BGA 返修台贴装返修特点：返修工序简单、效率快、基板加热次数少。

5. 屏蔽罩拆焊与焊接，防止爆锡爆胶

移动通信终端产品上屏蔽罩，主要是防止电磁干扰（EMI）、对基板上的 RF 元件及 LCM 元件等起屏蔽作用，屏蔽罩的材料一般采用 0.2 mm 厚的不锈钢和洋白铜。当生产中出现不良后，通常要对屏蔽框进行拆焊移除。在返修过程中会遇到以下问题：

（1）基板薄，受热应力产生基板变形，导致其他位置功能不良。

（2）加热过程中，屏蔽罩内 BGA 容易出现爆锡、爆胶。

（3）元件间距密，人工无法除锡作业。

如图 4-27 所示，为采用传统风枪拆焊屏蔽框，导致框内 BGA 爆锡。

屏蔽框除锡前　　屏蔽框除锡后

图 4-27　采用传统风枪拆焊屏蔽框

如图 4-28 所示，采用 PCBA 除锡机对屏蔽框进行移除并除锡，不损伤焊盘、不产生爆锡以及爆胶。

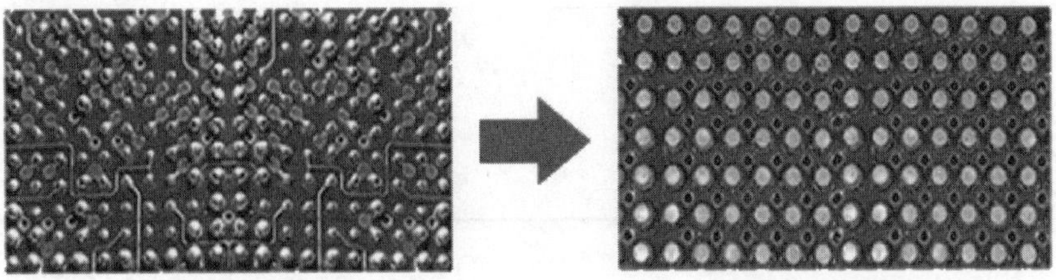

图 4-28　全自动 PCBA 除锡机对屏蔽框进行移除并除锡后 BGA 的形态

6. 焊接面含片式元件除锡问题

传统除锡方式是烙铁吸锡带接触式清锡，这种除锡方式存在很多潜在风险，例如：

（1）烙铁接触时间过长后会导致熔铜。

（2）焊盘松脱或掉落。

（3）刮伤焊盘周边绿油层导致焊接不良。

某产品基板厚度为 3 mm，在焊盘中间有很多元器件。如果使用烙铁除锡，由于基板吸热较大，故需要烙铁除锡温度高且时间长，容易损坏其他器件，由于器件较小损坏后很难修复，因此传统除锡也是一大难题。

如果采用基板除锡机，由于除锡机是非接触式除锡，因此不会碰到焊盘中间器件，拼成连板后，效率也非常高。

制程五

基板装联

“基板装联”制程是“1+X”电子装联职业技能等级标准（高级）第五个学习领域，该领域包含电子胶连、基板锁付两个工作任务。重点学习焊点补强工艺和元件底部填充胶的工艺设计、设备及工装治具选用，生产缺陷管控，锁付工艺设计以及管控等知识技能。

任务1　电子胶联

任务目标

通过焊点补强胶工艺、器件底部填充胶工艺学习，会选用胶水，配置胶嘴、点胶配件等治具，能设定点胶工艺参数，管控改善胶点品质。

任务导图

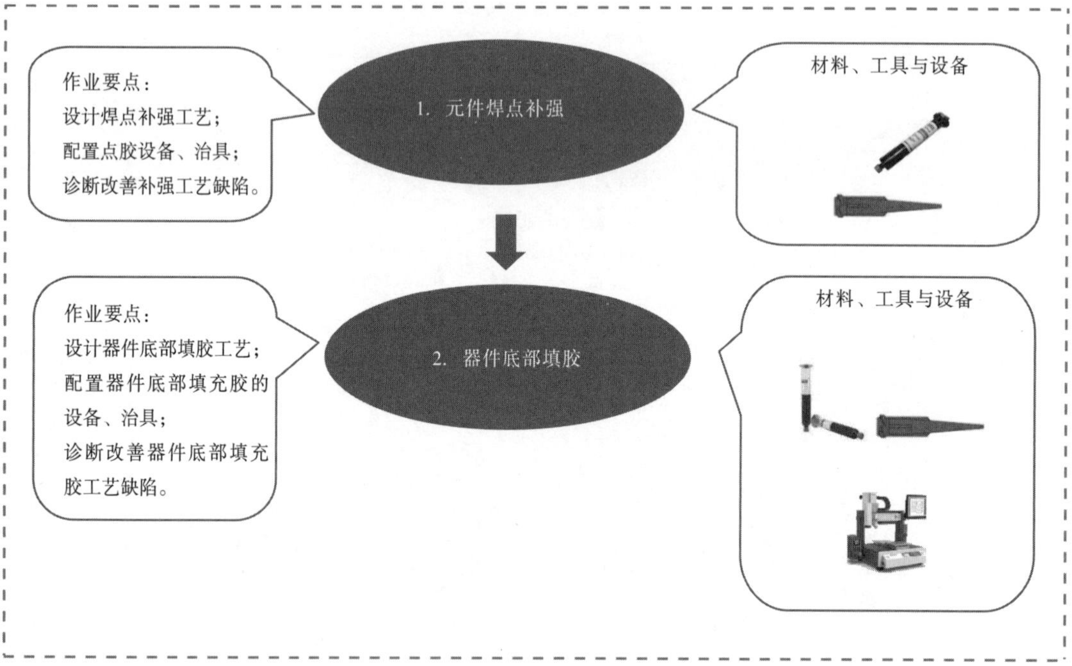

任务先通

匠心一点通

为导弹安装“眼睛”，39 载打磨航天匠心。航天科工二院 25 所贾岩最自豪的一件事儿，一直从事为我国护国导弹安装明亮的“眼睛”的相关生产和安装工作。39 年间，贾岩由一名钳工的学徒工，成长为航天科工集团的首席技师、全国技术能手、国防科技工业技术能手，并列入 511 国家技能人才库。入行三十多年，贾岩亲手加工过的零件覆盖了我国防御导弹的大多数型号，并以高超的手艺解决了多个型号产品装配难题，经手的产品多达十万件，始终保持“零废品”的记录。这几年，贾岩承担的产品装配任务难度不断加大，装配零件元件之间的间隙要求在几道范围内（1 道相当于 0.01 mm），几百个零件的装配，只有靠试装才能发现问题，然后进行零件的修整。他在长期的工作实践中练成了耳听、手摸就能知道产品装配状态的硬功夫。在磨合的过程中，他常常用双手一晃，就知道间隙有几道，有时用耳朵听一下，就知道哪里配合有问题，这种精密的工作超越了机器，练就出一身无法替代的“硬”技能。为解决柔软材质上打出规则光滑圆孔难题，贾岩带领工作室徒弟，潜心学习，从如何在海绵和泡沫上打圆孔开始攻关，多次试验，通过发明改进刀具形状，终于解决了这个问题。他们用灵巧的双手，弥补了机械生产不能企及的部分，献身航天事业，亲手为我国护国导弹安装上最明亮的“眼睛”，铸就人民安宁的生活。

安全一点通

一时失手，惨痛一生。2013 年 9 月 15 日，苏州某工厂的 SMT 车间在交接班时，当班员工贴片机作业员王某正在进行贴片机 7S 作业，在清理废料卷垃圾的时候，突发右手中指第一关节被切刀切断，血流如注。工友们立即将其送医救治，因抢救及时，幸得接上手指，但大部分功能难以恢复。事后，调查原因为设备废料箱的安全感应器被屏蔽，导致废料箱离开设备后，设备相应部件仍能正常工作。作业员王某在未确认设备是否在非停机状态下，违规将手伸到可动部件附近，导致事故发生，给自身带来严重伤害，也给公司带来经济损失。

质量一点通

质量产品的里子，企业的面子。2015 年，苏州某电子厂的车间一款主板接连收到客户的投诉，特别几个大客户要求终止合同。一时间，公司生产部面临前所未有的压力，生产部王经理一连蹲守车间五天，带领工程人员拜访客户深入了解产品问题所在，终于发现导致客户投诉主板缺陷的原因：一个需要点底部填充胶的 BGA，表面有胶水残留。接下来，王经理通过与工程人员一起制作各种 DOE 实验，调试点胶高度，更改点胶针头，更改点胶位置，会战 20 日，最终开发出最佳点胶方案，品质达到客户要求，使得产品重新赢得客户的信任，及时挽回了公司的损失。

作业 1　元器件焊点补强

为了提高电路的工作可靠性，在电子装联过程中，贴片或插件作业后，对元器件进行点胶补强，从而提升元器件与基板粘接力，增强基板抗跌落、防振动等性能。

技能 1　认识焊点补强工艺流程

图 5-1 所示为焊点补强工艺流程。包括胶水、针头、针筒与适配器的选型，以及点胶机器人、点胶控制器的编程和参数设定，最后进行点胶品质检测。

图 5-1　焊点补强工艺流程图

1. 胶水选型

视频

胶水、针头的选型与安装

焊点补强胶主要应用于基板、FPC 排线、数据线、耳机喇叭、马达连接线，以及其他电子元器件及焊线的焊点加固补强、绝缘以及防腐蚀保护。不同的产品应选择合适的用胶方案，这样才能达到较高的性价比以及实现点胶工艺目的。常用的焊点补强胶水有 UV 胶和硅胶。

（1）UV 胶。UV 胶颜色一般为透明和蓝色，单组分；操作方便，经 UV 灯照射 8～10 s 后初固，硬度可调。完全固化后，胶体韧性好，与电路板、线材、金属等大多数材料都有很强的附着力，耐温-45～+120 ℃。可以根据产品特性要求调整粘稠度、颜色，灵活性强，也适用于自动化，生产效率高，可操作性强。广泛应用于 LED 电路板、微电机导线焊点、耳机焊线、数据线、FPC 排线、控制板焊点等。

（2）硅胶。硅胶颜色一般为半透明色和白色，单组分；操作方便，表面固化时间为 10～15 min。完全固化后为坚韧弹性固体，具有宽广的温度适用范围，耐温-40～+200 ℃，耐火、耐高温高湿，可通过双 85 测试，并且具有优异的电气性能和防水、耐老化性能。与多种金属和塑料具有良好的粘接性。广泛应用于无刷电动机控制板排线焊点绝缘、基板插线端子焊线绝缘保护、元件保护、PTC 发热片焊线加固等。

2. 针头选型

影响胶点质量的重要参数包括针头的结构、内外直径、针头离板高度等。针头的内部结构要保证胶水能在内部顺利流动，同时为了减小表面张力，保证良好的胶点形状，针头的外形往往进行削边处理。

（1）针头材质与形状。常见的针头有塑料座不锈钢针头、全塑料 TT 针头、挠性 PP 针头、特氟龙针头等。针头外观如图 5-2 所示。不同的针头，有不同的应用场景。

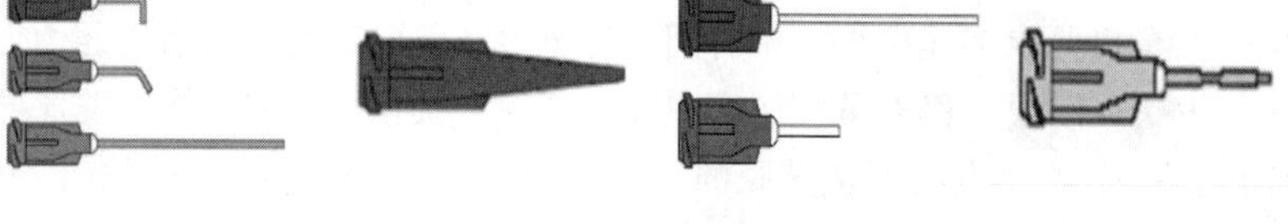

（a）不锈钢针头　（b）TT 针头　（c）挠性 PP 针头　（d）特氟龙针头

图 5-2　常见点胶针头

① 塑料座不锈钢针头：出胶精确，减少拉丝现象。

② 全塑料 TT 针头：有利于胶水流动，尤其是粘度高的或颗粒填充物质，如环氧树脂、RTV 硅树脂以及锡膏。

③ 挠性 PP 针头：适用于复杂工作面，便于在边角处点胶，防止刮擦，使作业更容易，针管长度可按需要剪切。

④ 特氟龙针头：特别适合低粘度流体和 CA（氰基丙烯酸酯）。使用这种针头，可以防止氰基丙烯酸酯阻塞及损坏基底。

（2）针头的大小。点胶过程中，应根据产品大小、胶水的类型、点胶工艺的要求选取点胶针头。在实际使用时，针头内径应为胶点直径的 1/2 左右，这样既可以保证胶点质量，又可以提高生产效率。对于瞬干胶，宜选用安全式活塞及特氟龙内衬的金属点胶针头，对浓稠性瞬干胶，则使用锥形斜式点胶针头，若需挠性则使用 PP 点胶针头；对于 UV 胶和光固胶，应选用可遮紫外线的斜式点胶针头；对密封胶及膏状流体，使用斜式点胶针头。

针头大小的选用原则是：

小点：小号针头，低压力。

短时间大点：大号针头，较大压力。

较长时间、浓胶：斜式针头，较大压力。

依需要设定时间的水性液体：小号针头，较小压力，依需要设定时间。

点胶空间足够的情况下，尽可能选较大针头，特殊情况，如图 5-3（a）所示，在台阶面上点胶，建议选择塑料座的不锈钢针头或金属针头。全塑料的 TT 针头会有与台阶面干涉的风险，导致胶水外溢到台阶面以外区域。如图 5-3（b）所示，在凹面上的点胶，针头的选择建议根据槽的深度和宽度决定。在条件允许的情况下，一般全塑料的 TT 针头比较合适，可以有效快速施胶，保证点胶的稳定性。

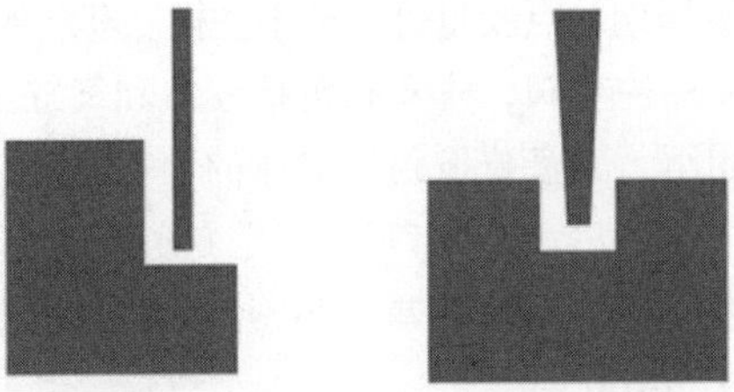

（a）台面点胶　　（b）凹面点胶

图 5-3　不同台面点胶针头选用

3. 针筒选用

点胶针筒的选择与胶水特性、胶水的粘度和胶水的化学性能等因素相关。

对于 UV 胶，宜选用琥珀色点胶针筒，白色活塞（可遮紫外线）；对光固化胶，选用黑色不透明点胶针筒，白色活塞；对厌氧胶，可选用 10CC 点胶针筒及白色 PE 通用活塞；对密封胶及膏状流体，可选用白色活塞反弹严重时，可改用安全式活塞。

4. 适配器选型

适配器是连接控制器和针筒之间的气路连接组件。点胶适配器的选择与胶水类型无关，主要根据胶水针筒的类型与尺寸选择，常见适配器有美式和日式之分。

技能 2　点胶设备及配件选用

1. 点胶机注射阀

常见的点胶机注射阀类型有时间-压力阀、螺杆阀、气动开关点胶阀和喷射阀等。

（1）时间-压力阀。依靠脉冲高压空气在活塞上的压力，将胶从针筒中推出。由于胶随温度与气压的变化，粘性也会发生变化，因此，树脂胶中的填充料与胶接剂可能发生分离，从而滴出的胶量会随时间发生变化。为了得到持续稳定的出胶量，需要对于管中胶水容量的改变给予相应的补偿，如图 5-4 所示。另外，由于胶点质量重复性与稳定性差，不适应高速点胶的应用场景。

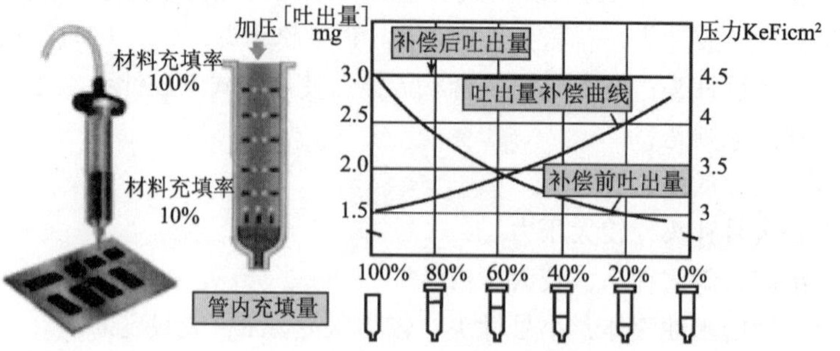

图 5-4　时间阀的形式与补偿原理

（2）螺杆阀。通过由直流电机驱动的阿基米德螺杆在芯座内的转动来推动胶料的流出。低压空气即可维持锡膏或胶料在阀内的稳定流动，这个结构的优点是双重的：一是，材料通过螺杆以精确的数量从芯座中送出；二是，因为材料的温度是稳定的（没有由于脉冲空气而产生的热量），粘性稳定一致。缺点是直流电机的控制水平较低，即点胶时，马达“升速”，点胶结束时，螺杆阀电机“减速”，因此，各个点胶周期的点胶量可能都不一样。其结构原理如图 5-5 所示。

（3）气动开关点胶阀。又称柱塞阀，柱塞阀包括腔体和气缸主体部分。由于活塞弹簧在活塞的下方，在自然张力的作用下，活塞被顶到气缸体的上方，轴心带动柱塞头与密封头贴合阻断胶水进入流体槽。当开阀气体由启动进气口进入气缸活塞上方时，推动活塞下降，柱塞头和密封头分开，胶水在供料压力的作用下由柱塞头和密封头间的缝隙进入流体槽，再通过针头涂覆在产品上。其结构原理如图 5-6 所示。

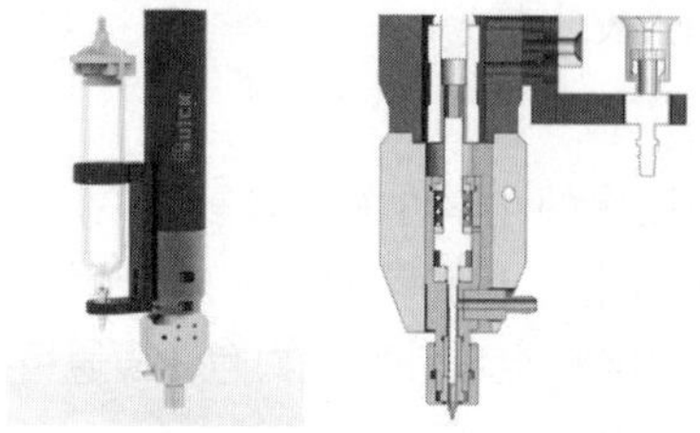

图 5-5　螺杆阀的外观与原理示意图

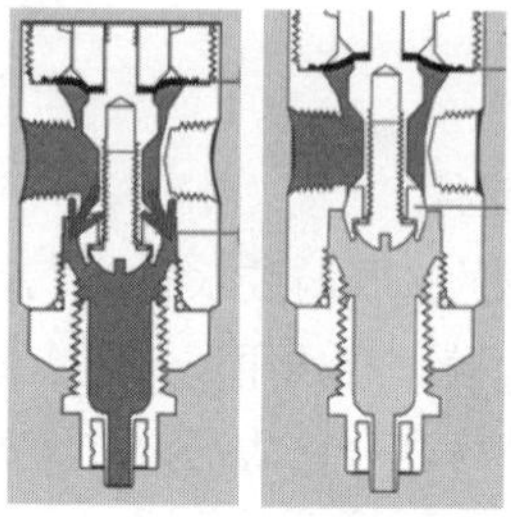

（a）开　　（b）关

图 5-6　气动式开关点胶阀及原理图

（4）喷射阀。利用压电材料的特性，通过电压产生机械力。当下方的压电材料充电时，阀门打开；当上方的压电材料充电时，阀门关闭。因开、关阀的空间极小，动作频率极高，故可以高速喷射出极微量的液体材料。同时，喷射阀喷嘴在工作中保持 1～3.5 mm 的高度，没有 Z 方向的运动。点胶的速度大幅度提高，最高喷射速度可达 200 点/s。除了封装效率的大幅度提升之外，喷射阀还在精密方面也有较大提升，最小点胶量达 5 nL（$1\ nL=10^{-9}\ L$），最小胶点直径可控制到 0.2 mm，且具有传统针头点胶无法企及的一致性，因此，良品率相对较高。较小的浸湿范围与均匀圆形的滴涂点，提高了胶水涂布与密封的效果。同时，由于是无接触式点胶，杜绝了器件刮伤、拉丝、拖尾及引线损伤等现象。喷射阀结构如图 5-7 所示。

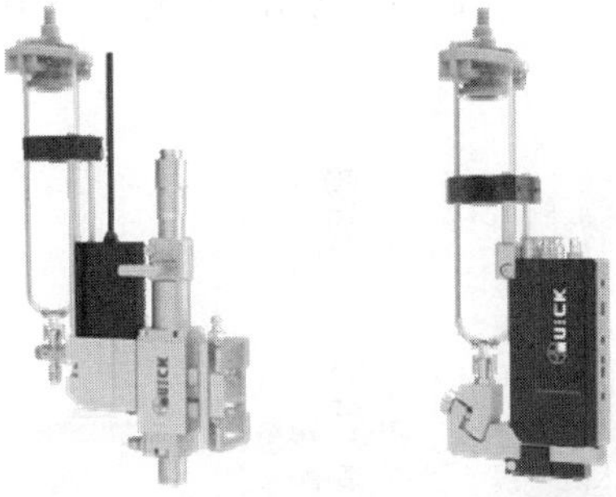

图 5-7　气动喷射阀和压电喷射阀

注射泵技术比较见表 5-1。

表 5-1　注射泵技术比较

	优（高） ⟺ 劣（低）			
速度	喷射阀	螺杆阀	气动式开关	压力型
控制能力	螺杆阀	喷射阀	气动式开关	压力型
稳定性	气动式开关	螺杆阀	喷射阀	压力型
价格和费用	压力型	气动式开关	螺杆阀	喷射阀

技能 3　补强点胶工艺参数设计

在补强点胶工艺流程中，选好点胶材料和配件后，直接决定点胶品质的是点胶机器人与点胶控制器的参数设置，包括点胶速度、高度、延时时间以及控制气压等，一般可根据理论计算并经过试验获得最佳参数。

产品点胶中容易出现的工艺缺陷有：胶点大小不合格、拉丝、胶水浸染、固化强度不好、附着差等。要解决这些问题应整体研究各项技术工艺参数，以找到解决问题的办法。

1. 胶点大小

根据经验，通常要求胶点直径应为间距的一半。以保证充足的胶水粘接元器件，又避免过多。点胶量多少由时间长短来决定，应根据生产情况（室温、胶水的粘性等）选择。

2. 点胶压力

点胶设备给针管（胶枪）提供一定压力以保证胶水供应，压力大小决定供胶量和胶水流出速度。压力太大易造成胶水溢出、胶量过多；压力太小则会出现点胶断续和漏点现象，从而导致产品缺陷。应根据胶水性质、工作环境温度选择压力。环境温度高，会使胶水粘度变小、流动性变好，这时需调低压力，反之亦然。

3. 点胶速度

点胶速度即单位时间的出胶量。要根据点胶宽度以及点胶需求量确定点胶速度。点胶速度太快易造成胶量太少，点胶宽度不够；点胶速度太慢则会造成胶水溢出以及胶量过多。

4. 针头与工作面距离

不同的点胶工艺采用不同的针头，有的针头有一定的止动度。每次工作开始之前应首先进行针头与工作面距离的校准，即 Z 轴高度校准。针嘴与基板的距离太近，会导致针嘴的污染，而太远则会导致拉尖和桥连等问题。一般针嘴与基板的距离应根据针嘴的直径、需要的胶点大小和所用胶水的物理特性调节。通常，调节范围为针嘴直径的 0.3～1 倍。针嘴与板间距离如图 5-8 所示。

图 5-8　针头与板间距离

点胶距离的计算公式为

$$ND=f\times \text{针嘴内径}$$

其中，f=0.3～1.0，视针嘴内径、胶点大小、粘胶特性而定。

技能 4　补强点胶工艺缺陷管控

补强点胶常见缺陷有胶量过多、胶量过少、堵塞其他插孔、堵塞过孔、沾污元件等，见表 5-2。

表 5-2　补强胶工艺缺陷

不良现象	不良图片	成　因	对　策
胶量过多		气压过大、出胶时间过长	按 SOP 设置点胶控制参数
胶量过少		气压过小、出胶时间过短	按 SOP 设置点胶控制参数
堵塞其他插孔	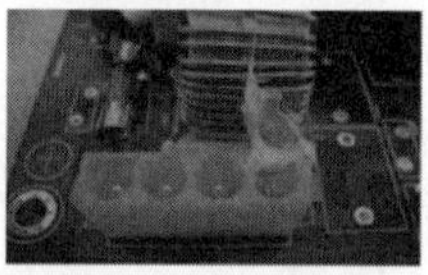	点胶位置设置不正确，偏移	按 SOP 设置点胶控制参数，并检查点胶位置
堵塞过孔	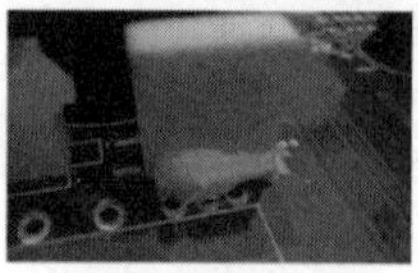	点胶位置设置不正确，偏移	按 SOP 设置点胶控制参数，并检查点胶位置
沾污其他元件		点胶位置偏移	按 SOP 设置点胶控制参数，并检查点胶位置

为避免上述缺陷，首先，要选择合适的胶水、针头、胶筒等材料和配件；其次，能正确设置点胶路径、速度、高度以及点胶压力、时间等参数；最后，要正确使用点胶机器人等工具和设备。一般需通过理论计算、试验和生产实际获取合适的点胶参数数据，并能熟练使用点胶设备和材料。

技能 5　补强点胶工艺实例

针对制程三中的焊接基板，按 SOP 要求，对电容 C1 进行点胶补强，以增强基板抗跌落性能，如图 5-9 所示，要求采用自动点胶工艺。

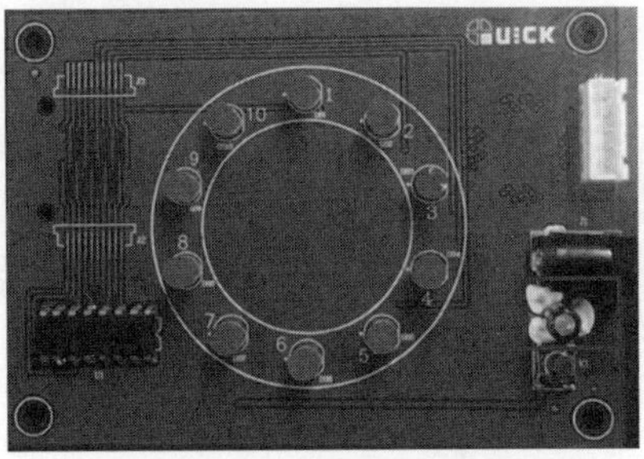

图 5-9　电容点胶补强示意图

1. 点胶材料及配件选型

视频

点胶机器人程序的编制

（1）元件补强点胶的胶水选用卡夫特 K-704N 有机硅密封胶。

（2）此任务中，由于胶水粘度比较大，胶量需求大，针头选用适合粘度大、出胶量大的 14G TT 斜式针头。

（3）此任务中使用的胶水为硅胶，故采用透明针筒。

2. 点胶机器人编程

通过观察图 5-9 发现，电容补强胶为 3 个孤立点，通过示教器进行点胶程序编辑：

（1）新建程序：在示教盒主界面，按“2 示教程序”进入示教程序列表。按“F1 新建”新建一个程序并命名，比如命名为“A”，按“F2 编辑”进入文件编辑界面，如图 5-10 所示。

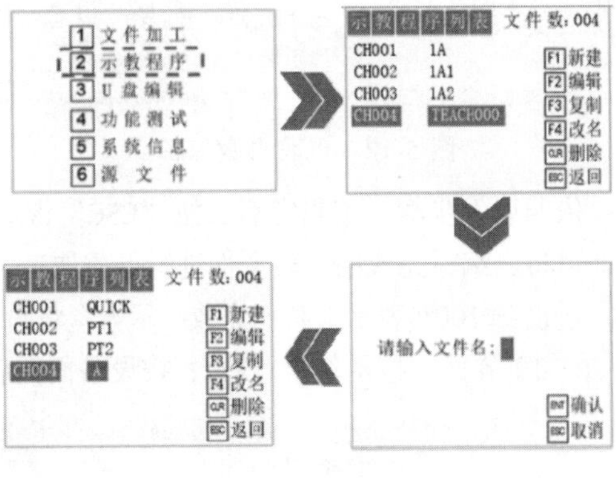

图 5-10　新建程序

（2）设置点胶位置：新建文件后，需要对该文件进行示教编辑，选中该文件；在示教文件管理界面按“F2 文件编辑”进入“示教编辑界面”；在示教编辑界面，按“F1 插入”进入示教插入界面（即点类型选择界面）中，按“1 孤立点”选择插入孤立点，进入孤立点的编辑界面；操作示教器方向按键，移动坐标至点胶点位，坐标设置完毕后，单击“ENT 确认”按键确定设置的孤立点，如图 5-11 所示。

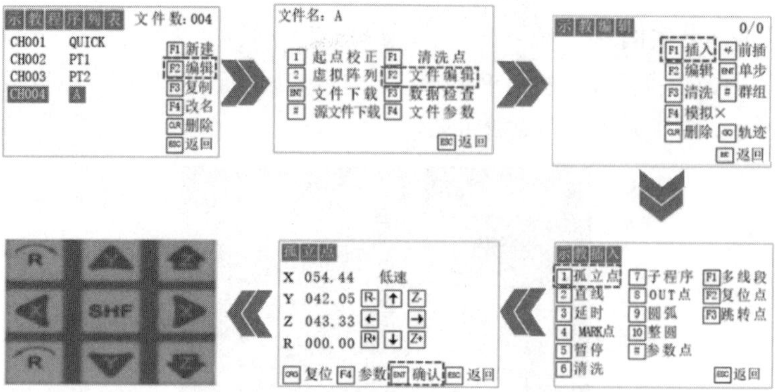

图 5-11　设置点胶位置

（3）编辑点胶参数：在“示教编辑界面”中选择希望编辑的点，然后按“F2 编辑”按键即可对相应的点进行编辑；在编辑界面，按“F4 文件参数”按键即进入点参数设置界面；按“2 出料参数”进入出料参数界面；按“F2 编辑”然后按 1～5 中数字键选择一组参数后，按“#”键，进入出料参数编辑；设置出料参数，开料延时：出胶的时间；关料延时：关胶后的延时时间；拉丝高度，拉丝速度：在一定的高度切换速度完成断胶，如图 5-12 所示。

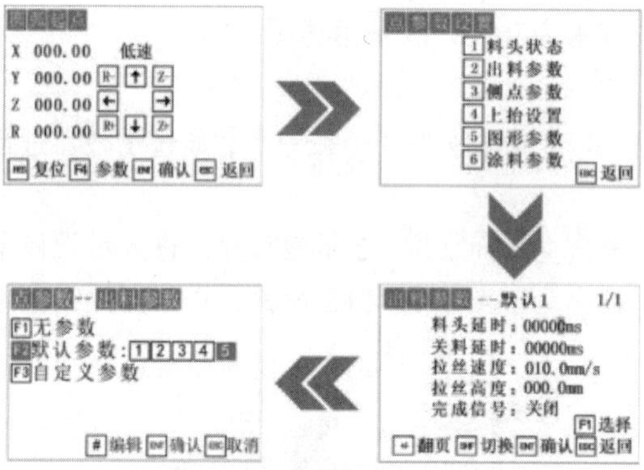

图 5-12　点胶参数编辑

（4）文件下载及加工：依照以上步骤，编辑完后，按“ESC”键返回“示教文件管理界面”按“ENT 文件下载”按键即可将已编写完成的示教文件进行下载加工；下载过程中，窗口将显示“文件下载中”及下载进度。进度到 100%表示下载已完成。示教盒将自动跳转到“文件加工界面”进行文件加工。程序启动：在加工界面，按示教盒“F1”；按设备面板启动按钮，如图 5-13 所示。

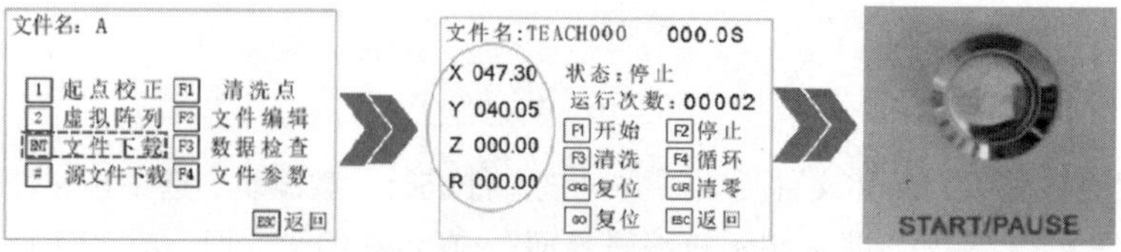

图 5-13　文件下载及加工

作业 2　元器件底部填充胶

技能 1　认识底部填充胶工艺流程

底部填充胶采用的是高流动性、高纯度、单组分环氧树脂灌封材料。底部填充胶能够通过毛细作用在 CSP 和 BGA 器件的底部进行填充，经加热固化后形成牢固的填充层，以降低器件与基板之间因热膨胀系数差异所造成的应力冲击，提高元件结构强度和可靠性，增强 BGA 封装器件和 PCBA 的抗跌落性能。底部填充点胶工艺一般应用在消费类电子主板，增强电路板上 BGA、CSP 等 IC 器件底部的焊点。

底部填胶的目的：一是保护焊点焊接强度，由于各引脚焊锡不均匀导致应力分布不均匀；二是减小机械应力，如基板弯曲、跌落、振动等场景，如图 5-14 所示；三是减小热应力。由于器件和基板材质的热膨胀系数不一致，在冷热交替时，会导致焊球与焊盘之间相互束缚而发生形变甚至导致焊点断裂。

底部填充胶的填充原理是利用毛细作用使胶水迅速漫流过 BGA 器件底部。毛细流动的最小空间是 10 μm，这也符合焊接工艺中焊盘和焊锡球之间的最小电气特性要求，保障了焊点的电气安全。其原理如图 5-15 所示。

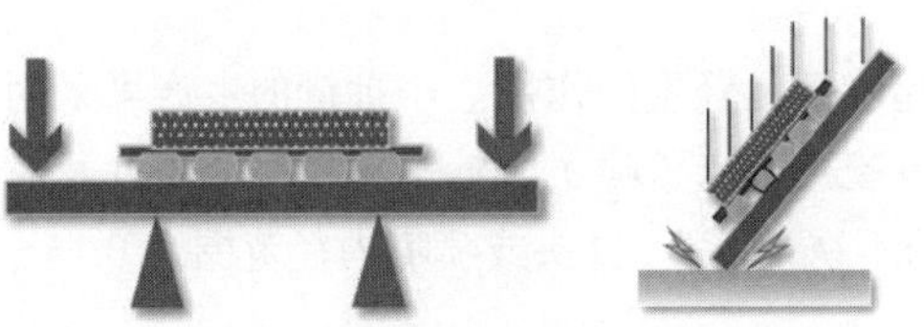

图 5-14　机械应力

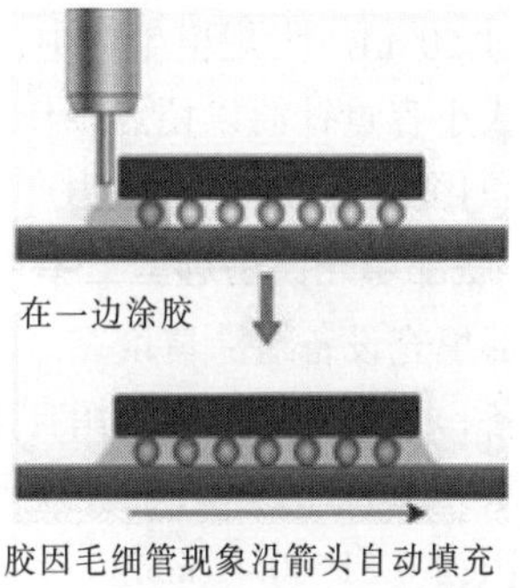

图 5-15　底部填充胶原理

底部填充胶工艺流程如图 5-16 所示。

图 5-16　底部填充胶工艺流程

1. 胶水选用工序

底部填充胶的选择是否正确直接影响底部填充的可靠性，通常来说，底部填充胶的流动性是至关重要的一个因素，所以讨论底部填充胶的流动性有着重要的意义。一般来说，影响底部填充胶流动性的主要因素有材料特性、温度、粘度、接触角与张力。

目前用于 BGA/CSP 等元器件的底部填充胶，是以单组分环氧树脂为主体的液态热固胶粘剂；有时还会添加增韧改性剂，为的是改良环氧树脂柔韧性。底部填充胶的热膨胀系数（CTE）、玻璃转化温度（Tg）以及模量系数（modulus）等特性参数，需要与基板基材、芯片和焊料合金等相匹配。通常，胶水的 Tg 对 CTE 影响巨大，温度低于 Tg 时 CTE 较小，反之 CTE 剧烈增加。模量系数的本义是指物质的应力与应变之比，胶水模量是胶水固化性能的重要参数，通常模量较高代表胶水粘接强度与硬度较好，但同时胶水固化时残留的应力会较大。

市面上底部填充胶的种类很多，依据基板材质的不同，选择热膨胀系数匹配的胶水。胶水的粘度和比重要适中，室温下要具有良好的湿润性，利于针头快速出胶和快速填充；低温固化快利于提高固化效率。较低的 CTE 和较高的 Tg 的胶水具有良好的热性能；适中的模量系数，使其兼备优良的机械强度和柔韧性。总而言之，优质的胶水需具有室温快速流动和低温快速固化的特性，并且与锡膏兼容性良好，较高的粘接强度和断裂韧度以及较佳可返工性能和长期可靠性等特点。

底部填充胶的储存与使用。良好的底部填充胶，需具有较长的储存期，解冻后较长的使用寿命。一般来说，BGA/CSP 填充胶的有效期不能低于六个月（储存条件为-20～+5 ℃），且室温下（25 ℃）的有效使用寿命不低于 48 h。有效使用寿命是指胶水从冷冻条件下取出后在一定的点胶速度下可保证点胶量的连续性及一致性稳定的时间，期间胶水的粘度增大不能超过10%。微小形球径的 FC（倒装片）和 WLP（圆片级封装）元器件，胶材的有效使用期相比于大间距的 BGA/CSP 器件通常要短一些，因胶水的粘度需控制在 1 000 MPa•s 以下，以利于高效填充。生产使用前，必须将冷藏的胶水在室温下解冻回温 2～6 h，使胶水的温度与室温均衡才能开启使用，回温时间长短取决于不同的包装大小。使用期短的胶水须采用容量较小的针筒包装，反之可采用容量较大的桶装；使用寿命越短包装应该越小，比如用于倒装芯片的胶水容量不要超过 50 mL。大规模生产中，使用期长的胶水可能会用到 1 000 mL 的大容量桶装，为此需要分装成小容量针筒以便点胶作业，在分装或更换针筒时要避免混入空气。此外，使用期短的胶水易硬化堵塞针头，每次生产完需尽快清洗针管和其他相关部件。

2. 底部填充设备选型工序

底部填充设备对涂覆填充品质与效率起着举足轻重的作用。小批量的生产可采用手工或半自动设备；大批量生产需采用自动点（喷）胶机。点（喷）胶针头需要符合器件及溢胶区域控制的要求，细间距的 BGA 器件须采用精密的不锈钢针头，针头或喷嘴内径范围为 0.15～0.21 mm，外径范围为 0.31～0.41 mm。

一种新器件的底部填充胶参数的设定，需依据点胶填充的效果反复调试，最终确定所需胶量。点胶或喷胶作业开始前，需依据产品器件特点，选择孔径大小合适的针头，调试出恰当的点胶参数和每个器件所需的胶量；并预先启动点胶泵对针筒以及针头排气，使胶水移动到针头的前端，以便点胶均匀。点喷胶结束，针头或喷嘴必须停在清胶位（purge station）。

自动点胶机通常采用喷射点胶。精密产品（如 BGA 及类似元器件）的底部填充对于点胶的精度要求很高。在这种场景下，采用喷射机构的喷射点胶相比传统的针头点胶更具优势，更符合溢胶区域精密控制的要求。喷射点胶与自动针头点胶一样，点胶前须编写好点胶程序，准确测量出元器件所需胶量，选择型号大小合适的喷嘴，把点胶头高度调整到合适位置，通过高度探测针校验点胶高度等。

喷射点胶的优势：

（1）当元器件间距小至 0.25 mm 时，接触式点胶针头就会与元器件干涉，因为针头的外径尺寸最小为 0.28 mm，而非接触式喷胶就能避免此种干涉。

（2）喷射式点胶，点胶头不需要进行 *Z* 轴上下移动，点胶头移动点挤射技术充分地利用了点挤射机构在速度方面的优势，可以使胶水在点胶头移动过程中喷出（jetting on the fly），从而可以提高点胶效率；另外，避免针头与元器件接触而损伤元器件本体。

（3）胶点直径可以小至 0.25 mm，喷射量可以精确到 1.6 nL，可以喷射 0.1 mm 的线条，并且不会污染板面，既避免了溢胶污染邦定焊盘（bonding pad）及其他组件，也有助于减少胶水损耗，缩小了避让区。

（4）与传统的针式点胶相比，点胶间隙不再是影响喷射式点胶精度的主要因素；喷射点胶比针头点胶能从更近的距离对元器件边部喷射点胶；由于胶体到达的速度更快，因此可在器件边缘形成更快的毛细流动，减少了胶水从封装体边沿漫出的问题。

（5）传统针头点胶容易产生胶点形状不良或点胶偏位而污染 CMOS/CCD 表面或造成填充不良，而喷射点胶机有喷射校正功能（calibrated process jetting，CPJ），可自动调整点胶位置，保证点胶的重复精度。

（6）喷射点胶没有针头点胶产生滴胶的问题，可进行低粘度底部填充材料的涂覆，同时正向关闭阀可封闭针头，防止脱胶、拉丝与滴胶等不良。

（7）喷射点胶的胶点形状可自始至终保持匀称，避免了针头点胶的两头大问题。

除点胶机制差别外，喷射点胶机与针头点胶机基本功能基本相同，如点胶程序的制作、点胶路径设置，以及部件的处理。另外，基板预热、器件定位、底部填充胶量控制等都大同小异。如果胶的粘度不合适或工作环境不合理，必要的时候可以开启温度调节器（needle heater or cooling air）或 TCA（thermal control assembly）装置，对涂胶针嘴或喷嘴进行预处理（温度 30～50 ℃），便于降低胶水粘度，提高填充速度。

3. 烘烤工序

烘烤主要是为了确保基板干燥。实施底部填充胶之前，如果基板不干燥，容易在填充后产生小气泡，在最后的固化环节，气泡就会发生挥发，从而影响焊盘与基板之间的粘接性，也有可能导致焊锡球与焊盘的脱落。

4. 预热工序

对主板进行预热，可以提高底部填充胶的流动性。同时反复地加热会使得 PCBA 质量受到影响，故建议预热温度不宜过高。

5. 点胶工序

在底部填充胶用于量产之前，需要对填充环节的效果进行切割研磨试验，也就是所谓的破坏性试验，检查内部填充效果。通常满足两个标准：跌落试验结果合格、满足企业质量要求。

6. 固化工序

底部填充胶固化需要再经过高温烘烤以加速环氧树脂的固化，固化条件需要根据填充物的特性来选取合适的底部填充胶产品。

7. 检验工序

固化后需对产品进行外观检查以及实验测试，检验底部填充效果。

（1）外观检查。要求底部填充胶没有涂覆到相邻元件；填充器件表面没有残胶；周边没有肉眼可见的气泡或空洞；胶在元器件四周爬升的理想高度是达到元件厚度的 1/2 ~ 2/3，并在元件四边形成圆润的填充弧角。

（2）试验测试。

跌落实验一般跌落 1 000～3 000 次，从而判断底部填充效果是否良好。

表面绝缘电阻检测需符合器件电气标准。

冷热冲击测试通过大的升降温速率以及大的温度范围对焊点进行可靠性测试。

弯曲测试通过三点弯曲测试，测试焊点可靠性。

技能 2　底部填充胶工艺参数设计

1. 烘烤温度时间

在长时间储存或吸湿后，基板及组件需提前进行烘烤，以去除可能吸附的水分，防止填充后产生气泡，同时防止固化时气泡受热膨胀炸裂，影响可靠性。通常在 125 ℃下烘烤 1.5～2 h。

2. 预热温度

对基板进行预热，可以降低胶水粘度，提高底部填充胶的流动性。但过高的预热温度会损伤基板甚至使胶固化，所以推荐预热温度为 60～80 ℃。

3. 点胶方式

点胶环节决定了填充的位置与质量，由于底部填充胶的流动性，填充有两个原则：

（1）尽量避免不需要填充的元器件被填充。

（2）禁止填充物影响屏蔽罩的安装。

底部填充胶常见的施胶方式为：单边施胶、L 形施胶、U 形施胶等，目的均是确保胶水通过毛细现象从 IC 器件一边漫流到另一边，完成施胶工艺。

单边型施胶：适用于尺寸＜8 mm × 8 mm 的芯片。

L 型施胶：适用于尺寸＞8 mm × 8 mm 且＜15 mm × 15 mm 的芯片。

U 型施胶：适用于尺寸＞15 mm × 15 mm 的芯片。

底部填充涂胶方式如图 5-17 所示。

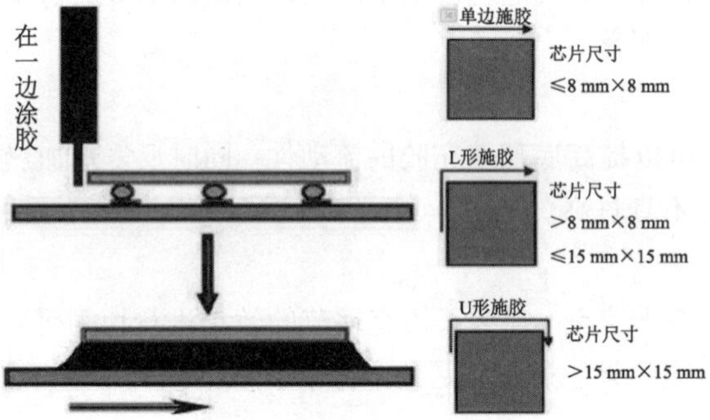

图 5-17　底部填充涂胶方式

通常情况下，不建议采用 U 形施胶，而多采用 L 形施胶，因为采用 U 形作业，有可能在元件的底部中间形成大面积空洞。另外，勿采用非封闭图形，以便在填充与固化过程中能够排出气体。

底部填充胶类型见表 5-3。

表 5-3　底部填充胶类型

类型	特点	图片
完全填充	沿边涂胶，使物料完全流动以填满整个空间	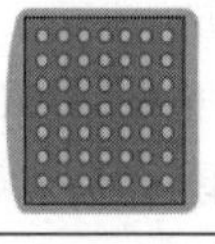

续表

类型	特点	图片
部分填充-角填充	只在角落涂胶，可靠性小幅改善	
部分填充-边填充	在角的四周涂胶，可靠性提升	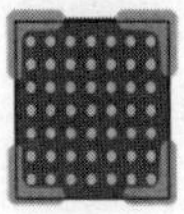

4. 固化温度时间

在底部填充胶固化环节，由于胶水的吸湿性，在完成胶水涂覆后需立即进行固化。建议填充后闲置一般不长于 1 h，最多不应超过 2 h。底部填充胶经过高温烘烤可加速环氧树脂的固化。固化温度及时间见表 5-4。

表 5-4　胶水固化温度与对应时间

固化温度/℃	固化时间/ min
130	10
150	5
160	3

技能 3　底部填充胶工艺缺陷管控

底部填充胶在实际生产中因点胶方式、固化温度、锡球矩阵类型、锡膏助焊剂成分等差异，可能会导致部分缺陷的发生，常见的缺陷有空洞、胶水半固化和填充不足等。

1. 空洞

在许多底部填充胶的应用中，包括从柔性基板上的最小器件到最大的 BGA 封装，底部填充胶中空洞是最常见的缺陷。这种在底部填充胶部位出现空洞的后果与其封装设计和使用模式相关，典型的空洞会导致可靠性下降。

（1）空洞成因及对策：

① 底部填充胶中混入了空气或者基板与元器件受潮，在烘烤中气体未能全部排出而在固化时形成空洞。对此，在作业前需先将针筒中空气排出，底部填充胶充分回温并消除气泡；同时，作业前，对基板及元器件进行烘烤。

② 底部填充胶与锡膏助焊剂不兼容，助焊剂残留对底部填充胶产生排斥。阻碍了底部填充胶的流动，甚至使焊点附近的底部填充胶难以固化。

③ 脏污的残留，阻碍了底部填充胶对间隙的填充，降低了胶与基板、元器件的粘接性能（一般发生于脏污密集处）。作业前进行清洗，减少脏污的残留。

④ 对于部分元件，底部填充间隙很小，填充效果与施胶路径有着密不可分的关系，施胶路径或施胶工艺选择不当，会使底部填充胶流动不充分，包封空气后形成空洞。因此，作业前，需选择正确的施胶路径以及施胶工艺，减小底部填充胶在流动方向上的阻碍。

⑤ 焊盘设计不良，NSMD（non-solder mask defined pad，非焊接掩模定义）焊盘阻焊开口偏大，造成填充胶对元器件和基板的润湿力差异变大，造成填充空洞。应优化焊盘设计，阻焊

膜需覆盖除焊盘外的所有金属基底，板面不许露半通孔，消除对底部填充胶的阻碍。

⑥ 基板弯曲，平整度异常。导致底部填充胶流动不均匀，固化形成空洞。

（2）空洞检测。

① 非破坏性检测：通过超声波成像分析技术检测空洞情况。利用超声波对于实心材质几乎是穿透，而在遇到类似空洞、裂缝等异常时，会在声波检测传感器的声学成像系统上反应出异常的原理，探测出空洞的位置、大小等数据。

② 破坏性测试：对不良位置进行切片，再使用显微镜进行观察。确认底部填充胶是否存在空洞、裂纹或分层等不良。

2. 胶水半固化

影响固化过程主要有八大因素：预热温度、固化时间、固化温度、固化炉稳定性、锡膏助焊剂与胶水兼容性、锡膏助焊剂残留过多、SMD 和 NSMD 焊盘形式差异、再流焊接温度曲线等。

（1）预热温度。基板预热温度设置不足，导致半固化产生，此时也伴随着胶水填充效果不佳。

（2）不足的固化时间和温度。固化温度过低或固化时间太短，从而导致底部填充胶半固化。建议固化温度及时间参照胶水供应商提供的工艺参数设置。

（3）固化炉不稳定。固化炉不稳定导致固化温度及固化曲线异常，可通过制程能力指数的测量，确保固化炉的制程能力指数在 1.33 以上。

（4）锡膏助焊剂与胶水的兼容性。胶水成分内除了环氧树脂外还包含有其他各种固化元素，如固化剂、催化剂、交联剂等。助焊剂残留可能与胶水中的固化剂发生反应而影响固化效果，助焊剂残留物对底部充胶质量有非常显著的影响。

（5）锡膏助焊剂残留。倒装芯片的底部填充，若助焊剂清洗不干净，会使底部填充不固化，同时导致胶的粘接力下降，影响质量。只有将助焊剂清洗干净，才能有效保障倒装焊器件的长期可靠性。

（6）SMD 和 NSMD 焊盘设计。CSP 焊盘的 SMD 设计会存在填充缺陷，而 NSMD 焊盘设计通常不会有缺陷。因为，NSMD 焊盘与阻焊膜之间存在间隙，这道间隙可容纳残留的助焊剂，从而减少了与底部填充胶在锡球上的接触面积。NSMD 的焊盘设计也能有效防止半固化缺陷。

（7）再流焊接温度曲线。较长的预热时间和焊接时间可以降低基板助焊剂残留相应改善固化问题。但实验证明即使采用最长的预热和焊接时间也只能稍微减轻而无法彻底解决半固化缺陷。考虑到实际品质和生产要求：必须严格控制再流焊接曲线的工艺窗口。

（8）固化温度曲线。胶水成分与助焊剂残留之间如果存在兼容问题，通过优化固化温度曲线可以改善：提高上升斜率以降低助焊剂对胶水固化剂的侵蚀速度，从而提升胶水的固化程度。

将一对混有助焊剂残留物与底部填充胶分别用慢速和快速两种不同的上升斜率曲线进行固化实验。两种曲线的固化温度都为 120 ℃。慢速上升斜率为 1.1～1.2 ℃/s，而快速上升斜率为 1.94 ℃/s。

实验结果显示：固化斜率的缓慢上升对胶水的固化不充分，胶水处于柔软状态；但快速上升的固化斜率对胶水的固化效果良好，胶水得到充分固化。

3. 胶水填充不足

胶水的填充还需要考虑胶水在元器件底部的流动路径；锡球排列及周边元件的分布都可能影响胶水的流动。所以，需要考虑调整涂胶参数或涂胶方式以及优化胶水的流动路径。

预热温度影响。比较基板预热和非预热所带来的胶水填充效果。尽管两组实验的点胶工艺参数一样，但结果却大不相同。A 组样品的预热温度为 30～40 ℃，只有零星空洞存在；B 组样品没有预热，切片结果显示存在有较大的空洞。

综上所述，针对底部填充胶不良，可以从以下方面优化：

（1）优化基板烘烤和工艺窗口时间控制。

（2）助焊剂用量及清洗参数优化。

（3）涂胶工艺参数优化：涂胶方式、涂胶温度、涂胶路径。

（4）固化条件优化。

技能 4　底部填充返修

对于可返修的底部填充胶，返修步骤如下：

1. 返修工具准备

与 BGA 返修类似，BGA 返修常用的工具有热风枪、烙铁、牙签、软毛刷、耐高温胶带、助焊剂笔、清洁溶剂、吸锡带以及 BGA 返修工作台。EA-H15X 型 BGA 返修工作台如图 4-17 所示。

2. 元器件的拆焊及清理

（1）使用耐高温胶带，先将待返修器件四边的元器件覆盖贴住，使其免受污染或损伤。

（2）开始用低于焊锡熔点的温度对元器件加热，待胶变软后，使用工具清除器件周围的填充胶。注意：此时的维修台或热风枪温度应设置在 150～200 ℃。

（3）元器件移除：将待返修的元器件放在返修台上，顶部热风嘴温度控制在 230～240 ℃，加热 30～60 s，使器件底部的温度适当高出焊料的熔点，使用金属镊子或专用工具试探着轻微地扭转元器件，如有松动即可试着将元器件移除。

（4）残胶处理：用热风枪加热图 5-18 所示的残胶（如可调节至 200 ℃左右），即可马上进行残胶清理，用牙签或者尖头木棍把残留在基板焊盘表面的残胶刮掉；用烙铁和吸锡带将残留在基板表面的残锡清除；最后，用丙酮或异丙醇清洗基板焊盘，如图 5-19 所示。

图 5-18　残胶示意图

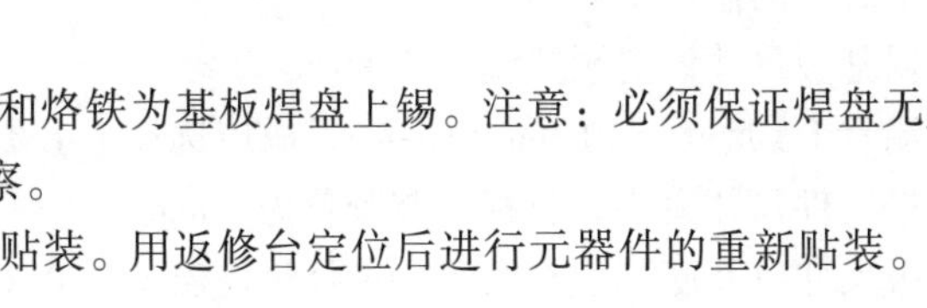

图 5-19　残胶处理

3. 元件重新贴装

（1）上锡。用锡丝和烙铁为基板焊盘上锡。注意：必须保证焊盘无脱落以及清洁，可以借助 10 倍以上放大镜观察。

（2）元器件的重新贴装。用返修台定位后进行元器件的重新贴装。为预防焊接不良，可以预先在基板焊盘上涂布助焊剂。也可使用 BGA 返修平台进行贴装与焊接。

4. 再次底部填充器件

（1）再次对重新贴装的元器件进行底部填充，遵照正常底部填充以及固化工艺流程。

（2）再次底部填充前必须保证基板干燥。

（3）再次底部填充流程须较正常流程略慢。

技能 5　底部填充工艺实例

针对制程四中的返修基板，按 SOP 要求，对 BGA 器件 U3 进行底部填充胶，以增强基板抗跌落性能，如图 5-20 所示。要求采用自动点胶工艺。

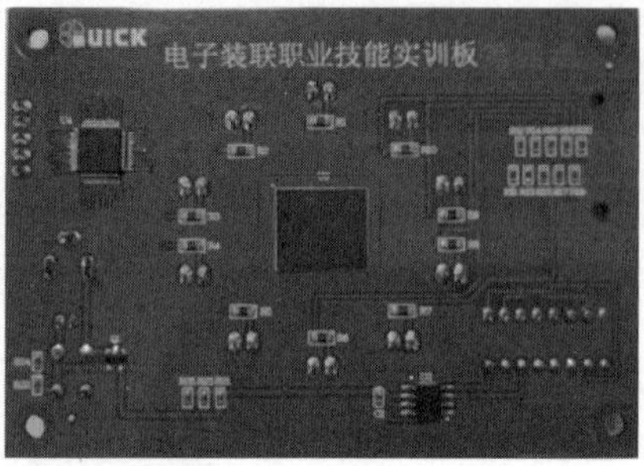

图 5-20　BGA 底部填胶

1. 工艺要求

（1）元件表面不能粘胶。

（2）胶水固化后，元件底部无空洞。

（3）对溢胶宽度有一定要求，周围元件不能粘胶。溢胶宽度极限要求为 0.2 mm。

工艺要求如图 5-21 所示。

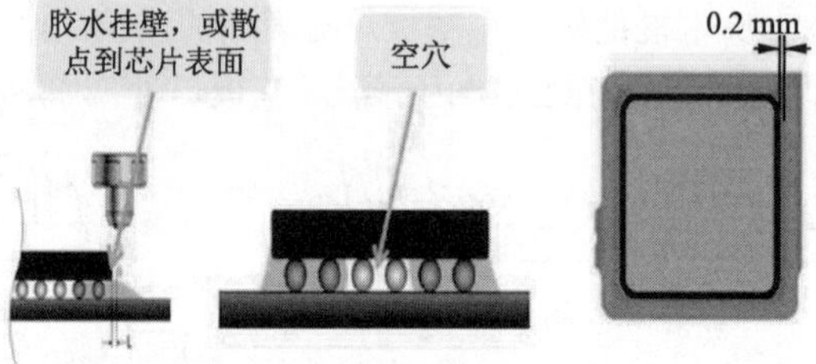

图 5-21　底部填胶工艺要求

2. 底部填充胶设备及工艺参数设置

（1）点胶机注射阀的选取。底部填充工艺可采用喷射施胶配合底部预热的方式实现；喷射施胶的优势在于起始力度大，较小的位移就可以实现喷射，同时对输出位置的胶水和回吸更可控；输出力度更大，小喷嘴也能顺利点胶，从而满足更小点径的工艺场景。

（2）基板烘烤。在 125 ℃的温度下烘烤 1 h。

（3）基板预热。根据基板尺寸设置预热温度为 80 ℃。

（4）施胶路径。经测量 U3 尺寸＞10 mm × 10 mm，故应选择半 L 形施胶。

（5）施胶胶量。根据元件尺寸大小，目标施胶胶量为 3 mg。

（6）固化。根据基板尺寸以及底部填充胶量，选择烘烤温度 130 ℃，烘烤时间为 10 min。

任务2　基板锁付

任务目标

通过基板锁付任务学习，会制定新产品螺丝锁付工艺，配置供料机、批头、吸嘴及吸嘴组件，设定电批控制器参数，诊断螺丝锁付故障，并提出改善对策，具有独立完成基板锁付工艺任务的能力。

任务导图

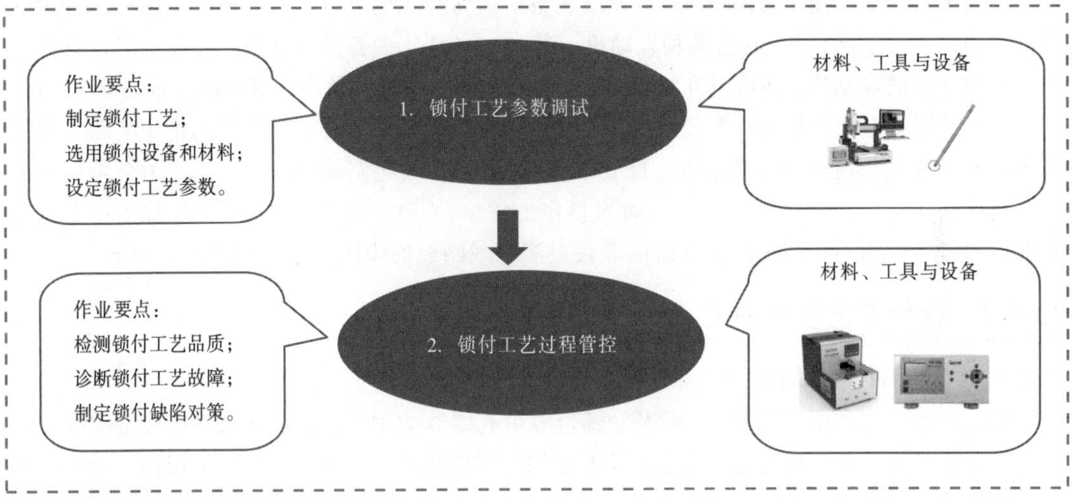

任务先通

匠心一点通

极致专注坚守，成就航天工匠。高凤林是中国航天科技集团公司第一研究院211厂发动机车间班组长。1980年技校毕业后，35年来，他几乎都在做着同样一件事，即为火箭焊“心脏”——发动机喷管焊接。极致，攻克诸如焊点宽0.16 mm管壁厚0.33 mm“长征五号”火箭发动机喷管上的数百根空心管线焊接任务。0.33 mm的管壁，高凤林通过3万多次精密的焊接操作，终于把它们编织在一起，焊缝细到接近头发丝，而长度相当于绕一个标准足球场两周。专注，首台大喷管焊接中，高凤林常常要保持一个难以忍受的焊接姿势，一焊就是1个多小时，每天工作到凌晨三四点，回到家时腰、手臂已经麻木，要用毛巾热敷，才能减轻痛苦，经过30个日夜的攻关，完成了长达近千米的焊缝加工，为了攻克国家某重点攻关项目，近半年的时间，他天天趴在冰冷的产品上，关节麻木了、青紫了。坚守，35年焊接130多枚火箭发动机。高凤林以事业为天技能是地，塑造了新时代智能工人的时代坐标。

安全一点通

不遵操作规范，伤害如影随形。2022年9月22日14点10分，在某电子科技有限公司锁付车间3线，锁付作业员杨某在未按作业指导书，在生产前未确认锁付治具是否已固定在平台上，就盲目开机作业，随着机头及平台的高速移动，巨大的惯性带动着治具飞速向前，因治具未固定导致治具从设备上掉落，5斤重的治具就砸到了杨某脚上，随着“哇”一声，杨某脚趾骨折，给杨某身体带来严重伤害，也给公司带来较大的经济损失。

质量一点通

第一次就把事情做对，成就中国质量。神舟六号环绕地球 76 圈，翱翔太空 115 小时 32 分钟。顺利上天，平安落地，从点火，升空，翔飞，变轨，返回……每一个动作，每一个声音，每一帧图像，都精确到秒，细微至丝。有人说，这是因为神舟六号是“数字”产品——数字化设计，数字化生产，数字化管理。透过神舟六号的一串串数字，我们可以感觉它们就像一个个芭蕾舞步在蛋壳上跃动，600 余台飞船设备，数千台（套）地面设施，无一故障；全系统数万个口令，无一差错；执行操作，无一失误。返回降落点距理论降落点仅 1 km。即便如此，飞船还系上了另一条安全“保险带”——发动机备份。为对飞船进行轨道控制、姿态控制和着陆反推，神舟六号上共装有 56 台各种发动机，其中一半是作为备份预备的。在应急时，这些不同种类和性能的发动机，还可以互相替代。全国一盘棋，上下一条心，使神舟六号创下“四最”纪录：航天历史上规模最大、系统组成最复杂、技术难度最大、协调面最广的世纪工程。中国航天事业始终如一地坚持“高标准，严要求”，达到了准确而完美的状态，他们为全世界上演了一场高水平的“空中芭蕾”，作为一种可操作的哲学，“第一次就把事情做对”追求的正是芭蕾舞般的境界，而不是曲棍球运动般的即兴表演和戏剧般的中国厨艺，成就出中国质量。

作业 1　锁付工艺参数调试

技能 1　认识锁付工艺流程

螺丝锁付工艺是指使用螺丝、螺栓、螺母等带有螺纹的紧固件，将结构件连接紧固的装配工艺。为了获得一定的夹紧力，需在工件上施加一定的扭矩。转动的力矩称为扭矩，扭矩是力与力臂的乘积。夹紧力则是螺纹紧固件在扭矩的作用下发生形变，把结构件紧压在一起的力。最终获得的夹紧力和螺纹直径、螺距、螺纹摩擦系数、螺丝头部直径、螺丝头部摩擦系数都有关系。通常情况下，只有 10%的扭矩转换为夹紧力。螺丝润滑的情况下约为 20%。如果螺纹中有杂质或者磕碰，那就只剩 5%了，如图 5-22 所示。

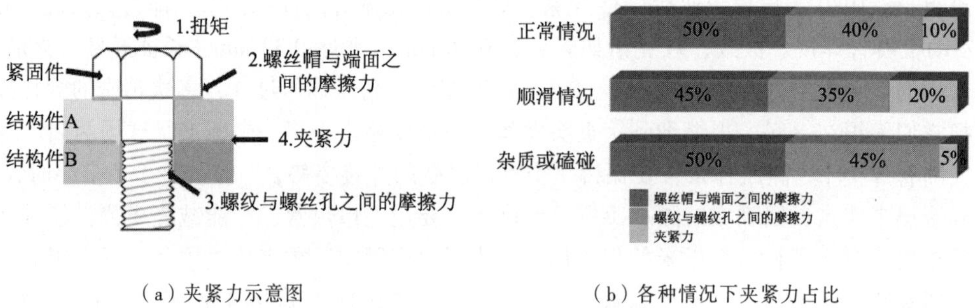

（a）夹紧力示意图　　（b）各种情况下夹紧力占比

图 5-22　锁附夹紧力示意图

螺丝锁付工艺流程包括供料机、批头、吸嘴及吸嘴组件等设备工具的选型与安装、供料机和锁付机器人参数调试、锁付完成后对锁付品质的检测，如图 5-23 所示。

图 5-23　螺丝锁付工艺流程

1. 供料机选型

选型前，首先要测量螺丝尺寸。通常是根据尺寸的最大值选择。

2. 批头选型

主要参考装机直径、批头总长度、拆装螺丝直径、有效工作深度和头型五个因素。

3. 吸嘴及组件选型

吸嘴是螺丝锁付中的关键配件，由螺纹反牙、真空腔、螺丝吸附定位孔组成。吸嘴组件由轴承、铜套、气管接头及螺纹反牙构成。轴承的作用主要是限位，铜套的作用是防止漏气。

4. 锁付配件安装

锁付配件选定后，需将批头、吸嘴、吸嘴组件安装至螺丝锁付机器人。根据螺丝锁付机器人结构，配件安装必须按照一定顺序，首先固定批头，再安装吸嘴组件，最后旋入吸嘴。

5. 供料机调试

为了保证螺丝能快速排列到螺丝吸附点，通常需要调节毛刷、压板、转盘与直振接驳处、对射传感器以及振动参数，从而确保螺丝能稳定、不重叠、不间断、快速地排列到吸附点。

6. 锁付机器人调试

锁付机器人调试需要设置的参数主要包括寻帽、角度、扭矩、拧松等。在锁付时，一般采用低速寻帽、快速旋入、低速拧紧的方式。

7. 锁付品质检查

常见锁付异常包括浮锁、滑牙、歪斜等，可通过目视观察、扭力扳手检测、螺丝锁付机器人自检三种方式予以判断。

技能 2　认识锁付工艺设备

1. 锁付机器人

（1）分类。

① 桌面型锁付机器人根据轴的数量可分为三轴锁付机器人、四轴锁付机器人、五轴锁付机器人和六轴锁付机器人，如图 5-24 所示。

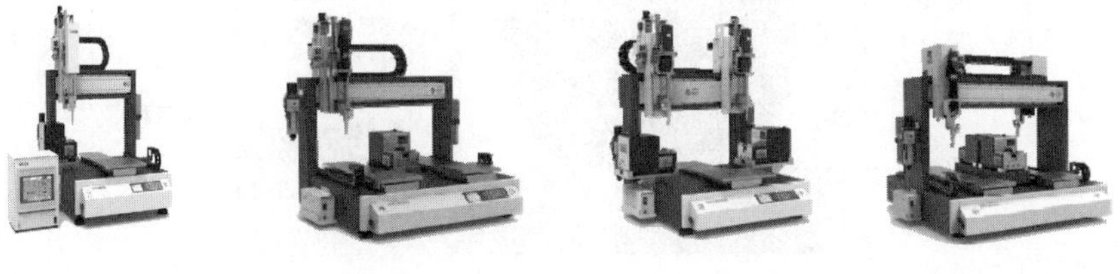

（a）三轴锁付机器人　（b）四轴锁付机器人　（c）五轴锁付机器人　（d）六轴锁付机器人

图 5-24　桌面型锁付机器人

三轴锁付机器人一次只能锁一种螺丝。基本操作过程是，先放置产品，然后开始锁付，最后取下产品。四轴锁付机器人有两个工作平台，当一边 Y 轴自动锁付时，另一边可以人工上下料。五轴锁付机器人可以同时锁付两种螺丝，可以同步锁付，也可以交替锁付。六轴锁付机器人一边 Y 轴可以锁付两种不同的螺丝，并能节约取放产品时间。

② 供料方式可分为气吸式、气吹式、磁吸式。下面重点介绍主流的气吸式和气吹式，设备外观如图 5-25 所示。

气吸式锁付机器人，用吸嘴吸取螺丝，然后运动到指定位置进行锁付，锁付完成后回到取料点上方。

气吹式锁付机器人，螺丝会被吹到夹嘴里，然后运动到指定位置进行锁付。锁付完成后，螺丝被继续吹到夹嘴中，运动到下一个锁付点进行锁付。因此，气吹式锁付速度更快，但对螺丝的要求更高：必须满足总长与螺帽直径之比达到1.5，否则，螺丝会在管道中发生翻转。

（2）结构。以 ET7483KX 锁付机器人为例，主要由三轴运动控制平台、供料系统、智能电批控制器、示教盒等部分组成。该设备还增加了 Mark 点示教功能，能够有效提升定位精度。产品外观如图 5-26 所示，Mark 点视觉定位系统主界面如图 5-27 所示。

（a）气吸式锁付机器人

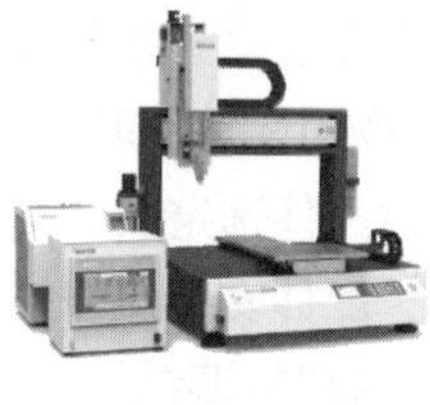

（b）气吹式锁付机器人

图 5-25　气吸气吹锁付机器人

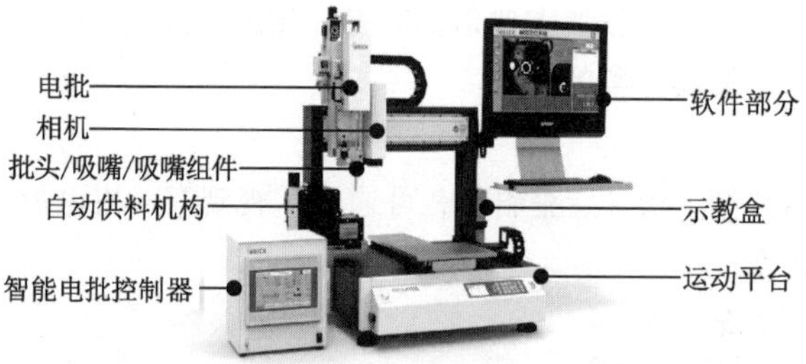

图 5-26　螺丝锁付机器人（ET7483KX）

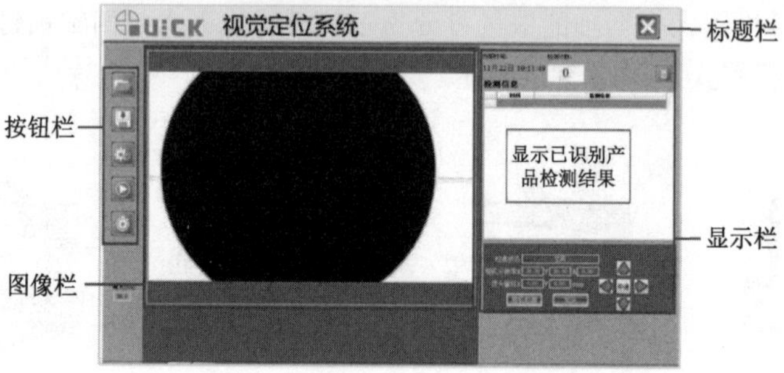

图 5-27　视觉定位系统主界面

2. 锁付配件选择

锁付配件作为基板锁付作业中的重要组成部分，主要包括供料机、批头、吸嘴、吸嘴组件。配件选择不正确，直接影响锁付品质。因此，在锁付生产中，需懂得各配件选择的原理并能根据产品选择正确的锁付配件。

（1）供料机选型。供料机一般由电源开关、参数设置界面、调节压板、缺料传感器、供料转盘毛刷、上料滚筒几部分组成。供料机示意图如图 5-28 所示，供料机基本结构图，如图 5-29 所示。

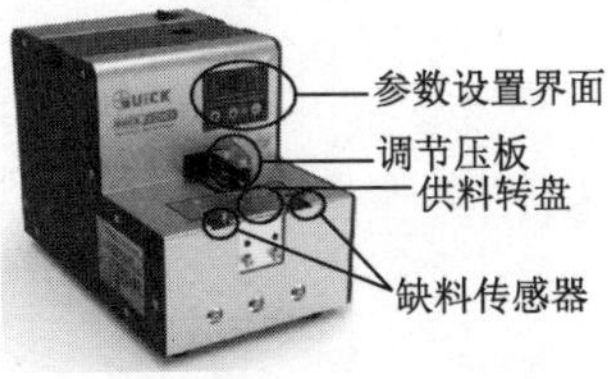

图 5-28　供料机示意图

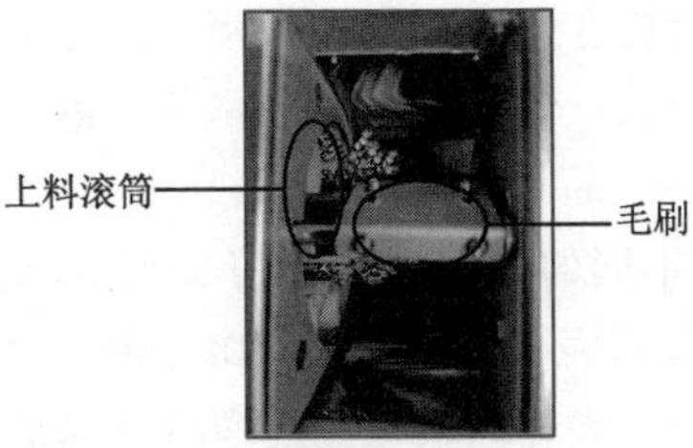

图 5-29　供料机结构图

在供料机选型前，首先需要测量螺丝尺寸。一般选择 8～10 颗螺丝，用卡尺分别测量螺丝尺寸。最终，根据测量数值选择对应规格的供料机。一般来说，根据所测螺丝尺寸中的最大数值选择供料机尺寸。螺杆直径决定了供料机规格，通常以 0.1 mm 为挡距制作。

针对不同大小类型的螺丝，可选择如下两款供料机。其工作原理基本相同。

ECS65：适用于 M1～M4 的螺丝且螺丝长度≤15 mm。

ECS66：适用于 M2～M6.5 的螺丝且螺丝长度≤18 mm。

（2）批头选型。批头是由装机直径、批头总长度、拆装螺丝直径、有效工作深度和头型五个因素共同决定的。批头一般命名方式：D*L*D1*L1*S，批头示意图如图 5-30 所示。

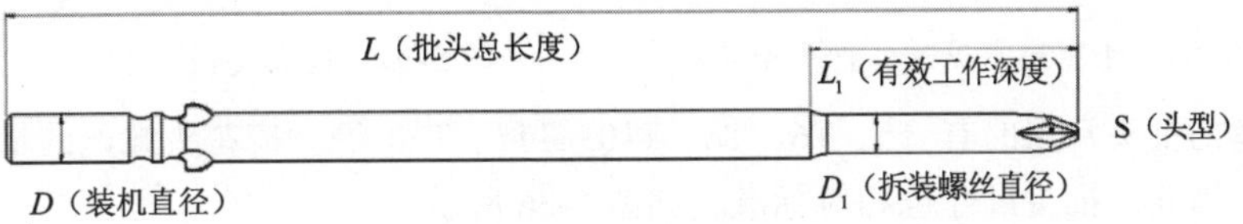

图 5-30　批头示意图

① 装机直径 D，和电批安装批头的方式有关。根据锁付电批的品牌型号不同，电批安装夹头也不同，市面上通常有 $\phi 4$、$\phi 5$、SH5、SH6.35 四种安装夹头，继而衍生出 4 种批头尾部形状，四种安装夹头的尾部形状示意图如图 5-31 所示。本任务中，设备的安装夹头是 $\phi 5$。

② 披头总长度 L，是由机头的缓冲结构和有效工作深度决定的，行业里通常使用总长度 120 mm、150 mm 的批头。本任务中，机头缓冲结构适用长度 150 mm 的批头。

③ 拆装螺丝的直径 D_1，是由螺帽十字花纹路的尺寸决定的，行业里通常有 2 mm、2.5 mm、3 mm、4 mm 四种十字花纹路，如图 5-32 所示。本任务中，螺丝的十字花纹路是 4 mm。

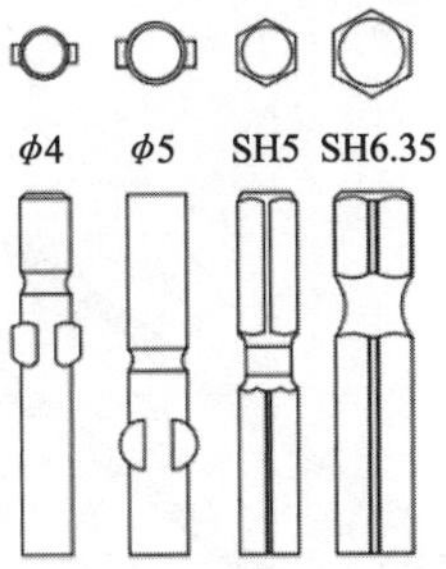

图 5-31　安装夹头尾部形状示意图

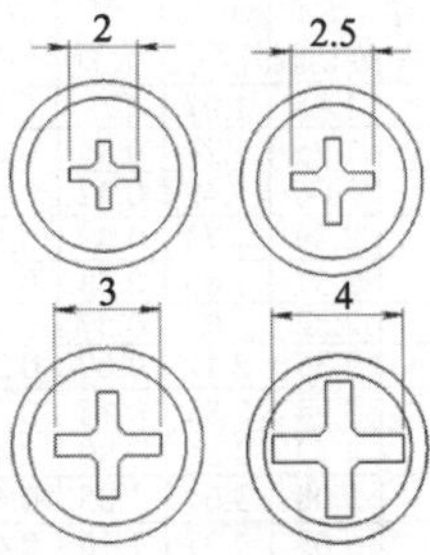

图 5-32　常见的 1#十字螺丝批头（单位：mm）

④ 有效工作深度 L_1 由产品的螺丝孔深度和螺丝长度决定，只有螺丝很长或锁付深度很深时才会用定制长度。批头伸出吸嘴长度如图 5-33 所示。供料机通常使用 15 mm 以下的螺丝，

所以批头伸出长度为 15 mm，且吸嘴限位批头和吸入深度的部分总长也是 15 mm。本任务中，有效工作深度 L_1 为 30 mm。

⑤ 根据不同的槽型选择对应头型的批头。如图 5-34 所示，十字螺丝头型有 00#、0#、1#、2#四种，其中，0#最尖，2#最钝。选择时应保证批头插入螺丝槽内不紧也不晃动。本任务中，因为 2#头型的批头和螺丝更匹配，所以选 2#头型的批头。批头实物图如图 5-35 所示。

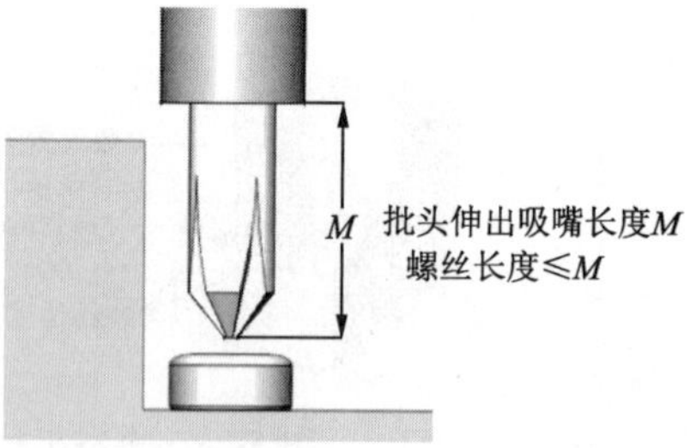

图 5-33　批头伸出吸嘴长度示意图

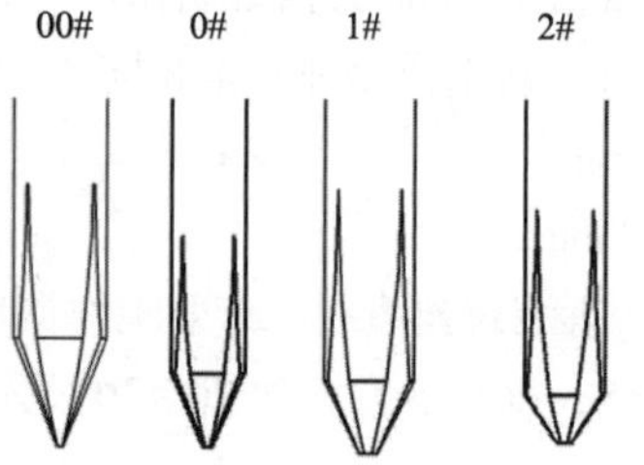

图 5-34　十字最常见的 4 种头型

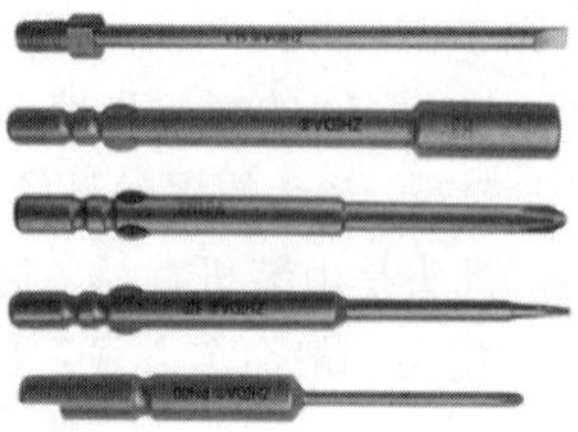

图 5-35　批头实物

梅花螺丝的批头常用的有 T5、T6、T8、T10、T15、T20 等。梅花头螺丝的槽型规格基本是标准尺寸，因此，批头尺寸也相对标准，如图 5-36 所示。

（3）吸嘴选型。吸嘴是螺丝锁付中的关键配件，由螺纹反牙、真空腔、批头过孔组成，截面如图 5-37 所示。

梅花头规格标准

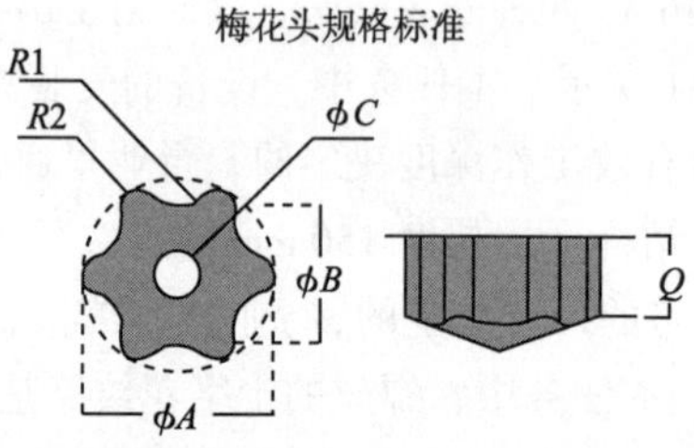

SIX-LOBE 梅花规格	ϕA 外切圆	ϕB 外切圆	$R1$ 大置	$R2$ 小置	ΦC 像孔	备注
T5	1.48	1.07	0.3	0.13	—	
T6	1.75	1.27	0.36	0.16	—	
T7	2.06	1.49	0.42	0.19	—	
T8	2.39	1.73	0.49	0.22	0.6	
T9	2.57	1.86	0.53	0.23	—	
T10	2.82	2.03	0.57	0.25	0.8	
T15	3.35	2.41	0.69	0.29	1	
T20	3.94	2.83	0.83	0.33	1.4	
T25	4.52	3.24	0.89	0.41	1.8	
T27	5.08	3.64	1.05	0.43	2	
T30	5.63	4.05	1.16	0.48	2.3	
T40	6.76	4.84	1.4	0.58	2.6	
T45	7.92	5.65	1.72	0.64	3.2	
T50	8.94	6.45	1.78	0.81	3.6	
T55	11.33	8.1	2.46	0.92	4.6	

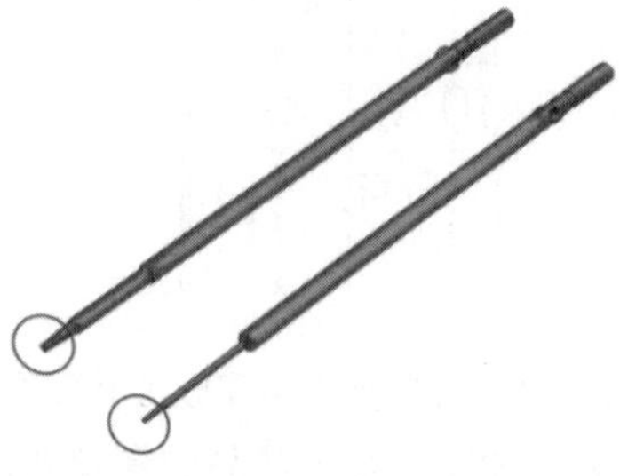

图 5-36　梅花头规格参数及批头

吸嘴参数由 ϕA、ϕB、C、D、F、ϕI、ϕH 组成，如图 5-38 所示。吸嘴参数符号内涵一览表见表 5-5。

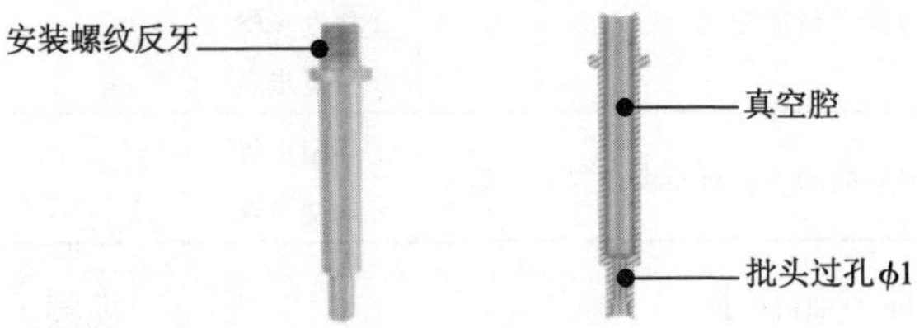

（a）螺丝反牙　　（b）吸嘴截面

图 5-37　吸嘴截面及参数示意图

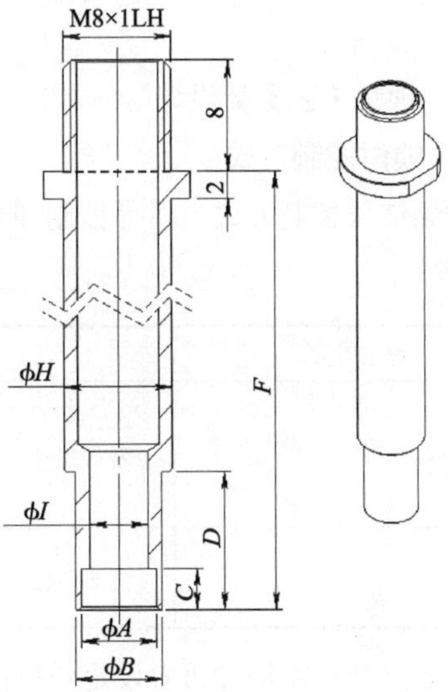

图 5-38　吸嘴参数

表 5-5　吸嘴参数符号内涵一览表

尺寸	数据	详细表述
吸取内径 ϕA	螺帽尺寸+0.1 mm	用于吸取螺帽头
吸取外径 ϕB	A+1 mm≤B≤A+4 mm	吸嘴前部外径，常做缩小处理，用于锁付避障
吸取深度 C	螺丝长度一半	螺丝吸入吸嘴头的深度
前端长度 D	10 mm	吸嘴头前端长度，用于避障
吸嘴总长 F	50 mm	吸嘴头总长
吸嘴外径 ϕH	8 mm	吸嘴头外径
吸嘴内径 ϕI	批头拆装螺丝直径+0.3 mm	吸嘴头内部通孔尺寸，批头从此孔内穿过

吸嘴选型流程：

① 取 8～10 颗螺丝，旋转测量螺帽尺寸。

② 吸嘴型号等于测得的螺帽直径+0.1 mm。

③ 对于长度不同但螺帽直径相同的螺丝，可根据实际螺丝长度制作螺丝吸取长度。

④ 检查产品周围是否有干涉，如果有，要适当缩小吸嘴前部尺寸以避让。

（4）吸嘴组件选型。吸嘴组件示意图如图 5-39 所示，由轴承、铜套、气管接头及吸嘴组件主体构成。作用：一是配合不同直径的批头，选用不同型号的轴承，保证批头同心度；二是配合不同直径的

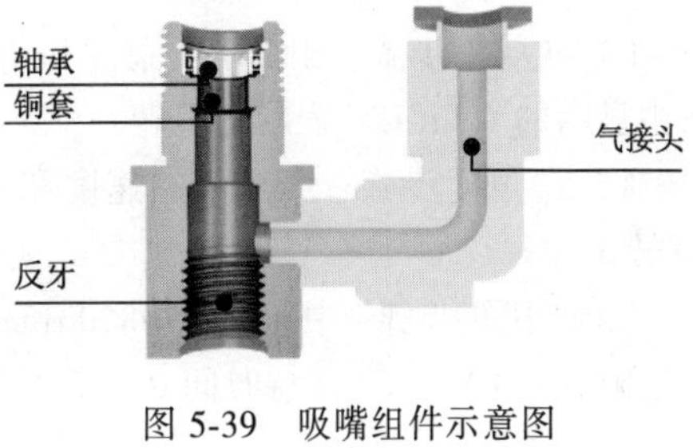

图 5-39　吸嘴组件示意图

批头，选用不同规格的铜套，防止漏气，保证吸嘴负压值。

在本任务中，因选用的是 $\phi5$ 的批头，所以配套使用 $\phi5$ 吸嘴组件。在实际生产过程中，如果没有使用与批头相对应的吸嘴组件，打开真空时，批头和铜套之间会漏气，不能产生足够的负压吸取螺丝。

技能 3　锁付工艺参数设计

1. 锁付控制方式

常见锁付控制方式为扭力控制和角度控制两种模式，见表 5-6。

表 5-6　锁付控制方式

控制方式	应　　用	设置工艺
扭力控制	常规螺丝，对扭力要求精准控制	①寻帽步骤 ②角度步骤 ③扭矩步骤
角度控制	需要预锁，不要锁紧的产品，对角度控制要求高	①寻帽步骤 ②角度步骤

电批控制器需经过扭力设定与校准才能开始作业。

视频

螺丝锁付
（电批控制器参数设置）

2. 电批控制器扭力设定

电批控制器开机后，主界面即为工作界面，界面显示螺丝参数、机台状态、锁付情况及操作按钮等信息，如图 5-40 所示。

在图 5-40 中，单击“用户设定”按钮，选择“用户登入”，选择“用户身份”、输入密码后，单击“配置参数”，再单击“程序设置”进入“参数设置”界面。参数设置界面包括寻帽步骤、角度步骤、扭矩步骤、拧松设置，如图 5-41 所示。

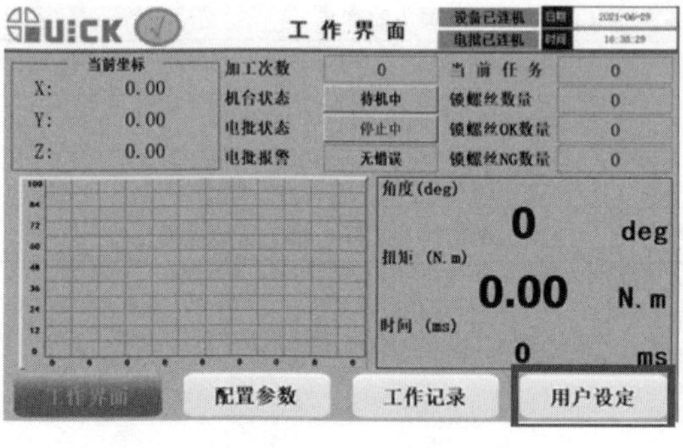

图 5-40　智能电批控制器工作界面

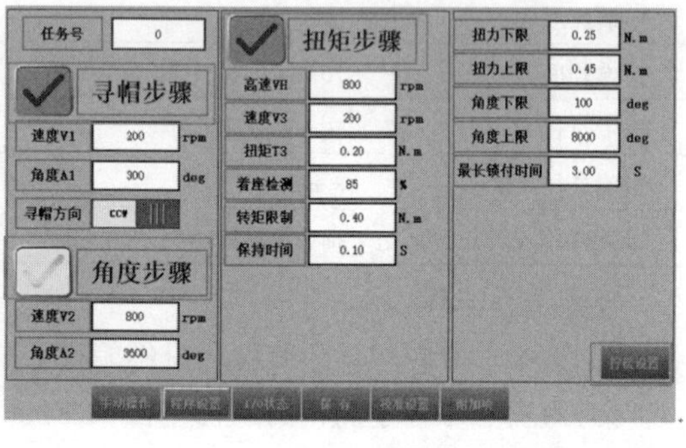

图 5-41　智能电批参数设置界面

（1）“寻帽步骤”中显示的速度和角度，意味着批头以 200 r/min 的速度转 300°。寻帽步骤中显示的 CW/CCW 表示正反转。

（2）“角度步骤”中显示的速度和角度，意味着批头以 800 r/min 的速度转 3 600°（约 10 转）。

（3）“扭矩步骤”中速度 VH/800 rpm，速度 V3/200 rpm，扭矩 T3/0.2 N · m，着座检测 85%，转矩限制 0.4 N · m，保持时间 0.1 s，意味着批头先以 800 r/min 的速度旋转，等转矩达到设置扭矩 T3 的 85%时，降低转速到 200 r/min，直到扭矩达到设置扭矩 T3 并保持 0.1 s 停止。

（4）“拧松设置”主要用于拆卸螺丝及扭力检查测试，包括寻帽步骤和扭矩步骤相关参数的设置界面如图 5-42 所示。

需要说明的是：螺丝锁付机器人在作业过程中，扭矩、角度上下限超过时，均会报警；此外，可以设置最长锁付时间，用于保护电机，防止电机长时间空转。同时，在锁付步骤中，最好是低速认帽入牙、快速旋入、低速拧紧，如图 5-43 所示。

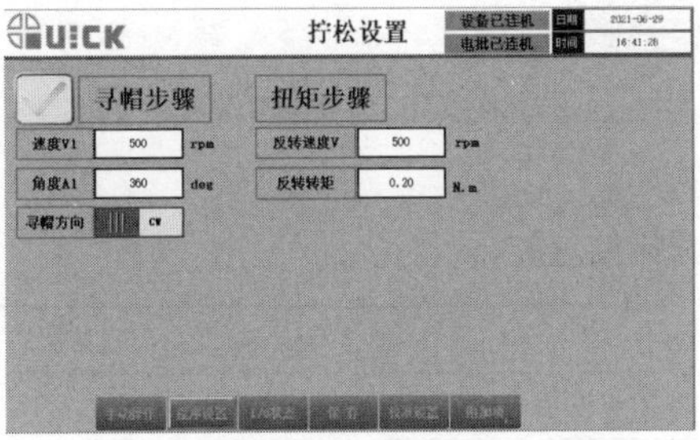

图 5-42　拧松设置界面

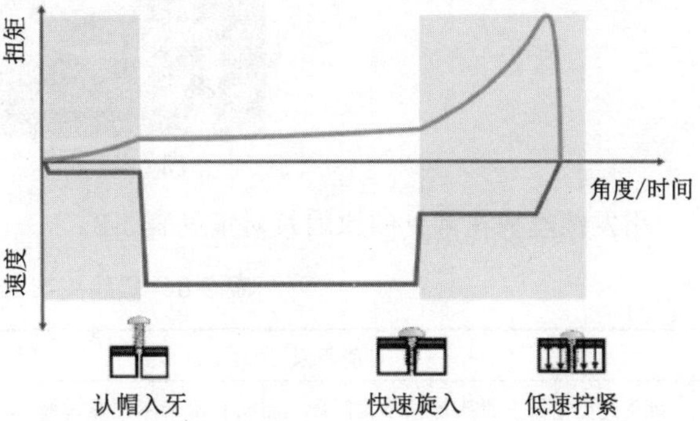

图 5-43　锁付步骤中扭矩和速度曲线

作业 2　锁付工艺过程控制

技能 1　锁付工艺缺陷管控

常见的锁付异常包括螺纹滑牙、螺丝头花、浮锁、螺丝歪斜等。

1. 螺纹滑牙

螺纹滑牙是指螺纹孔被破坏的现象，如图 5-44 所示。

图 5-44　螺纹滑牙

引发螺纹滑牙常见的原因及对策见表 5-7。

表 5-7　螺纹滑牙常见原因及对策

可能原因	应对方法
扭矩太大	按 SOP 设置电批扭矩并且每天进行扭矩校准
螺丝和螺丝孔螺纹尺寸不匹配	检查螺丝是否和产品匹配，螺丝螺距与螺纹孔螺纹是否匹配，螺丝本身质量是否合格

2. 螺丝头花

螺丝头花是指螺帽槽被外力所破坏的现象，如图 5-45 所示。

图 5-45　螺丝头花

引发螺丝头花常见的原因及对策见表 5-8。

表 5-8　螺丝头花常见原因及对策

可能原因	应对方法
批头选型错误、批头螺丝不太匹配、批头打滑卡不住螺丝槽	选择合适的批头或者检查批头是否磨损
锁付过程中 Z 轴坐标偏小或者下压力小	调整 Z 轴坐标或提高气缸向下压力
螺丝材质偏软或者螺丝槽偏浅，不能承受大的扭矩	选择合适的螺丝

3. 螺丝歪斜

螺丝歪斜是指螺丝锁付时没有和螺纹孔同心，但输出了扭力 OK 信号的现象，如图 5-46 所示。

图 5-46　螺丝歪斜

引发螺丝歪斜常见的原因及对策见表 5-9。

表 5-9　螺丝歪斜原因及对策

可能原因	应对方法
螺丝没有垂直锁付，可能电批安装不垂直或者产品治具不水平	垂直装配电批或者检查治具产品是否水平
批头晃动或者批头头型和螺丝匹配度不高	选择合适的吸嘴/批头/吸嘴组件
螺丝寻帽入牙速度太快	按 SOP 设置电批控制器的寻帽速度和寻帽角度

4. 螺丝浮锁

螺丝浮锁是指螺丝锁付到一半就自动达到扭矩停止的现象，如图 5-47 所示。

图 5-47　螺丝浮锁

引发螺丝浮锁常见的原因及对策见表 5-10。

表 5-10　螺丝浮锁常见的原因及对策

可能原因	应对方法
扭矩设置太小	按 SOP 设置电批扭矩并且每天都要做扭矩校准
锁付时间设置太短	增加电批控制器里的最长锁付时间
螺纹孔螺纹不合格，可能有杂质，摩擦力太大	用牙规检查螺纹孔，并用丝锥重新攻牙

技能 2　锁付工艺实例

1. 工艺要求

针对检测合格后的 PCBA，将其锁付到金属背板上，避免基板上元件遭受碰撞影响其性能，如图 5-48 所示，具体要求如下：

（1）生产组装工艺采用自动化锁付设备。

（2）锁付良率≥99.5%，同时提交锁付品质检验报告。

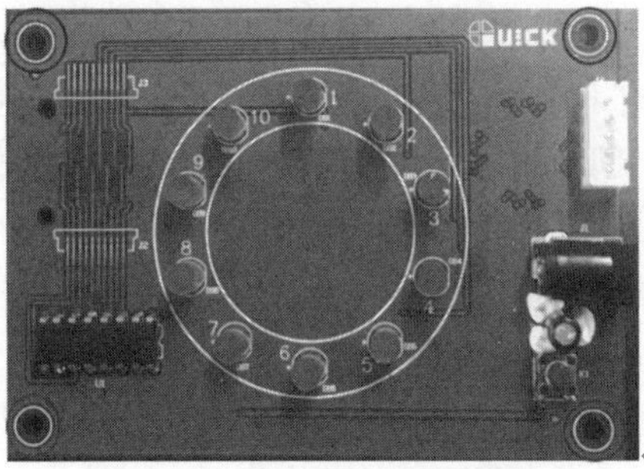

图 5-48　待锁付 PCB 示意图

视频

螺丝锁付（批头吸嘴组件供料机的选型）

2. 工艺流程

（1）供料机选型。本任务中，测量的螺丝尺寸接近 2 mm，则选用 M2 供料机。在实际作业过程中，如遇螺丝长度过长，则需定制相应长度的供料机。

（2）批头选型。

① 装机直径，本任务中，设备的安装夹头是 $\phi 5$。

② 披头总长度，本任务中，机头缓冲结构适用长度 150 mm 的批头。

③ 拆装螺丝的直径，本任务中，螺丝的十字花纹路是 4 mm。

④ 有效工作深度，本任务中，有效工作深度 L_1 为 30 mm。

⑤ 本任务中，因为 2#头型的批头和螺丝更匹配，所以选 2#头型的批头。

（3）吸嘴及吸嘴组件选型。在本任务中，因选用的是 $\phi5$ 的批头，所以配套使用 $\phi5$ 吸嘴组件。

视频

螺丝锁付
（批头吸嘴的安装）

（4）锁付配件安装。具体步骤如下：

① 安装批头。向上拨动夹头，旋转批头，把批头的耳朵安装到夹头中。松开夹头，用手握住批头上下晃动，批头不会脱落即安装到位。

② 安装吸嘴组件。把吸嘴组件安装到抱箍内，拧紧 M4 螺丝，并将气管插入管接头内。

③ 安装吸嘴。用手把吸嘴反向旋入到吸嘴组件内，并用活动扳手拧紧。

在安装过程中需要注意以下事项：

① 批头装机直径的部分，一定要进入吸嘴组件的轴承和铜套处，起到批头定位作用，并防止吸嘴漏气。

② 批头头部不能超出吸嘴螺丝定位台阶，不然螺丝无法吸直；如果批头头部超出吸嘴螺丝定位台阶，用内六角扳手调节夹紧环。

③ 批头上下动作和吸嘴组件间无卡顿；如上下动作有卡顿，调节吸嘴安装滑块处螺丝。

④ 电批气缸下压后，批头露出吸嘴端面的尺寸一定要比螺丝长。如果电批气缸下压后，批头露出吸嘴端面的尺寸比螺丝短，用扳手调节油压缓冲器高度。

（5）供料机调试。

① 装载螺丝。放入料仓中的螺丝数量不宜过多，不要超过螺丝输送轨道高度，否则会影响到螺丝的移动方向和传送速度。

视频

螺丝锁付
（气吸供料机 ECS65 调试）

② 调整毛刷位置。将手持式螺丝机毛刷安装在跟轨道平行的位置，确保毛刷的边缘可以刷到螺丝的头部。如果毛刷位置过高或者过低，都将会影响到螺丝输送速度。为了避免损坏机器，调试前必须拔出电源。

③ 调整压板位置。确保螺丝头部和压板之间的间距为 0.2～1 mm。如果间距过小，螺丝不能正常输送；如果间距过大，螺丝容易堆叠。如果需要调整，松开压板上的螺丝上下调整即可。

④ 调试螺丝供料机参数。螺丝的传送速度因螺丝规格不同而有所不同，所以需要调试相关参数。

以下以 ECS65 供料机为例，说明供料机参数调试相关作业事项。供料机调试界面如图 5-49 所示，通过“▲▼”按钮，面板会出现不同的英文字母，其中，A 代表走料速度调节；B 代表振动电机延时停止时间；C 代表延时停止上料电机时间；D 代表转盘分料速度调节；E 代表计数模式。

以下说明供料机参数调试的操作步骤：

步骤一：按下“▼”键 3 s，进入走料速度调节，面板显示数值“A-**”，此时按“▼”“▲”键可以调整该数值。

图 5-49　供料机调试界面

步骤二：再次按下“SET”键，进入“振动电机延时停止时间”设置。(0.0～6.0 s 显示为“B-00-60”)，按“▼”“▲”键调整该时间数值大小，以每 0.5 s 为单位跳变，持续按住“▼”“▲”键可以快速调整数值。

步骤三：再次按下“SET”键，进入“延时停止上料电机时间”设置，(0.0～8.0 s 显示为“C-00-80”)，按“▼”“▲”键调整数值以每 0.5 s 为单位跳变，持续按住“▼”“▲”键可以快速调整数值。

步骤四：再次按下“SET”键，进入“转盘分料速度调节”设置，(1-20 显示 D-01-20)，按“▼”“▲”键调整数值大小，默认值为 C-19，螺丝速度为 82 pcs/min。

步骤五：按下“SET”键，进入工作模式选择。面板显示“E-*”，按“▲”键可以切换不同模式。E-0 表示选择模式 0（不计数模式）；E-1 表示选择模式 1（计数模式）。

步骤六：再次按下“SET”键，返回工作模式。

视频

锁付机器人编程

(6) 锁付机器人调试。

① 锁付机器人编程。

② 电批控制器扭力设定。

③ 电批控制器扭力校准。

(7) 视觉定位系统设置。

① 编辑模板步骤：

第一步：单击实时图像按钮，手动或使用示教盒使相机十字中心对准识别物体中心位置（物体图像要保证肉眼清晰可见）。

第二步：单击按钮，进入设置界面，匹配方法选择“模板匹配”，红框为搜索框，蓝框为检测框，单击调整框大小，右击确认。

第三步：设置阈值、匹配度、角度偏差、滤波。

第四步：依次单击设为模板、检测、基准位置，确定四个操作按钮。

单击“设为模板”后，继续单击“检测”，出现图 5-50 所示十字线标，灰线为相机视野中心线，绿线为 Mark 点中心，红线为基准中心，需调整三点一致（扫描二维码查看彩图）。

单击“基准位置”，鼠标单击绿色十字中心，多次检测看十字是否重合一致，若一致，则单击“确定”按钮。

第五步：主界面，单击保存已设置模板，文件名可以自定义（小于或等于 8 个字符），确认保存路径后，单击“保存”按钮。

图 5-50　Mark 点定位

彩色图片

图 5-50

② 区域检测模板编辑步骤：

第一步：单击实时图像按钮，手动或使用示教盒使相机十字中心对准识别物体中心位置（物体图像要保证肉眼清晰可见）。

第二步：勾选“区域检测”复选框，粉色方框为区域检测框，拖动区域检测框到识别点检测区域，设置检测面积范围及区域阈值，检测区域选择如图 5-51 所示。

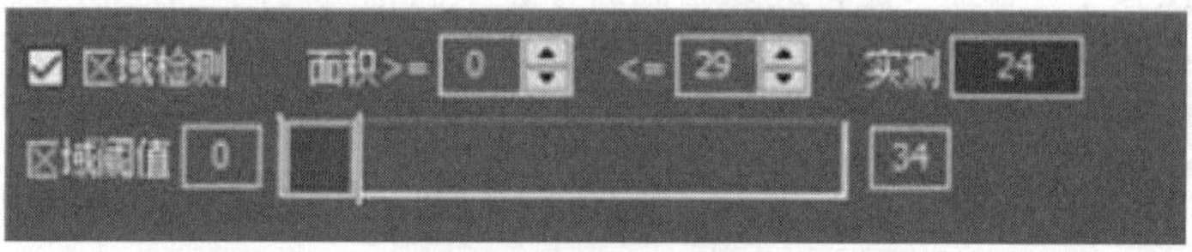

图 5-51　检测区域选择

第三步：依次单击设为模板、检测、基准位置（确认十字中心线重合）、确定四个操作按钮。

第四步：在主界面，保存检测模板。

相关说明：

图像通道：对视野中的图像处理。R：红色；G：绿色；B：蓝色；H：色调；S：饱和度；V：明度。

阈值：范围是 0～255，又称临界值，是指一个效应能够产生的最低值或最高值。将灰度或彩色图像转换为高对比度的黑白图像。可以指定某个色阶作为阈值。所有比阈值亮的像素转换为白色；而所有比阈值暗的像素转换为黑色。

匹配度：定位轮廓相似度，用户可根据需求自行设置，默认范围为 0～100%，一般设置范围 50%以上。

角度偏差：默认范围为 0°～180°，一般设置范围 30°～45°。

滤波：默认范围为 0～200，一般设置范围 5～15。

对话框形状的改变：右击模板，矩形就会变成椭圆形（可根据产品形状选择矩形或椭圆形）。

对话框颜色的改变：Shift+鼠标右键，蓝色矩形变成红色矩形，红色矩形就可以作为屏蔽框线使用。

③ 校准步骤：

在以上做好基准点检测文件基础上，打开 Mark 模板文件后在测试状态下，单击“相机校准”，校准成功，校准状态会有提示“校准成功”。如提示“校准错误”，则重建模板，再重新校准。校准步骤如图 5-52 所示。

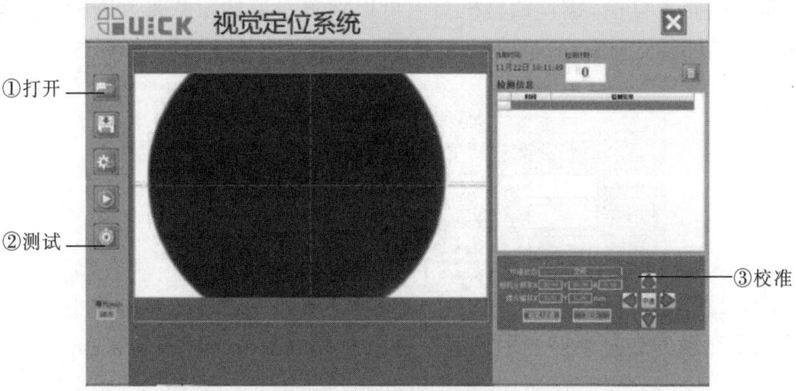

图 5-52　校准步骤

④ 批头校准步骤：

批头校准需在相机校准成功的基础上进行。

单击“批头”按键，根据校准状态信息提示校准批头，如图 5-53 所示。

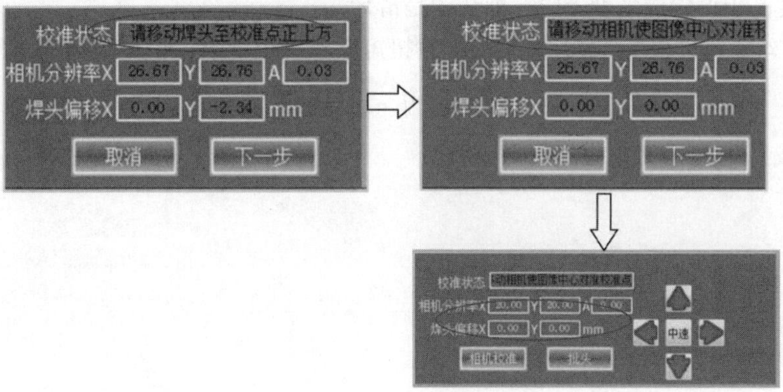

图 5-53　批头校准步骤

（8）锁付品质检查。

锁付异常可通过目视观察、扭力扳手检测、螺丝锁付机器人自检三种方法予以判断。

视频

螺丝锁付（锁付质量检查）

① 目视观察。浮锁是可以通过目视判断的，如果螺帽没有与产品贴合即认为浮锁。

② 扭力扳手检测。滑牙需要借助扭力扳手来检测：

a.选择对应螺丝的测试头。

b.扭力扳手选择峰值，预置扭力设置成相应的锁付扭矩。

c.测试头插入螺帽内。顺时针旋转扭力扳手，此时扭力扳手上的数值会逐渐增大。

d.若扭矩可以达到预置扭矩，扭力扳手会有红灯闪烁提示并伴随有警报声，则认为锁付 OK。

e.若顺时针旋转半圈都不能达到预置扭矩，则认为锁付滑牙。

③ 螺丝锁付机器人自检。螺丝锁付机器人可以设置对应的参数来判断锁付结果是否异常，可设置参数有锁付时间的范围、电批角度的范围、电批扭矩的范围，如图 5-54 所示。

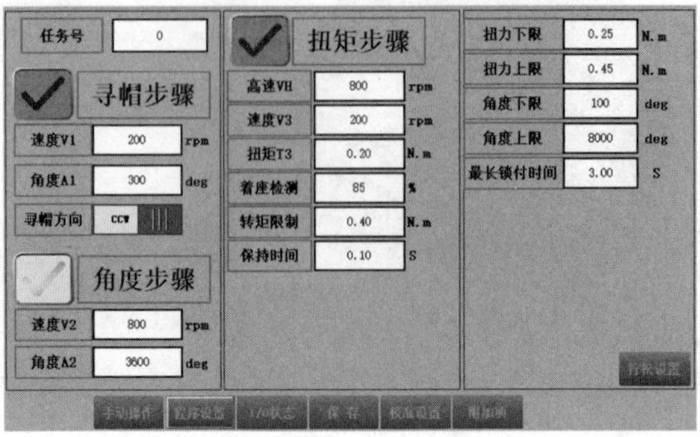

图 5-54　机器人自检设置

a.正常锁螺丝，电批转速恒定，每一颗螺丝的长度大致相同，所以锁付的时间和电批旋转的角度大致相同。可以通过设置锁付的时间范围和电批的角度范围来判断该螺丝是否拧紧。如果低于最短锁付时间或者电批角度低于设置的角度下限，即认为浮锁；如果超过最长锁付时间或者电批角度高于设置的角度上限，即认为是滑牙。

b.如果螺丝锁付过程中，最终显示的拧紧扭矩低于扭矩下限，则认为浮锁；超出扭矩上限，则认为滑牙。

拓展制程

微组装工艺

随着小型化、轻量级、高工作频率、高可靠性的电子产品不断占据消费市场，电子元件也逐步进入了高密度、高功能、微型化、多引脚、窄间距的发展阶段，微组装技术（micro-assembling technology）就是在这样的趋势下，高速发展起来的一种新型电子组装和封装技术。微组装技术和集成电路技术的不断发展是实现电子产品微小型化的两大支柱。

任务1　微组装工艺流程管控

任务目标

通过微组装工艺流程管控任务学习，了解微组装工艺流程设计要点，设定微组装各工序工艺条件，初步具备管控微组装工艺的能力。

任务导图

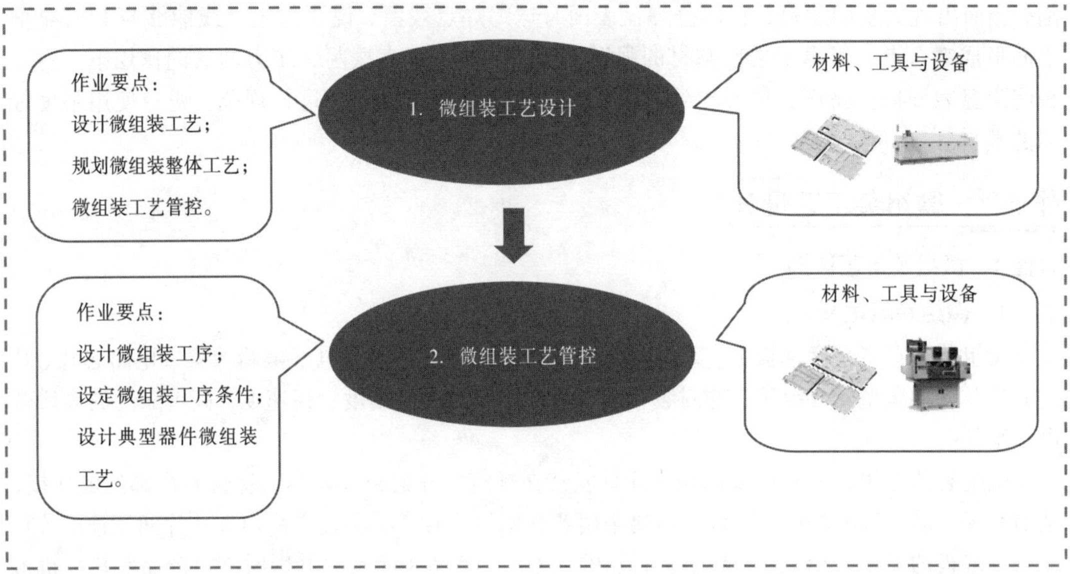

任务先通

匠心一点通

痴心机床创新，成就数控大师。全国劳动模范张全民，从事机械制造工作 30 余载，爱岗敬业、刻苦钻研，擅长 5 种国内外先进数控机床操作，痴心程序设计和刀具学习，不断改革创新，主持数控机床制造的高压开关断路器关键部件生产攻关，提高 3 倍以上加工效率；主持进口产品部件国产化项目，优化加工程序、刀具，使得加工零部件合格率由最初的 43%提高到 98%以上，授权发明和实用新型专利 10 余项，斩获省部级科技进步奖 4 项，其中国家电网公司科技进步奖一等奖 1 项、二等奖 1 项，中国机械工业科技进步奖三等奖 2 项，每年为企业创造经济效益 970 余万元，是名副其实的机床制造的“多面手”，匠心育成一代数控大师。

安全一点通

培训缺位，事故上位。2020 年 3 月 25 日，宁波某微电子组装工厂，氮气改造工程竣工投入使用，公司倒装焊机准备通氮调试，2 名作业人员在未采取通风措施和氧含量检测的情况下，贸然进入罐体作业，发生中毒窒息事故，导致 2 人全部死亡，酿成安全事故，给企业和家庭带来重大损失。

质量一点通

基材不规范，不良来“敲门”。某公司化学镍钯金挠性板，在进行金线邦定过程中，焊盘表面塌陷且出现大量裂痕。质量部门使用 X-Ray 镀层测厚仪测试镀层厚度，结果均满足镍钯金各项标准要求。再通过金相显微镜和 SEM 对邦定不良焊盘进行表面形貌观察和元素分析，发现部分焊盘表面附着异物，主要含 C、O、F、Ni、Cu、Pd 等。去除表面污染物后进行模拟邦定测试仍然出现不良。将模拟测试的焊点放大 200 倍，进行金相观察，发现焊盘表面发生塌陷，金面出现大量的裂痕，且部分焊盘表面有球焊焊点残留，说明邦定金线能够与 FPC 金面之间形成键合点，但由于柔性基材的强度不够，在热、超声振荡、压力的共同作用下，劈刀头将焊盘表面向下挤压，最终导致不良发生。故在材料选择上应进行规范，避免使用强度较弱的基材。

作业 1　微组装工艺设计

技能 1　微组装工艺认知

1. 微组装的定义

微组装是在高密度基板上，采用表面贴装和互连工艺将构成电子电路的集成电路芯片、片式元件及各种微型元件组装，并封装在同一外壳内，形成高密度、高速度、高可靠性的高级微电子组件。

微组装的作用，就是把基础功能元件安装在规定尺寸的封装体内，保证其内部的电连接，从而实现产品设计的功能。为此，需要采用各种微组装技术，实现产品内部芯片间互连、芯片与外壳基板的互连、1 级封装与 2 级封装的互连，如图 6-1 所示，并同时满足产品散热、机械固定和防潮等方面的要求。微组装技术是实现电子装备小型化、轻量化、高密度 3D 互连结构、宽工作频带、高工作频率和高可靠性等目标的重要技术途径。

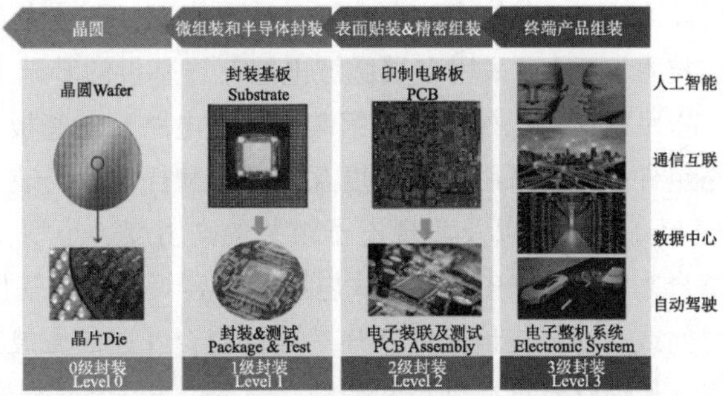

图 6-1　电子装联等级示意图

2. 微组装结构特征

（1）多芯片组件（MCM）。多芯片组件技术是实现板级电路 1.5 级电子组装的模式之一，如图 6-2 所示，多芯片组件通过芯片键合技术、丝焊技术和 SMT 技术把集成电路和 SMD/SMC 焊接到高密度多层互连电路基板上去，构成多芯片组件，是系统级封装（SiP）技术的组成之一。

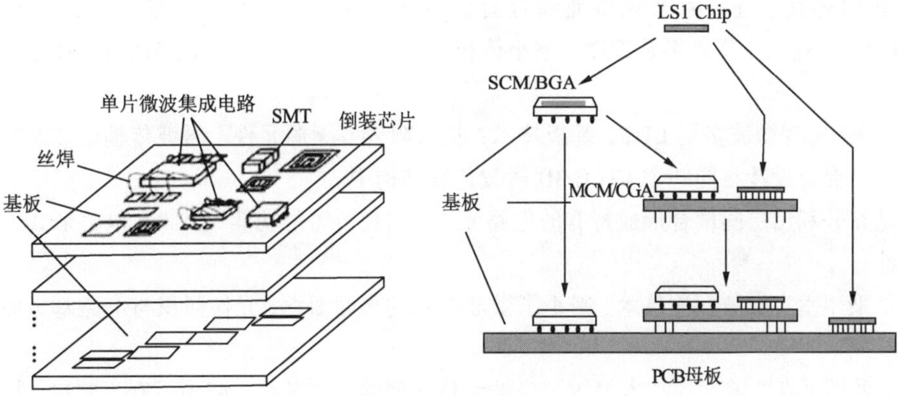

图 6-2　典型多芯片组件

（2）芯片级 3D 组装技术。如图 6-3 所示，芯片级立体组装技术是把 2D 平面电路（包括裸芯片、单片、MCM、WSL、大圆片模集成片等）在垂直方向叠装起来，利用平面电路的底面或侧面在垂直方向进行互连，形成埋置型、有源基板型和叠层型 3D-MCM 等高密度 3D 立体组装电路。

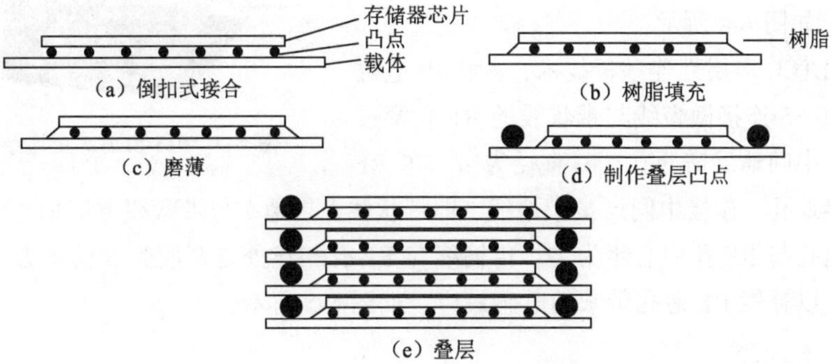

图 6-3　叠层型 3D-MCM

（3）微波多芯片组件（MMCM）技术。MMCM 技术是在 HMIC 技术基础上发展起来的新一代微波电路封装和互连技术，它是在采用多层微波电路互连基板的基础上，将多个 MMIC 芯片、专用集成电路（ASIC）芯片和其他元件高密度组装在微波电路互连基板上，形成高密度、高可靠和多功能的微波电路组件。由于采用了高密度互连基板和裸芯片组装，有利于实现组件或子系统的高集成化、高频和高速化，以及实现电子组装的高密度、小型化和轻量化。在传统的 MMCM 中，采用金丝键合来实现 MMIC、集总式电阻和电容等元件与基板上的微波传输线的互连，以及微波传输线之间或与 RF 接地面的互连。金丝键合互连的微波特性是影响 MMCM 电气性能的一个主要因素，其焊丝长度、拱高和跨距、焊点位置、金丝根数和键合一致性及重复性等参数均对微波传输具有很大影响。目前新一代 MMCM 技术大量采用 MMIC 芯片倒装焊接技术。与常规的引线键合（WB）互连技术相比，倒装芯片焊接（FCB）技术利用凸点直接与微波电路基板焊接。倒装芯片焊接具有三方面优点：一是互连线短，互连产生的杂散电容、互连电阻及互连电感均比 WB 小得多，更利于高频高速电子产品的应用；二是芯片安装所占基板面积小，安装密度高；三是芯片安装与互连同时完成，简化了安装工艺。

（4）微波组件 3D 组装技术。3D 组装技术是把多块 2D-MMCM 在垂直方向（*Z* 方向）叠装起来，利用垂直互连技术实现微波和直流信号的互连，从而实现完整的电路功能，构成 3D-MMCM。它进一步提高组装密度、缩小体积、减轻质量。微波组件的 3D 组装技术具有如下四个特点：

一是采用 3D 微波多层 LTCC 基板技术，埋入阻容等无源元件、微波传输线、逻辑控制线和电源线，混合设计在同一个 LTCC 3D 微波传输结构中。

二是充分利用层间耦合形成特有的电路元件，实现所需的功能，因此在电路形式上有很大的灵活性。

三是采用垂直微波互连技术，减小了微波电路的平面面积，元件面积与电路基板面积之比可大于 1。

四是采用垂直微波互连技术缩短了微波元件之间的互连长度，减小了寄生效应，提高了电性能。

3D 微波 LTCC 多层互连基板技术。3D 微波 LTCC 互连基板表面传输线一般采用微带线（MS），中间层采用带状线（SL），其 3D 互连结构为中间地层，既是微带线地层，也是带状线上层地，带状线下层地为背面地，如图 6-4 所示。

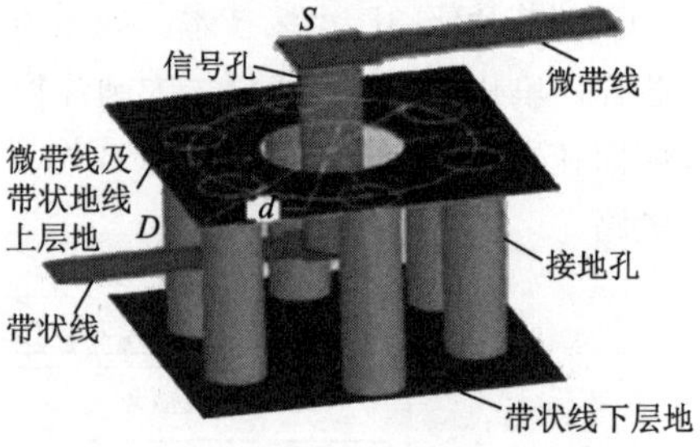

图 6-4　MS-SL 3D 互连结构示意图

3D 微波 LTCC 多层互连基板技术，采用 3D 电磁场仿真软件 HFSS 连接微带线与带状线的 RF 孔穿过中间层地时，中间地层需开孔，其直径为 d。在 RF 孔周围设置接地孔，连接中间层微带地线（即带状线上层地）与带状线下层地，可有效抑制辐射损耗，接地孔与 RF 孔中心距为 D。传输线与 RF 孔相连处是宽度为 S 的正方形盘，比传输线宽度略宽，以补偿 RF 通孔带来的电感效应，如图 6-5 所示。

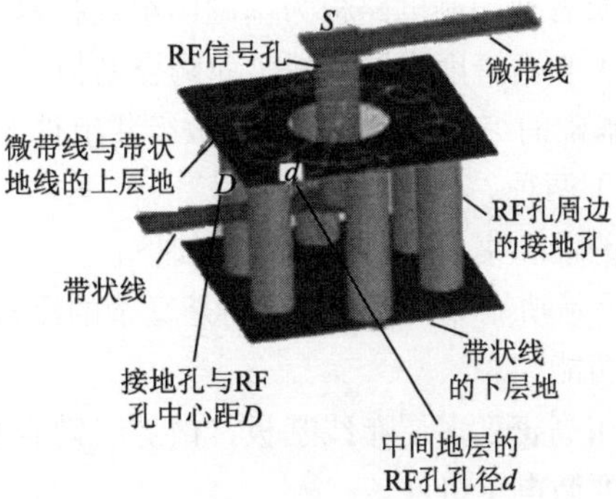

图 6-5　3D 微波 LTCC 多层互连基板

（5）系统级组装（SiP）技术。系统级组装（system-in-a-package，SiP）技术是在一块多功能电路基板（壳体）上集成包含微波电路、低频控制电路、数字电路和电源等的系统组装技术。SiP 技术在组装中大量采用系统/子系统级多芯片组装等新技术，使微波组件向着具有完整的系统或子系统功能、小型化、高密度、宽工作频带、高速度、较少的外互连线等方向发展。一个完整的 SiP 方案应当是功能与高密度封装微小型化的整合结果。这个方案中包括超高密度的细线排布和全局互连、新组分基板材料、在一个基板中埋植射频无源元件、SOC 及高密度组装。SiP 技术是先进、新颖的系统级微组装技术，几乎包含了当今全部的先进组装工艺，是“最好”的芯片集成技术和“最先进”的封装技术的合成。采用 SiP 的数字化接收/发射子系统组件，可以将由混频器、滤波器、放大器和级联在两级功率放大器前的驱动放大器组成的微波接收/发射部分，与由 FPGA/ASIC 实现的并串转换、串并转换、数模变换发射阵列和接收机模数变换器等数字接收/发射部分集成在一起，使其控制和数据输入/输出都是数列式的。数字化接收/发射子系统组件是实现下一代数字阵列雷达（digital array radar，DAR）的关键，对于大幅度提高雷达的技术性能和可靠性发挥了重要作用。由于 SiP 组件应用平台的扩展和可靠性要求的提高，对其气密性要求日益迫切，采用的封装形式也呈多样化，如局部气密封装等，如图 6-6 所示。

图 6-6　SiP 组件封装形式

3. 微组装工艺特征

从微组装的组成结构来看，其构成要素有四个方面：基础功能元件（有源电子器件和无源电子元件）、集成元件的电路基板（PCB、陶瓷基板等）、元件与电路基板间的互连组装材料（内引线键合、焊料、粘接料等）、外部封装材料（金属外壳、有机包封料和外引脚）。微组装涉及的产品包括：分立电子元件（discrete electronic component，DEC）、混合集成电路（hybrid integrated circuit，HIC）、多芯片组件（multi-chip module，MCM）、板级组件（printed circuit board assembly，PCBA）、微波组件（microwave assembly，MA）、微系统（micro-system，MS）、SiP 或板级微系统（system on package，SoP）模块、真空电子器件（vacuum electronic device，VED）等。

分析微组装结构特征，微组装技术是第五代电子组装和互连技术，是混合微电子技术发展到高级阶段的产物，其工艺技术基础是混合电路工艺，可以发现其与 SMT 工艺的主要区别：

SMT 工艺是以一般电子元件及普通印制电路板为基础的组装技术，而微组装则是以芯片（如载体、载带、小型封装元件等）和高密度多层基板（如陶瓷基板、表面安装的细线印制电路板、被釉钢基板等）及微焊接为基础的综合性组装技术，微组装组件的组成形式可分为载体型微组装组件和多芯片组件（MCM）两种。

还可发现其有别于传统的混合集成电路，其特征如下：

（1）电路功能不同。不再是功能单一的电路，而是复杂的混合集成多功能微电子组件，具有部件、子系统甚至系统级功能。

（2）结构特征不同。采用高密度多层布线基板，微焊、键合和组装有高集成度裸芯片 IC 及其他微型元件构成的高密度微电子组件。

（3）集成规模不同。属于混合大规模集成电路或混合甚大规模集成电路（HLSI、HVLSI）范畴。多芯片组件（MCM）是一种典型的微组装技术，也是一种典型的高级混合集成电路技术。

（4）组装密度不同。电路组装密度每提高 10%，电路模块的体积可减少 40%～50%，质量减少 20%～30%。微组装技术对减小微波组件的体积和质量，满足现代电子装备小型化、轻量化、数字化、低功耗的要求具有重要的意义。

技能 2　微组装工艺流程设计

1. 微组装工艺组成

微组装基本工艺主要包括芯片和基板贴装、互连、密封工艺；辅助工艺包括真空烘焙、清洗、涂覆、测试工艺。微组装典型生产线工艺流程如图 6-7 所示。

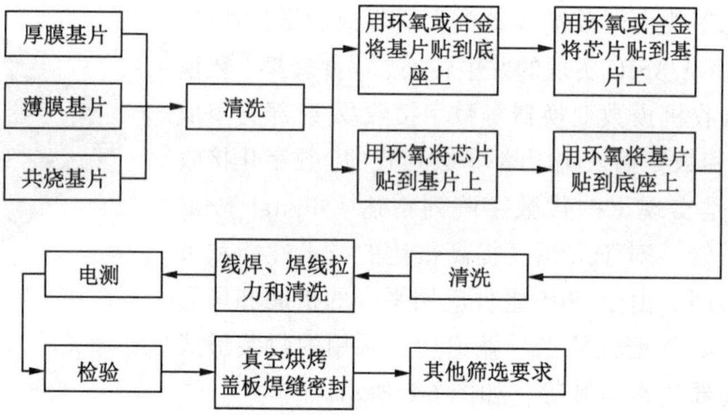

图 6-7　微组装生产线工艺流程图

2. 微组装工艺流程设计要求

微组装生产线加工工艺应根据混合集成电路、多芯片组件等微组装产品的性能指标与质量要求确定。

微组装工艺流程设计应符合以下五点要求：

（1）微组装工艺应按温度从高到低进行操作，各工艺应按共晶焊、再流焊（表面组装）、倒装焊、粘片、引线键合、密封的次序降序排列。

（2）半导体器件的贴装，应采取防静电措施。

（3）微组装工艺应本着先粘片后引线键合、先内引线键合后外引线键合的电子元件组装顺序，且在器件装连完成后，应进行产品电性能测试。

（4）共晶焊、再流焊、表面组装、芯片倒装焊后，当有助焊剂残留时应进行清洗，芯片倒装焊后应进行下填充。

（5）每一种微组装工艺完成后，应完成相应的工序检验。

3. 微组装工艺总体规划

（1）微组装生产线规划应力求工艺流程合理，人流、物流通畅；并应按工艺生产、动力辅助、仓储、办公与管理等功能区进行总平面布置。

（2）厂房洁净区位置应环境清洁，远离强振源，动力供应便捷。

（3）微组装生产线厂房人流、物流出入口应分开设置。

（4）洁净区宜设置人员净化用室和物料净化设施。

（5）微组装生产线布置在多层厂房内时，应设置垂直运输电梯。

4. 微组装工艺区规划

（1）微组装生产线工艺区规划应按照生产工艺流程为主线展开。核心生产区应包括贴装区、芯片组装区、封装区、调试区、物料储存区、检测区，生产支持区应包括更衣区、物料净化区、清洗区。

（2）微组装生产线厂房工艺区规划应包括：产品的工艺流程、厂房建筑及结构形式、主要动力供给方向、产品产量生产线种类和设备选型数量、清洗间与涂覆间等特殊工作间的安排、微组装生产线厂房设置参观走廊。

（3）洁净区内人员净化用室、生活用室及吹淋室的设置，应符合以下三方面要求：

① 人员净化用室应根据产品生产工艺要求和空气洁净度等级设置。

② 人员净化用室应包括雨具存放、换鞋、存外衣、盥洗间、更换洁净工作服、空气吹淋室等。

③ 洁净工作服洗涤间、干燥间等用室，可根据需要设置。

（4）人员净化用室和生活用室的区划，应满足以下四方面要求：

① 人员净化用室入口处，应设置净鞋设施。

② 存外衣和更换洁净工作服的设施应分别设置。

③ 外衣存衣柜应按最大当班人数每人一柜设置。

④ 盥洗间宜设置在洁净区外。

⑤ 洁净区内的设备和物料出入口应独立设置，并应根据设备和物料的特征、性质、形状等设置净化用室及相应物料净化设施。物料净化用室与洁净室之间应设置气闸室或传递窗。

作业 2　微组装工艺管控

技能 1　微组装工艺认知

1. 环氧贴装

环氧贴装（又称环氧贴片粘接）是广泛应用于半导体装配过程中的贴片技术。标准集成电路器件（IC）具有构建在基底上的电路层。通过将 IC（引线接合焊盘）正面的金属引线粘接至基片表面，多数器件与模块级基片互相粘接。因此，可以在贴片的背面使用粘接材料将 IC 粘接到基片上。最常见的贴装材料是环氧粘接剂。以这种样式将贴片粘接到基片上之后，装配通常已固化，基于材料特异性热剖面进行交联。

（1）环氧贴装工艺应符合以下四个方面要求：

① 贴装发热量不高、对湿气含量无严格要求的中小功率器件、无引线倒装器件、片式元件以及将基板贴装到封装外壳中时，宜采用环氧贴装工艺。

② 有欧姆接触要求的器件应采用掺银或金的导电环氧胶进行贴装。

③ 无欧姆接触要求的器件宜采用绝缘环氧胶贴装。

④ 有散热要求的器件应采用导热环氧胶贴装。

（2）环氧贴装工艺的主要工序应符合以下八个方面要求：

① 应按规定方法配制多组分浆料型环氧胶，环氧胶使用前应充分搅拌均匀并静置或真空除泡；环氧胶在冷冻环境下储存时，使用前应在室温下放置，充分解冻。

② 环氧贴装前待贴装件应保持洁净。

③ 可采用滴注点涂、丝网印刷、模板印刷等方法将环氧胶涂布在基板上元件待安装位置，手工或采用贴装设备将环氧膜片排布在外壳底座上。

④ 将待安装的元件准确放置在基板的环氧胶上，或将基板或电路功能衬底压着在外壳底座上已排布好的环氧膜上，应按粘接剂的使用要求完成粘接固化。

⑤ 宜采用加热、热压、紫外光照射等方法将粘接剂固化。

⑥ 固化后应清除多余的环氧胶。

⑦ 用显微镜检查芯片、器件的外观和环氧贴装质量。

⑧ 对完成贴装后的元件进行端头通断测试。

（3）环氧贴装的工艺运行条件应满足以下三个方面：

① 贴装元件工艺宜在等于或优于 8 级净化区中完成。

② 固化过程应有排风系统。

③ 称量、混合、配胶、清洗工序应在通风柜内进行。

2. 再流焊

再流焊工艺宜适用于元件在基板上的表面组装，或将基板焊接在外壳底座中。

（1）再流焊工艺的主要工序应符合以下七个方面要求：

① 应采用软合金焊料膏，使用前应充分搅拌均匀并静置排泡。

② 宜采用模板印刷、滴注点涂方法将适量的焊料膏涂布在基板（外壳）底座上。

③ 应采用贴片机或采用手工方式将待安装的各元件（基板）准确地放置在锡膏图形层上。

④ 应使用再流焊炉或加热板，通过适当的温度-时间曲线完成锡膏再流过程。

⑤ 应采用清洗工艺除净已焊接产品中的助焊剂、锡渣等多余物，并应烘干产品。

⑥ 应用显微镜检查芯片、器件的外观和再流焊焊接质量。

⑦ 应对完成贴装机焊接后的元件进行无损检测和破坏性试验。

（2）再流焊的工艺运行条件应满足以下两方面：

① 再流焊工艺宜在等于或优于 8 级净化区中完成。

② 再流焊宜在氮气或氮氢混合的保护气氛中进行。

3. 共晶焊

共晶焊又称低熔点合金焊接。共晶合金的基本特征是：两种不同的金属可在远低于各自的熔点温度下按一定的质量比例形成合金。在微电子器件中最常用的共晶焊是把芯片焊到镀金的底座或引线框上去，即“金-芯共晶焊”。

共晶焊的焊接过程是指在一定的温度和一定的压力下，将芯片在镀金的底座上轻轻摩擦，擦去界面不稳定的氧化层，使接触表面之间熔化，由两个固相形成一个液相。冷却后，当温度低于“金-芯共熔点”时，由液相形成的晶粒形式互相结合成机械混合物，即“金-芯共熔晶体”使芯片牢固地焊接在底座上，并形成良好的低阻欧姆接触。

（1）共晶焊的主要工序应符合以下六个方面要求：

① 共晶焊前，应对基板和载体进行清洗并烘干。

② 应选择共晶焊料和焊接母体表面粗糙度。

③ 应将裁剪好的合金预制焊片置于基板（外壳）底座上，将待安装的各元件（基板）准确放置在对应的焊片上，通过温度、时间、气氛要求完成共晶。

④ 采用含金的合金焊料时，芯片背面应淀积金层；采用以锡、铟为主要成分的低共熔温度软合金焊料时，芯片背面应淀积镍、银层或镍金层。

⑤ 当共晶焊料中含有助焊剂时，焊接后的器件应清洗去除焊料、焊剂的残渣。

⑥ 焊接完成后，应无损检测芯片、基板外观和焊接的空洞率。

（2）共晶焊的工艺运行条件应满足如下五个方面：

① 共晶焊工艺宜在等于或优于 8 级净化区中完成。

② 共晶焊应在氮气或氮氢混合气体的保护气氛中进行。

③ 当共晶焊与环氧贴装用于同一电路时，应先完成操作温度高的共晶焊再进行环氧贴装。

④ 手动共晶焊工艺可使用压缩空气。

⑤ 多个工序采用共晶焊工艺时，前道工序选用焊料的共晶温度应高于后道工序。

4. 引线键合

引线键合（wire bonding）是一种使用细金属线，利用热、压力、超声波能量为使金属引线与基板焊盘紧密焊合，实现芯片与基板间的电气互连和芯片间的信息互通。在理想控制条件下，引线和基板间会发生电子共享或原子的相互扩散，从而使两种金属间实现原子量级上的键合。

（1）引线键合工艺应符合下列规定：

① 引线键合工艺适用于将电路内部的芯片、基板、外壳引脚上的金属化键合区一一对应互连形成电气连接。

② 按所施加能量方式的不同，引线键合工艺可分为热压键合、超声波键合、热压超声波键合。

③ 按引线键合形式的不同，引线键合工艺可分为球形键合和楔形键合。

④ 按键合材料的不同，引线键合工艺可分为金丝键合、铝丝键合、铝硅丝键合、铜丝键合。

（2）引线键合的主要工序应符合下列规定：

① 引线键合前宜先校验引线键合规范，确认工艺参数的稳定性，并检查基板材料可键合性。

② 键合前应保证键合区域清洁。

③ 应根据装配图纸要求确定引线材料、型号和尺寸，引线安置在键合工具的过程中应保

证引线表面的清洁。

④ 应按装配图纸要求，并应按正确的位置与方向要求将待键合的引线准确键合在相应的焊盘上。

⑤ 进行热超声金丝球形键合时，应调整好 EFO 打火强度及丝尾端与打火杆的间隙大小，成球的直径宜为金丝直径的 2～3 倍。

⑥ 采用金丝进行铝键合区 IC 芯片的引线键合时，键合加热温度不宜高于 150 ℃。

⑦ 应控制超声功率、超声时间、键合压力和键合温度，并应确保不损伤芯片、有较大的键合强度和好的焊点形态。

⑧ 应选择劈刀规格，楔形劈刀的刀尖宽度、针形劈刀（焊针）的轴孔直径宜为引线直径的 1.3～1.6 倍。

⑨ 焊点应落在焊盘中心，牢固、无虚焊、无短路。

⑩ 引线键合后应在显微镜下目检引线和键合质量，并应进行键合拉力测试。

（3）引线键合的工艺运行条件应满足以下三方面：

① 引线键合工艺宜在等于或优于 7 级净化区中进行。

② 手动引线键合工艺可使用压缩空气。

③ 选用铜线进行引线键合时，宜在氮气或氮氢混合气体的保护气氛中进行。

5. 倒装焊

倒装焊是用金属凸焊点将集成电路硅片上的压焊点与基板上的布线层直接键合的封装技术。由于焊点都放置在硅片的工作面（顶部），具体连接时，硅片是倒扣在基板上的，故称“倒装”。

（1）倒装焊工艺应符合以下五方面要求：

① 芯片有源面朝下，以凸点阵列结构与基板直接安装互连实现电气连接时，应采用倒装焊工艺。

② 倒装焊工艺应包括再流焊、超声热压、聚合物互连粘接等工序。

③ 应针对不同的凸点材料采用不同的倒装焊工艺。

④ 下填充材料填充方式应包括毛细管底部填充、助焊（非流动）型底部填充和四角点底部填充。

⑤ 宜根据芯片尺寸与凸点密度选择填充方法。

（2）倒装焊工艺的主要工序应符合以下七方面要求：

① 原芯片电极焊区应制作金属过渡层，在金属过渡层上可制作金凸点、铟凸点、镀金镍凸点、锡铅凸点和无铅凸点。

② 金凸点、镀金焊盘的组合，可采用超声热压焊实现焊接互连。

③ 双组分粘接剂使用前应按比例配制、搅拌均匀并静置排气，单组分粘接剂宜储存在 –40 ℃的冷冻环境中，使用前应在室温下充分解冻并搅拌均匀、静置或真空排气。

④ 由焊料构成的凸点，可在焊盘或凸点上涂覆助焊剂，然后将待安装的芯片面朝下放置在基板上，按要求固化后通过温度-时间曲线进行焊料再流，完成芯片与基板的倒装焊接。

⑤ 采用下填充和固化工艺时，下填充操作时应倾斜基板，精确控制填充胶量。

⑥ 倒装焊后应清洗除净焊接产生的污染，再烘干或晾干产品。

⑦ 芯片倒装及下填充完成后，应目检倒装焊质量，无损检测芯片凸点电极与其基板焊区间的对准精度，并应测试所倒装芯片的抗剪切强度。

（3）倒装焊的工艺运行条件应满足以下三方面：

① 倒装焊工艺宜在等于或优于 7 级净化区中进行。

② 倒装焊工艺中芯片的安装、互连应同时完成。

③ 倒装焊应在氮气或氮氢混合气体的保护气氛中进行。

6. 钎焊

钎焊，是指低于焊件熔点的钎料和焊件同时加热到钎料熔化温度后，利用液态钎料填充固态工件的缝隙使金属连接的焊接方法。

（1）钎焊工艺应符合以下六个方面要求：

① 电路内部湿气、氧气含量均较低，且有气密性要求的电连接器与壳体组装时应采用钎焊工艺。

② 有大面积接地要求的电路基板与载体或壳体的组装，以及接插件与封装壳体不同组成部分之间的高精度拼装时应采用钎焊工艺。

③ 在微电子产品的封装过程中，对金属或陶瓷腔体绝缘子、接头或者盖板的焊接时应采用钎焊工艺。

④ 钎焊工艺用于小腔体的金属及陶瓷封装的封盖时，芯片及电路应耐高温。

⑤ 待钎焊表面可钎焊性宜采用厚膜、薄膜或镀覆技术进行金属化。

⑥ 钎焊工艺可采用二元或多元共晶焊料合金锡膏的形式，也可采用预制焊片的形式，盖板与壳体热膨胀系数应匹配。

（2）钎焊的主要工序应符合以下十一方面要求：

① 应根据工艺要求选择成分稳定、无氧化、表面平整的焊料，根据焊接温度选用焊料及使用量。

② 焊接前应通过真空烘焙，通氧气或湿氢的方法，去除待焊件及焊料片表面的油污及氧化层。

③ 放置焊料应牢靠，并应使焊料的填缝路程最短，根据工艺规定可涂覆阻焊剂或阻流剂，对钎焊缝外围涂层和透气孔周围微电路线条实施阻焊。

④ 根据焊料种类与工艺要求选择保护气氛和温度曲线，前道工艺焊料的熔化温度应高于后道工艺的操作温度，盖板结构设计应合理，封盖焊接过程中应使焊料的流动减至最低限度。

⑤ 在二元或三元合金焊料熔融温度下进行钎焊密封时，钎焊峰值温度应高于焊料合金液相温度 20～50 ℃。

⑥ 当组装过程包含多道钎焊工艺时，应采用温度梯度钎焊，相邻两道钎焊工艺焊料的液相温度相差宜大于 30 ℃。

⑦ 有焊透率要求的电路基板的组装，需根据基板尺寸选择锡膏进行钎焊，基板应包含透气孔。

⑧ 当组件包含多个部件一体化钎焊时，宜采用工装夹具。

⑨ 钎焊完成后应清洗焊接件，去除焊渣及助焊剂。

⑩ 使用显微镜目检焊缝是否有裂纹、缝隙等缺陷，有缺陷应重新补焊。

⑪ 钎焊密封后应进行粗检漏和细检漏。

（3）钎焊的工艺运行条件应满足如下三个方面：

① 钎焊工艺宜在等于或优于 8 级净化区中进行。

② 钎焊封盖应在真空或者高纯度、干燥的氮气保护气氛中进行。

③ 钎焊工艺可采用红外链式炉实现大批量生产。

7. 平行缝焊

平行缝焊是单面双电极接触电阻焊。利用两个圆锥形滚轮电极与盖板相对运动，脉冲焊接电流从一个滚轮电极通过盖板和焊框，到达另一个滚轮电极回到电源，电流通过滚轮电极与盖板及盖板与焊框之间存在接触电阻，产生焦耳热，局部熔融形成焊点，形成连续焊缝。平行缝焊的特点是局部产生高温，外壳内部的芯片温度低，对芯片不产生热冲击。

（1）采用平行缝焊工艺应符合以下四方面要求：

① 对内部湿气、氧气含量要求比较低且有密封性要求的电路，应采用平行缝焊工艺。

② 待焊接材料为阻热高的材料，密封过程中采用局部加热，封装体的升温较低、对温度较敏感的电子元件封装时，应采用平行缝焊工艺。

③ 对可伐合金（铁镍钴合金）、10 号钢等电阻率较高、导热性能差的金属或合金组件的气密电阻熔焊时，应采用平行缝焊工艺。

④ 对边缘为矩形、圆形等规则形状盖板的外壳进行焊接，宜采用平行缝焊工艺。

（2）平行缝焊的主要工序应符合如下十二方面要求：

① 应检查被焊件是否满足焊接结构和尺寸要求，并应清洗被焊件表面。

② 应根据腔体与盖板的大小和厚度、散热情况的差异选择或编辑适宜的平行缝焊封盖程序，合理选择电极移动的速率、电流脉冲的强度和持续时间、脉冲之间的时间间隔、电极对盖板的压力、电极移动的距离等平行缝焊工艺参数，盖板焊接部位厚度宜为 0.1～0.15 mm，新程序试封后宜进行检漏实验，合格后方进行正式封装。

③ 平行缝焊材料体系的组成要求应根据材料的热膨胀系数决定。

④ 组件内部水汽含量要求严格时，应将焊接件及对应的盖板、夹具放入烘箱中，充入氮气并抽真空，真空度达到规定要求时开始加热并应保温一段时间。

⑤ 应确认手套箱内水汽含量达标后，将烘烤后的产品移入缝焊操作箱（手套箱）并关严箱门，宜在 4 h 内完成密封，当产品在操作箱内滞留 12 h 以上未密封时，应重新烘烤后才能进行密封。

⑥ 应将盖板按规定方位压置在外壳底座上且二者边缘精确对准，再启动缝焊程序；应先进行分步封盖操作，确认程序无误后方可进行自动封盖操作，平行缝焊机的运行速度不宜过快。

⑦ 盖板为矩形的外壳，宜先焊好长度方向上两条对边的平行焊道，再使壳体转 90° 后焊好宽度方向上另两条对边的平行焊道，两对焊道在起始点处应相互重叠形成闭合的密封焊道，矩形盖板的长、宽尺寸应对应小于壳体（底座）长、宽 0.05～0.1 mm。

⑧ 盖板为圆形的外壳，应使两个通有连续大电流脉冲的同轴缝焊电极压在盖板顶面的圆周边沿上，相对于壳体与盖板完成不小于 180° 的圆弧运动后实现缝焊密封，圆形盖板直径应小于壳体直径 0.05～0.1 mm。

⑨ 封装的最长尺寸不超过 25 mm 时，宜选用厚度 0.1 ～0.15 mm 的薄板形盖板；封装的

最长尺寸大于 25 mm 时，宜选用中心区域厚度 0.25～0.4 mm、四周边缘区厚度 0.1～0.15 mm 的台阶形盖板。

⑩ 应将已熔焊密封的产品移入与缝焊操作箱相连的充有正压氮气的密封箱中，关严操作箱侧门，再从密封箱移出。

⑪ 平行缝焊后用显微镜检查焊缝应连续平整，不应有裂纹等缺陷。

⑫ 应进行粗检漏和细检漏，并应测试其漏率。

（3）平行缝焊的工艺运行条件应满足以下四方面：

① 平行缝焊工艺宜在等于或优于 8 级净化区中进行。

② 平行缝焊应在湿气含量小于或等于 40 ppm 的正压氮气或正压氮氦混合气体环境的手套箱内完成。

③ 缝焊操作箱应在氮气或氮氦混合气体吹扫 8 h 以上方能投入缝焊操作，且日常应保持正压环境。

④ 封盖时干燥箱内气体环境的压力不应高于常压。

8. 激光焊

（1）采用激光焊工艺应符合以下四方面要求：

① 对有密封要求的电路，且焊接面为钢、镍、锌、铝等材料时，应采用激光焊工艺。

② 内部气氛要求严格的金属或金属基复合材料组件的气密封装时，应采用激光焊工艺。

③ 激光焊可分为脉冲激光焊和连续激光焊。

④ 待焊接材料为金、银时，不应采用激光焊接。

（2）激光焊的主要工序应符合以下十个方面要求：

① 焊接前应对焊件及焊接材料表面做除锈、脱脂处理，并应进行酸洗、有机溶剂清洗或物理方法打磨去除表面杂质。

② 对焊件真空烘焙，应排除焊件内部的水汽。

③ 运行焊接程序前，应先用激光打点进行焊件定位，焊接过程中焊件应夹紧，激光光斑应落在待焊件中间位置，光斑在垂直于焊接运动方向对焊缝中心的偏离量应小于光斑直径。

④ 脉冲激光焊时，应设置脉冲能量、脉冲宽度、功率密度、离焦量等工艺参数。

⑤ 连续激光焊时，应设置激光功率、焊接速度、光斑直径、离焦量、保护气氛等工艺参数。

⑥ 有气密要求的电路，其壳体与盖板之间的配合应控制在 0.1 mm 内。

⑦ 可添加金属做辅助材料，焊接过程被焊金属部位应有充分的熔深，焊接能量不宜过大。

⑧ 激光焊接后应清除飞溅物落在焊件上形成的瘤状物。

⑨ 应在显微镜下观察焊缝，焊缝应光滑连续，无气孔、裂纹等缺陷。

⑩ 激光焊接后应进行粗检漏和细检漏。

（3）激光焊工艺运行条件应满足以下两个方面：

① 激光焊工艺宜在等于或优于 8 级净化区中进行。

② 激光焊应在氮气、氩气等气氛中进行。

9. 涂覆

对有表面焊接性能要求及表面有非导电组分的封装材料，在使用前可采用涂覆工艺，使其表面形成可焊性的金属化涂覆层。

（1）涂覆的主要工序应符合下列八个方面要求：

① 进行超声清洗处理电路板表面的助焊剂、离子污染，不应损伤已经装配好的敏感元件。

② 应对所要涂覆材料进行微蚀处理和活化处理。

③ 应对所要涂覆材料沉积适当的金属膜层。

④ 电路中不需要涂覆的地方，应使用压敏胶带等进行掩模保护并烘干。

⑤ 应选择与电路浸润性良好，能够承受在涂覆工艺之后高温储存、温度循环等后续的其他工艺所带来的高温条件的涂覆漆；按照合理的比例配方涂覆漆与二甲苯，配好后充分搅拌并静置 20 min。

⑥ 应按涂覆漆厂家提供的焙烤参数设置烘箱的焙烤温度和焙烤时间，使电路充分固化，涂层应均匀致密、无针孔、水汽透过率低、对基板附着力良好且收缩或张应力较小。

⑦ 涂覆后应进行热处理去除应力。

⑧ 应根据焊接温度对涂覆层进行相应的温度检测。

（2）涂覆工艺运行条件应符合以下六个方面要求：

① 涂覆工艺宜在等于或优于 8 级净化区中进行。

② 涂覆工作室应保持洁净干燥，温度应在 20～25 ℃，相对湿度应在 40%～60%。

③ 涂覆宜采用涂覆机自动完成。

④ 涂覆应布置在单独房间内。

⑤ 涂覆间应设置强制排风措施。

⑥ 涂覆间送回风系统应单独设置。

10. 真空烘焙

（1）采用真空烘焙工艺应符合下列四个方面要求：

① 对分子污染高度敏感的元器件焊接封装时，应采用真空烘焙工艺。

② 在惰性气体中进行微波器件焊接封装时，应采用真空烘焙工艺。

③ 在惰性气体中进行混合电路盒体焊接封装时，应采用真空烘焙工艺。

④ 模块进行密封或者真空焊接前去除内部的水汽或其他吸附性气体成分时，可采用真空烘焙工艺。

（2）真空烘焙主要工序应符合下列四个方面要求：

① 真空焙烘系统在烘烤组件前应进行烘烤，确认系统正常；抽真空至 100 Pa，根据需要设定除气温度和时间，开始加热除气，加热温度不应超过组件、元器件的最高耐受温度，但应高于组件工作温度 10 ℃以上。

② 系统回温，热沉温度应低于组件温度和烘烤温度。

③ 应根据组件内部水汽及氧气含量要求，设置时间、温度、烘焙压力等工艺参数。

④ 根据组件封盖后内部保护气氛的要求，真空烘焙后应进行相应保护气体的回充。

（3）真空烘焙工艺运行条件应满足以下两个方面：

① 真空烘焙工艺宜在等于或优于 8 级净化区中进行。

② 真空烘焙工艺的回充气体应为氮气或其他惰性气体。

11. 清洗

（1）清洗工艺应符合下列六个方面要求：

① 微组装工艺宜采用气相清洗、超声清洗、等离子清洗方式。

② 对微组装中基板、金属腔体、组件、基板上需要清除的颗粒、油污、助焊剂、氧化物、多余物去除时，应采用清洗工艺。

③ 电路上、焊料上等残留氧化物、引线键合焊盘上氧化物、多余的环氧粘接剂的清除宜采用等离子清洗。

④ 焊接后残余的助焊剂、毛发、油污、油脂等污染物的清除，在超声振动不影响待清洗件可靠性及使用性的情况下宜采用超声清洗；否则宜采用溶剂清洗或气相清洗。

⑤ 含有晶体器件、陶瓷器件的组件的清洗，有裸芯片的、键合金丝后的清洗不宜采用超声清洗。

⑥ 微组装清洗工艺的工作媒介宜为化学溶剂、等离子体气体、紫外臭氧气氛、水。

（2）清洗主要工序应符合以下六个方面要求：

① 清洗过程宜包括初洗、漂洗、烘干，按清洗介质不同可采用水洗、半水洗和溶剂洗，清洗应在焊后及时进行。

② 应根据助焊剂的成分选择清洗剂。

③ 清洗电路片时，应加热清洗或在异丙醇中超声清洗脱水，然后烘干或用氮气吹干。

④ 金属腔体、盖板及绝缘子的清洗可采用超声气相清洗，在加热的清洗剂中超声清洗，接着冷却漂洗，然后蒸气清洗，最后氮气吹干；表面污染严重或去除氧化物时，应加入抛光剂。

⑤ 等离子清洗工艺应根据应用范围合理选用等离子气体，设置等离子清洗的气体激发功率、清洗时间、真空度、温度。

⑥ 清洗完成后，应按要求晾干或烘干洗后元件及在制品，并应在 10～30 倍放大的体视显微镜下目检产品质量。

（3）清洗工艺运行条件应满足以下五个方面：

① 清洗工艺应在 7 级净化区中进行。

② 清洗工艺中的水洗宜配置纯水系统。

③ 清洗工位应建立强制排风环境。

④ 清洗后的废液处理应符合现行国家标准《电子工程环境保护设计规范》（GB 50814）的有关规定。

⑤ 进行清洗工艺时应严格遵守化学品、危险品的安全使用操作规范。

12. 测试

（1）微组装各阶段测试方案选择应符合下列五方面规定：

① 贴装工艺后的测试应包括显微镜检、万用表测试接地电阻、短路检查、无损检查共晶界面的空洞以及芯片剪切强度测试。

② 引线键合后的测试应包括显微镜检、破坏性以及非破坏性引线键合强度的键合拉力测试。

③ 倒装焊后可进行高温和热循环实验，然后采用电测试、边界扫描或功能测试的方法，检查芯片的短路和开路；或者采用自动光学检测、自动无损检测、声学检测方法检测芯片焊接

界面的微观特性。

④ 基板钎焊后应采用无损方法进行空洞率测试。

⑤ 钎焊、平行缝焊、激光焊等工艺后应进行外观检查和腔体气密性测试，有特殊要求的产品还应进行无损检查。

（2）测试过程的主要工序应符合以下七个方面要求：

① 测试前应按照图纸及技术要求对待测件进行状态检查，检查测试设备状态，并应按技术要求对测试设备相关参数进行设置。

② 应记录各测试项目测试参数。

③ 测试之后应对所测参数进行核对。

④ 用显微镜进行外观检查时，一般电路可使用 30～60 倍显微镜，芯片检查应根据特征尺寸采用高倍显微镜。

⑤ 芯片剪切强度测试、键合拉力测试、高温和热循环试验宜采用抽样测试。

⑥ 引线表面、引线下面或引线周围有用于增加键合强度的任何粘接剂、密封剂或其他材料时，应在使用这些材料以前进行试验。

⑦ 有气密性要求的产品中，腔体上焊接有绝缘子或接头的，应在绝缘子钎焊清洗后先进行检漏测试，检验合格的产品方可进行之后的组装操作。

技能 2　LTCC 微组装工艺认知

LTCC 基板及元件如图 6-8 所示。LTCC（low temperature co-fired ceramic，低温共烧陶瓷）技术是 1982 年开始发展起来的，现已经成为无源集成的主流技术，成为无源元件领域的发展方向和新的元件产业的经济增长点。

1. LTCC 工艺对瓷料性能要求

LTCC 工艺对瓷料性能要求主要有：

（1）加入适当有机材料后可流延成均匀、光滑、有一定强度的生瓷带。

（2）能在 900 ℃以下烧结成具有致密、无气孔显微结构的材料。

（3）致密化温度不能太低，以免阻止生瓷带中有机物的排出。

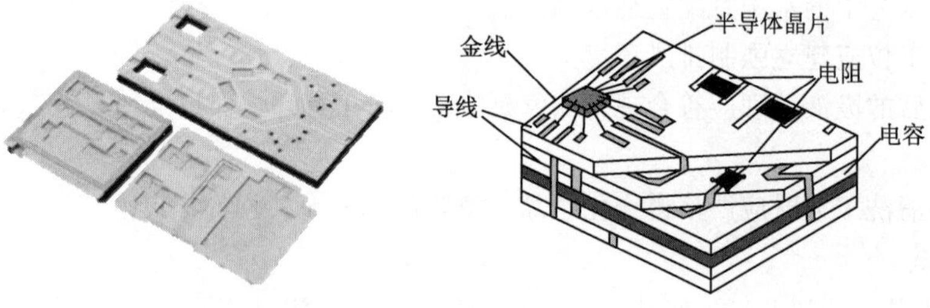

（a）LTCC 基板　　（b）LTCC 元件

图 6-8　LTCC 基板及元件

2. LTCC 工艺流程

LTCC 工艺流程包含：陶瓷薄带切割—打过孔—过孔填充印刷—图样印刷—堆叠—压力辅助零收缩烧结—表面处理—镀层—钎焊工艺—切割，如图 6-9 所示。

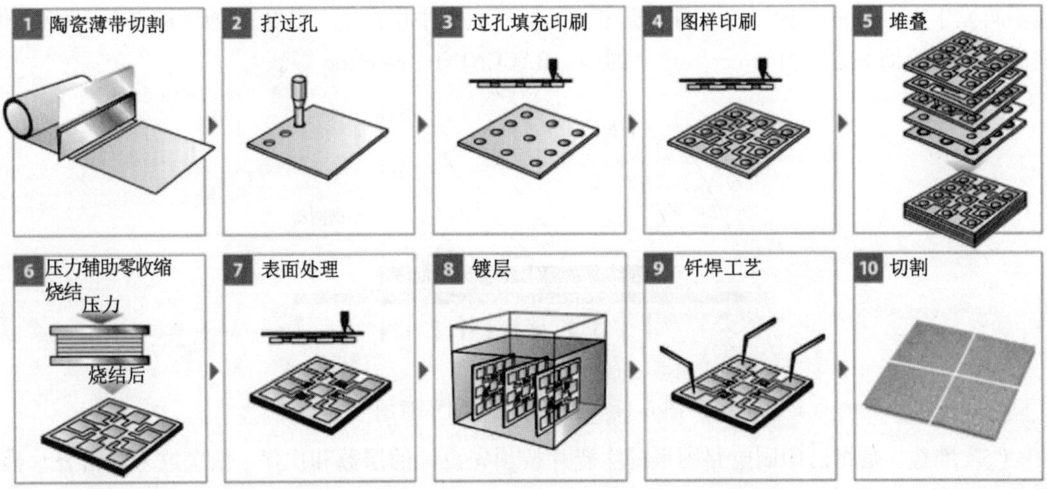

图 6-9　LTCC 工艺流程

（1）陶瓷薄带切割。将卷带生瓷带按照一定的尺寸进行裁切，裁切的尺寸要比所需要的尺寸略大，以便满足后面的加工。切片机是裁切不可或缺的设备。切片工艺需要注意以下几点：送料过程中除静电；切片后的生瓷片边缘碎屑的清理。裁切不是必需的设备，切片主要由操作工手工完成，或者直接买来对应尺寸生瓷片。

（2）打孔。打孔是 LTCC 生产线上最关键的工艺，对应设备打孔机也是最重要的设备。目前有机械打孔和激光打孔两种方式，如图 6-10 所示。虽然机械打孔相对激光打孔速度慢，但由于机械打孔后孔的形状好并且更适应后道填孔印刷工序，所以机械打孔是各用户主要采用的打孔方式。机械打孔机主要设备厂商有中国电科二所、日本 UHT、HaikuTech、意大利 Bacin、韩国 PNT、KEKOE、美国 PTC、上海住荣等，激光打孔机主要厂商有 LPKF、Coherent（相干）激光、德中激光、中电 45 所、光道激光、首镭激光、德龙激光、Rofin 等。

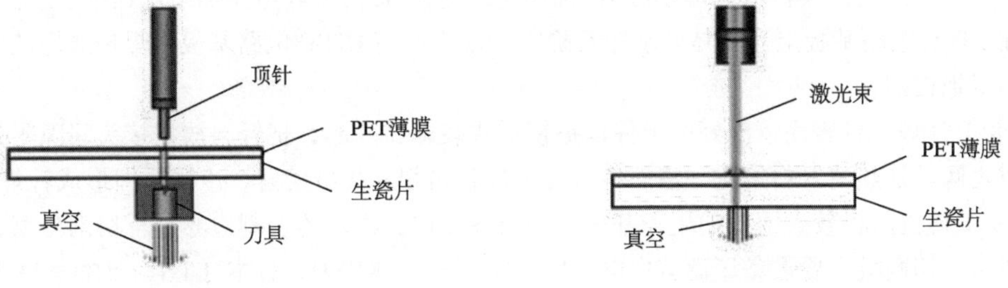

（a）机械打孔　　（b）激光打孔

图 6-10　打孔示意图

（3）通孔填充。金属浆料通孔填充的方法有丝网印刷，掩模印刷和通孔注浆。其中，通孔注浆的效果最好，但由于需要专门的设备，成本高，比较难以应用；丝网印刷是最简单的方法，但印刷质量较差；掩模印刷是目前最常用的方法，成品率较高，如图 6-11 所示。

（4）图样印刷。图样印刷的方法有厚膜丝网印刷法、计算机直接描绘法和厚膜网印后蚀刻法。印刷要求导体浆料与生瓷带有良好的附着力和兼容性，叠层时具有弹性和热塑性，且粘接质不再发生不必要的扭曲变形。印刷机主要设备厂商有中电二所、中电 45 所、KEKO、微格能、上海网谊、上海煊廷、Microtec、建宇网印、BACCNINI、newlong 等。

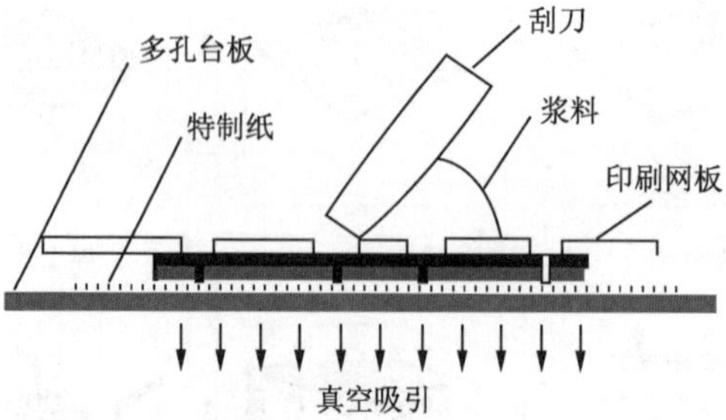

图 6-11　通孔填充印刷示意图

（5）堆叠。是将已印刷电路图形的生瓷片按预先设计的层数和次序，依次放入紧密叠片模具中，模具上设计有与生瓷片对位孔一致的对位柱，保证对位精度。叠片机主要设备厂商有 KEKO、日本日机装、北京东方泰阳、Microtec 等。

（6）压力辅助零收缩烧结。压力辅助零收缩烧结要点是控制烧结收缩率和基板的总体变化，控制两种材料的烧结收缩性能以免产生微观和宏观的缺陷，以及实现导体材料的抗氧化作用和在烧结过程中去除粘接剂，即排胶，排胶烧结关系到瓷体中气体多少、颗粒之间的结合程度以及基板的机械强度的高低。200～500 ℃区域称为有机排胶区（建议在此区域叠层保温最少 60 min）。然后在 5～15 min 将叠层共烧至峰值温度（通常为 850 ℃）。气氛烧成金属化的典型排胶和烧成曲线会用 2～10 h。烧成的部件准备好后烧工艺，如在顶面上印刷导体和精密电阻器，然后在空气中烧成。如果 Cu 用于金属化，烧结必须在 N_2 链式炉中进行。烧结设备主要厂商有合肥恒力、合肥费舍罗、合肥高歌、合肥真萍电子、喜而诺盛、泰络电子、台技工业设备、Nabertherm 等。

（7）表面金属化。LTCC 电路基板表面金属化方法目前有两种：厚膜烧结法和溅射薄膜再电镀加厚法。溅射薄膜再电镀加厚法虽然在单层陶瓷基板的薄膜电路加工过程中已广泛采用。但是在 LTCC 电路基板上还只是处于探索阶段，目前提高 LTCC 电路基板耐焊性通用的方法是烧结一层钯银层。

（8）钎焊。将表面清洗好的工件以搭接形式装配在一起，把钎料放在接头间隙附近或接头间隙之间。加热使钎料熔化，液态钎料与工件金属相互扩散溶解，冷凝后即形成钎焊接头。

（9）切割。将较大面积的生瓷基板，按照各元件、模块的切割边界进行切割分离，便于进行烧结。切割机主要设备厂商有中电二所、Microtec、KEKO、日本 UTH、日本三星 MDI、太平洋科技、ACCRETECH、Dastech 等。

任务 2　微组装工艺设备管控

任务目标

通过微组装工艺设备管控任务学习，了解微组装工艺设备功能特性，会配置典型微组装工艺生产线设备，初步具备安装调试微组装工艺设备的能力。

任务导图

作业要点：

规划微组装工艺环境；

选用微组装工艺设备。

1. 微组装工艺设备配置

材料、工具与设备

↓

作业要点：

配置微组装产线；

安装微组装设备；

调试微组装设备。

2. 微组装设备装调

材料、工具与设备

任务先通

匠心一点通

键合总装十余载，巧手点亮雷达之眼。在中国电科第十四研究所就有这样一位工艺师，她用自己的一双巧手，串连起我国最尖端雷达的核心。一克黄金，拉出 10 μm 直径、661 m 长的金线，用来键合雷达收发组件，没有机器可以完成，只有靠人。每平方厘米的收发组件上，装配密度超过一万个点，键合中，哪怕产生 5 μm 误差，都会造成芯片短路。顾春燕勇敢地站了出来，她创造性地将劈刀打薄并旋转 90° 安装，将芯片倾斜 15° 顺利键合。最终搭载着“超级透视眼”的卫星成功发射，从此，我国卫星遥感水平实现了新的跨域。

安全一点通

作业好伙伴，安全黑包公。小朱是南京某微组装所的技术主管，也是生产安全主管。在车间生产作业中，总是不厌其烦帮助团队成员，解决工作中所遇难题，同事爱称“好哥”。但“好哥”在生产安全中，每每变成黑包公。一次，车间购置一台新设备，需大型吊装作业，现场吊装员自认与小朱熟识，为赶时间，在没有认真检查索具、钢丝绳使用程度，就欲起吊大型设备。被小朱发现后，扳起包公脸，立即制止了吊装员的冒险行为。可是吊装员却厚着脸皮说：“给个面子，让我们起吊吧。”小朱厉声道：“这不是面子的问题，这是人命关天的大事。安全不是买卖青菜萝卜可以讲价格，这是对生命负责，绝不能含糊，必须对所使用的索具进行认真检查，确认没有安全隐患，才能起吊。”最终，吊装员重新按吊装规程检查确认后才进行起吊。正是小朱在安全生产上，从不放松警惕，为企业生产筑起一道防火墙，创下了车间安全生产十年零事故的业绩。

质量一点通

膜拜规范点滴，绘就最高质量标准。公司邀请一位 60 岁的德国技术专家 Mike 对供应商的设计进行了一次评审。Mike 在产品设计和安全方面是行业专家。在设计评审过程中，Mike 对产品设计的错误思路，公差标注的错误方式都指出并修改，就连图纸上字体的大小、格式、布局以及哪里应该有空格都指出来了；供应商图纸上标注 NM 代表力矩的单位牛米，但是 Mike 还是指出应该标注为 N · m。供应商的设计者几经崩溃，但是经过 2 天的设计评审，供应商突然发现自己的图纸更加规范。Mike 有句话很经典，我认为我要分享给所有的质量工程师：这是图纸，是最高级别的标准，是不能引起任何疑义或存在第二种解读方式的。

作业 1　微组装工艺设备配置

技能 1　微组装工艺产线认知

1. 微组装生产线设备组成

工艺设备应包括环氧贴装设备、共晶焊设备、引线键合设备、密封设备、涂覆设备、清洗设备、测试设备。

2. 微组装生产线配置要求

微组装生产线加工设备与检测仪器应根据生产线组线方式、加工产品、生产规模、生产效率、运行管理与成本控制目标、节能环保要求等因素配置。

微组装设备选型应按照产品的结构形式、工艺途径、所用材料、加工流程、加工精度确定工艺设备种类，根据生产线的产能和产量需求，均衡配置各工艺的设备数量；同时，需保证高产能、高生产效率时，应选用具有图形自动识别、产品数据文件接收、编程控制、深度学习等能力的自动化设备；在研制与小批量生产加工、依靠操作人员技能水平保障加工质量时，可选用性价比高、投资较少的手动型微组装设备。

技能 2　微组装工艺设备认知

1. 环氧贴装工艺设备

环氧贴装工艺可选用点胶机、蘸胶机、丝网印刷机和粘片机，少量的元件粘接可采用手动点胶，批量生产可采用丝网印刷或半自动和全自动粘片。

环氧贴装工艺设备配置应符合下列规定：

（1）点胶机应配置承片台、显微镜、照明装置和滴针，压力控制点胶的设备应配置压缩空气系统实现环氧树脂胶的滴注，通过调节点胶压力、点胶时间、滴针口径、环氧粘度与触变性等参数，控制所滴注的胶量。

（2）丝网印刷机应配置承片台、视觉系统、刮板、网板或模板，通过改变网板目数、膜厚或模板厚度、刮板压力、速度和硬度、环氧粘度与触变性等参数，控制所印涂的胶层厚度。

（3）粘片机应配置承片台、视觉与操作随动系统、显微镜、照明装置和吸嘴，并应配置真空系统实现粘片。

（4）自动粘片机应具有通过程序控制实现图形自动识别、自动滴注、自动吸片、自动对准、自动贴片的功能。

2. 再流焊工艺设备

再流焊工艺可选用再流焊炉和加热板。

再流焊工艺设备配置应满足以下三方面要求：

（1）再流焊炉不应少于5个温区，宜配置有工艺参数与焊接曲线实时监控与报警系统、出口接片装置以及供应保护气氛的装置，可使产品在炉膛内随网带经历加热-锡膏熔融再流-冷却过程，并应通过设置各温区加热温度、网带传送速度、送排风速率等参数获得再流焊接温度-时间曲线。

（2）加热板宜配置供应保护气氛的装置，可设置和渐进调节加热温度、最高加热温度及热功率，利用热能使盘面上产品的锡膏熔融再流实现焊接。

（3）宜配置真空焊接区，以减少焊接后气泡率。

3. 共晶焊工艺设备

共晶焊工艺可选用共晶机、共晶炉，如图6-12所示。

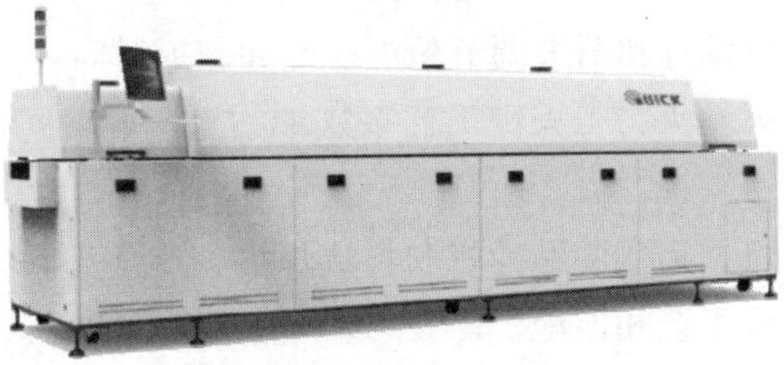

图6-12　共晶炉示意图

共晶焊工艺设备选用原则：

（1）被贴装芯片的面积不大于2 mm × 2 mm时，应选用手动或自动共晶机进行逐一共晶焊，同一基板上同一温度下使用同种焊料共晶焊的芯片不应超过3个。

（2）多芯片贴装或被贴装芯片的面积大于6 mm × 6 mm时，应选用真空共晶炉进行共晶焊，并应设计焊接工装。

（3）被贴装芯片的面积在2 mm × 2 mm到6 mm × 6 mm之间时，应根据具体情况选择工艺设备。

（4）不使用焊料，直接将两种金属的界面加热到小于它们的共熔温度进行共晶焊时，应选用具有摩擦功能的共晶机。

共晶焊工艺设备配置应满足以下两个方面：

一是真空共晶炉宜配置有工艺参数与焊接曲线、气氛曲线实时监控与报警系统、焊接工装夹具，利用热能与真空（气氛）相结合使焊料片共晶熔化实现产品的焊接，可通过设置加热功率、加热时间、加热温度、真空度与抽真空时间、气体类别、充气压力与时间等参数获得适宜的共晶焊接温度-时间曲线及真空（气氛）曲线。

二是共晶机应配置承片台、操作随动系统、显微镜、照明装置和吸嘴（夹具），应能设置和调节承片台温度、摩擦频率等关键工艺参数，可通过改变真空度（夹持力）、更换吸嘴（夹具）规格等方法，适应不同规格元件的共晶贴片。

4. 引线键合工艺设备

引线键合工艺可选用手动、半自动或全自动键合机。

选用键合设备应与键合方式相匹配。其中，楔形键合可选用楔形键合机，球形键合可选用球形键合机；铝丝键合可选用铝硅丝楔焊机和粗铝丝楔焊机；金丝键合可选用金丝球焊机和金丝楔焊机。

引线键合工艺设备配置应满足以下两个方面：

（1）金丝球焊机应配置承片台、操作随动系统、显微镜、照明装置和针形劈刀，利用“热能+超声能”、使用针形劈刀和高纯微细金丝实现第一、第二焊点分别为球形焊点、半月形楔形焊点的引线键合，应能设置和渐进调节承片台温度、超声能量和施加时间、劈刀压力、电子打火（EFO）强度等关键工艺参数。

（2）铝硅丝楔焊机和粗铝丝楔焊机应配置有承片台、操作随动系统、显微镜、照明装置和楔形劈刀，如图 6-13 所示，利用超声能并辅助利用热能、使用楔形劈刀和微细铝硅丝（粗铝丝）实现第一、第二焊点均为高尔夫勺形楔形焊点的引线键合，也可实现微细金丝的楔形键合，应设置和渐进调节超声能量和施加时间、承片台温度、劈刀压力、夹丝夹力等关键工艺参数。

图 6-13　粗铝线键合机

5. 倒装焊工艺设备

焊料凸点倒装焊工艺可选用倒装贴片机和再流焊炉、热盘及下填充机。

倒装焊设备应与倒装焊工艺相匹配。其中，超声热压倒装焊工艺可选用倒装焊机和下填充机；聚合物互连粘接倒装工艺可选用点胶机、倒装贴片机、倒装焊机和下填充机。

倒装焊工艺设备的配置应满足以下三个方面：

（1）倒装贴片机应配置承片台、倒装图形对准识别系统、操作随动系统、照明装置和吸嘴，利用真空实现凸点芯片的倒装贴片，可通过吸嘴吸片、通过倒装图形对准识别系统与操作随动系统对准粘片，并可通过改变真空度、更换吸嘴规格等方法适应不同规格凸点 IC 芯片的贴片。

（2）下填充机是一种用于下填充工艺的点胶机，可通过液态材料在缝隙中的毛细流效应充填满倒装凸点芯片与基板间的空隙。

（3）倒装焊机应配置承片台、倒装图形对准识别系统、操作随动系统、照明装置、吸嘴以及供应保护气氛的装置，应能设置和渐进调节承片台温度、超声能量和施加时间、局部热风温度及加热时间、焊接压力等关键工艺参数，利用“热能+超声能”实现凸点芯片的倒装焊接，可通过吸嘴吸片、通过倒装图形对准识别系统与操作随动系统对准并通过改变真空度、更换吸嘴规格等方法来适应不同规格凸点 IC 芯片的贴片。

6. 钎焊工艺设备

钎焊工艺可选用加热台、链式钎焊炉。

钎焊设备选用应符合以下五个方面要求：

（1）表面积小或要求不高的腔体可在加热台上焊接，表面积大、散热快或有特殊要求腔体可在烘箱或链式钎焊炉中进行。

（2）不需要使用助焊剂的焊料的钎焊，可采用再流焊进行钎焊密封。

（3）采用锡膏进行钎焊时，应选用红外热风再流炉或气相焊炉，带速或传递速度设置应使得组件不同部位受热均匀。

（4）采用预制焊片进行焊接时，应选用链式钎焊炉，并应采用惰性气氛或惰性加还原性气氛。

（5）链式钎焊炉通过产品在炉膛内随网带的运行，经历加热-焊料熔化-焊料冷却共晶过程实现焊接，不应少于6个温区，并应通过设置各温区的加热温度、网带传送速度、送排风速率等主要工艺参数获得适宜的共晶焊接温度-时间曲线，宜配置有工艺参数与焊接曲线实时监控与报警系统、出口接片装置以及供应氮气、氢气或氮氢混合气体等保护气氛的装置。

7. 平行缝焊工艺设备

平行缝焊工艺主要应选择平行缝焊机，如图6-14所示。

平行缝焊工艺设备的配置应符合以下三方面要求：

（1）平行缝焊机应配置有缝焊机电源、承片台、定位夹具、缝焊电极及缝焊气氛供应与监测系统，并配备有相应的操作箱（手套箱）和真空烘焙设备，真空烘焙的烘箱应与平行焊接设备手套箱连接。

（2）对组件内部气氛有要求时，平行缝焊设备应配备具有气体净化和监测功能的焊接手套箱及中转箱。

图6-14　平行缝焊机示意图

（3）平行缝焊机利用大电流脉冲，在缝焊电极锥面与外壳盖板边缘的接触点处产生极高密度的热能，实现金属外壳盖板与底座间的熔合，应通过缝焊程序设置缝焊时电极移动的速率、电流脉冲的强度和持续时间、脉冲之间的时间间隔、电极对盖板的压力、电极移动的距离、手套箱的氮气（氮氦混合气体）压力及真空烘烤的温度、真空度及烘烤时间等关键工艺参数完成封装。

8. 激光焊工艺设备

激光焊工艺主要应选择激光焊接机，如图6-15所示。激光点焊时应选用脉冲激光焊接机，激光缝焊时可选用脉冲激光焊接机或连续激光焊接机，可根据组件封装的具体要求选用。

激光焊工艺设备的配置应符合以下四方面：

（1）激光焊机应配置有激光焊机电源、承片台、定位夹具、激光器及激光焊气氛供应与监测系统，并配备有相应的操作箱（手套箱）和真空烘焙设备，真空焙烘设备应与激光焊接设备手套箱连接。

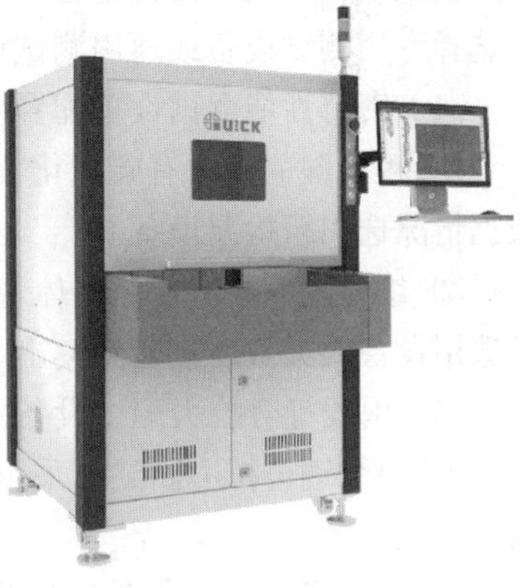

图6-15　激光焊接机

（2）连续激光焊所使用的焊接设备宜为二氧化碳（CO_2）激光器。

（3）脉冲激光焊所使用的焊接设备宜为钇铝石榴石晶体（Nd：YAG）激光器。

（4）当对组件内部气氛有要求时，激光焊接设备应配备具有气体净化和监测功能的焊接手套箱及组件中转箱。

9. 涂覆工艺设备

涂覆应采用涂覆机自动完成。

涂覆工艺设备的配置应符合以下三方面要求：

（1）前处理设备应包含超声清洗设备、带通风橱的化学处理设备。

（2）应根据所要涂覆材料的属性和膜层沉积的方式，选择相应的设备，如化学镀膜设备、真空镀膜设备、电镀设备等。

（3）应具有涂覆膜层厚度的检测设备。

10. 真空烘焙工艺设备

真空烘焙工艺可选用真空烘箱。

真空烘焙设备应配置抽排风装置和机械泵，设备应与组件封装设备连接，真空烘焙温度和时间可进行实时监测，真空度应低于 10 Pa。

11. 清洗工艺设备

清洗工艺可选用超声波清洗设备、气相清洗设备、等离子清洗设备。清洗设备选用应符合以下七个方面要求：

（1）清洗工艺宜采用溶剂法清洗。

（2）污染不严重而洁净度要求较高的，可采用间歇式气相清洗。

（3）大批量表面贴装组件（SMA）清洗，可采用连续式气相清洗工艺。

（4）污染较严重的表面贴装组件（SMA）清洗，可采用沸腾超声清洗。

（5）大批量在线清洗系统且对环境要求较高时，可采用水基清洗（皂化法或净水法）或半水基清洗。

（6）超声清洗设备不宜用于电子元件的清洗。

（7）清洗设备组合与配置应根据产品需求选择。

12. 测试设备

测试设备的最大测试量程、测试精度等指标，应满足被测件测试要求，可根据不同测试参数选择专用测试设备或通用测试设备进行测试。

（1）密封性能测试设备配置应符合以下两方面要求：

① 粗检漏的方法有碳氟化合物粗检漏、染料浸透粗检漏、增重粗检漏、光学粗检漏，应根据情况选用粗检漏设备。

② 细检漏方法有示踪气体氦细检漏、放射性同位素细检漏，应根据情况选用细检漏设备，所选用设备的灵敏度应达到读出不大于 10^{-4}（$Pa\cdot cm^3$）/s 的漏率。

（2）引线键合拉力测试设备的配置应满足以下三个方面要求：

① 引线键合拉力测试可采用键合拉脱、单个键合点的引线拉力、双键合点的引线拉力等测试方法。

② 设备应能在键合点、引线或外引线上施加规定应力。

③ 设备应对外加应力提供经过校准的测量和指示，测量应力应达到规定极限值的 2 倍，准确度应为 ±5%或 $\pm 2.9\times10^{-3}$ N（0.3gf）（取其大值）。

（3）共晶焊接和环氧贴装剪切力测试设备的配置应满足以下两方面要求：

① 应配置一台能施加负载的仪器，其准确度应达到满刻度的 ±5%或剪切力达 0.5 N。

② 应配置用来施加测试所需力的带有杠杆臂的圆形测力计或线性运动加力仪。

（4）芯片和其他元件共晶焊接的空洞率测试可选用 X 射线设备。

（5）完成贴装后元件的端头通断测试可选用数字多用表。

（6）制品、元件、构件等外观质量的放大检查可选用体视显微镜。其放大倍数宜配置 7～200 倍，具有光强可调节的顶视照明系统、具有双目镜孔距调节、焦距粗调与微调、单目焦距复调等功能。

作业 2　微组装设备装调

技能 1　微组装工艺设备环境配置

微组装设备布置应预留人流、物流通道和设备安装入口、设备更新和检修场地，设备之间应有安全操作距离。易造成污染的物料应设置专用出入口。微组装生产线厂房内，靠近生产区宜设置与生产规模相适应的原辅物料、半成品和成品、工装夹具存放设施。清洗、涂覆、焊接和返修工序应设置单独的排风系统。

微组装生产线厂房公用动力应包括电力变（配）电、冷热源、压缩空气、各种给水系统。动力站房设置宜靠近负荷中心。设备布置应兼顾二次配管配线接入方便。动力设施主要噪声源宜集中布置，场区边界的噪声强度应符合现行国家标准《工业企业厂界环境噪声排放标准》（GB 12348）的有关规定。

1. 微组装厂房车间

微组装生产线车间的火灾危险性类别应为丁类，车间用房的耐火等级应达到 2 级。微组装生产线优先布置在厂房的底层，厂房的层高应以生产线的最高设备加上其顶部管道安装、维修所需的最低高度确定。

微组装生产线布置在多层厂房楼层时，应有两个及以上直通地面楼层的疏散通道；楼面荷载不应小于 5 kN / m^2；同时，应设置生产物料垂直运输的电梯；厂房四周宜设环形消防通道，当有困难时可沿厂房长边的两侧设消防通道。

2. 微组装车间消防设施

车间厂房内、外应设置消火栓箱和地上式消火栓。微组装生产线厂房内、外消火栓用水量、水枪布置应符合现行国家标准《建筑设计防火规范》（GB 50016）的有关规定。

车间内消火栓应保证可采用两支水枪充实水柱到达室内任何部位，应布置在位置明显且易于操作的位置。在洁净区内的通道上宜设置推车式二氧化碳灭火器。

3. 微组装车间供配电系统

厂房低压配电电压应采用 220/380 V。带电导体系统的型式宜采用单相二线制、三相三线制、三相四线制。微组装厂房动力和照明用电系统接地型式宜采用 TN-S 或 TN-C-S 系统。厂房电力负荷等级应为三级负荷。主要生产工艺设备应由专用变压器或专用低压馈电线路供电。洁净区内的配电设备，应选择不易积尘、便于擦拭的小型暗装设备，不宜设置大型落地安装的配电设备。设备配电引入线应设置切断装置。洁净室区内的电气管线宜暗敷，穿线导管应采用不燃材料。洁净区的电气管线管口及安装于墙上的各种电器设备与墙体接缝处应有密封措施。

4. 微组装车间照明

车间内照明宜采用高效荧光灯。其中，洁净室内宜采用吸顶明装、不易积尘、便于清洁的洁净灯具；当采用嵌入式灯具时，其安装缝隙应采取密封措施；洁净室内灯具应与送风口协调布置。

车间内的主要生产用房间一般照明的照度值宜为 300～400 lux，辅助工作间、人员净化用室、走廊等的照度值宜为 200～300 lux。

5. 微组装车间空气净化系统

车间微组装生产线洁净区空气洁净度等级宜为 7 级或 8 级。空调净化系统宜采用上送侧回或上送上回的送回风方式。车间内温度宜为（23±3）℃，相对湿度宜为 40%～60%。

6. 微组装车间信息与安全保护

车间内电话（数据）布线应采用综合布线系统，综合布线系统的配线间或配线柜应设置在布置工艺设备的洁净区外；设置生产、办公及动力区之间联系的语音通信系统；应设置数据通信局域网及与因特网连接的接入网；设置集中式数据中心。

7. 微组装车间压缩空气系统

车间压缩空气主管道的直径应按照全系统实际用气量确定，支管道的直径应按照设备最大用气量确定；干燥压缩空气输送露点低于-40 ℃时，应采用不锈钢管，用于管道连接的密封材料宜选用金属垫片；软管连接宜选用金属软管。

8. 微组装车间纯水系统

纯水制备系统应根据生产工艺确定规模、纯水指标。纯水系统的输送干管应铺设在技术夹层或技术夹道内，管道的铺设应满足密封的要求。纯水系统应采用循环供水方式，宜采用单管式循环供水系统或设有独立回水管的双管式循环供水系统。

9. 大宗气体系统

洁净室内的气体管道的干管，应铺设在技术夹层或技术夹道内。气体过滤器应根据产品生产工艺对气体洁净度要求选择和配置，终端气体过滤器应设置在靠近用气点处。氮气系统宜采用液氮汽化后经管道供至设备。氢气、氦气和氩气宜采用瓶装气体在设备旁或技术夹道内就近供应。

技能 2　微组装工艺设备安装

共晶炉、倒装焊机、等离子清洗机、选择性涂覆机、平行缝焊机、激光焊接机可在地面直接放置，芯片粘片机、芯片共晶焊机、引线键合机宜在台面放置。倒装焊机应安装在 6 级净化的洁净间中，芯片粘片机、芯片共晶焊机和引线键合机应安装在 7 级净化的洁净间中，其他组装封装工艺设备可安装在 8 级或优于 8 级净化的洁净间中，温度宜为（23±3）℃，相对湿度宜为 40%～60%。

1. 芯片粘片机装调

（1）芯片粘片机安装要求。设备放置到固定工位之前不得拆卸固定块；设备在拆卸固定块后，工作组件可顺畅地移动到工作范围的任意位置而不会自行滑动到某个位置。

（2）芯片粘片机调试要求：吸片、滴注工作模式的切换应确保转换灵活；应装配吸嘴、滴注针头；应调节气压及真空，连接与吸嘴、滴注的浆料罐相连的气路后试触发，检查气路应符合要求；应在浆料罐中加注粘片胶，并应与滴注针头连接后调节滴注和吸片参数；应操纵设备在样品上进行粘接试验；操纵部件应灵活，可稳定吸取相应的器件，滴注的粘片胶应大小一致，并调节有效。

2. 芯片共晶焊机装调

（1）芯片共晶焊机安装要求。设备放置到固定工位之前不得拆卸固定块；设备在拆卸固定块后，工作组件可顺畅地移动到工作范围的任意位置而不会自行滑动到某个位置；安装导轨时应调整到滑动运行自如；操纵部件应灵活，可稳定吸取或夹取相应的器件。

（2）芯片共晶焊机调试要求。切换焊料吸取、元件拾取模式，应确保转换灵活；装配吸嘴、元件拾取头时，应避免用手触摸吸嘴；应调节气压，连接与焊料吸取、元件拾取、加热台保护氮气相连的气路并试触发；调节加热系统的温度，以常用的几种焊料分别设置共晶温度，到达设置温度后应用计量合格的温度计测量加热台的实际温度；试运行的焊料应按芯片的尺寸进行相应的裁剪；设置焊接压力、共晶温度、摩擦频次、摩擦幅度；待加热台温度稳定后，应打开氮气阀门，调节流量，操纵设备在样品上进行芯片焊接试验，焊接时吸嘴应避免接触加热件表面，应能顺畅地完成整个焊接过程。

3. 共晶炉装调

（1）共晶炉安装要求。设备的真空泵应安置在稳定的基础面上，并应配有衬垫；冷水机应在主机侧面放置；根据设备要求气体管路应与设备接通，气体通入前应保证质量符合设备要求；应根据设备额定功率配置主机电源。

（2）共晶炉调试要求。启动真空泵，运行时噪声、振动应无异常，腔体真空度可在规定时间内降到规定值；冷水机腔体内应充入纯水，接通冷水机电源并启动水冷系统，水压应满足设备使用要求；在室温到最高温度间选取某一温度设定为炉温值进行加热，加热完成后应分别在加热板的九个固定点上用控温热偶测量温度并与设定值比较，允许偏差应为 ±5 ℃；设定最高温度，加热完成后测量实际值应能达到设定值；启动控制系统软件，并应设置气体压力、温度曲线、真空度、加热电流，观察显示器上的实时监控程序时，应能正常运行共晶工艺进程。

4. 引线键合机装调

（1）引线键合机安装要求。设备放置到固定工位之前不得拆卸固定块；设备在拆卸固定块后，工作组件可顺畅地移动到工作范围的任意位置而不会自行滑动到某个位置；安装导轨时应保持导轨间平行，滑动运行自如；应根据设备对电源的要求配置相应的供电方式。

（2）引线键合机调试要求。触发打火杆（针对球键合设备）、线夹等部件并移动键合机手柄时，应确保运转灵活；应调节加热系统的温度并设置到常用键合温度，到达设置温度后测量实际温度，应达到工作要求；应设置键合超声的功率与时间、键合压力；操纵设备在样件上进行键合试验，操纵部件应灵活，在设定参数的状态下可有效键合。

5. 倒装焊机装调

（1）倒装焊机安装要求。设备电源接入应符合要求；机器外壳接地电阻不应大于 4 Ω。

（2）倒装焊机调试要求。应确认设备后面板上的压缩空气、负压、氮气、水冷管路安装连接无误后开启所需气路阀门及调节阀；应打开设备的总电源开关、打开工控机的电源，关上主操作面板的“开机”开关；在系统操作界面运行设备操作软件前应进行初始化直至系统提示“待机”状态；应在主控界面分别运行并检测机械系统、光路系统、气路系统、显示系统和加热系统；应设置超声时间、超声功率、焊接压力、加热温度，完成对样品电路的加工；应通过电性能测试、X 射线检测和剪切强度测试完成设备焊接精度和设备功能的评价。

6. 等离子清洗机装调

（1）等离子清洗机安装要求。设备的真空泵应安装在稳定的平面上，并应配有衬垫；应根据设备对电源的要求设置相应的电源插座。

（2）等离子清洗机调试要求。启动真空泵，运行时噪声、振动应符合要求，腔体真空度可在规定时间内降到规定值；箱内应安装不同极性的承物架以放置试运行样品；接入各种气体，并应按设备的要求调节气压并试触发，电离时工作气体的颜色应符合要求；应设置清洗功率、清洗时间、清洗顺序；应使用不同的工作气体对样品进行清洗，再取出样品进行清洗效果检定，检定效果满足要求。

7. 选择性涂覆机装调

（1）选择性涂覆机安装要求。设备电控柜门应确保关闭；喷阀及相应气路的各连接接口应已连通；应检查各丝杠导轨是否有润滑油，若没有，应及时补充。

（2）选择性涂覆机调试要求。应确保涂料罐内有足够的涂料进行连续喷涂，涂料在充入涂料罐之前应确保清洁；应根据涂料的配比要求添加适当的稀释剂；应设置喷涂压力、点涂压力、出料压力、雾化压力，在手动运行和自动运行模式下设备均应能顺利完成涂覆过程；设备运行噪声应小于 60 dB；应用千分尺测量样件的线边精度和涂层厚度，线边精度允许偏差应为 ± 0.5 mm，涂层厚度应为 0.02～0.5 mm。

8. 平行缝焊机装调

（1）平行缝焊机安装要求。圆台状缝焊电极头应沿轴向锁定且不晃动，切向应转动自如；应按设备对电源的要求设置相应的电源插座并配备空气开关；氮气在通入手套箱前应进行去湿处理，并应设置专门的正压力氮气排放通道；设备手套箱应密封良好，密封用的垫片应完好无破损，手套应采用专用密封圈密封。

（2）平行缝焊机调试要求：应关好手套箱、干燥箱的各箱门后通电并打开氮气阀门充氮，应使手套箱和交换箱置于高纯氮气保护环境；应将试焊样品放入真空烘箱后关好真空烘箱密封门；应启动真空泵对真空烘箱抽真空，真空泵运行时噪声、振动应符合要求，腔体真空度应在规定时间内降到规定值；应设置真空烘箱温度、烘烤时间，在抽真空状态下对样品进行烘烤时，应观察箱内温度是否能够达到设定值；达到烘烤时间后设备应自动关闭加热、自然降温，直至箱内温度低于 60 ℃时从手套箱与真空烘箱间的侧门取出样品放在手套箱内待焊的区域；应编制缝焊程序并设置封装外壳长度、宽度、延迟距离、焊接方式、缝焊速度、缝焊电流幅度与脉冲宽度、电极压力，完成样品的平行缝焊；应取出样品检测焊接效果，焊缝应致密、无打火缺口，密封性能应符合要求。

9. 激光焊机装调

（1）激光焊机要求。工作气体通入设备前应保证要求的纯度；光缆应正确连接并装入系统；应设置专用冷却水管路，冷却水应经过过滤处理；应按设备对电源的要求设置相应的电源插座并配备空气开关，应确认设备保护状态良好，熔丝安装应无误；设备手套箱应密封良好，密封用的垫片应完好无破损，手套应采用专用密封圈密封；设备应安装激光防护罩。

（2）激光焊机调试要求。不同的工件应配备合适的焊接工装，在操作时应佩戴好安全防护面罩或激光防护眼镜；应设置控制温度、氮气气体流量，调节冷却循环水的流速；打开系统控制柜的电源开关，并应使紧急控制按钮处于复位状态；打开激光控制计算机和运动工作台控制计算机，应在运动工作台控制计算机中打开操作软件并调出焊接程序，并应在激光控制计算机中调出激光焊接参数；应设置焊接功率、焊接速度、离焦量、保护气体流量，应配置合适的工作气体；应打开激光装置电源开关和激光远程控制开关；应把洁净处理好且烘烤过的工件转入手套箱中完成工件的激光焊接；应取出已焊样品，并应检测焊接质量与密封性能，焊缝应均匀、致密、无碳化，泄漏率应合格。